Anleitung

zur

Erkennung, Prüfung und Wertbestimmung der gebräuchlichsten Chemikalien

für den

technischen, analytischen und pharmaceutischen Gebrauch

von

Dr. Max Biechele,
Apotheker.

Berlin.
Verlag von Julius Springer.
1896.

ISBN-13: 978-3-642-89539-5   e-ISBN-13: 978-3-642-91395-2
DOI: 10.1007/978-3-642-91395-2

Alle Rechte, insbesondere das der Uebersetzung
in fremde Sprachen, vorbehalten.

Softcover reprint of the hardcover 1st edition 1896

Vorwort.

Vorliegendes Buch soll den technischen und analytischen Chemikern sowie den Apothekern bei der Untersuchung von Chemikalien dienen, welche sie in Ausübung ihres Berufes nötig haben. Da die meisten Chemikalien nicht selbst dargestellt, sondern oft aus zweiter und dritter Hand bezogen werden, so ist eine Prüfung derselben auf Identität und Reinheit unbedingt nötig, um sich und andere event. vor Schaden zu bewahren. Zur Erleichterung dieser Prüfungen hat Verfasser für jeden Stoff einen Prüfungsgang ausgearbeitet und diesem gegenüber die Identitätsreaktionen und die bei vorkommenden Verunreinigungen auftretenden Erscheinungen gestellt. Die Chemikalien sind in alphabetischer Ordnung aufgeführt. Besondere Berücksichtigung fanden die in den letzten Jahren aus den chemischen Laboratorien hervorgegangenen neuen Arzneimittel meist organischer Natur. Verfasser war bemüht, möglichst alle gebräuchlichen, einschlägigen Chemikalien auf diese Weise zu bearbeiten, wenn auch bei der grossen Fülle des Stoffes eine vollständige Erschöpfung desselben nicht erreicht werden konnte. Derselbe ist daher für alle Vorschläge zur Aufnahme neuer Chemikalien und von neuen Untersuchungsmethoden stets dankbar und wird dieselben bei einer neuen Auflage möglichst berücksichtigen. Bei den offizinellen Arzneimitteln wurde auf das deutsche Arzneibuch hingewiesen; eine Anleitung zur Untersuchung dieser Stoffe auf Identität und Verunreinigungen ist vom Verfasser bereits vor Kurzem in demselben Verlage erschienen. Den

Schluss des Buches bildet eine Zusammenstellung der Reagentien und volumetrischen Lösungen, welche bei der Prüfung dieser Chemikalien Verwendung finden, sowie die Angabe der chemischen Zusammensetzung der einzelnen Chemikalien.

Möge das Buch den vom Verfasser beabsichtigten Nutzen stiften und in den Eingangs erwähnten Kreisen eine freundliche Aufnahme finden!

Eichstätt, im Mai 1896.

Der Verfasser.

Allgemeine Bestimmungen für die Prüfung der Chemikalien.

1. Wo von Teilen die Rede ist, sind Gewichtsteile gemeint, wenn im Einzelfalle etwas anderes nicht ausdrücklich bestimmt ist.
2. Bei der Angabe der Lösungsverhältnisse bedeuten die Ausdrücke $1 = 10$, $1 = 20$ etc., dass ein Teil der Substanz in neun, beziehungsweise neunzehn Teilen Flüssigkeit etc. zu lösen ist.
3. Unter Lösungen sind, soweit etwas anderes nicht ausdrücklich vorgeschrieben oder aus dem Zusammenhange zu entnehmen ist, wässerige Lösungen zu verstehen.
4. Die Lösungen von Reagentien entsprechen, wenn ein besonderes Lösungsverhältnis nicht angegeben ist, den in dem Reagentienverzeichnisse vorgeschriebenen Lösungen. Die zur Herstellung der Lösungen verwendeten Stoffe, sowie die einfachen flüssigen oder trocknen Reagentien müssen chemisch rein sein.
5. Unter Wasser ist stets destilliertes Wasser zu verstehen.
6. Bei den Wärmeangaben ist überall das 100teilige Thermometer zur Grundlage genommen.
7. Sind bei Prüfungen besondere Wärmegrade nicht angegeben, so ist eine Wärme von $+15°$ gemeint. Auch die volumetrischen Lösungen sind bei dieser Wärme zu bereiten und zu verwenden.

8. D. A.-B. bedeutet Deutsches Arzneibuch.

Eine Anleitung zur Prüfung der offizinellen Arzneistoffe ist im vorigen Jahre von demselben Verfasser und in demselben Verlage in 9. Auflage unter dem Titel erschienen:

„Anleitung zur Erkennung und Prüfung aller im Arzneibuche für das Deutsche Reich (dritte Ausgabe) aufgenommenen Arzneimittel von Dr. Max Biechele. Neunte, vielfach vermehrte Auflage."

9. Die offizinellen Chemikalien sind durch eine besondere Schrift (*Cursiv*) gekennzeichnet.

Acetalum
Acetal. Äthylidendiäthyläther.

Farblose, ätherisch riechende, mit Wasser und Weingeist mischbare Flüssigkeit, welche durch wässerige Alkalien nicht zersetzt wird, wohl aber durch Säuren bei Gegenwart von Wasser, indem es sich in Aldehyd und Alkohol spaltet.
Siedepunkt: bei 104 bis 106°.
Spezifisches Gewicht: 0,821.

Prüfung durch:	Zeigt an:
Bestimmung des spezifischen Gewichtes und des Siedepunktes.	**Identität** und **Reinheit** durch obiges spezifisches Gewicht und obigen Siedepunkt.
Mischen von 5 g des Präparats mit 10 ccm Wasser, Ansäuren mit Salzsäure und Schütteln mit Natronlauge und Jodlösung.	**Identität** durch Abscheiden von gelben Krystallen (Jodoform) nach einiger Zeit.

Acetanilidum
Acetanilid. Antifebrin. Phenylacetamid.

Prüfung auf Identität, Essigsäure, Antipyrin, Anilinsalze, fremde anorganische und organische Stoffe siehe D. A.-B.

Acetonum
Aceton. Dimethylketon.

Klare, farblose, leicht bewegliche, neutrale, flüchtige, entzündliche und mit leuchtender, nicht russender Flamme verbrennende Flüssigkeit von durchdringendem, ätherischem Geruche und kampferartigem Geschmacke.
Verhalten gegen Lösungsmittel: in jedem Verhältnis klar löslich in Wasser, Weingeist, Äther, Chloroform und Ölen.
Siedepunkt: bei 56 bis 58°.
Spezifisches Gewicht: 0,800 bis 0,810.

2 Acet. — Acet. pyrolign. crudum. — Acet. pyrolign. rectificat.

Prüfung durch:	Zeigt an:
Bestimmen des Siedepunktes und des spezifischen Gewichtes.	**Reinheit des Präparates** durch obigen Siedepunkt und obiges spezifisches Gewicht.
Mischen von 5 ccm Aceton mit 5 ccm Wasser. Die Mischung muss klar sein.	**Empyreumatische Stoffe** durch eine Trübung.
a) Eintauchen von blauem Lakmuspapier. Dasselbe darf nicht gerötet werden.	**Essigsäure** durch eine Rötung des Papieres.
b) Gelindes Erwärmen der Lösung mit ammoniakalischer Silbernitratlösung. Es darf keine Schwärzung erfolgen.	**Aldehyd, empyreumatische Stoffe** durch Ausscheidung von metallischem Silber.
Verdampfen von 0,5 ccm Aceton in einem Uhrglase auf dem Wasserbade. Es darf kein Rückstand bleiben.	**Fremde Beimengungen** durch einen Rückstand.
Schütteln mit geglühtem Kaliumcarbonat. Dasselbe darf nicht feucht werden.	**Wassergehalt** durch Feuchtwerden des Kaliumcarbonats.

Acetum
Essig.

Prüfung auf Metalle, Schwefelsäure, Chlor, Nitrate, fremde Beimengungen, Mineralsäuren, Stärke, siehe D. A.-B.

Acetum pyrolignosum crudum
Roher Holzessig.

Prüfung auf Schwefelsäure, Salzsäure, Metalle und Stärke, siehe D. A.-B.

Acetum pyrolignosum rectificatum
Gereinigter Holzessig.

Prüfung auf Schwefelsäure, Salzsäure, Metalle, Stärke und Kunstprodukt, siehe D. A.-B.

Acid. acetic. — Acid. acetic. dilutum. — Acid. anisicum. 3

Acidum aceticum
Essigsäure.

Prüfung auf Arsen, fremde Bestandtheile, Schwefelsäure, Salzsäure, Metalle, schweflige Säure, empyreumatische Stoffe und Stärke, siehe D. A.-B

Acidum aceticum dilutum
Verdünnte Essigsäure.

Prüfung auf Arsen, fremde Bestandtheile, Schwefelsäure, Salzsäure, Metalle, schweflige Säure, empyreumatische Stoffe, Stärke, siehe D. A.-B.

Acidum anisicum
Anissäure.   Methylparaoxybenzoesäure.

Oxybenzoemethyläthersäure.

Farbloses, spezifisch leichtes Krystallpulver, nahezu ohne Geruch, beim Erhitzen sublimierend.

Verhalten gegen Lösungsmittel: leicht löslich in Alkohol und Äther, ziemlich leicht in siedendem Wasser, schwer löslich in kaltem Wasser.

Schmelzpunkt: bei 184°.

Siedepunkt: bei 275 bis 280°.

Prüfung durch:	Zeigt an
Auflösen von 0,2 g Anissäure in 50 ccm heissem Wasser.	
a) Eintauchen von blauem Lakmuspapier.	**Identität** durch Rötung des Papiers.
b) Zusatz von Eisenchloridlösung. Es entstehe keine violette Färbung.	**Salicylsäure** durch eine violette Färbung.
c) Neutralisieren mit Natriumcarbonatlösung und Zusatz von Eisenchloridlösung.	**Identität** durch einen eigelben Niederschlag.
Zusatz einer kleinen Menge Anissäure zu Kaliumpermanganatlösung und Erwärmen. Es	**Organische Beimengungen** durch Verschwinden der roten Farbe der Flüssigkeit.

1*

darf die rote Farbe nicht verschwinden.

Auflösen von 2 g Anissäure, welche man über Schwefelsäure getrocknet hat, in 20 ccm Weingeist, Zusatz einiger Tropfen Phenolphthaleïnlösung und dann so viel Normalkalilauge, bis die Flüssigkeit beim Umschütteln rot gefärbt bleibt.

Reinheit des Präparats, wenn bis zu diesem Punkte 13,1 ccm Normal-Kalilauge verbraucht worden.

Acidum arsenicicum
Arsensäure.

Weisse, geruchlose, an der Luft feucht werdende, krümliche Masse oder ein grobes Pulver, in einer Proberöhre vorsichtig erhitzt schmelzend und sich dann vollständig verflüchtend, in Wasser sich langsam aber reichlich lösend.

Prüfung durch:

Erhitzen einer kleinen Menge Arsensäure in einem Glührohre und nachheriges Glühen. Sie schmilzt zuerst und verflüchtigt sich dann vollständig unter Bildung eines Sublimats.

Erhitzen einer kleinen Probe auf Kohle.

Auflösen von 3 g Arsensäure in 27 g Wasser unter Erwärmen.
a) Ansäuern der Lösung mit Salzsäure, Zufügen eines Krystalls Natriumthiosulfat und Erwärmen,
b) Versetzen der Lösung mit Silbernitratlösung und Überschichten mit Ammoniakflüssigkeit,
c) Versetzen mit Schwefelwasserstoffwasser und einigen Tropfen Salzsäure. Es

Zeigt an:

Mineralische Beimengungen durch einen Glührückstand.

Identität durch einen knoblauchartigen Geruch bei der Verflüchtigung.

Identität durch einen gelben Niederschlag.

Identität durch eine braunrote Zone, die beim Umschütteln verschwindet.

Arsenige Säure durch eine sofort entstehende gelbe Trübung.

entsteht sofort keine Färbung, sondern erst beim Erwärmen eine weisse Trübung von Schwefel.

Auflösen von 0,2 g Arsensäure in 20 g Wasser und Zufügen von 2 Tropfen Kaliumpermanganatlösung. Es muss eine dauernd rote Färbung entstehen.

Arsenige Säure durch alsbaldiges Verschwinden der roten Färbung.

Aufbewahrung: sehr vorsichtig.

Acidum arsenicosum
Arsenige Säure. Arsentrioxyd.

Prüfung auf Identität, fremde Beimengungen, Schwefelarsen, siehe D. A.-B.

Acidum benzoicum
Flores Benzoes. Benzoesäure.

Prüfung auf Identität, Hippursäure, Zucker, künstliche Benzoesäure, Harnbenzoesäure, Toluol-Benzoesäure, siehe D. A.-B.

Acidum benzoicum e Toluolo
Benzoesäure aus Toluol.

Weisse Krystalle von benzoeartigem Geruche, welche die riechenden Destillationsprodukte der offizinellen Benzoesäure nicht besitzen, unter Wasser erhitzt nicht schmelzen und stets chlorhaltig sind.

Acidum benzoicum ex urina
Harnbenzoesäure.

Weisse Krystalle von urinösem Geruche, welche Stickstoffverbindungen enthalten und deshalb, mit Natronlauge erwärmt, Ammoniak entwickeln.

Acidum boricum
Acidum boracicum. Borsäure.

Prüfung auf Identität, Metalle, Schwefelsäure, Chlor, Kalk, Magnesium, Eisen siehe D. A.-B.

Acidum camphoricum
Kamphersäure.

Prüfung auf Identität, Kamphoronsäure, anorganische Beimengungen, Kampher, Sulfate, Chloride, Salpetersäure, siehe D. A.-B.

Acidum butyricum
Buttersäure. Normal-Buttersäure. Propylcarbonsäure.

Farblose, unangenehm ranzig riechende, ätzende Flüssigkeit, welche bei starker Abkühlung krystallinisch erstarrt. Mit Wasser, Weingeist und Äther mischt sie sich in allen Verhältnissen.

Spezifisches Gewicht: 0,958.
Siedepunkt: bei 163°.*

Prüfung durch:	Zeigt an:
Bestimmung des spezifischen Gewichtes und Siedepunktes.	**Identität** und **Reinheit** durch obiges spezifisches Gewicht und obigen Siedepunkt.
Auflösen von 5 g Buttersäure in 10 ccm Wasser, versetzen mit überschüssigem Calciumcarbonat, Filtriren und Erhitzen des Filtrats auf etwa 70°.	**Identität** durch eine krystallinische Abscheidung von Calciumbutyrat, welches sich beim Erkalten wieder löst.
Mischen von 5 ccm Weingeist mit 5 ccm Schwefelsäure, indem man letztere in erstere langsam giesst, Zusatz von 5 ccm Buttersäure und gelindes Erwärmen.	**Identität** durch einen obstartigen Geruch.
Vermischen obiger Flüssigkeit mit Wasser.	**Identität** durch Abscheidung von Buttersäureäther auf der Oberfläche der Flüssigkeit.

* Die im Handel auch vorkommende Isobuttersäure besitzt einen Siedepunkt von 154°, und braucht 5 Teile Wasser zur Lösung.

Acidum carbolicum
Carbolsäure. Acidum phenylicum. Phenylsäure.

Prüfung auf Kresole, Teeröle, Identität, siehe D. A.-B.

Acidum carbolicum liquefactum
Verflüssigte Carbolsäure.

Prüfung auf den Wassergehalt, siehe D. A.-B.

Acidum cathartinicum
Cathartinsäure.

Schwarzer, unkrystallisirbarer Körper, welcher anfangs ohne Geschmack, dann sauer und adstringierend schmeckt. Er ist in Äther, absolutem Alkohol und Wasser unlöslich, in verdünntem Alkohol dagegen leicht löslich. Aus letzterer Lösung wird die Säure durch Mineralsäuren teilweise niedergeschlagen. In Alkalien ist die Säure löslich, durch Säuren daraus wieder fällbar.

Acidum chloricum
Chlorsäure.

Farblose Flüssigkeit von salpetersäureähnlichem Geruche.
Spezifisches Gewicht: 1,2.

Prüfung durch:	Zeigt an:
Eintauchen von blauem Lakmuspapier in die Säure.	**Identität** durch Rötung, dann Bleichung des Papiers.
Versetzen der Säure mit Salzsäure.	**Identität** durch Chlorentwicklung.
Verdünnen von 5 g der Säure mit 50 ccm Wasser, Zusatz von überschüssiger verdünnter Salzsäure, Erwärmen auf dem Wasserbade bis zum Verschwinden des Chlorgeruchs.	
a) Portionenweises Eintragen von 30 g der Flüssigkeit in den Marsh'schen Apparat und Er-	**Arsen** durch Auftreten eines dunklen Spiegels in der Glasröhre.

hitzen des sich entwickelnden Gases. Es darf kein Arsenspiegel entstehen.

Versetzen der Flüssigkeit:
b) mit Schwefelwasserstoffwasser; es darf keine dunkle Färbung entstehen.
c) mit Ammoniakflüssigkeit und Schwefelammonium; es darf keine dunkle Färbung entstehen.

Verdünnen von 2 g der Säure mit 20 ccm Wasser und Zusatz von verdünnter Schwefelsäure. Es darf innerhalb einiger Minuten nur opalisierende Trübung entstehen.

Metalle, Kupfer, Blei, durch eine dunkle Färbung.

Eisen durch eine dunkle Färbung.

Baryt durch eine innerhalb einiger Minuten entstehende weisse, undurchsichtige Trübung.

Aufbewahrung: vorsichtig.

Acidum chromicum
Chromsäure.

Prüfung auf Identität, Schwefelsäure, Alkalisalze, siehe D. A.-B.

Acidum chrysophanicum

Chrysophansäure.   Dioxymethylantrachinon.
Parietinsäure.

Goldgelbe, nadelförmige Krystalle, welche in Wasser unlöslich, in Alkohol schwer löslich, leichter löslich in Chloroform und Benzol sind.

Schmelzpunkt: bei 162°.

Prüfung durch:
Auflösen einer Probe in Natronlauge.

Zeigt an:
Identität durch eine tiefrote Farbe der Lösung.

Acidum citricum
Citronensäure.

Prüfung auf Identität, Weinsäure, Zucker, Schwefelsäure, Kalk, Metalle, anorganische Stoffe, siehe D. A.-B.

Acidum cressylicum
Kressylsäure. Kresol. Meta-Kresol.

Farblose Flüssigkeit von kreosotähnlichem Geruche, in Wasser schwer, in Alkohol, Äther und Glycerin leicht löslich.
Siedepunkt: bei 203°.

Prüfung durch:	Zeigt an:
Schütteln der Flüssigkeit mit Wasser und Versetzen der Lösung mit 1 Tropfen Eisenchloridlösung.	**Identität** durch eine blauviolette bis blaue Färbung.

Acidum formicicum
Ameisensäure.

Prüfung auf Identität, anorganische Salze, Oxalsäure, Acrolein, Salzsäure, Metalle, Essigsäure, Stärke, siehe D. A.-B.

Acidum gallicum
Gallussäure.   Trioxybenzoesäure.

Weisse oder schwach gelbliche, seidenglänzende, geruchlose Nadeln von herbem, säuerlichem Geschmacke, saurer Reaktion, beim Erhitzen einen weissen Rauch ausstossend, dann schmelzend, verkohlend und ohne Rückstand verbrennend.

Verhalten gegen Lösungsmittel: in etwa 125 Theilen kaltem, und in 3 Theilen siedendem Wasser, leicht in Weingeist, schwerer in Äther löslich.

Prüfung durch:	Zeigt an:
Auflösen von 0,3 g Gallussäure in 30 g Wasser unter Erwärmen und Versetzen von je 10 ccm der Lösung; a) mit Eisenchloridlösung,	**Identität** durch eine blauschwarze Flüssigkeit, die auf Zusatz von Schwefelsäure gelbbraun wird.

b) mit Baryumnitratlösung; es darf keine Trübung entstehen;
c) mit Eiweisslösung; es darf nicht getrübt werden.

Erhitzen von 1 g Gallussäure und Glühen in einem tarierten Porzellantiegelchen. Es darf kein wägbarer Rückstand bleiben.

Schwefelsäure durch eine weisse Trübung.
Gallusgerbsäure durch eine Trübung.
Anorganische Beimengungen durch einen Rückstand.

Aufbewahrung: vor Licht geschützt.

Acidum hydrobromicum
Bromwasserstoffsäure.

Prüfung auf Identität, Arsen, Metalle, Schwefelsäure, Brom, Jodwasserstoff, Salzsäure, phosphorige Säure, Phosphorsäure, Eisen, Stärke, siehe D. A.-B.

Acidum hydrochloricum
Salzsäure.

Prüfung auf Identität, Arsen, freies Chlor, Metalle, schweflige Säure, Eisenchlorid, Stärke, siehe D. A.-B.

Acidum hydrochloricum crudum
Rohe Salzsäure.

Klare oder opalisierende, mehr oder weniger gelbe Flüssigkeit, an der Luft rauchend.

Spezifisches Gewicht: nicht unter 1,160.
Gehalt: in 100 Teilen mindestens 30 Teile Chlorwasserstoff.

Prüfung durch: | Zeigt an:

Versetzen von 1 ccm der Säure mit 3 ccm Zinnchlorürlösung. Die Mischung darf sich nicht sofort bräunen.

Arsen durch eine sofort eintretende Bräunung.

Verdünnen von 10 ccm Salzsäure mit Wasser bis zu 50 ccm, Abpipettieren von 10 ccm der Mischung, Versetzen mit einigen Tropfen Phenolphtaleinlösung,

Vorschriftsmässigen Gehalt an Chlorwasserstoff, wenn bis zu diesem Punkte mindestens 16,44 ccm Normal-Kalilauge verbraucht werden.

und dann mit so viel Normal-Kalilauge, bis die Flüssigkeit bleibend rot gefärbt wird.
Aufbewahrung: vorsichtig.

Acidum hydrocyanicum
Cyanwasserstoffsäure. Blausäure.

Klare, farblose, flüchtige Flüssigkeit von starkem, bittermandelartigem Geruche und schwach saurer Reaktion.
Spezifisches Gewicht: 0,997.
Gehalt: in 100 Teilen 2 Teile Cyanwasserstoff.

Prüfung durch:

Versetzen von 5 ccm Cyanwasserstoffsäure mit einigen Tropfen Natronlauge, einem Tropfen Eisenchloridlösung, einem Körnchen Ferrosulfat und Übersättigen mit Salzsäure.

Verdünnen von 5 ccm Cyanwasserstoffsäure mit 90 ccm Wasser, Versetzen mit 2 ccm Kalilauge und unter fortwährendem Umrühren so lange mit Zehntel-Normal-Silbernitratlösung, bis eine bleibende, weissliche Trübung eingetreten ist.

Fällen von 20 ccm der Cyanwasserstoffsäure mit Silbernitratlösung, Abfiltrieren des Niederschlages, Auswaschen desselben und Kochen in einem Gemische

Zeigt an:

Identität durch eine dunkelblaue Färbung.

Den vorschriftsmässigen Gehalt an Cyanwasserstoff, wenn bis zu diesem Punkte 18,5 ccm Zehntel-Normal-Silbernitratlösung gebraucht werden.

Jeder ccm Zehntel-Normal-Silbernitratlösung entspricht 0,0054 g Cyanwasserstoff.

Man findet die Gewichtsprocente an Cyanwasserstoff, wenn man die verbrauchten ccm Zehntel-Normal-Silbernitratlösung mit $0{,}0054 \times 20$ multipliziert und das erhaltene Produkt mit dem spezifischen Gewicht der Säure dividiert.

Chlorwasserstoff durch eine unvollständige Lösung des Niederschlages.

von 2 ccm Schwefelsäure und 2 ccm Wasser. Der Niederschlag muss sich vollkommen lösen.

Aufbewahrung: sehr vorsichtig, in einem vor Licht geschützten Glase.

Acidum hydrofluoricum fumans
Fluorwasserstoffsäure. Flusssäure.

Nahezu oder ganz farblose, das Glas stark angreifende, an der Luft rauchende, stechend riechende, mit Wasser in allen Verhältnissen mischbare Flüssigkeit.

Prüfung durch:	Zeigt an:
Versetzen der Säure mit Calciumchloridlösung.	**Identität** durch einen gelatinösen, durchscheinenden Niederschlag.
Verdünnen von 10 g der Säure mit Wasser auf 100 ccm.	
a) Versetzen von 10 ccm der Flüssigkeit mit einigen Tropfen Salpetersäure und Baryumnitratlösung. Es entstehe innerhalb 5 Minuten keine Trübung.	**Schwefelsäure** durch eine innerhalb 5 Minuten erfolgende weisse Trübung.
b) Erwärmen von 50 ccm der Flüssigkeit und Einleiten von Schwefelwasserstoffgas. Es darf keine gelbe noch dunkle Fällung entstehen.	**Arsen** durch eine gelbe, **Schwermetalle** durch eine dunkle Fällung.
c) Übersättigen von 30 ccm der Flüssigkeit mit Ammoniakflüssigkeit und Versetzen:	
α) mit Schwefelammonium; es entstehe keine dunkle Fällung,	**Eisen** durch eine dunkle Fällung.
β) mit Ammoniumcarbonatlösung; es entstehe keine Trübung.	**Kalk** durch eine weisse Trübung.

γ) mit Ammoniumphosphatlösung; es entstehe keine Trübung.

Verdampfen von 5 g der Säure in einem Platintiegel und Glühen. Es darf kein wägbarer Rückstand bleiben.

Verdünnen von 5 g der Säure mit 20 ccm Wasser, Zusatz von Kaliumchlorid und etwa 40 ccm Weingeist. Es darf keine Trübung entstehen.

Magnesia durch eine weisse Trübung.

Fremde Beimengungen durch einen feuerbeständigen, wägbaren Rückstand.

Kieselfluorwasserstoff durch eine Trübung oder Fällung.

Aufbewahrung: vorsichtig in Kautschukflaschen.

Acidum hydrojodicum
Acidum hydrojodatum. Jodwasserstoffsäure.

Farblose, völlig flüchtige Flüssigkeit, welche an der Luft unter Sauerstoff-Aufnahme bald gelb wird.

Spezifisches Gewicht: 1,5, entsprechend einem Gehalt von etwa 45 Prozent Jodwasserstoff.

Prüfung durch:

Versetzen mit etwas Chlorwasser und Schütteln mit Chloroform.

Bestimmung des spezifischen Gewichtes.

Verdampfen von 5 g der Säure in einem tarierten Porzellanschälchen. Es darf nur ein sehr geringer Rückstand bleiben.

Verdünnen von 15 g der Säure mit 150 ccm Wasser.

a) Einleiten von überschüssigem Schwefelwasserstoffgas in 100 ccm der verdünnten Säure. Es darf keine dunkle Färbung oder Fällung entstehen.

b) Übersättigen von 10 ccm der Flüssigkeit mit Ammoniak-

Zeigt an:

Identität durch eine violette Färbung des Chloroforms.

Richtige Stärke, wenn dasselbe 1,5 beträgt.

Salzartige Beimengungen durch einen grösseren Verdampfungsrückstand.

Metalle durch eine dunkle Färbung oder Fällung.

Kalk durch eine weisse Trübung.

flüssigkeit und Zusatz von Ammoniumoxalatlösung. Es darf keine Trübung entstehen.

Verdünnen von 2 g der Säure mit 18 g Wasser und Zusatz von Baryumnitratlösung. Es darf keine Trübung entstehen.

Vermischen von 0,5 g der Säure mit 15 ccm Ammoniakflüssigkeit. Versetzen mit 18 ccm Zehntel-Normal-Silbernitratlösung, Schütteln, Filtrieren und Versetzen des Filtrates mit überschüssiger Salpetersäure. Es darf nur schwache Trübung entstehen.

Schwefelsäure durch eine weisse Trübung.

Chlorwasserstoff, Bromwasserstoff durch eine weisse, undurchsichtige Trübung.

Acidum hydro-silico-fluoricum

Acidum silicofluoratum. Kieselfluorwasserstoffsäure.

Wasserhelle, an der Luft schwach rauchende, ätzende Flüssigkeit, welche Glas- und Porzellangefässe stark angreift.

Spezifisches Gewicht: 1,06, entsprechend einem Gehalt von nahe $7\frac{1}{2}$ Procent Kieselfluorwasserstoff.

Prüfung durch:

Versetzen der Säure mit Baryumnitratlösung.

Bestimmung des spezifischen Gewichtes.

Verdampfen von 5 g der Säure in einer tarierten Platinschale. Es darf kein Rückstand bleiben.

Verdünnen von 10 g der Säure mit 20 ccm Wasser. Versetzen der verdünnten Säure:

a) mit einigen Tropfen Salzsäure und mit Schwefelwasserstoffwasser. Es darf keine dunkle Fällung entstehen.

Zeigt an:

Identität durch einen weissen Niederschlag.

Richtige Stärke, wenn dasselbe 1,06 beträgt.

Fremde Beimengungen durch einen Verdampfungsrückstand.

Metalle durch eine dunkle Fällung.

Acidum lacticum. — Acidum malicum. 15

b) mit Strontiumnitratlösung; es darf innerhalb 5 Minuten keine Trübung entstehen. | **Schwefelsäure** durch eine weisse Trübung.

Aufbewahrung: in Platin- oder Kautschukflaschen.

Acidum lacticum
Milchsäure. Äthylidenmilchsäure. Oxypropionsäure.

Prüfung auf Identität, Buttersäure, Essigsäure, Zucker, Metalle, Schwefelsäure, Chloride, Kalk, Weinsäure, Oxalsäure, Citronensäure, Glycerin, siehe D. A.-B.

Acidum malicum
Äpfelsäure. Oxybernsteinsäure.

Farblose, glänzende Nadeln, büschelförmig oder kugelig vereinigt oder blumenkohlartige Krystallaggregate, die an feuchter Luft zerfliessen, sich leicht in Wasser und Weingeist, weniger leicht in Äther lösen.

Schmelzpunkt: bei $100°$. Auf $150°$ erhitzt spaltet sie sich in Wasser, Fumarsäure und Maleïnsäure, rasch auf $200°$ erhitzt findet teilweise Verkohlung statt.

Prüfung durch: | Zeigt an:

Erhitzen der Äpfelsäure auf $150°$. | **Identität** durch Verwandlung in Fumarsäure, welche in Wasser schwer löslich ist und nach Verdampfen der Lösung gut krystallisiert.

Auflösen von 3 g der Säure in 57 g Wasser und Versetzen der Lösung:
a) mit ein paar Tropfen Schwefelsäure und wenig Kaliumdichromatlösung und Kochen; | **Identität** durch eine grüne Lösung und einen Geruch nach frischen Äpfeln.

b) mit Bleiacetatlösung; | **Identität** durch einen weissen Niederschlag, der beim Erhitzen der Flüssigkeit sich zum Teil löst, zum Teil schmilzt. Aus

c) mit überschüssigem Kalkwasser und Erhitzen zum Kochen; es findet weder in der Kälte noch beim Erwärmen eine Trübung statt; der Lösung scheiden sich beim Erkalten feine Krystallnadeln aus.

Weinsäure, Oxalsäure durch eine weisse Fällung in der Kälte.

Citronensäure durch eine weisse Trübung beim Erhitzen, welche beim Erkalten wieder verschwindet.

d) mit überschüssiger Calciumchloridlösung; es findet keine Fällung statt;

Weinsäure, Oxalsäure durch eine weisse Trübung.

e) Erhitzen obiger Flüssigkeit zum Kochen und Eindampfen der Lösung.

Identität durch Abscheidung von Calciumoxalat beim Concentrieren der Lösung; der Niederschlag löst sich in wenig Salzsäure, scheidet sich aber auf Zusatz von überschüssiger Ammoniakflüssigkeit beim Kochen wieder aus.

Acidum molybdänicum
Molybdänsäure.

Weisses, einen schwachen Stich ins Bläuliche besitzendes, lockeres Pulver, welches in Säuren wie in Alkalien löslich ist. In 500 Teilen Wasser löst es sich zu einer schwach sauer reagierenden und Curcumapapier bräunenden Flüssigkeit. In der Rotglut schmilzt es und erstarrt beim Erkalten zu einer gelben krystallinischen Masse, welche in Säuren nicht mehr löslich ist.

Prüfung durch:

Auflösen von 1 g der Säure in Ammoniakflüssigkeit, Zusatz von Salpetersäure, bis der entstandene Niederschlag sich wieder gelöst hat, und Erwärmen mit etwas Zink.

Zeigt an:

Identität durch eine blaue Färbung, welche in Grün und zuletzt in Schwarzbraun übergeht.

Erhitzen einiger Tropfen Schwefelsäure und einer kleinen Menge des Präparats auf dem Platinbleche, bis lebhafte Verdampfung der Schwefelsäure erfolgt, Erkaltenlassen und wiederholtes Anhauchen der Schwefelsäure.

Identität durch eine schöne blaue Färbung der Schwefelsäure.

Auflösen von 2 g der Säure in 10 ccm Wasser und 5 ccm Ammoniakflüssigkeit von 0,91 spez. Gew. und Zusatz von Schwefelammonium. Es darf keine Fällung entstehen.

Metalle durch eine dunkle Fällung.

Auflösen von 10 g des Präparats in 25 ccm Wasser und 15 ccm verdünnter Ammoniakflüssigkeit (0,910 spec. Gew.), Vermischen mit 150 ccm Salpetersäure (1,20 spec. Gew.) und 2 stündiges Stehenlassen bei gelinder Wärme. Es darf keine gelbe Fällung entstehen.

Phosphorsäure durch einen gelben Niederschlag.

Kochen von 1 g der Säure mit Natronlauge. Es darf kein Ammoniakgeruch entstehen.

Ammoniaksalze durch einen Geruch nach Ammoniak.

Acidum monobromaceticum
Monobromessigsäure.

Farblose, stark ätzende, zerfliessliche, rhomboëdrische Krystalle.

Schmelzpunkt: bei 50 bis 51°.
Siedepunkt: bei 208° unter teilweiser Zersetzung.
Aufbewahrung: vorsichtig.

Acidum monochloraceticum
Monochloressigsäure.

Farblose, leicht zerfliessliche, rhombische Tafeln oder eine weisse, aus feinen Nadeln bestehende Krystallmasse, in der

18 Acid. nitric. — Acid. nitric. crud. — Acid. nitric. fumans.

Kälte fast geruchlos, erwärmt von erstickendem und zu Thränen reizendem Geruche, in Wasser, Weingeist und Äther löslich.

Schmelzpunkt: bei etwa 62^0.

Siedepunkt: bei 185 bis 187^0.

Prüfung durch:	Zeigt an:
Erhitzen einiger Krystalle auf dem Platinbleche. Es darf kein Rückstand bleiben.	**Anorganische Beimengungen** durch einen Rückstand.
Auflösen von 2 g der Säure in 18 ccm Wasser:	
a) Erwärmen von 5 ccm der Lösung mit einigen Stückchen Zink.	**Identität** durch einen Geruch nach Essigsäure.
b) Versetzen von 10 ccm der Lösung mit 2 Tropfen Zehntel-Normal-Silbernitratlösung. Es darf nur schwach opalisierende Trübung eintreten.	**Salzsäure** durch eine stärkere, undurchsichtige Trübung.

Aufbewahrung: vorsichtig, in einem wohlverschlossenen Glase.

Acidum nitricum
Salpetersäure.

Prüfung auf Identität, Metalle, Salzsäure, Schwefelsäure, Jod, Jodsäure, Eisen, Stärke, siehe D. A.-B.

Acidum nitricum crudum
Rohe Salpetersäure. Scheidewasser.

Prüfung auf feuerbeständige Salze, Stärke, siehe D. A.-B.

Acidum nitricum fumans
Rauchende Salpetersäure.

Prüfung auf feuerbeständige Salze, Stärke, siehe D. A.-B.

Acidum oleinicum

Ölsäure. Oleinsäure. Elainsäure.

Farblose oder kaum gelblich gefärbte, nahezu geruch- und geschmacklose, ölartige Flüssigkeit, unter 15° dickflüssig werdend, bei + 4° zu einer Krystallmasse erstarrend, beim Erhitzen sich zersetzend. An der Luft nimmt die Ölsäure sehr bald dunkle Farbe, ranzigen Geruch und saure Reaktion an.

Verhalten gegen Lösungsmittel: löslich in Weingeist, Äther, Chloroform, fetten und ätherischen Ölen.

Spezifisches Gewicht: 0,89 bis 0,91.

Prüfung durch:
Geruch und Farbe. Dieselbe darf nicht ranzig riechen und kaum gelblich gefärbt sein.

Auflösen von 5 ccm Ölsäure in 5 ccm Weingeist. Die Lösung muss klar sein.

Gelindes Erwärmen von etwa 5 ccm Ölsäure mit einer verdünnten Kaliumcarbonatlösung. Es muss klare Lösung stattfinden.

Neutralisieren obiger Lösung mit Essigsäure, Zusatz von Bleiacetatlösung, wodurch ein weisser Niederschlag entsteht, zweimaliges Auswaschen des letzteren mit heissem Wasser und Behandeln desselben nach Entfernung des Wassers mit Äther. Es muss fast vollständige Lösung erfolgen.

Erhitzen von 1 g Ölsäure in einem tarierten Porzellantiegelchen. Es darf kein wägbarer Rückstand bleiben.

Zeigt an:
Zersetzung der Ölsäure durch Einwirkung der Luft durch einen ranzigen Geruch und eine braune Farbe.

Fettes Öl, Harzöl, Paraffinöl durch eine trübe Lösung.

Fettes Öl, Harzöl durch Abscheidung von Öltropfen.

Stearinsäure, Palmatinsäure durch einen in Äther nur teilweise löslichen Niederschlag.

Fremde Beimengungen durch einen wägbaren Rückstand.

Aufbewahrung: in einem gut verschlossenen Glase.

Acidum osmicum

Acidum hyperosmicum.   Acidum perosmicum.

Osmiumsäure.   Überosmiumsäure.

Farblose bis gelbliche oder grünlichgraue, nadelförmige Krystalle oder krystallinische Stücke von stechend chlorartigem Geruche und sehr scharfem Geschmacke, an der Luft Wasser anziehend, Dämpfe ausstossend*), beim Erhitzen schmelzend und ohne Rückstand flüchtig.

Prüfung durch:	Zeigt an:
Auflösen von 0,5 der Säure in 50 ccm Wasser. Die Lösung ist farblos und rötet blaues Lakmuspapier nicht.	
a) Stehenlassen von etwa 10 ccm der Lösung am Lichte.	**Identität** durch eine Schwärzung der Gefässwand nach einiger Zeit.
Versetzen von je 10 ccm der Lösung:	
b) mit Kaliumjodidlösung,	**Identität** durch eine gelbe Färbung.
c) mit Schwefelwasserstoffwasser nach Ansäuern mit Salzsäure,	**Identität** durch einen schwarzbraunen Niederschlag.
d) mit Gerbsäurelösung,	**Identität** durch eine rote, dann dunkelblaue Färbung.
e) Einleiten von Schwefligsäureanhydrid.	**Identität** durch eine zuerst gelbe, dann braune, zuletzt blaue Färbung.
Erhitzen einer kleinen Probe auf dem Platinbleche. Die Säure schmilzt und verflüchtigt sich vollkommen.	**Anorganische Beimengungen** durch einen Rückstand.

Aufbewahrung: vorsichtig, vor Licht geschützt.

---

*) Da die Dämpfe der Osmiumsäure sehr ätzend auf die Schleimhäute, namentlich der Augen wirken, und auf der äusseren Haut schmerzhaften Ausschlag erzeugen, so muss man sich bei der Prüfung dieser Säure vor den Dämpfen derselben sehr hüten.

Acidum oxalicum
Oxalsäure. Kleesäure.

Wasserhelle, farb- und geruchlose, luftbeständige, in der Wärme verwitternde, monokline Säulen von saurer Reaktion und saurem Geschmacke, bei 100° in ihrem Krystallwasser schmelzend und nach Verlust desselben bei 160° zum grössten Teil unzersetzt sublimierend, in 9 Teilen Wasser und in 2,5 Teilen Weingeist, leichter in den siedenden Flüssigkeiten löslich.

Prüfung durch:
Auflösen von 3 g Oxalsäure in 57 g Wasser und Versetzen von je 10 ccm der Lösung:
a) mit Calciumsulfatlösung,

Zeigt an:

Identität durch einen weissen, krystallinischen Niederschlag, welcher in Essigsäure und in Ammoniak unlöslich, in Salpetersäure und Salzsäure löslich ist.

b) mit einigen Tropfen Kaliumpermanganatlösung u. Erwärmen,

Identität durch Verschwinden der roten Farbe.

c) mit Schwefelwasserstoffwasser; es darf keine Veränderung erfolgen.

Metalle durch eine dunkle Färbung.

d) Ansäuren von 20 ccm der Lösung mit einigen Tropfen Salpetersäure u. Versetzen:
α) mit Baryumnitratlösung,
β) mit Silbernitratlösung.
Beide Reagentien dürfen keine Trübung hervorrufen.

Schwefelsäure durch eine weisse Trübung.
Salzsäure durch eine weisse Trübung.

Erhitzen von etwa 1 g Oxalsäure in einem Platinschälchen. Es darf weder ein weisser noch ein kohliger Rückstand bleiben.

Anorganische Beimengungen durch einen weissen Rückstand.
Ungereinigte Oxalsäure, Citronensäure, Weinsäure durch einen kohligen Rückstand.

Erhitzen der Oxalsäure mit

Wein-, Trauben-, Citro-

Schwefelsäure. Es entwickelt sich ein farbloses Gasgemenge ohne Schwärzung der Schwefelsäure.

Gelindes Erwärmen von 2 g Oxalsäure mit überschüssiger Natronlauge. Darübergehaltenes, angefeuchtetes Curcumapapier darf nicht gebräunt werden.

nensäure durch eine Schwärzung der Schwefelsäure.

Ammoniak durch Bräunung des Curcumapapiers.

Aufbewahrung: vorsichtig.

Acidum α-oxynaphtoïcum

α-Oxynaphtoësäure.   Naphtolcarbonsäure.

Weisses, scharf schmeckendes, zum Niesen reizendes, krystallinisches sublimierbares Pulver, welches in Wasser schwer, in Alkohol, Äther, Chloroform, Benzol, fetten Ölen und Glycerin leicht löslich ist.

Schmelzpunkt der trocknen Säure: bei 186° unter Zersetzung in Kohlensäure und Naphtol.

Prüfung durch:

Bestimmung des Schmelzpunktes.

Auflösen von 0,1 g der Säure in 10 ccm Weingeist und Zusatz von Ferrichloridlösung.

Zeigt an:

Reinheit durch obigen Schmelzpunkt.

Identität durch blaue Färbung.

Aufbewahrung: vorsichtig.

Acidum parakresotinicum

Parakresotinsäure.

Farblose, nadelförmige Krystalle, welche sauer reagieren und in Alkohol, Äther, Chloroform leicht, in kaltem Wasser schwer löslich sind. Mit Wasserdämpfen sind sie leicht flüchtig.

Schmelzpunkt: bei 151°.

Prüfung durch:

Auflösen von 0,1 g des Präparates in 10 ccm Wasser und Zusatz von Eisenchloridlösung.

Zeigt an:

Identität durch eine violettblaue Färbung.

Acidum phospho-molybdaenicum
Phosphormolybdänsäure.

Gelbe, glänzende Krystalle, welche sich leicht und vollständig in Wasser zu einer sauer reagierenden Flüssigkeit lösen, nicht aber in verdünnten Säuren und in Weingeist.

Prüfung durch:	Zeigt an:
Auflösen von 0,1 g der Säure in 2 ccm Wasser und Zusatz zu einer mit Salpetersäure angesäuerten Lösung von Kaliumnitrat.	**Identität** durch einen gelben Niederschlag.
Auflösen von 2 g der Säure in 10 ccm Wasser. Die Lösung muss vollständig sein.	**Phosphormolybdänsaures Ammonium** durch eine unvollständige Lösung.
Zusatz einer geringen Spur von Ammoniakflüssigkeit zur obigen Lösung und hierauf eine grössere Menge Ammoniakflüssigkeit.	**Identität** durch einen starken Niederschlag, der sich in überschüssiger Ammoniakflüssigkeit wieder auflöst.
Versetzen der ammoniakalischen Lösung: a) mit Schwefelammonium; es darf keine dunkle Fällung entstehen.	**Metalle** durch eine dunkle Fällung.
b) mit Ammoniumoxalatlösung; es darf keine Trübung entstehen.	**Kalk** durch eine weisse Trübung.

Acidum phosphoricum
Phosphorsäure.

Prüfung auf Identität, Jodwasserstoff, Arsen, Salzsäure, phosphorige Säure, Metalle, Schwefelsäure, Kalk, Phosphate, Kieselsäure, Salpetersäure, salpetrige Säure, siehe D. A.-B.

Acidum phosphoricum glaciale
Metaphosphorsäure.

Farblose, durchsichtige, glasartige Stücke oder Stückchen, an der Luft zerfliessend, beim Erwärmen zu einer klaren, zähen

Acidum phosphoricum glaciale.

Flüssigkeit schmelzend, in Wasser langsam, aber vollständig zu einer sehr sauren Flüssigkeit löslich.

Prüfung durch:	Zeigt an:
Auflösen von 3 g der Säure in 57 g Wasser. Versetzen von je 10 ccm der Lösung:	
a) mit Silbernitratlösung und Neutralisieren mit Ammoniakflüssigkeit,	**Identität** durch einen weissen Niederschlag, der in Ammoniakflüssigkeit und in Salpetersäure löslich ist.
b) mit Eiweisslösung,	**Identität** durch einen weissen, gallertartigen Niederschlag.
c) mit Schwefelwasserstoffwasser; es entstehe keine Veränderung.	**Metalle** durch eine dunkle Färbung.
d) Versetzen von 1 ccm der Lösung mit 3 ccm Zinnchlorürlösung; es darf im Laufe einer Stunde keine Färbung entstehen.	**Arsen** durch eine innerhalb einer Stunde entstehende braune Färbung.
e) Vermischen von 5 ccm der Lösung mit 15 ccm Wasser und Versetzen:	
α) mit Baryumnitratlösung; es darf keine Trübung entstehen;	**Schwefelsäure** durch eine weisse Trübung.
β) mit Ammoniumoxalatlösung nach Zusatz von überschüssiger Ammoniakflüssigkeit; es darf keine Trübung entstehen.	**Calciumverbindung** durch eine weisse Trübung.
f) Vermischen von 5 ccm der Lösung mit 20 ccm Weingeist. Die Lösung muss klar bleiben.	**Calcium- und Magnesiumsalze** durch eine Trübung.
Auflösen von 1 g der Säure in 9 g Wasser, Vermischen von 2 ccm der Lösung mit 2 ccm	**Salpetersäure, salpetrige Säure** durch eine dunkle Zone zwischen beiden Flüssigkeiten.

Schwefelsäure und Überschichten mit 1 ccm Ferrosulfatlösung. Es darf sich keine gefärbte Zone zeigen.

Aufbewahrung: in einem sehr gut verschlossenen Glase.

Acidum picrinicum
Acidum picronitricum. Pikrinsäure. Trinitrophenol.

Gelbe, glänzende, geruchlose Blättchen oder Nadeln von stark bitterem Geschmacke und saurer Reaktion, beim Erhitzen schmelzend und in höherer Wärme unter Entzündung verpuffend.

Verhalten gegen Lösungsmittel: löslich in 86 Teilen kaltem, leichter in siedendem Wasser und leicht in Weingeist und in Äther.

Prüfung durch:

Erhitzen einer ganz kleinen Probe der Säure in einem Porzellantiegel und Glühen. Es darf kein Rückstand bleiben.

Auflösen von 0,1 g Pikrinsäure in 10 ccm Weingeist, Einlegen einiger weisser Wollfäden (nicht Baumwolle) und 24 stündiges Stehenlassen.

Schütteln von 0,2 g Pikrinsäure mit 15 ccm Wasser, Filtrieren, Neutralisieren des Filtrats mit Natriumcarbonatlösung und Zusatz von Kaliumchloridlösung (1 = 10).

Auflösen von 0,1 g Pikrinsäure in 10 ccm Petroleumbenzin. Die Lösung muss klar und nur wenig gelb gefärbt sein.

Zeigt an:

Identität durch Schmelzen und Verpuffung unter Entzündung.

Pikrinsaures Alkali durch einen alkalisch reagierenden Rückstand.

Identität durch die gelbe Färbung der Wolle. Dieselbe bleibt beim Waschen der Wolle mit Wasser unverändert.

Identität durch einen gelben, krystallinischen Niederschlag.

Fremde Beimengungen (Salpeter, Borsäure, Oxalsäure etc.) durch eine trübe Lösung.

Anilingelb durch eine stark gelb gefärbte Lösung.

Aufbewahrung: vorsichtig.

Acidum rosolicum
Corallin. Rosolsäure.

Spröde, amorphe, rotbraune, metallglänzende Masse, welche in Wasser unlöslich, in Weingeist leicht löslich ist. Die weingeistige Lösung ist tief rotviolett.

Prüfung durch:	Zeigt an:
Auflösen von 0,1 g Rosolsäure in 10 ccm Weingeist, Versetzen von 10 ccm Wasser mit ein paar Tropfen obiger Lösung und Zusatz von 1 Tropfen Salzsäure.	**Identität** durch eine hellgelbe Färbung.
Versetzen obiger Flüssigkeit mit 1 bis 2 Tropfen Natronlauge oder Ammoniakflüssigkeit.	**Identität** durch eine rotviolette Färbung.

Acidum salicylicum
Salicylsäure. Orthooxybenzoesäure.

Prüfung auf Identität, fremde Beimengungen, Karbolsäure, Eisen, Salzsäure, siehe D. A.-B.

Man unterscheidet im Handel:
1. Acidum salicylicum praecipitatum. Diese ist weissgelblich bis rötlich gefärbt, und in Äther nicht vollkommen klar löslich. Sie enthält oft noch Karbolsäure.
2. Acidum salicylicum recrystallisatum. Sie entspricht den Ansprüchen des Arzneibuches.
3. Acidum salicylicum dialysatum. Es ist die reinste Sorte.

Acidum silicicum via humida parat.
Kieselsäure. Kieselerde.

Weisses, geruch- und geschmackloses, rauh anzufühlendes, feuerbeständiges Pulver, welches in Wasser und Säuren (mit Ausnahme von Flusssäure) unlöslich ist, löslich aber in heisser Kali- und Natronlauge und Natriumcarbonatlösung. Auch beim Schmelzen mit ätzenden Alkalien oder mit Natriumcarbonat und beim Behandeln mit Flusssäure löst sich die Kieselsäure auf.

Acidum sozojodolicum.

Prüfung durch:	Zeigt an:
Schmelzen von Kieselsäure mit Natriumcarbonat in einem Silbertiegel, Behandeln der Schmelze mit wenig Wasser, Filtrieren und Versetzen des Filtrates mit überschüssiger Salpetersäure.	**Identität** durch einen gallertartigen Niederschlag.
Abfiltrieren obiger Gallerte und Versetzen des Filtrates mit Baryumnitratlösung; es darf keine Trübung erfolgen.	**Sulfate** durch eine weisse Trübung.
Schmelzen von Phosphorsalz am Öhr des Platindrahtes in der Lötrohrflamme, Einstreuen einer kleinen Menge Kieselsäure auf die Probe und nochmaliges Erhitzen vor dem Lötrohre.	**Identität** durch rotierende Teilchen in der glühenden Probe (Kieselsäureskelett).
Übergiessen der Kieselsäure mit Schwefelwasserstoffwasser; es darf keine Veränderung entstehen.	**Metalle** durch eine dunkle Färbung der Kieselsäure.
Kochen von 5 g Kieselsäure mit 10 ccm Wasser, Filtrieren und Verdampfen des Filtrates. Es darf kein wägbarer Rückstand bleiben.	**Fremde Salze** durch einen wägbaren Rückstand.

Acidum sozojodolicum

Sozojodolsäure. Dijodparasulfonsäure.

Farblose, nadelförmige, in Wasser, in Alkohol und in Glycerin lösliche Prismen.

Prüfung durch:	Zeigt an:
Erhitzen einer Probe der Säure mit Salpetersäure.	**Identität** durch Entwicklung von violetten Joddämpfen und Bildung von Pikrinsäure.
Auflösen von 0,1 g der Säure in 10 ccm Wasser und Zusatz von 1 Tropfen Eisenchloridlösung.	**Identität** durch eine violette Färbung.

Aufbewahrung: vorsichtig.

Acidum sozolicum
Aseptol. Sozolsäure. Orthophenolsulfonsäure.

Eine 33procentige Lösung von Orthophenolsulfonsäure. Schwach rötlich gefärbte, am Lichte sich rasch dunkler färbende Flüssigkeit von saurer Reaktion, saurem Geschmacke, und einem schwach karbolsäureartigen Geruch; mit Wasser, Weingeist und Glycerin in jedem Verhältnis mischbar.

Spezifisches Gewicht: 1,155.

Prüfung durch:	Zeigt an:
Bestimmung des spezifischen Gewichtes.	**Die richtige Stärke** durch ein spezifisches Gewicht von 1,155.
Verdünnen von 1 ccm des Präparates mit 10 ccm Wasser und Zusatz von Baryumnitratlösung. Es darf keine Veränderung erfolgen.	**Freie Schwefelsäure** durch eine weisse Trübung.
Verdampfen von 1 ccm des Präparates in einem Platinschälchen. Es darf kein Rückstand bleiben.	**Mineralische Beimengungen** (Baryumverbindungen) durch einen Rückstand.

Aufbewahrung: vor Licht geschützt.

Acidum stearinicum
Stearinsäure. Stearin.

Weisse, harte, geruch- und geschmacklose, auf dem Bruche körnig krystallinische, fettig anzufühlende Masse, unlöslich in Wasser, löslich in siedendem Weingeist.

Schmelzpunkt: bei 60 bis 65°.

Prüfung durch:	Zeigt an:
Bestimmung des Schmelzpunktes. Derselbe muss 60 bis 65° betragen.	**Gemenge von Palmitinsäure und Stearinsäure** durch einen niedrigeren Schmelzpunkt.
Auflösen von 1 g Stearin in 20 ccm heissem Weingeist. Die Lösung muss klar sein.	**Kalkstearat** durch eine trübe Lösung.

Neutralisieren obiger weingeistiger Lösung mit Natronlauge, Verdampfen auf dem Wasserbade zur Trockne, Ausziehen des Rückstandes mit Petroleumbenzin und Verdampfen des letzteren. Es dürfen keine, oder nur Spuren eines Rückstandes bleiben.

Verbrennen von 0,5 g Stearin in einem Porzellantiegel. Es darf kein Rückstand bleiben.

Talg durch einen Rückstand nach dem Verdampfen des Petroleumbenzins.

Anorganische Beimengungen durch einen Rückstand.

Acidum succinicum
Bernsteinsäure. Äthylenbernsteinsäure.

Gelbliche, säulenförmige oder in Krusten zusammenhängende Krystalle, schwach nach Bernstein riechend, beim Erhitzen schmelzend und unter Entwicklung zum Husten reizender Dämpfe ohne Abscheidung von Kohle vollständig flüchtig.

Verhalten gegen Lösungsmittel: löslich in 28 Teilen kaltem, in 2,2 Teilen siedendem Wasser, leicht in Weingeist, kaum in Äther, unlöslich in Terpentinöl.

Prüfung durch:

Auflösen von 3 g Bernsteinsäure in 87 g Wasser.
Versetzen von je 10 ccm der Lösung:
a) mit Eisenchloridlösung nach Neutralisierung mit Ammoniakflüssigkeit,

b) mit Kaliumacetatlösung; es darf kein Niederschlag entstehen,

c) mit Baryumnitratlösung; es darf nur opalisierende Trübung entstehen,

d) mit Silbernitratlösung; es darf nur opalisierende Trübung entstehen,

Zeigt an:

Identität durch einen reichlichen, zimmtbraunen, in Salzsäure vollständig löslichen Niederschlag.

Weinsäure durch einen weissen, krystallinischen Niederschlag.

Sulfate durch eine weisse, undurchsichtige Trübung.

Chloride durch eine weisse, undurchsichtige Trübung.

e) mit Calciumchloridlösung; es darf nicht verändert werden,
f) mit Schwefelwasserstoffwasser; es darf keine dunkle Färbung entstehen.
g) Vermischen von 2 ccm der Lösung mit 2 ccm Schwefelsäure, und Überschichten mit 1 ccm Ferrosulfatlösung. Es darf keine gefärbte Zone entstehen.

Erwärmen von etwa 0,5 g Bernsteinsäure mit 10 ccm Natronlauge. Es darf kein Geruch nach Ammoniak entstehen.

Erhitzen von etwa 0,1 g Bernsteinsäure auf dem Platinbleche. Sie muss sich vollkommen ohne Abscheidung von Kohle verflüchtigen.

Oxalsäure durch eine weisse Fällung.

Metalle durch eine dunkle Färbung.

Salpetersäure durch eine dunkle Zone zwischen den Flüssigkeiten.

Ammoniumverbindungen durch einen Geruch nach Ammoniak.

Anorganische Beimengungen durch einen Rückstand.
Zucker, Weinsäure u. s. w. durch Abscheidung von Kohle.

Acidum sulfuricum
Schwefelsäure.

Prüfung auf Identität, Arsen, Sulfate, schweflige Säure, salpetrige Säure, Metalle, Salzsäure, selenige Säure, Selensäure, siehe D. A.-B.

Acidum sulfuricum crudum
Rohe Schwefelsäure.

Prüfung auf Stärke, siehe D. A.-B.

Acidum sulfuricum fumans
Rauchende Schwefelsäure.

Dickflüssige, mehr oder weniger bräunliche, an der Luft rauchende Flüssigkeit, beim Eingiessen in Wasser zischend.
Spezifisches Gewicht: 1,850 bis 1,880.

Acidum sulfuricum fumans.

Prüfung durch:

Bestimmen des spezifischen Gewichts.

Vorsichtiges Eingiessen von 2 ccm der Säure in 4 ccm Wasser, Erkaltenlassen und Zusatz von 6 ccm Zinnchlorürlösung; es darf innerhalb einer Stunde keine braune Färbung eintreten.

Vorsichtiges Eingiessen von 2 ccm der Säure in 10 ccm Weingeist; es darf auch nach längerer Zeit keine Trübung entstehen.

Vorsichtiges Eingiessen von 2 ccm der Säure in 10 ccm Wasser, Erkaltenlassen und Versetzen mit 3 bis 4 Tropfen Kaliumpermanganatlösung; es darf nicht sofort Entfärbung eintreten.

Vorsichtiges Eingiessen von 1 ccm der Säure in 20 ccm Wasser und Versetzen:
a) mit Schwefelwasserstoffwasser; es darf keine dunkle Färbung entstehen,
b) mit Silbernitratlösung; es darf keine Trübung entstehen.

Vorsichtiges Vermischen von 10 ccm der Säure mit 10 ccm Wasser:
a) Überschichten von 10 ccm der verdünnten Säure mit Ferrosulfatlösung; es darf keine braune Zwischenzone entstehen,
b) Überschichten von 2 ccm der verdünnten Säure mit 2 ccm Salzsäure, in welcher ein Körnchen Na-

Zeigt an:

Richtige Stärke, wenn dasselbe mindestens 1,85 beträgt.

Arsen durch eine braune, innerhalb einer Stunde eintretende Färbung.

Sulfate, namentlich Bleisulfat, durch eine weisse Trübung.

Schweflige Säure, salpetrige Säure durch eine sofortige Entfärbung.

Metalle (Kupfer, Blei) durch eine dunkle Färbung.

Salzsäure durch eine weisse Trübung.

Salpetersäure, salpetrige Säure durch eine braune Zwischenzone.

Selenige Säure durch eine rötliche Zwischenzone.

triumsulfit gelöst ist. Es darf sich keine rötliche Zwischenzone zeigen.

Erwärmen obiger Flüssigkeit; Es darf keine rote Fällung entstehen.

Selensäure durch eine rote Fällung.

Verdampfen von etwa 1 g der Säure in einem Platintiegel und Glühen. Es darf kein Rückstand bleiben.

Fremde Salze durch einen Glührückstand.

Aufbewahrung: vorsichtig.

Acidum sulfurosum liquidum
Schweflige Säure-Lösung.

Klare, farblose, in der Wärme flüchtige Flüssigkeit von stechendem, die Atmungsorgane sehr stark reizendem Geruche und von saurem Geschmacke, blaues Lakmuspapier zuerst rötend, dann bleichend.

Spezifisches Gewicht: 1,020 bis 1,025.

Gehalt: in 100 Teilen etwa 5 Teile schweflige Säure enthaltend.

Prüfung durch:

Eintauchen von blauem Lakmuspapier in die Säure.

Zeigt an:

Identität durch Rötung und hierauf Bleichung des Papiers.

Verdampfen einiger Tropfen auf einem Uhrglase. Es muss vollständige Verflüchtigung eintreten.

Fremde Salze durch einen Rückstand.

Versetzen mit Chlorwasser und hierauf mit Baryumnitratlösung.

Identität durch einen reichlichen weissen Niederschlag, der in Salpetersäure unlöslich ist.

Versetzen mit Baryumnitratlösung. Es darf nur eine schwache Trübung erfolgen.

Schwefelsäure durch einen weissen, in Salpetersäure unlöslichen Niederschlag.

Versetzen mit einigen Tropfen Kaliumpermanganatlösung.

Identität durch ein Verschwinden der roten Färbung.

Verdünnen von 4 ccm der Säure mit Wasser auf 100 ccm, Abpipettieren von 10 ccm, Zu-

Den vorgeschriebenen Gehalt an schwefliger Säure, wenn bis zu diesem Punkte

Acidum tannicum — Acidum uricum.

satz einiger Tropfen Jodzinkstärkelösung und dann so viel Zehntel-Normal-Jodlösung, bis bleibende Blaufärbung eintritt. mindestens 5 ccm Zehntel-Normal-Jodlösung verbraucht werden.

Aufbewahrung: in einem sehr gut verschlossenem Glase.

Acidum tannicum
Gerbsäure. Gallusgerbsäure. Tannin.

Prüfung auf Identität, Dextrin, Extraktivstoffe, Zucker, Wassergehalt, fremde Salze, siehe D. A.-B.

Acidum tannicum technicum
Gerbsäure zum technischen Gebrauch.

Dieselbe soll in Wasser vollkommen löslich sein, soll nicht mehr als 12 Prozent Wasser enthalten, und darf beim Einäschern nicht mehr als 0,5 Prozent Rückstand hinterlassen.

Acidum tartaricum
Weinsäure. Dioxybernsteinsäure.

Prüfung auf Identität, Schwefelsäure, Kalk, Oxalsäure, Traubensäure, Metalle, fremde Salze, siehe D. A.-B.

Acidum trichloraceticum
Trichloressigsäure.

Prüfung auf Reinheit, Identität, freie Salzsäure, siehe D. A.-B.

Acidum uricum
Harnsäure.

Weisses, geruch- und geschmackloses, krystallinisches Pulver, welches sehr schwer in Wasser löslich ist, unlöslich in Alkohol und Äther. Durch borsaure, phosphorsaure, milchsaure und essigsaure Alkalien, besonders durch Lithiumcarbonat

Acidum valerianicum.

und Natriumbicarbonat wird die Löslichkeit der Harnsäure erhöht. Beim Erhitzen auf dem Platinbleche verkohlt sie unter Auftreten stechender, ammoniakalischer Dämpfe und verbrennt stärker erhitzt, ohne Rückstand.

Prüfung durch:	Zeigt an:
Erhitzen einer kleinen Menge Harnsäure auf dem Platinbleche. Es muss vollständige Verbrennung stattfinden.	**Fremde Beimengungen** durch einen feuerbeständigen Rückstand.
Verdampfen einer kleinen Menge Harnsäure mit einigen Tropfen Salpetersäure auf dem Wasserbade zur Trockne.	**Identität** durch Auflösen unter Aufbrausen und Zurückbleiben einer gelbroten Masse beim Verdampfen.
Betupfen obigen gelbroten Verdampfungsrückstandes mit sehr verdünnter Ammoniakflüssigkeit und Zusatz von 1 Tropfen Kalilauge.	**Identität** durch eine schöne Purpurfärbung beim Betupfen mit Ammoniak und durch eine violette Färbung auf Zusatz von Kalilauge.

Acidum valerianicum
Baldriansäure. Isovaleriansäure.
Isopropylessigsäure.

Klare, farblose, vollständig flüchtige Flüssigkeit von unangenehmem, baldrianartigem Geruche, scharfem, saurem Geschmacke.

Verhalten gegen Lösungsmittel: mit 30 Teilen Wasser eine klare, blaues Lakmuspapier rötende Flüssigkeit gebend, leicht in Weingeist, Äther und Chloroform löslich.

Spezifisches Gewicht: 0,944 bis 0,946.

Siedepunkt: bei 165°.

Prüfung durch:	Zeigt an:
Erhitzen einiger Tropfen auf einem Uhrglase über freiem Feuer. Es darf kein Rückstand bleiben.	**Fremde Beimengungen** durch einen Rückstand.
Auflösen von 1 g Baldriansäure in 29 g Wasser. Die Lösung muss klar sein.	**Amylaldehyd, Valeriansäure-Amyläther etc.** durch eine trübe Lösung.

a) Eintauchen von blauem Lakmuspapier.	**Identität** durch Rötung des Lakmuspapiers.
b) Neutralisierung von 10 ccm der Lösung mit Ammoniakflüssigkeit und Zusatz einiger Tropfen Eisenchloridlösung.	**Identität** durch einen rotbraunen, beim Schütteln harzartig zusammenballenden Niederschlag.
	Essigsäure durch eine rote Färbung der über dem Niederschlag stehenden Flüssigkeit.
c) Ansäuren der Lösung mit Salpetersäure u. Versetzen:	
α) mit Baryumnitratlösung;	**Schwefelsäure** durch eine weisse Trübung.
β) mit Silbernitratlösung.	**Salzsäure** durch eine weisse Trübung.
Beide Reagentien dürfen keine Trübung erzeugen.	

Acidum wolframicum
Wolframsäure.

Gelbes, schwer schmelzbares, nicht flüchtiges Pulver, welches sich am Lichte grünlich färbt. In Wasser und Säuren ist die Wolframsäure unlöslich, leicht löslich in Kali- und Natronlauge.

Prüfung durch:	Zeigt an:
Erhitzen des gelben Pulvers.	**Identität** durch eine dunkelorange Färbung, die beim Erkalten wieder in gelb übergeht.
Auflösen von 2 g Säure in 30 ccm Natronlauge und Versetzen der Lösung:	
a) mit überschüssiger Salzsäure;	**Identität** durch einen weissen Niederschlag (Wolframsäure).
Kochen dieser Flüssigkeit samt dem weissen Niederschlag;	**Identität** durch eine gelbe Färbung des Niederschlages.
b) mit Schwefelammonium und Übersättigen mit Salzsäure;	**Identität** durch einen braunen Niederschlag, der in Schwefelammonium löslich; die über dem Niederschlag stehende Flüssigkeit ist meist blau gefärbt.

c) mit Zinnchlorürlösung; hierauf Ansäuern der Flüssigkeit mit Salzsäure und Erhitzen.	**Identität** durch einen gelben Niederschlag. **Identität** durch eine blaue Färbung des Niederschlages.

Aconitinum
Akonitin.

Farblose, säulen- oder tafelförmige, aus den Wurzelknollen von Aconitum Napellus dargestellte Krystalle.

Verhalten gegen Lösungsmittel: nur wenig löslich in Wasser, leichter in Alkohol, Äther und Chloroform, kaum löslich in Petroleumäther. Die Lösungen zeigen alkalische Reaktion und einen scharfen, anhaltend brennenden, jedoch nicht bitteren Geschmack.

Schmelzpunkt: gegen 184°.

Prüfung durch:	Zeigt an:
Geschmack der weingeistigen Lösung; derselbe darf nicht bitter sein.	**Unreines (deutsches) Akonitin, Pikroakonitin** durch einen bitteren Geschmack.
Bestimmen des Schmelzpunktes; derselbe soll gegen 184° betragen.	**Pseudoakonitin** durch einen weit niedrigeren Schmelzpunkt.
Auflösen von 0,02 g Akonitin in 2 ccm Wasser mit Hilfe von ein paar Tropfen Salzsäure, Verteilen der Lösung auf zwei Uhrgläser und Versetzen:	
a) mit Jodlösung,	**Identität** durch eine reichliche braunrote Fällung.
b) mit Gerbsäurelösung.	**Identität** durch eine reichliche weisse Fällung.
Auflösen von 0,01 g Akonitin in einigen Tropfen Schwefelsäure. Die Lösung muss farblos sein.	**Deutsches Akonitin** durch eine gelbe Lösung, deren Farbe nach einigen Stunden in gelbrot und braun übergeht.
Auflösen von 0,01 g Akonitin in einigen Tropfen Salpetersäure. Die Lösung muss farblos sein.	**Unreines Akonitin** durch eine gefärbte Lösung.

Eintrocknen von 0,01 g Akonitin mit 5 Tropfen rauchender Salpetersäure auf dem Wasserbade in einem Porzellanschälchen, und Übergiessen des kaum gelblich gefärbten Rückstandes nach dem Erkalten mit weingeistiger Kalilauge (1=10). Es darf keine Rotfärbung eintreten.	**Pseudoakonitin** durch einen gelben Verdampfungsrückstand, der mit alkoholischer Kalilauge purpurrot wird.
Erhitzen einer kleinen Menge Akonitin auf dem Platinbleche. Es darf kein Rückstand bleiben.	**Anorganische Beimengungen** durch einen Rückstand.

Aufbewahrung: sehr vorsichtig.

Adeps Lanae
Wollfett.

Das gereinigte, mit Wasser versetzte Fett der Schafwolle. Gelblich-weisse, salbenartige Masse von schwachem Geruche, unlöslich in Wasser, doch mit dem doppelten Gewichte Wasser mischbar, ohne dabei die salbenartige Consistenz zu verlieren, in Äther und Chloroform zu einer trüben, neutralen Flüssigkeit löslich. Auf dem Wasserbade erwärmt, hinterbleibt eine im geschmolzenen Zustande klare, erkaltet honiggelbe, zähe, salbenartige Masse, welche in Äther und Chloroform vollständig, in Weingeist nur teilweise löslich ist, und angezündet mit leuchtender, stark russender Flamme verbrennt.

Schmelzpunkt: bei 40°.

Prüfung durch:	Zeigt an:
Erwärmen von 10 g Wollfett auf dem Wasserbade unter fleissigem Umrühren bis zum gleichbleibenden Gewichte. Es müssen mindestens 7 g wasserfreies Fett zurückbleiben.	**Einen zu grossen Wassergehalt** durch ein geringeres Gewicht des wasserfreien Fettes als 7 g.
a) Auflösen von 0,2 g obigen wasserfreien Fettes in 10 g Chloroform und Überschichten über ein gleiches Volumen Schwefelsäure.	**Identität** durch eine allmählich entstehende tief braunrote Zwischenzone.

b) Auflösen von 2 g des wasserfreien Fettes in 10 ccm Äther und Versetzen mit 2 Tropfen Phenolphtaleinlösung. Es muss eine farblose Flüssigkeit entstehen, die auf Zusatz von 1 Tropfen Normal-Kalilauge entschieden rot wird.

Freie Fettsäuren, wenn mehr als 1 Tropfen Normal-Kalilauge nötig ist, um die rote Färbung hervorzubringen.

Schmelzen von 10 g Wollfett mit 50 ccm Wasser auf dem Wasserbade und Erkaltenlassen. Die obere Fettmasse soll hellgelb, durchscheinend, die untere wässerige Flüssigkeit klar sein. Absondern der unteren wässerigen Flüssigkeit.

Unreines Präparat durch eine schaumige, sich nicht klärende, bräunliche Masse.

a) Verdampfen der Hälfte auf dem Wasserbade. Es soll kein Rückstand bleiben.

Anorganische Salze, Glycerin durch einen Verdampfungsrückstand.

b) Erwärmen des Restes mit gleich viel Kalkwasser und Einwirkenlassen der Dämpfe auf rotes Lakmuspapier. Dasselbe darf nicht gebläut werden.

Ammoniumverbindungen durch eine Bläuung des roten Lakmuspapieres.

Verbrennen von 10 g Wollfett in einem Porzellantiegel und Glühen. Es darf nur äusserst wenig Asche zurückbleiben.

Anorganische Beimengungen durch einen grösseren Aschengehalt.

Betupfen der Asche mit angefeuchtetem roten Lakmuspapier. Dasselbe darf nicht blau werden.

Alkalische Stoffe durch eine Bläuung des roten Lakmuspapieres.

Adonidinum
Adonidin.

Gelbliches, geruchloses, sehr bitter schmeckendes, krystallinisches Pulver, welches in Wasser und in Äther wenig, in Alkohol und in Chloroform leicht löslich ist. Bei stärkerem Erhitzen entwickelt es sauer reagierende Dämpfe.

Prüfung durch:	Zeigt an:
Schütteln einer kleinen Menge mit Wasser, Filtrieren und Versetzen des Filtrates: a) mit Gerbsäurelösung, b) mit Bleiessig.	} **Identität** durch eine Fällung.
Erhitzen einer Probe auf dem Platinbleche. Es darf kein Rückstand bleiben.	**Anorganische Beimengungen** durch einen feuerbeständigen Rückstand.
Auflösen einer kleinen Menge Adonidin in Schwefelsäure.	**Identität** durch eine braune Lösung.
Auflösen in einer Mischung von gleichen Teilen Schwefelsäure und Alkohol.	**Identität** durch eine intensiv blau-violette Lösung.
Versetzen obiger Mischung mit 1 Tropfen Eisenchloridlösung.	**Identität** durch eine intensiv blau-grüne Färbung.
Auflösen in konzentrierter Salzsäure.	**Identität** durch eine rosa Lösung, welche nach einiger Zeit grün wird.
Auflösen des Präparats in Weingeist und Zusatz von starker Salzsäure.	**Identität** durch eine rosa-violette Färbung und nach einiger Zeit durch einen grünen Niederschlag.

Aufbewahrung: sehr vorsichtig.

Aerugo
Grünspan. Cuprum subaceticum. Basisches Kupferacetat.

Feste, schwer zerreibliche, brot- oder kugelförmige Massen von grüner oder bläulich-grüner Farbe, in verdünnter Schwefelsäure, Essigsäure, wie auch in Ammoniakflüssigkeit fast vollständig zu einer grünen oder blauen Flüssigkeit löslich, in Wasser nur zum Teil löslich.

Prüfung durch:	Zeigt an:
Gelindes Erwärmen von 10 g feingepulvertem Grünspan mit	**Carbonate** durch ein Aufbrausen beim Auflösen.

40 Aether. — Aether aceticus. — Aether amylo-aceticus.

40 ccm verdünnter Schwefelsäure und 40 ccm Wasser, Filtrieren durch ein gewogenes Filter, Auswaschen, Trocknen und Wiegen desselben. Die Auflösung muss ohne Aufbrausen erfolgen, und das Filter darf nicht mehr als 0,3 g an Gewicht zunehmen.

Übersättigen obiger Lösung mit Ammoniakflüssigkeit. Die Flüssigkeit darf nicht trübe erscheinen.

Fremde Beimengungen (Gips, Thon, Schwerspath etc.) durch einen grösseren Rückstand beim Auflösen als 0,3 g.

Eisen-, Blei-, Aluminiumsalze durch eine trübe Flüssigkeit.

Aufbewahrung: vorsichtig.

Aether
Äther.

Prüfung auf Weinöl, Fuselöl, Säuren, Vinylalkohol, Wasserstoffsuperoxyd, siehe D. A.-B.

Aether aceticus
Essigäther. Essigsäure-Äthyläther.

Prüfung auf freie Essigsäure, fremde Ätherarten, Weingeist, Fuselöl, Extraktivstoffe, siehe D. A.-B.

Aether amylo-aceticus
Essigsäure-Amyläther. Amylium aceticum.
Amylacetat.

Farblose, leicht bewegliche, neutrale, charakteristisch riechende, und verdünnt obstartig schmeckende Flüssigkeit, in Wasser wenig löslich, mit Weingeist mischbar.

Siedepunkt: 138°.
Spezifisches Gewicht: 0,875.

Prüfung durch:

Eintauchen von blauem Lakmuspapier. Dasselbe darf nicht gerötet werden.

Zeigt an:

Freie Essigsäure durch Rötung des Lakmuspapiers.

Digerieren von 10 ccm des Äthers mit 5 ccm verdünnter Kalilauge in einem verschlossenen Glase einige Zeit lang.	**Identität** durch Verschwinden des ätherischen Geruches und Auftreten von Fuselöl-Geruch.
Eintrocknen obigen Gemisches auf dem Wasserbade und Erwärmen des Rückstandes mit Weingeist und Schwefelsäure.	**Identität** durch Auftreten von Essigäther-Geruch.

Aether amylo-butyricus

Buttersäure-Amyläther.   Amylium butyricum.

Amylbutyrat.

Klare, farblose, sehr bewegliche Flüssigkeit von charakteristischem Geruch, in Wasser ganz wenig löslich, mit Weingeist mischbar.
Siedepunkt: bei etwa 170^0.
Spezifisches Gewicht: 0,86.

Prüfung durch:	Zeigt an:
Digerieren von 10 ccm des Äthers mit 5 ccm alkoholischer Kalilauge in einem verschlossenen Glase einige Zeit lang.	**Identität** durch Verschwinden des ätherischen Geruchs und Auftreten von Fuselöl-Geruch.
Eintrocknen obigen Gemisches auf dem Wasserbade und Übergiessen des Rückstandes mit verdünnter Schwefelsäure.	**Identität** durch Auftreten des Buttersäure-Geruchs.

Aether amylo-formicicus

Ameisensäure-Amyläther.   Amylium formicicum.

Amylformiat.

Farblose, leicht bewegliche, charakteristisch riechende Flüssigkeit, in Wasser sehr wenig löslich, mit Weingeist mischbar.
Siedepunkt: bei etwa 123^0.
Spezifisches Gewicht: 0,894.

Prüfung durch:	Zeigt an:
Digerieren von 10 ccm des Äthers mit 5 ccm verdünnter Kalilauge in einem verschlossenen Glase einige Zeit lang.	**Identität** durch Verschwinden des ätherischen Geruchs und Auftreten des Fuselöl-Geruchs.

Aether amylo-valerianicus
Baldriansäure-Amyläther. Amylium valerianicum. Amylvalerianat.

Klare, farblose, leicht bewegliche, entzündliche Flüssigkeit, charakteristisch riechend, mit Wasser nicht, mit Weingeist in allen Verhältnissen mischbar.

Spezifisches Gewicht: 0,87.
Siedepunkt: bei 188—190°.

Prüfung durch:	Zeigt an:
Digerieren von 10 ccm Äther mit 5 ccm weingeistiger Kalilauge in einem verschlossenen Glase.	**Identität** durch Verschwinden des charakteristischen Geruches und Auftreten eines Geruches nach Amylalkohol (Fuselöl).
Eintrocknen obigen Gemisches auf dem Wasserbade und Versetzen des Rückstandes mit verdünnter Schwefelsäure.	**Identität** durch einen sofort entstehenden Geruch nach Baldriansäure.

(vorher: Eintrocknen obigen Gemisches auf dem Wasserbade und Übergiessen des Rückstandes mit verdünnter Schwefelsäure. — **Identität** durch Auftreten des Ameisensäure-Geruchs.)

Aether benzoicus
Benzoesäure-Äthyläther.

Aromatisch riechende, in Wasser nur sehr wenig lösliche Flüssigkeit.

Siedepunkt: bei 213°.

Aether bromatus
Äthylbromid. Monobromäthan.

Prüfung auf Äthylenbromid, Weingeistgehalt, Amylverbindungen, Bromwasserstoff, Bromalkalien, siehe D. A.-B.

Aether butyricus
Aether aethylo-butyricus. Butteräther.
Buttersäure-Äthyläther.

Klare, farblose, neutrale, sehr bewegliche, entzündliche Flüssigkeit von nicht angenehmem, belästigendem Geruche, in Wasser sehr wenig löslich, mit Weingeist mischbar.
Spezifisches Gewicht: 0,90.
Siedepunkt: bei 113 bis 115°.

Prüfung durch:	Zeigt an:
Digerieren von 10 ccm des Äthers mit 5 ccm weingeistiger Kalilauge in einem verschlossenen Glase.	**Identität** durch Verschwinden des unangenehmen Geruchs.
Erhitzen obigen Gemisches im Wasserbade, bis der Weingeist verjagt ist, und Übersättigen mit verdünnter Schwefelsäure.	**Identität** durch einen Geruch nach Buttersäure.

Aether formicicus
Aether aethylo-formicicus. Ameisenäther.
Ameisensäure-Äthyläther.

Klare, farblose, sehr bewegliche, leicht entzündliche Flüssigkeit von angenehmem, ätherischem, arakähnlichem Geruche, in Wasser nur sehr wenig löslich, wohl aber mit Weingeist mischbar.
Spezifisches Gewicht: 0,918.
Siedepunkt: bei 56°.

Prüfung durch:	Zeigt an:
Eintauchen von blauem Lakmuspapier; es darf nicht gerötet werden.	**Freie Ameisensäure** durch Rötung des Lakmuspapiers.
Digerieren eines Gemisches von 1 g Äther mit 10 g Wasser in einem verschlossenen Glase bis zum Verschwinden des Äthergeruches, Neutralisieren mit Natriumcarbonatlösung und Ver-	

dunsten auf dem Wasserbade zur Trockne. Auflösen des Trockenrückstandes in 20 ccm Wasser und Versetzen der Lösung:
a) mit Eisenchloridlösung;

Identität durch eine rote Färbung.

b) mit Silbernitratlösung und nachheriges Eintauchen des Reagiercylinders in heisses Wasser.

Identität durch einen weissen krystallinischen Niederschlag, der beim Erwärmen schnell grauschwarz wird.

Aether jodatus
Äthyljodid. Jodäthyl. Monojodäthan.

Klare, farblose, neutrale Flüssigkeit, mischbar mit Weingeist und Äther, nicht mit Wasser. Unter dem Einflusse von Licht und Luft färbt sie sich bald rot, später rotbraun.

Spezifisches Gewicht: 1,97.
Siedepunkt: bei 71°.
Aufbewahrung: in kleinen, sehr gut verschlossenen Gläschen, vor Licht geschützt.

Aether salicylicus
Salicylsäureäther. Aether aethylo-salicylicus.
Salicylsäure-Äthyläther.

Angenehm, aromatisch riechende, in Wasser nur sehr wenig lösliche Flüssigkeit.

Siedepunkt: bei 231°.

Prüfung durch:

Digerieren von 10 ccm Äther mit 5 ccm weingeistiger Kalilauge und Zusatz von 1 Tropfen Eisenchloridlösung.

Zeigt an:

Identität durch eine violette Färbung.

Schütteln von 10 ccm Äther mit 10 ccm Wasser. Das Volumen des Wassers darf nicht um mehr als $1/10$ zunehmen.

Weingeistgehalt, wenn das Volumen des Wassers um mehr als $1/10$ zunimmt.

Aether valerianicus

Aether aethylo-valerianicus.   Baldriansäureäther.
Baldriansäure-Äthyläther.

Farblose, ätherische, leicht entzündliche Flüssigkeit von charakteristischem Geruche, mit Wasser nur sehr wenig, mit Weingeist in allen Verhältnissen mischbar.

Spezifisches Gewicht: 0,866.
Siedepunkt: bei 131°.

Prüfung durch:	Zeigt an:
Digerieren von 10 ccm Äther mit 5 ccm weingeistiger Kalilauge in einem verschlossenen Glase.	**Identität** durch Verschwinden des charakteristischen Geruches.
Eintrocknen obigen Gemisches im Wasserbade und Versetzen des Rückstandes mit verdünnter Schwefelsäure.	**Identität** durch einen sofort entstehenden Geruch nach Baldriansäure.

Aethylenum bromatum
Äthylenbromid.   Bromäthylen.

Farblose, chloroformähnlich riechende Flüssigkeit von süsslichem, hinterher brennendem Geschmacke, bei 0° zu einer schneeweissen, krystallinischen Masse erstarrend, welche bei $+\,9,5°$ schmilzt. Die Flüssigkeit ist unlöslich in Wasser, mischt sich aber in jedem Verhältnis mit Weingeist und mit fetten Ölen.

Siedepunkt: bei 131°.
Spezifisches Gewicht: 2,163.
Aufbewahrung: vorsichtig, vor Licht geschützt.

Aethylenum chloratum.

Elaylum chloratum.   Liquor hollandicus.   Äthylenchlorid. β-Dichloräthan.

Klare, farblose, flüchtige, neutrale Flüssigkeit, dem Chloroform ähnlich riechend, süsslich schmeckend, angezündet mit grüngesäumter, russender Flamme unter Entwicklung von Chlorwasserstoffgas brennend; kaum löslich in Wasser, mit Weingeist und Äther mischbar.

Spezifisches Gewicht: 1,252 bis 1,255.

Siedepunkt: bei 85 bis 86°.

Prüfung durch:	Zeigt an:
Bestimmung des spezifischen Gewichtes. Dasselbe betrage 1,252 bis 1,255.	**Beimengung von Chloroform** durch ein höheres spezifisches Gewicht.
Schütteln von 5 ccm des Präparates mit 5 ccm Wasser und Abheben des Wassers mit einer Pipette.	
a) Eintauchen von blauem Lakmuspapier; es darf nicht gerötet werden.	**Zersetzung des Präparats (Salzsäure)** durch Rötung des Lakmuspapieres.
b) Versetzen mit Silbernitratlösung. Es darf keine Trübung entstehen.	**Dasselbe** durch eine weisse Trübung.
Schütteln von 5 ccm Äthylenchlorid mit 5 ccm Schwefelsäure; letztere darf sich innerhalb einer Stunde nicht färben.	**Äthylidenchlorid** durch eine braune Färbung der Schwefelsäure innerhalb einer Stunde.
Kochen von 5 ccm Äthylenchlorid mit 5 ccm alkalischer Kupfertartratlösung unter Umschütteln, bis alles Äthylenchlorid verdampft ist. Es darf sich kein roter Niederschlag abscheiden.	**Chloroform** durch Abscheidung eines roten Niederschlages (Kupferoxydul).

Aufbewahrung: vorsichtig, vor Licht geschützt.

Aethylidenum chloratum
Äthylidenchlorid. α-Dichloräthan.

Klare, farblose, flüchtige, neutrale Flüssigkeit, dem Chloroform ähnlich riechend, süsslich schmeckend, kaum löslich in Wasser, mit Weingeist und Äther mischbar, und angezündet mit grüngesäumter, russender Flamme verbrennend.

Spezifisches Gewicht: 1,181 bis 1,182.
Siedepunkt: bei 58 bis 59°.

Prüfung durch:	Zeigt an:
Bestimmung des spezifischen Gewichtes.	**Identität,** wenn dasselbe 1,181 bis 1,182 beträgt.
Schütteln von 5 ccm Äthylidenchlorid mit 5 ccm Schwefelsäure.	**Identität** durch eine sehr bald erfolgende braune Färbung der Schwefelsäure.
Schütteln von 5 ccm Äthylidenchlorid mit 5 ccm Wasser und Abheben des Wassers mittels einer Pipette.	
a) Eintauchen von blauem Lakmuspapier. Es darf nicht gerötet werden.	**Zersetzung des Präparats (Salzsäure)** durch eine Rötung des Papiers.
b) Versetzen mit Silbernitratlösung. Es darf keine Trübung entstehen.	**Dasselbe** durch eine weisse Trübung.
Kochen von 5 ccm Äthylidenchlorid mit 5 ccm alkalischer Kupfertartratlösung, bis alles Äthylidenchlorid verflüchtigt ist. Es darf sich kein roter Niederschlag ausscheiden.	**Chloroform** durch Entstehung eines roten Niederschlages (Kupferoxydul).

Aufbewahrung: vorsichtig, vor Licht geschützt.

Aethylum chloratum

Chloräthyl.   Monochloräthan.   Aether chloratus.

Farblose, leicht bewegliche Flüssigkeit von angenehmem Geruch und brennend süssem Geschmack. In Wasser ist sie wenig, in Alkohol leicht löslich.

Spezifisches Gewicht: 0,921 bei 0°.
Siedepunkt: bei 12,5°.

Prüfung durch:	Zeigt an:
Verdampfenlassen einer kleinen Menge Chloräthyl auf einem Uhrglase bei mittlerer Temperatur. Es muss sich vollkommen verflüchtigen.	**Fremde Beimengungen** durch einen Rückstand.

Einleiten von Chloräthyldampf in Wasser.
a) Eintauchen von blauem Lakmuspapier. Dasselbe darf nicht gerötet werden.
b) Ansäuern mit Salpetersäure und Versetzen mit Silbernitratlösung. Es darf sofort keine Trübung entstehen.

Zersetzung des Präparats (Salzsäure) dnrch eine Rötung des Papiers.
Dasselbe durch eine sofort eintretende weisse Trübung.

Aufbewahrung: in einem vor Licht geschützten Glase.

Agaricinum
Agaricin. Agaricinsäure.

Prüfung auf Identität, fremde Salze, siehe D. A.-B.

Agathin
Salicylaldehyd-Methylphenylhydrazin.

Farblose, geruch- und geschmacklose Krystallblättchen, die in Wasser unlöslich sind, in Alkohol, Äther, Benzol sich lösen.
Schmelzpunkt: bei 74°.

Prüfung durch:

Auflösen von 0,5 g Agathin in concentrierter Schwefelsäure.

Zusatz einer Spur Salpetersäure zur obigen schwefelsauren Lösung.

Erhitzen einer kleinen Menge auf dem Platinbleche. Es darf kein Rückstand bleiben.

Schütteln mit kaltem Wasser, Filtrieren und Versetzen des Filtrats mit Silbernitratlösung. Es darf keine Trübung entstehen.

Erwärmen obiger mit Silbernitratlösung versetzter Flüssig-

Zeigt an:

Identität durch eine rotgelbe Lösung.

Identität durch eine blaue, ins grüne übergehende Färbung.

Anorganische Beimengungen durch einen feuerbeständigen Rückstand.

Chlorid durch eine weisse Trübung.

Aldehyd durch eine dunkle Färbung oder Fällung.

keit. Es darf keine Veränderung entstehen.

Aufbewahrung: vorsichtig, vor Licht geschützt.

Aïrolum
Basisches Wismuthoxyjodidgallat.

Graugrünes, feines, voluminöses, geruch- und geschmackloses Pulver, das an feuchter Luft eine rote Farbe annimmt, indem es in eine noch basischere Verbindung übergeht; in Wasser, Weingeist und Äther unlöslich, leicht löslich in Natronlauge; letztere Lösung wird an der Luft rasch rot. Auch verdünnte Mineralsäuren lösen Airol auf. Beim Schütteln mit heissem Wasser zersetzt es sich unter Rotfärbung. Angefeuchtetes rotes Lakmuspapier färbt Airol schwach blau.

Prüfung durch:	Zeigt an:
Erhitzen einer Probe Airol mit Salpetersäure.	**Identität** durch Entwicklung von violetten Dämpfen.
Auflösen von 0,5 g Airol in 30 ccm stark verdünnter Salzsäure und Versetzen der Lösung:	
a) mit wenig Chlorwasser und mit Chloroform und Schütteln,	**Identität** durch eine violette Färbung des Chloroforms.
b) mit einigen Tropfen Eisenchloridlösung,	**Identität** durch eine intensiv dunkelgrüne Fällung.
c) mit Schwefelwasserstoffwasser.	**Identität** durch einen schwarzen Niederschlag.

Albumen Ovi siccum
Trockenes Hühnereiweiss.

Prüfung auf Identität, Dextrin, Gummi, siehe D. A.-B.

Alcohol absolutus
Absoluter Alkohol.

Farblose, klare, flüchtige, leicht entzündliche, eine Flamme von geringer Leuchtkraft gebende Flüssigkeit von eigentümlichem

Alcohol absolutus.

Geruche und brennendem Geschmacke, Lakmuspapier nicht verändernd.

Spezifisches Gewicht: 0,800.

Gehalt: 99 Raumteile oder 98,38 Gewichtsteile Alkohol in 100 Teilen enthaltend.

Prüfung durch:	Zeigt an:
Bestimmung des spezifischen Gewichts. Dasselbe muss 0,800 betragen.	Einen zu **niedrigen Alkoholgehalt** durch ein höheres spezifisches Gewicht.
Verdunsten von etwa 5 ccm Alkohol in einem Glasschälchen auf dem Wasserbade. Es darf kein Rückstand bleiben.	**Fremde Beimengungen** durch einen Rückstand.
Verreiben einiger Tropfen Alkohol in der hohlen Hand. Es darf kein unangenehmer Geruch auftreten.	**Fuselöl** durch einen widrigen Geruch.
Vermischen von 5 ccm Alkohol mit 5 ccm Wasser. Die Mischung darf nicht trübe sein.	**Fuselöl, Harzgehalt** durch eine trübe Mischung.
Versetzen von 10 ccm Alkohol mit 5 Tropfen Silbernitratlösung und Erwärmen. Es darf keine Trübung oder Färbung entstehen.	**Aldehyd, Ameisensäure** durch eine Trübung oder Färbung.
Verdunsten von 50 ccm Alkohol mit 1 ccm Kalilauge bis auf 5 ccm auf dem Wasserbade und Übersättigen des Rückstandes mit verdünnter Schwefelsäure. Es darf kein widriger Geruch auftreten.	**Fuselöl** durch den widrigen Geruch.
Vorsichtiges Übereinanderschichten von 5 ccm Schwefelsäure und 5 ccm Alkohol in einem Probierröhrchen. Es darf sich auch nach längerem Stehen keine rosarote Zone bilden.	**Melassespiritus** durch eine rosenrote Zone zwischen beiden Flüssigkeiten.
Vermischen von 10 ccm Alkohol mit 1 ccm Kaliumper-	**Aldehyd, Methylalkohol** durch eine gelbe Färbung,

manganatlösung. Es darf sich die rote Farbe im Verlauf von 20 Minuten nicht in gelb verwandeln.

Versetzen von je 10 ccm Alkohol:
a) mit Schwefelwasserstoffwasser; es darf keine dunkle Färbung entstehen;
b) mit Ammoniakflüssigkeit; es darf keine Färbung entstehen.

welche innerhalb 20 Minuten eintritt.

Metalle durch eine dunkle Färbung.

Gerbsäure, Extraktivstoffe durch eine bräunliche Färbung.

Alcohol amylicus
Amylalkohol. Isoamylalkohol. Fuselöl.

Klare, farblose, neutrale Flüssigkeit von durchdringendem, widerlich betäubendem Geruche und brennendem Geschmacke, in Wasser wenig löslich, darauf ölig schwimmend, mit Alkohol, Äther, Petroleumbenzin, Essigsäure, fetten und ätherischen Ölen klar mischbar.

Spezifisches Gewicht: 0,814 bis 0,816.
Siedepunkt: bei 130 bis 132°.

Prüfung durch:

Verdampfen von etwa 2 ccm Amylalkohol in einem Glasschälchen. Es darf kein Rückstand bleiben.

Bestimmen des Siedepunkts.

Schütteln von 5 ccm Amylalkohol mit 5 ccm Kalilauge. Es darf sich der Amylalkohol nicht färben.

Schütteln von 5 ccm Amylalkohol mit 5 ccm Schwefelsäure; es darf nur eine schwach gelbliche oder rötliche Färbung entstehen.

Zeigt an:

Fremde Beimengungen durch einen Rückstand.

Die **vorgeschriebene Stärke** durch einen Siedepunkt von 130 bis 132°.

Mangelhafte Reinigung des Präparats durch eine Färbung des Amylalkohols.

Furfurol durch eine braune bis schwarzbraune Färbung.

Alcohol methylicus
Methylalkohol.

Klare, farblose, völlig flüchtige, neutrale Flüssigkeit von rein geistigem, nicht empyreumatischem Geschmacke. Sie verbrennt mit wenig leuchtender Flamme.

Spezifisches Gewicht: 0,796.

Siedepunkt: bei 65°.

Prüfung durch:	Zeigt an:
Bestimmung des spezifischen Gewichts und des Siedepunkts.	**Reinheit** durch obiges spezifisches Gewicht und obigen Siedepunkt.
Verreiben einiger Tropfen zwischen den Händen. Der Geruch muss an Äthylalkohol erinnern und rein geistig sein.	**Empyreumatische Stoffe** durch einen brenzlichen Geruch.
Vermischen von 5 ccm Alkohol mit 10 ccm Schwefelsäure. Es darf keine oder doch nur eine schwach gelbe Färbung eintreten.	**Empyreumatische Stoffe** durch eine braune Färbung.
Versetzen von 1 ccm Alkohol mit 10 ccm Natronlauge und Vermischen mit einigen Tropfen Jodlösung. Es darf keine Trübung entstehen.	**Aceton** durch eine Trübung.
Vermischen von 5 ccm Alkohol mit 1 ccm Kaliumpermanganatlösung. Es darf nicht sofortige Entfärbung eintreten.	**Aceton, Aldehyd** durch eine sofortige Entfärbung.
Schütteln von 10 ccm 8 prozentiger Natronlauge mit 1 ccm Methylalkohol, hierauf mit 5 ccm Jodlösung (25,4 g Jod, 50 g Kaliumjodid zu 100 ccm gelöst), tüchtiges Durchschütteln mit 10 ccm Äther, Abheben von 5 ccm des Äthers mit einer Pipette, Verdampfen desselben	Die in 1 ccm Methylalkohol enthaltene **Menge Aceton**, wenn man den Verdampfungsrückstand mit 0,28 multipliziert. Multipliziert man dieses Gewicht mit 100 und dividiert durch das spezifische Gewicht des Methylalkohols, so erhält man den **Prozentgehalt an**

auf einem tarierten Uhrglas, Trocknen über Schwefelsäure und Wiegen.

Aceton. Dieser soll höchstens 0,7 betragen.

Aldehydum concentratum
Aldehyd. Äthylaldehyd. Acetaldehyd.

Farblose, leicht bewegliche, brennbare, erstickend riechende, neutrale Flüssigkeit, welche sich mit Wasser, Weingeist und Äther in allen Verhältnissen mischen lässt. Beim Mischen mit Wasser und mit Weingeist findet Wärmeentwicklung statt.

Siedepunkt: bei 21^0.

Spezifisches Gewicht: 0,7816.

Prüfung durch:	Zeigt an:
Bestimmen des spezifischen Gewichts und des Siedepunkts.	**Identität und Reinheit** durch obiges spezifisches Gewicht und obigen Siedepunkt.
Schwaches Erhitzen mit ammoniakalischer Silbernitratlösung.	**Identität** durch einen Silberspiegel.
Erwärmen mit Kaliumhydroxyd.	**Identität** durch Ausscheidung von Aldehydharz.
Entfärben einer wässrigen Fuchsinlösung mit überschüssiger, schwefliger Säure und Schütteln dieser Flüssigkeit mit einigen Tropfen Aldehyd.	**Identität** durch eine rotviolette Färbung.
Versetzen des Präparats mit 1 Tropfen Schwefelsäure.	**Identität** durch alsbaldige Wärmeentwicklung unter Bildung von Paraldehyd, welches auf 0^0 abgekühlt krystallinisch erstarrt, erst bei 124^0 siedet, und dessen Lösung in 10 Teilen Wasser beim Erhitzen sich trübt.
Verdunsten von 10 ccm Aldehyd auf dem Wasserbade. Es darf kein Rückstand bleiben.	**Amylaldehyd** durch einen übelriechenden Rückstand.
Mischen von 1 ccm Aldehyd mit 1 ccm Wasser, Zusatz von 1 Tropfen Normal-Kalilauge	**Einen zu grossen Säuregehalt** durch Rötung der Flüssigkeit.

und 1 bis 2 Tropfen Lakmustinktur. Die Flüssigkeit darf sich nicht rot färben.

Aloinum
Aloin.

Blassgelbe, nadelförmige Krystalle, zu Büscheln vereinigt, die sehr bitter schmecken, in heissem Wasser und in Alkohol leicht löslich sind, in kaltem Wasser, in Chloroform, Äther und Benzol nur spurenweise löslich sind.

Schmelzpunkt: bei 147^0.

Aufbewahrung: vorsichtig.

Alumen
Alaun. Kali-Alaun.

Prüfung auf Identität, Metalle, Eisen, Ammonium-Verbindung, siehe D. A.-B.

Alumen ammoniacale
Alumen ammoniatum. Ammoniakalaun.

Farblose, oktaedrische, nicht verwitternde Krystalle, welche beim Erhitzen schmelzen, bei stärkerem Erhitzen sich stark aufblähen und zuletzt eine weisse, poröse Masse zurücklassen. In 100 Teilen Wasser lösen sich bei 20^0 13,6 Teile, bei 100^0 422 Teile Ammoniakalaun. Die Lösungen reagieren sauer.

Prüfung durch:	Zeigt an:
Starkes Glühen einer Probe auf dem Platinbleche, Anfeuchten des weissen Rückstandes mit Kobaltnitratlösung und nochmaliges starkes Glühen.	**Identität** durch einen blauen Rückstand.
Auflösen von 3 g Ammoniakalaun in 57 g Wasser und Versetzen der Lösung:	

a) mit Ammoniakflüssigkeit,	**Identität** durch einen gallertartigen Niederschlag.
b) mit Baryumnitratlösung,	**Identität** durch einen weissen Niederschlag.
c) mit Kalilauge,	**Identität** durch einen weissen Niederschlag, welcher in überschüssiger Kalilauge löslich ist.
α) Erwärmen der alkalischen Lösung und Darüberhalten eines angefeuchteten Curcumapapieres,	**Identität** durch eine Bräunung des Curcumapapieres.
β) Versetzen der alkalischen Lösung mit Schwefelammonium. Es darf keine dunkle Färbung oder Fällung entstehen;	**Eisen** durch eine dunkle Färbung oder Fällung.
d) mit Schwefelwasserstoffwasser; es darf keine dunkle Färbung oder Fällung entstehen;	**Metalle (Kupfer, Blei)** durch eine dunkle Färbung oder Fällung.

Alumen ammoniacale ferratum

Ferrum sulfuricum oxydatum ammoniatum.

Ammoniakalischer Eisenalaun.

Blass amethystrote, durchsichtige, geruchlose, zusammenziehend schmeckende, oktaedrische Krystalle, welche beim Erhitzen schmelzen, in 4 Teilen Wasser löslich, in Weingeist unlöslich sind.

Prüfung durch:	Zeigt an:
Auflösen von 5 g des Präparats in 40 ccm Wasser und Versetzen der Lösung:	
a) mit überschüssiger Kalilauge und Erwärmen,	**Identität** durch einen braunen Niederschlag, und Entwicklung von Ammoniak beim Erwärmen.

56 Alumen chromicum.

b) mit Kaliumferrocyanidlösung,	**Identität** durch einen tiefblauen Niederschlag.
c) mit Baryumnitratlösung,	**Identität** durch einen weissen Niederschlag.
d) mit überschüssiger Kalilauge, Abfiltrieren des Niederschlages, Ansäuern des Filtrates mit Salzsäure und Versetzen mit Ammoniumcarbonatlösung; es darf keine Fällung entstehen.	**Thonerdealaun** durch einen weissen, gallertartigen Niederschlag.

Alumen chromicum

Kalichromalaun.   Kaliumchromisulfat.

Tief violett-rote, fast schwarze Oktaeder, die sich in etwa 7 Teilen Wasser lösen.

Prüfung durch:	Zeigt an:
Schütteln von 6 g gepulvertem Chromalaun mit 40 g kaltem Wasser und Filtrieren:	
a) Versetzen des Filtrats mit Weingeist,	**Identität** durch eine violette Lösung.
b) Erhitzen des violetten Filtrats zum Kochen,	**Identität** durch eine violette Fällung.
	Identität durch eine grüne Färbung der Lösung, welche auf Zusatz von Weingeist nicht mehr gefällt wird, und nach längerem Stehen wieder violett wird.
c) Versetzen mit Baryumnitratlösung,	**Identität** durch einen weissen Niederschlag.
d) Schütteln mit Weinsäurelösung und Stehenlassen.	**Identität** durch einen weissen, krystallinischen Niederschlag nach einiger Zeit.
Erhitzen von 1 g gepulvertem Chromalaun mit 1 ccm Wasser und 3 ccm Natronlauge. Es darf kein Geruch nach Ammoniak entstehen.	**Ammoniakalaun** durch einen Geruch nach Ammoniak.

Alumen ustum
Gebrannter Alaun.

Prüfung auf richtige Darstellung, Metalle, Eisen, Ammoniak, siehe D. A.-B.

Alumina hydrata
Argilla pura. Thonerdehydrat.

Weisses, leichtes, amorphes, geschmack- und geruchloses, der Zunge anhängendes, luftbeständiges Pulver, unlöslich in Wasser und Weingeist, löslich in verdünnten Säuren, sowie in Kali- und Natronlauge.

Prüfung durch:	Zeigt an:
Auflösen von 2 g Thonerdehydrat in 20 g Natronlauge. Die Lösung erfolgt leicht und vollkommen.	Zu **stark erhitztes Thonerdehydrat**, **Magnesiumverbindungen**, sowie **andere fremde Beimengungen** durch eine nur teilweise Lösung.
Versetzen von je 10 ccm obiger alkalischer Lösung:	
a) mit hinreichender Menge Ammoniumchloridlösung,	**Identität** durch einen gallertartigen Niederschlag.
b) mit Schwefelwasserstoffwasser; es darf keine Veränderung eintreten.	**Zink** durch einen weissen Niederschlag, **Eisen** durch einen schwarzen.
Auflösen von 1 g des Präparats in 30 g verdünnter Salzsäure. Die Lösung erfolgt leicht und vollkommen.	**Fremde Beimengungen** (Thon u. dgl.) durch eine nur teilweise Lösung.
Versetzen der salzsauren Lösung:	
a) mit Kaliumferrocyanidlösung; es darf nicht sofort Bläuung eintreten;	**Eisen** durch eine sofort eintretende Bläuung.
b) mit Baryumnitratlösung; es darf nicht sofort Trübung erfolgen.	**Natriumsulfat** durch eine sofort eintretende weisse Trübung.
Kochen von 1 g des Präparates mit 30 ccm Wasser und Filtrieren.	

a) Eintauchen von rotem und blauem Lakmuspapier in das Filtrat. Die Farben des Papiers dürfen nicht verändert werden;
b) Verdampfen des Filtrats; es darf nur ein geringer Rückstand bleiben.

Durchfeuchten des Präparats mit Quecksilberchloridlösung. Es muss farblos bleiben.

Natriumcarbonat durch eine Bläuung des roten Lakmuspapiers.
Freie Säure durch eine Rötung des blauen Lakmuspapiers.
Lösliche Salze, wie Natriumcarbonat, Natriumsulfat durch einen grösseren Rückstand.
Ätzende Alkalien durch eine rote Färbung.

Aluminium
Aluminiummetall.

Silberglänzendes Metall oder hellgraues Pulver, welches in verdünnter Salzsäure und in Essigsäure. sowie in Kali- und Natronlauge unter reichlicher Entwicklung von Wasserstoffgas löslich ist. Auch in konzentrierter Schwefelsäure löst es sich beim Erwärmen unter Entwicklung von Schwefligsäureanhydrid, in verdünnter Schwefelsäure unter Wasserstoffgas-Entwicklung. An der Luft, sowie auch beim Schmelzen an der Luft oxydiert sich das reine Metall nicht.

Es findet als kompaktes Metall, als dünne Blättchen, geraspelt, als Draht und als Pulver Anwendung.

Prüfung durch:

Übergiessen des gepulverten oder zerkleinerten Aluminiums mit Natronlauge in einem weiten Reagensrohre und Bedecken des letzteren mit Filtrierpapier, welches mit einem Tropfen reiner konzentrierter Silbernitratlösung befeuchtet ist. Das Papier soll sich weder gelb noch schwarz färben.

Auflösen des Metalls in verdünnter Salzsäure. Versetzen der Lösung:
a) mit Kalilauge,

Zeigt an:

Arsen durch eine gelbe Färbung des Papiers, welche beim Befeuchten mit Wasser schwarz wird.
Schwefel, Phosphor durch eine Schwärzung des Papiers.

Identität durch einen weissen gallertartigen Niederschlag, der

Aluminium acetico-tartaricum.

Versetzen der alkalischen Lösung mit überschüssiger Ammoniumchloridlösung.
b) mit Schwefelwasserstoffwasser: es darf keine Fällung entstehen,
c) mit überschüssiger Ammoniakflüssigkeit, Abfiltrieren des gallertartigen Niederschlags, und Versetzen des Filtrats mit Schwefelammonium; es darf keine weisse Fällung entstehen.

Auflösen obigen gallertartigen Niederschlages in Kalilauge, und Versetzen der Lösung mit Schwefelwasserstoff. Es darf nur eine schwach grünliche Färbung, aber keine Fällung entstehen.

in überschüssiger Kalilauge sich auflöst.
Identität durch Wiedererscheinen des Niederschlags.

Fremde Metalle durch eine dunkle Fällung.

Zink durch eine weisse Fällung.

Eisen durch eine grünlichschwarze Fällung.

Aluminium acetico-tartaricum
Essig-weinsaure Thonerde.

Farblose, amorphe, durchscheinende, schwach nach Essigsäure riechende, säuerlich und zugleich zusammenziehend schmeckende Stücke, welche sich in der gleichen Menge kalten Wassers zu einer blaues Lakmuspapier rötenden Flüssigkeit, aber nicht in Weingeist lösen.

Prüfung durch:
Erhitzen einer kleinen Menge des Präparats auf dem Platinbleche.

Erwärmen des Salzes mit Schwefelsäure.

Auflösen von 2 g des Salzes

Zeigt an:
Identität durch eine Schwärzung und Entwicklung eines Geruchs nach Essigsäure und Karamel.
Identität durch eine braunschwarze Lösung.
Zersetzung des Salzes

in 2 g Wasser und Erhitzen der Lösung. Die Lösung darf nicht gallertartig werden und kein basisches Salz ausscheiden.

Auflösen von 4 g des Salzes in 36 g Wasser und Versetzen der Lösung:
a) mit Schwefelwasserstoffwasser. Es darf keine dunkle Färbung oder Fällung entstehen,
b) mit Silbernitratlösung nach Ansäuren mit Salpetersäure; es darf keine Trübung erfolgen,
c) mit Baryumnitratlösung nach Ansäuern mit Salpetersäure; sie darf nicht sofort getrübt werden.

Auflösen von 1 g des Salzes in 10 ccm Wasser, Fällen mit überschüssiger Ammoniakflüssigkeit, Sammeln des Niederschlages auf einem Filter, Auswaschen, Trocknen, Glühen und Wiegen desselben.

durch Gelatinierung der Lösung beim Erhitzen.

Metalle durch eine dunkle Färbung oder Fällung.

Chloride durch eine weisse Trübung.

Sulfate durch eine sogleich entstehende weisse Trübung.

Vorschriftsmässige Zusammensetzung des Salzes, wenn das Aluminiumoxyd 0,23 g wiegt.

Aufbewahrung: in einem sehr gut verschlossenen Glase.

Aluminium borico-tannicum

Gerbsaures Aluminiumborat. Cutal.

Feines, bräunliches Pulver von adstringierendem Geschmacke, in Wasser, Weingeist und den üblichen Lösungsmitteln unlöslich. Mit Hilfe von Weinsäure löst es sich im Wasser reichlich auf, und die Lösung, bei gelinder Wärme eingedampft, stellt das in Wasser lösliche Salz: Aluminium borico-tannico-tartaricum dar.

Aluminium borico-tartaricum

Weinsaures Aluminiumborat. Boral.

Krystallinisches, in Wasser leicht lösliches Salz.

Aluminium boro-formicicum
Borameisensaure Thonerde.

Ansehnliche, perlmutterglänzende Schuppen, welche in Wasser langsam, aber vollkommen zu einer sauer reagierenden, etwas trüben Flüssigkeit löslich sind. Die Lösung besitzt einen süssen, zusammenziehenden Geschmack und coaguliert Eiweisslösung nicht. Wird die wässerige Lösung des Salzes mit Kaliumcarbonatlösung oder Natronlauge versetzt, so wird anfangs Thonerde gefällt, welche aber auf weiteren Zusatz der Fällungsmittel wieder gelöst wird.

Aluminium chloratum
Aluminiumchlorid.

In **wasserfreiem Zustand** eine weisse, krystallinische Masse, welche an der Luft raucht, Feuchtigkeit anzieht und zerfliesst. Beim Erhitzen sublimiert sie zwischen 180 und 185°. In Wasser, Weingeist und Äther löst sie sich leicht unter Wärmeentwicklung.

In **wasserhaltigem Zustand** farblose, zerfliessliche, nadelförmige Krystalle.

Prüfung durch:	Zeigt an:
Auflösen des wasserfreien oder wasserhaltigen Salzes in wenig Wasser und Erhitzen der Lösung.	**Identität** durch Entwicklung von salzsauren Dämpfen und Abscheidung eines gallertartigen Niederschlags von Aluminiumhydroxyd.
Erhitzen einer kleinen Menge des wasserfreien Salzes auf dem Platinbleche.	**Identität** durch Verflüchtigung, ohne vorher zu schmelzen.
Erhitzen des wasserhaltigen Salzes auf Kohle, Anfeuchten des Rückstandes mit Kobaltnitratlösung und starkes Glühen.	**Identität** durch Entweichen von Wasser und Salzsäure beim Erhitzen und Zurückbleiben einer weissen Masse (Thonerde), welche beim Glühen mit Kobaltnitrat blau wird.
Auflösen von 1 g des Salzes in 10 g Wasser und Zusatz von Kaliumferrocyanidlösung; es darf keine blaue Färbung oder Fällung entstehen.	**Eisen** durch eine blaue Färbung oder Fällung.

Aluminium sulfuricum
Aluminiumsulfat.

Prüfung auf Identität, Metalle, freie Schwefelsäure, Eisen, siehe D. A.-B.

Alumnolum
β-Naphtoldisulfonsaures Aluminium.

Farbloses oder schwach rötliches Pulver.

Verhalten gegen Lösungsmittel: leicht löslich in kaltem Wasser, weniger in Alkohol. Die Lösungen zeigen blaue Fluorescenz; auch in Glycerin ist es löslich, unlöslich in Äther.

Prüfung durch:	Zeigt an:
Auflösen von 1 g Alumnol in 30 ccm Wasser und Versetzen von je 10 ccm:	
a) mit Eisenchloridlösung,	**Identität** durch eine blaue Färbung.
b) mit filtrierter Eiweisslösung,	**Identität** durch einen Niederschlag, der in überschüssiger Eiweisslösung sich löst.
c) mit Ammoniakflüssigkeit.	**Identität** durch einen gallertartigen Niederschlag und durch eine blaue Fluorescenz der Flüssigkeit.

Ammonium aceticum cryst.
Krystall. Ammoniumacetat.

Weisse, hygroskopische Salzmasse, welche in Wasser leicht löslich ist.

Prüfung durch:	Zeigt an:
Erwärmen des Salzes:	
a) mit Natronlauge,	**Identität** durch einen Geruch nach Ammoniak.
b) mit verdünnter Schwefelsäure.	**Identität** durch Entwicklung von essigsauren Dämpfen.

Auflösen von 6 g des Salzes in 40 ccm Wasser und Eintauchen von blauem Lakmuspapier; letzteres darf nicht oder nur schwach gerötet werden.

Versetzen der Lösung:
a) mit Schwefelwasserstoffwasser; es darf keine Veränderung entstehen,
b) mit Baryumnitratlösung; es darf keine Trübung entstehen,
c) mit Silbernitratlösung nach Ansäuern mit Salpetersäure; es darf nicht mehr als opalisierende Trübung entstehen.

Saures Ammoniumacetat durch eine starke Rötung des Lakmuspapieres.

Metalle (Blei, Kupfer, Eisen) durch eine dunkle Färbung oder Fällung.

Sulfat durch eine weisse Trübung.

Chlorid durch eine weisse, undurchsichtige Trübung.

Aufbewahrung: in einem sehr gut verschlossenen Glase.

Ammonium benzoicum
Ammoniumbenzoat.

Weisse, dünne, vierseitige, tafelförmige Krystalle von salzigem, hinterher etwas scharfem Geschmacke und schwachem Geruche nach Benzoesäure, beim Erhitzen schmelzend und sich unter Ausstossen der Dämpfe von Benzoesäure und Ammoniak verflüchtend.

Verhalten gegen Lösungsmittel: in 5 Teilen kaltem, 1,2 Teilen siedendem Wasser und in 28 Teilen Weingeist löslich.

Prüfung durch:
Auflösen von 3 g des Salzes in 57 g Wasser. Versetzen von je 10 ccm der Lösung:
a) mit Natronlauge und Erwärmen,
b) mit Eisenchloridlösung,
c) mit Salzsäure,

Zeigt an:

Identität durch einen Geruch nach Ammoniak.
Identität durch einen bräunlich-gelben Niederschlag.
Identität durch Ausscheidung von voluminösen, feinen, weissen Krystallen von

64 Ammon. bromat. — Ammon. carbonic. — Ammon. chlorat.

d) mit Baryumnitratlösung; es entstehe keine Trübung,
e) mit einigen Tropfen Salpetersäure, Auflösen der ausgeschiedenen Krystalle mit Weingeist und Zusatz von Silbernitratlösung; es darf keine Fällung entstehen.

Erhitzen einer Probe auf dem Platinbleche. Es darf kein Rückstand bleiben.

Benzoesäure, die sich beim Erwärmen wieder auflösen.
Sulfate durch eine weisse Trübung.
Chloride durch eine weisse Fällung.

Fremde Beimengungen durch einen Rückstand.
Hippursäure durch eine voluminöse, blasige Kohle.

Ammonium bromatum
Ammoniumbromid.

Prüfung auf fremde Salze, Identität, Bromat, Metalle, Schwefelsäure, Baryumverbindung, Eisen, Ammoniumchlorid, siehe D. A.-B.

Ammonium carbonicum
Ammoniumcarbonat.

Prüfung auf fremde Beimengungen, Ammoniumbicarbonat, Metalle, Schwefelsäure, Kalk, Ammoniumthiosulfat, Chlorid, empyreumatische Stoffe, siehe D. A.-B.

Ammonium chloratum
Ammonium hydrochloricum. Ammoniumchlorid. Salmiak.

Prüfung auf Identität, fremde Salze, Neutralität, Metalle, Schwefelsäure, Kalk, Baryumsalz, Schwefelcyanammonium, Eisen, empyreumatische Stoffe, siehe D. A.-B.

Der im Handel unter dem Namen Ammonium chloratum purum vorkommende Salmiak ist oft mit fremden Salzen verunreinigt.

Ammonium chloratum ferratum
Eisensalmiak. Ammonium muriaticum martiatum.
Flores Salis Ammoniaci martiales.

Prüfung auf den Eisengehalt, siehe D. A.-B.

Ammonium jodatum
Ammoniumjodid.

Trockenes, weisses, krystallinisches, an der Luft feucht und gelb werdendes Pulver, geruchlos und von scharf salzigem Geschmacke, beim Erhitzen sich verflüchtigend, ohne vorher zu schmelzen, in 1 Teil Wasser und 9 Teilen Weingeist löslich.

Prüfung durch:	Zeigt an:
Aussehen und Geruch. Es darf nicht gelb gefärbt sein und nicht nach Jod riechen.	**Zersetztes Präparat** durch eine gelbe Farbe und einen Geruch nach Jod.
Erhitzen einer Probe auf dem Platinbleche. Es muss sich vollkommen verflüchtigen.	**Fremde Beimengungen** durch einen Rückstand.
Auflösen von 4 g des Salzes in 76 g Wasser.	
Versetzen von je 10 ccm der Lösung:	
a) mit Natronlauge und Erwärmen;	**Identität** durch einen Geruch nach Ammoniak.
b) mit einigen Tropfen Chlorwasser und Schütteln mit Chloroform;	**Identität** durch eine violette Färbung des Chloroforms.
c) mit Schwefelwasserstoffwasser; es darf keine Veränderung entstehen;	**Metalle** durch eine dunkle Färbung oder Fällung.
d) mit Baryumnitratlösung; es darf nur schwache Opalisierung eintreten;	**Sulfate** durch eine weisse, undurchsichtige Trübung.
e) Versetzen von 20 ccm der Lösung mit 0,5 ccm Kaliumferrocyanidlösung. Es darf keine blaue Färbung eintreten.	**Eisen** durch eine blaue Färbung.

Auflösen von 0,2 g getrocknetem Salz in 2 ccm Ammoniakflüssigkeit, Zusatz von 15 ccm Zehntel-Normal-Silbernitratlösung, Schütteln, Filtrieren und Übersättigen des Filtrats mit Salpetersäure. Es darf innerhalb 10 Minuten weder undurchsichtige Trübung, noch eine dunkle Färbung eintreten.	**Einen zu grossen Gehalt an Ammoniumchlorid** durch eine innerhalb 10 Minuten eintretende undurchsichtige Trübung. **Ammoniumthiosulfat** durch eine dunkle Färbung.

Aufbewahrung: vorsichtig, in einem gut verschlossenen Glase.

Ammonium molybdaenicum
Ammoniummolybdänat.

Grosse, farblose, luftbeständige Krystalle, welche in Wasser löslich sind und beim Erhitzen an der Luft Wasser und Ammoniak abgeben unter Zurücklassung von Molybdänsäureanhydrid.

Prüfung durch:	Zeigt an:
Auflösen von 1 g des Salzes in 50 ccm Wasser.	
a) Versetzen von 30 ccm der Lösung mit wenig Salpetersäure.	**Identität** durch eine weisse Trübung, welche auf weiteren Zusatz von Salpetersäure wieder verschwindet.
α) Erhitzen von 10 ccm der klaren, farblosen, salpetersauren Lösung auf etwa 50°. Es darf keine gelbe Färbung oder Fällung entstehen. Versetzen obiger Lösung mit einigen Tropfen Phosphorsäure oder Natriumphosphatlösung.	**Phosphorsäure, Arsensäure** durch eine gelbe Färbung oder Fällung. **Identität** durch einen gelben, krystallinischen Niederschlag nach kürzerer oder längerer Zeit.
Versetzen von je 10 ccm der mit Salpetersäure angesäuerten Lösung:	

Ammonium nitricum.

Prüfung	Zeigt an
β) mit Baryumnitratlösung; es darf nur schwache Trübung entstehen;	**Sulfat** durch eine weisse, undurchsichtige Trübung.
γ) mit Silbernitratlösung; es darf nur schwache Trübung entstehen;	**Chlorid** durch eine weisse, undurchsichtige Trübung.
b) Ansäuern von 10 ccm wässeriger Lösung mit Salzsäure und Versetzen der klaren Lösung mit einigen Tropfen Schwefelwasserstoffwasser	**Identität** durch eine blaue Färbung.
und dann mit mehr Schwefelwasserstoffwasser.	**Identität** durch eine braune Fällung.
c) Versetzen von 10 ccm der Lösung mit Ammoniakflüssigkeit und Schwefelammonium. Es darf keine Veränderung entstehen.	**Metalle** durch eine dunkle Färbung oder Fällung.

Ammonium nitricum
Ammoniumnitrat.

Farblose, dünne, säulenförmige Krystalle oder ein weisses, krystallinisches Pulver von kühlend salzigem Geschmacke, an der Luft feucht werdend, löslich in 0,5 Teilen Wasser und in 20 Teilen Weingeist zu neutralen Flüssigkeiten.

Schmelzpunkt: bei vorsichtigem Erhitzen bei 165°, in höherer Wärme unter Zersetzung ohne Rückstand verflüchtigend.

Prüfung durch:	Zeigt an:
Aufstreuen auf glühende Kohlen.	**Identität** durch lebhaftes Funkensprühen.
Erhitzen einer Probe auf dem Platinbleche. Es darf kein Rückstand bleiben.	**Fremde Beimengungen** durch einen Rückstand.
Auflösen von 5 g des Salzes in 95 g Wasser:	
a) Erwärmen von 10 ccm der Lösung mit Natronlauge;	**Identität** durch einen Geruch nach Ammoniak.

68 Ammonium oxalicum.

b) Vermischen von 2 ccm der Lösung mit 2 ccm Schwefelsäure und Versetzen mit überschüssiger Ferrosulfatlösung.

Identität durch eine braunschwarze Färbung.

Versetzen von je 10 ccm der Lösung:

c) mit Schwefelwasserstoffwasser; es darf keine Veränderung eintreten;

Metalle durch eine dunkle Färbung oder Fällung.

d) mit Silbernitratlösung; es darf innerhalb 5 Minuten keine Trübung erfolgen;

Chloride durch eine weisse Trübung innerhalb 5 Minuten.

e) mit Baryumnitratlösung; es darf innerhalb 5 Minuten keine Trübung erfolgen;

Sulfate durch eine weisse Trübung innerhalb 5 Minuten.

f) Versetzen von 20 ccm der Lösung mit Ammoniakflüssigkeit und je der Hälfte dieser Lösung:

α) mit Ammoniumoxalatlösung,

Kalksalze durch eine weisse Trübung.

β) mit Natriumphosphatlösung.

Magnesiumsalze durch eine weisse Trübung.

Beide Reagentien dürfen keine Veränderung hervorbringen.

g) Versetzen von 20 ccm der Lösung mit 0,5 ccm Kaliumferrocyanidlösung. Es darf keine Veränderung eintreten.

Eisen durch eine blaue Färbung.
Kupfer durch eine rote Färbung.

Aufbewahrung: in einem sehr gut verschlossenen Glase.

Ammonium oxalicum
Ammoniumoxalat. Diammoniumoxalat.

Weisse, nadelförmige Krystalle, welche beim Erhitzen ihr Krystallwasser verlieren und sich dann unter vollständiger Zersetzung verflüchtigen. Sie lösen sich in 25 Teilen Wasser.

Ammonium phosphoricum.

Prüfung durch:	Zeigt an:
Auflösen von 1 g des Salzes in 49 g Wasser. Versetzen von je 10 ccm der Lösung:	
a) mit Natronlauge und Erwärmen;	**Identität** durch einen Geruch nach Ammoniak.
b) mit Calciumchloridlösung;	**Identität** durch einen weissen Niederschlag.
c) mit Schwefelwasserstoffwasser; es darf keine Veränderung entstehen;	**Metalle** durch eine dunkle Färbung.
d) Ansäuren des Restes der Lösung mit Salpetersäure und Versetzen:	
α) mit Silbernitratlösung; es darf keine Trübung entstehen,	**Chlorid** durch eine weisse Trübung.
β) mit Baryumnitratlösung; es darf keine Trübung entstehen.	**Sulfat** durch eine weisse Trübung.
Erhitzen einer Probe auf dem Platinbleche. Es darf kein Rückstand bleiben.	**Fremde Beimengungen** durch einen Rückstand.

Ammonium phosphoricum
Ammoniumphosphat. Zweibasisch Ammoniumphosphat.

Farblose, durchscheinende, säulenförmige Krystalle oder ein weisses Krystallpulver von kühlend salzigem Geschmacke, befeuchtetes rotes Lakmuspapier nicht oder nur schwach bläuend, an der Luft allmählich Ammoniak verlierend und dann saure Reaktion annehmend, beim Erhitzen auf Platinblech schmelzend unter Abgabe von Ammoniak und Metaphosphorsäure hinterlassend.

Verhalten gegen Lösungsmittel: unlöslich in Weingeist, löslich in 4 Teilen kaltem und 0,5 Teilen kochendem Wasser.

70 Ammonium phosphoricum.

Prüfung durch:	Zeigt an:
Auflösen von 4 g des Salzes in 76 g Wasser. a) Eintauchen von blauem Lakmuspapier in die Lösung. Dasselbe darf nicht gerötet werden.	**Saures Ammoniumphosphat** durch eine Rötung des Papiers.
Versetzen von je 10 ccm der Lösung: b) mit Natronlauge und Erwärmen;	**Identität** durch einen Geruch nach Ammoniak.
c) mit Silbernitratlösung und nachheriges Erwärmen. Der gelbe Niederschlag darf sich nicht bräunen;	**Identität** durch einen gelben Niederschlag, der sich in Salpetersäure und Ammoniakflüssigkeit löst. **Empyreumatische Stoffe** durch eine Bräunung des gelben Niederschlags.
d) mit Schwefelwasserstoffwasser; es darf keine Veränderung entstehen;	**Metalle,** wie Kupfer, Blei, durch eine dunkle Färbung oder Fällung.
e) mit Ammoniakflüssigkeit und Schwefelwasserstoffwasser; es darf keine Veränderung stattfinden;	**Eisen** durch eine dunkle Färbung.
f) Ansäuren von 20 ccm der Lösung mit Salpetersäure. Sie darf nicht aufbrausen.	**Carbonat** durch ein Aufbrausen.
Versetzen dieser Lösung: α) mit Baryumnitratlösung; innerhalb 3 Minuten darf nur Opalisierung eintreten;	**Sulfat** durch eine weisse, undurchsichtige Trübung innerhalb 3 Minuten.
β) mit Silbernitratlösung; innerhalb 3 Minuten darf nur Opalisierung eintreten.	**Chlorid** durch eine weisse, undurchsichtige Trübung innerhalb 3 Minuten.
Schütteln von 1 g zerriebenem Salz mit 3 ccm Zinnchlorürlösung; es darf innerhalb einer Stunde keine Färbung eintreten.	**Arsen** durch eine braune Färbung innerhalb einer Stunde.

Ammonium salicylicum
Ammoniumsalicylat.

Weisses, krystallinisches Pulver oder feine nadelförmige Krystalle, beim Erhitzen sich ohne Rückstand verflüchtigend, sehr leicht in Wasser, schwierig in Weingeist löslich, von schwach saurer Reaktion.

Prüfung durch:	Zeigt an:
Auflösen von 2 g des Salzes in 38 g Wasser.
a) Erwärmen der Lösung mit Natronlauge;	**Identität** durch eine Ammoniakentwicklung, erkennbar durch den Geruch.
Versetzen der Lösung:
b) mit Salzsäure;	**Identität** durch einen weissen, krystallinischen Niederschlag, der in Weingeist und Äther löslich ist.
c) mit Eisenchloridlösung.	**Identität** durch eine intensiv violette Färbung.

Aufbewahrung: in einem gut verschlossenen Glase.

Ammonium sulfocyanatum
Ammonium rhodanatum.
Schwefelcyanammonium. Rhodanammonium.

Farblose, zerfliessliche, leicht in Wasser und in Alkohol lösliche Krystalle.

Prüfung durch:	Zeigt an:
Übergiessen einer Probe mit Natronlauge und Erhitzen.	**Identität** durch einen Geruch nach Ammoniak.
Auflösen von 2 g des Salzes in 38 g Wasser und Versetzen der Lösung:
a) mit einigen Tropfen Salpetersäure und 1 Tropfen Eisenchloridlösung;	**Identität** durch eine blutrote Färbung.
b) mit Baryumnitratlösung; es darf innerhalb 5 Minuten keine Trübung entstehen;	**Ammoniumsulfat** durch eine weisse Trübung.

c) mit Schwefelammonium; es darf keine dunkle Färbung oder Fällung entstehen.

Auflösen von 1 g des Salzes in 10 ccm absolutem Alkohol; es muss klare Lösung erfolgen.

Metalle durch eine dunkle Färbung oder Fällung.

Ammoniumchlorid, Ammoniumsulfat durch eine unvollständige Lösung.

Aufbewahrung: in einem gut verschlossenen Glase.

Ammonium sulfo-ichthyolicum
Ammoniumsulfoichthyolat. Ichthyol.

Rotbraune, klare, sirupdicke Flüssigkeit von brenzlichem Geruche und Geschmacke.

Verhalten gegen Lösungsmittel: in Wasser klar löslich zu einer blaues Lakmuspapier schwach rötenden Flüssigkeit, in Weingeist und Äther nur teilweise löslich, in einem Gemisch von gleichen Raumteilen Weingeist und Äther vollkommen, in Petroleumbenzin wenig löslich.

Prüfung durch:

Erhitzen einer kleinen Menge des Präparats in einem Glühschälchen und längeres Glühen.

Auflösen von 1 g des Präparats in 9 g Wasser und Vermischen mit Salzsäure.

Versetzen der wässerigen Auflösung der harzartigen Masse mit Natriumchloridlösung.

Erwärmen des Präparats mit Kalilauge.

Eintrocknen obiger Mischung, Erhitzen bis zur Verkohlung und Übergiessen der Kohle mit Salzsäure.

Zeigt an:

Identität durch starkes Aufblähen und einen kohligen Rückstand, der beim Glühen vollständig verbrennt.

Anorganische Beimengungen durch einen Glührückstand.

Identität durch Fällen einer dunkeln, harzartigen Masse, welche in Äther und in Wasser löslich ist.

Identität durch Wiederausscheiden der harzigen Masse.

Identität durch einen Ammoniakgeruch.

Identität durch Entwicklung von Schwefelwasserstoff.

Ammonium sulfuricum
Ammoniumsulfat.

Weisses, krystallinisches Pulver oder farblose, rhombische Säulen, ohne Geruch, von scharf salzigem Geschmacke, neutraler Reaktion, in etwa 2 Teilen Wasser, nicht in Weingeist löslich.

Prüfung durch:	Zeigt an:
Eintrocknen von 5 g des Präparats auf dem Wasserbade.	**Richtige Zusammensetzung des Salzes**, wenn das Präparat höchstens 2,5 g an Gewicht verliert.
Auflösen von 1 g des Salzes in 2 g Wasser und Erhitzen mit Natronlauge.	**Identität** durch einen Geruch nach Ammoniak.
Auflösen von 2 g des Salzes in 40 g Wasser und Versetzen der Lösung:	
a) mit Baryumnitratlösung;	**Identität** durch einen weissen Niederschlag.
b) mit Schwefelwasserstoffwasser; es darf keine Veränderung erfolgen;	**Metalle** durch eine dunkle Fällung.
c) mit Silbernitratlösung nach Ansäuren mit Salpetersäure; es darf nur opalisierende Trübung entstehen;	**Chloride** durch eine weisse, undurchsichtige Trübung.
d) mit Eisenchloridlösung nach Ansäuren mit Salzsäure; es darf keine rote Färbung entstehen.	**Schwefelcyanverbindung** durch eine rote Färbung.
Auflösen von 5 g des Salzes in 30 g Wasser, Zusatz von 4 ccm Magnesiamischung* und Ammoniakflüssigkeit und mehrstündiges Stehenlassen; es darf keine Abscheidung stattfinden.	**Phosphorsäure, Arsensäure** durch eine weisse Fällung.

* Die Magnesiamischung wird in der Weise hergestellt, dass man 4,5 g Magnesiumcarbonat, in der nötigen Menge Salzsäure gelöst, 14 g Ammoniumchlorid, 70 g Ammoniakflüssigkeit und 150 g Wasser einige Tage stehen lässt und dann filtriert.

| Glühen von 5 g des Salzes in einem Porzellantiegel. Es muss sich vollständig verflüchtigen. | **Fremde Beimengungen** durch einen feuerbeständigen Rückstand. |

Ammonium valerianicum
Ammoniumvalerianat.

Farblose oder weisse, vierseitige, hygroskopische Blättchen von scharfem, etwas süsslichem Geschmacke, nach Baldriansäure riechend, von neutraler Reaktion. Sie lösen sich leicht in Wasser und Weingeist. Beim Erhitzen schmilzt das Salz und verflüchtigt sich unter Entwicklung von Ammoniak- und Baldriansäuredämpfen vollständig.

Prüfung durch:	Zeigt an:
Erhitzen einer kleinen Menge des Salzes auf dem Platinbleche. Es darf kein Rückstand bleiben.	**Fremde Beimengungen** durch einen Rückstand.
Auflösen von 2 g des Salzes in 8 g Wasser:	
a) Versetzen der Lösung mit verdünnter Schwefelsäure;	**Identität** durch Ausscheiden einer öligen Schicht (Baldriansäure) an der Oberfläche.
b) Erhitzen der Lösung mit Natronlauge.	**Identität** durch einen Geruch nach Ammoniak.
Auflösen von 1 g des Salzes in 49 g Wasser und Versetzen der Lösung:	
a) mit Eisenchloridlösung; es scheidet sich ein Niederschlag aus, und die darüber stehende Flüssigkeit ist nicht rot;	**Ammoniumacetat** durch eine rote Färbung der über den Niederschlag stehenden Flüssigkeit.
b) mit Baryumnitratlösung nach Ansäuern mit Salpetersäure; es darf sofort keine Trübung entstehen;	**Ammoniumsulfat** durch eine sofort eintretende weisse Trübung.
c) mit Silbernitratlösung nach Ansäuern mit Salpetersäure; es darf sofort keine Trübung entstehen.	**Ammoniumchlorid** durch eine sofort entstehende weisse Trübung.

Aufbewahrung: in einem sehr gut verschlossenen Glase.

Ammonium vanadinicum
Ammoniumvanadat.

Krystallinisches, weisses Pulver, welches in Wasser schwer, in Weingeist und Salmiaklösung unlöslich ist.

Prüfung durch:	Zeigt an:
Erhitzen einer Probe des getrockneten Salzes auf dem Platinbleche.	**Identität** durch Hinterlassung eines rostgelben, schmelzbaren Rückstandes (Vanadinsäureanhydrid).
Erhitzen einer minimalen Menge obigen Rückstandes in der Phosphorsalzperle in der äusseren Lötrohrflamme,	**Identität** durch eine gelbliche Farbe der Perle.
und hierauf in der inneren Lötrohrflamme.	**Identität** durch eine braune Farbe der Perle, welche beim Erkalten schön grün wird.
Schütteln von 0,2 g des Salzes mit 30 ccm Wasser, Filtrieren und Versetzen des Filtrats:	
a) mit Baryumnitratlösung;	**Identität** durch einen gelben Niederschlag, der beim Stehen oder Erwärmen farblos wird.
b) mit Schwefelammonium;	**Identität** durch einen braunen Niederschlag, der sich in farblosem Schwefelammonium mit kirschroter Farbe löst.
c) mit Gerbsäurelösung.	**Identität** durch einen blauschwarzen Niederschlag.

Amygdalinum
Amygdalin.

Weisse, glänzende, geruchlose, schwach bitter schmeckende, neutrale Schuppen oder ein blättrig-krystallinisches Pulver. Es besitzt keinen ranzigen Geruch oder Geschmack.

Verhalten gegen Lösungsmittel: löslich in etwa 12 Teilen kaltem, in jedem Verhältnis in heissem Wasser, in 150 Teilen kaltem und 11 bis 12 Teilen kochendem Weingeist, unlöslich in Äther.

Prüfung durch:	Zeigt an:
Zusammenbringen von etwa 0,5 g Amygdalin mit einer aus süssen Mandeln bereiteten Emulsion.	**Identität** durch einen sofort auftretenden Bittermandelölgeruch.
Erwärmen einer Probe mit Schwefelsäure.	**Identität** durch eine rote Lösung, die allmählich kirschrot wird.
Schütteln von 0,2 g Amygdalin mit 30 g Weingeist, Filtrieren, Versetzen des Filtrats mit 3 Tropfen Schwefelsäure und Eindampfen desselben auf dem Wasserbade. Das Filtrat darf nicht süss schmecken, und mit Schwefelsäure eingedampft keinen schwarzen Rückstand hinterlassen.	**Zersetzung des Präparats** durch einen süssen Geschmack des Filtrats und einen schwarzen Verdampfungsrückstand.
Glühen von etwa 0,2 g des Präparats auf dem Platinbleche. Es darf kein Rückstand bleiben.	**Feuerbeständige Stoffe** durch einen Rückstand.

Aufbewahrung: vorsichtig.

Amylenum hydratum

Amylenhydrat.   Dimethyl-äthylcarbinol.

Prüfung auf Kohlenwasserstoffe, freie Säure, Äthyl- und Amylalkohol, Aldehyd, siehe D. A.-B.

Amylium nitrosum

Amylnitrit.   Salpetrigsäure-Amyläther.

Prüfung auf Gährungs-Amyl-Alkohol, freie Säure, Valeraldehyd, Wasser, siehe D. A.-B.

Analgenum

Analgen.   Aetoxy-ana-Monobenzoylamidochinolin.

Weisses, geschmackloses, neutrales Pulver.

Verhalten gegen Lösungsmittel: fast unlöslich in

Wasser, schwer löslich in kaltem, leichter in heissem Alkohol und in verdünnten Säuren.

Schmelzpunkt: bei 208°.

Prüfung durch:	Zeigt an:
Schütteln von 0,1 g des Präparates mit 20 ccm Wasser, Filtrieren und Versetzen des Filtrats:	
a) mit Eisenchloridlösung,	**Identität** durch eine gelbliche Färbung, welche beim Erwärmen in braun-rot übergeht.
b) mit Silbernitratlösung und Erwärmen. Es darf keine dunkle Fällung eintreten.	**Fremde reduzierende Stoffe** durch eine Ausscheidung von metallischem Silber.
Auflösen von 0,1 g des Präparats in 10 Tropfen konzentrierter Schwefelsäure.	**Identität** durch eine hellgelb gefärbte Lösung, welche beim Verdünnen mit Wasser einen citronengelben Niederschlag ausscheidet.
Schütteln von 0,1 g des Präparats mit 6 ccm Wasser, Zusatz von etwa 2 ccm Salzsäure und Erwärmen.	**Identität** durch eine citronengelbe Lösung, aus der sich beim Erkalten gelbe Krystalle ausscheiden.
Verbrennen auf dem Platinbleche; es darf kein Rückstand bleiben.	**Anorganische Beimengungen** durch einen Rückstand.
Auflösen von 0,1 g Analgen in konzentrierter Salpetersäure.	**Identität** durch eine gelbe Lösung.
Verdunsten obiger salpetersauren Lösung auf dem Wasserbade.	**Identität** durch eine orange Färbung beim Erhitzen und einen orangen Rückstand.

Anetholum

Anethol. p-Allylphenylmethyläther. Aniscampher.

Weisse, glänzende, anisartig riechende Krystalle, welche in Alkohol und Äther leicht löslich, in Wasser aber unlöslich sind.

Schmelzpunkt: bei $+21$ bis $22°$.

Siedepunkt: bei 232°.

Spezifisches Gewicht: 1,014 bei 12°, 0,985 bei 25°.

Prüfung durch:	Zeigt an:
Mischen von Anethol in wenig Schwefelsäure.	**Identität** durch eine schön rote Färbung unter starker Erhitzung.
Versetzen obiger Lösung mit Wasser.	**Identität** durch Verschwinden der roten Färbung und Ausscheiden einer harzigen Masse, die in Alkohol nur wenig löslich ist.

Anilinum
Anilin. Amidobenzol. Phenylamin.

Farblose, bei Luftzutritt gelb, rot, endlich braun werdende, ölige Flüssigkeit von gewürzhaftem Geruche und ebensolchem, zugleich brennendem Geschmacke.

Verhalten gegen Lösungsmittel: mit Weingeist, Äther, Schwefelkohlenstoff und fetten Ölen in allen Verhältnissen mischbar und in etwa 35 Teilen Wasser zu einer sehr schwach alkalisch reagierenden Flüssigkeit löslich.

Spezifisches Gewicht: 1,02.

Siedepunkt: bei 184°.

Prüfung durch:	Zeigt an:
Schütteln von 1 g Anilin mit 40 ccm Wasser und Versetzen mit Chlorkalklösung.	**Identität** durch eine purpurviolette Färbung, welche später schmutzig rot wird.
Auflösen von 5 Tropfen Anilin in 15 Tropfen Schwefelsäure und Zufügen von wenig gepulvertem Kaliumchromat.	**Identität** durch eine rote, dann blaue Färbung, welche nach einiger Zeit verschwindet.
Auflösen von 1 g Anilin in 10 g verdünnter Schwefelsäure und Zusatz von braunem Bleihyperoxyd.	**Identität** durch eine tief grüne Färbung.
Bestimmung des Siedepunktes. Derselbe soll nicht über 184° liegen.	**Toluidin** durch einen höheren Siedepunkt.

Aufbewahrung: vorsichtig, vor Licht geschützt.

Anthrarobinum
Anthrarobin.

Gelblich-weisses, geruch- und geschmackloses Pulver.

Antinosinum. — Antipyrinum. — Antispasminum.

Verhalten gegen Lösungsmittel: löslich in 10 Teilen kaltem und in 5 Teilen siedendem Weingeist, leicht löslich in verdünnten, alkalischen Flüssigkeiten, sehr wenig in Wasser.

Prüfung durch:	Zeigt an:
Auflösen von 0,1 g Anthrarobin in 1 ccm Natronlauge und Einblasen von Luft in die Lösung.	**Identität** durch eine violette Färbung.
Verbrennen von 0,5 g des Präparats in einem tarierten Porzellantiegel. Es darf nicht mehr als 0,005 g Rückstand bleiben.	**Anorganische Beimengungen** durch einen Rückstand.

Antinosinum

Das Natriumsalz des Nasophens (siehe dieses).

Es ist in Wasser mit blauer Farbe löslich.

Antipyrinum

Antipyrin. Phenyl-Dimethyl-Pyrazolon. Oxydimethylchinizin. Dimethyl-Oxychinizin.

Prüfung auf Identität, Karbolsäure, Resorcin, Salicylsäure, Neutralität, Metalle, anorganische Beimengungen, siehe D. A.-B.

Antispasminum

Antispasmin. Narceïnnatrium-Natriumsalicylat.

Weisses, etwas hygroskopisches Pulver von schwach alkalischer Reaktion, in Wasser leicht löslich.

Gehalt: etwa 50 Prozent Narceïn.

Prüfung durch:	Zeigt an:
Auflösen von 1 g des Präparats in 30 ccm Wasser, Ansäuern mit Essigsäure, und 1 bis 2 stündiges Stehenlassen. (Es wird Narceïn und Salicylsäure gefällt.) Sammeln des	**Vorschriftsmässige Beschaffenheit**, wenn das zurückbleibende Narceïn mindestens 0,4 g beträgt.

Niederschlags auf einem Filter, Auswaschen, so dass das Filtrat gegen 50 ccm beträgt, Trocknen des Filters, Behandeln des Filterinhalts mit Äther, um die Salicylsäure zu lösen, Trocknen des Rückstandes und Wiegen.

Anreiben des auf obige Weise erhaltenen Narceïns mit konzentrierter Schwefelsäure in einem Porzellanschälchen. — **Identität** durch eine gelblich-rote Färbung. Dieselbe geht beim Erhitzen auf 150° in dunkel blutrot über.

Aufbewahrung: vorsichtig, in einem gut verschlossenen Glase.

Antitherminum
Phenylhydracin-Lävulinsäure.

Farblose, glänzende, geschmacklose, zwischen den Zähnen knirschende Krystalle von schwach brennendem Geschmacke. Es ist in kaltem Wasser nahezu unlöslich, schwer löslich in kaltem Alkohol, leicht löslich in siedendem Wasser und siedendem Alkohol.

Schmelzpunkt: bei 108°.

Prüfung durch: — Zeigt an:

Gelindes Erwärmen von 0,2 g Antithermin mit 20 ccm Wasser und Versetzen der Lösung:
a) mit Silbernitratlösung und gelindes Erwärmen, — **Identität** durch eine dunkle Färbung.
b) mit 1 Tropfen Eisenchloridlösung und schwaches Erwärmen. — **Identität** durch eine braunrote Färbung.

Auflösen von 0,1 g Antithermin in 2 ccm Schwefelsäure in einem Porzellanschälchen. Die Lösung sei farblos. — **Fremde organische Beimengungen** durch eine braune Lösung.

Verbrennen von 0,5 g auf dem Platinbleche. Es darf kein Rückstand bleiben. — **Mineralische Beimengungen** durch einen Rückstand.

Aufbewahrung: vorsichtig.

Apiolum album crystallisatum
Apiol. Petersilien-Kampfer.

Lange, weisse Nadeln von schwachem Petersiliengeruch.

Verhalten gegen Lösungsmittel: leicht löslich in Alkohol und Äther, sowie in Fetten und ätherischen Ölen, nahezu unlöslich in Wasser. Von Kali- oder Natronlauge wird es nicht angegriffen.

Schmelzpunkt: bei 32°.

Prüfung durch:	Zeigt an:
Schwaches Erwärmen einer kleinen Menge Apiol mit konzentrierter Schwefelsäure.	**Identität** durch eine purpurrote Färbung.
Schütteln von 0,2 g Apiol mit 10 ccm Wasser, Filtrieren und Verdampfen des Filtrates. Es darf nur ein sehr geringer Rückstand bleiben.	**Fremde Beimengungen** durch einen grösseren Rückstand.
Auflösen in Alkohol. Die Lösung muss leicht erfolgen und vollkommen sein.	**Dasselbe** durch einen unlöslichen Rückstand.
Erhitzen auf dem Platinbleche. Es muss ohne Rückstand mit leuchtender Farbe verbrennen.	**Anorganische Beimengungen** durch einen Rückstand.

Aufbewahrung: in gut verschlossenen Gläsern.

Apocodeïnum hydrochloricum
Apocodeïnhydrochlorid.

Amorphes, gelblich graues Pulver, welches leicht löslich in Wasser und Alkohol ist.

Prüfung durch:	Zeigt an:
Auflösen einer geringen Menge in Salpetersäure.	**Identität** durch eine blutrote Färbung.
Auflösen von 0,1 g des Salzes in Wasser, Versetzen mit ammoniakalischer Silbernitratlösung.	**Identität** durch eine schwarze Fällung.

Erhitzen einer kleinen Menge des Salzes auf dem Platinbleche. Es darf kein Rückstand bleiben. | **Anorganische Beimengungen** durch einen Glührückstand.

Aufbewahrung: vorsichtig, vor Licht geschützt.

Apomorphinum hydrochloricum
Apomorphinhydrochlorid.

Prüfung auf Identität, freie Säure, Zersetzung, anorganische Salze, siehe D. A.-B.

Aqua Amygdalarum amararum
Bittermandelwasser.

Prüfung auf Salzsäure, künstliches Bittermandelwasser, vorgeschriebene Stärke, siehe D. A.-B.

Aqua bromata
Mit Brom gesättigtes Wasser.

Gehalt: in 30 Teilen Bromwasser etwa 1 Teil Brom enthaltend.

Prüfung durch:	Zeigt an:
Versetzen von 10 g Bromwasser mit 1,0 g Kaliumjodid, Stehenlassen eine Stunde lang in einem verschlossenen Glase, Zufügen von Zehntel-Normal-Natriumthiosulfatlösung bis zur hellgelben Färbung, dann mit einigen Tropfen Stärkelösung und wiederum mit Zehntel-Normal-Natriumthiosulfatlösung bis zur völligen Entfärbung.	Die **richtige Stärke,** wenn bis zu diesem Punkte etwa 40 ccm Zehntel-Normal-Natriumthiosulfatlösung verbraucht werden.

Aufbewahrung: in einem mit Glasstopfen versehenen, vor Licht geschützten Glase.

Aqua Calcariae
Kalkwasser.

Prüfung auf den Kalkgehalt, siehe D. A.-B.

Aqua chlorata
Chlorwasser. Chlorum solutum.

Prüfung auf Zersetzung, auf den Chlorgehalt, siehe D. A.-B.

Aqua destillata
Destilliertes Wasser.

Prüfung auf feste Bestandteile, Ammoniak, Chloride, Kohlensäure, organische Stoffe, Nitrite, siehe D. A.-B.

Aqua Lauro-Cerasi
Kirschlorbeerwasser.

Klare oder fast klare Flüssigkeit.
Spezifisches Gewicht: 0,988 bis 0,990.
Gehalt: in 1000 Teilen 1 Teil Cyanwasserstoff enthaltend.

Prüfung durch:	Zeigt an:
Verdünnen von 10 ccm Kirschlorbeerwasser mit 90 ccm Wasser, Versetzen mit 5 Tropfen Kalilauge und einer Spur Natriumchlorid, alsdann unter fortwährendem Umrühren so lange mit Zehntel-Normal-Silbernitratlösung, bis eine bleibende Trübung entsteht.	Die **vorgeschriebene Stärke,** wenn bis zu diesem Punkte 1,8 ccm Zehntel-Normal-Silbernitratlösung erforderlich sind. Jeder ccm der Zehntel-Normal-Silbernitratlösung entspricht 0,0054 g Cyanwasserstoff. Man findet den Prozentgehalt an Cyanwasserstoff, wenn man die verbrauchten ccm Zehntel-Normal-Silbernitratlösung mit 0,0054 g multipliziert, das Produkt durch das spezifische Gewicht des Kirschlorbeerwassers dividiert, und das Komma um eine Stelle nach rechts versetzt.

Aufbewahrung: vorsichtig, vor Licht geschützt.

Arbutinum
Arbutin.

Feine, weisse, glänzende Krystallnadeln von allmählich hervortretendem, jedoch nachträglich bitterem Geschmacke.

84 Arbutinum.

Verhalten gegen Lösungsmittel: löslich in 8 Teilen kaltem und 1 Teil siedendem Wasser, sowie in 16 Teilen Weingeist zu neutralen Flüssigkeiten, kaum in Äther.

Schmelzpunkt des lufttrockenen Präparats: bei 167 bis 168°.

Prüfung durch:	Zeigt an:
Erhitzen von 1 g Arbutin mit 8 g Braunsteinpulver, 1 g Wasser und 2 g Schwefelsäure.	**Identität** durch Entwicklung eines durchdringenden, chlorartigen Geruches von Chinon.
Auflösen von 3 g Arbutin in 57 g Wasser und Versetzen von je 10 ccm:	
a) mit wenig Eisenchloridlösung;	**Identität** durch eine blaue Färbung; dieselbe geht auf weiteren Zusatz von Eisenchloridlösung in grün über.
b) mit Schwefelwasserstoffwasser; es darf keine Veränderung erfolgen;	**Metalle,** namentlich Blei, durch eine dunkle Färbung oder Fällung.
c) Kochen von 20 ccm der Lösung mit einigen Tropfen verdünnter Schwefelsäure einige Minuten lang und Versetzen:	
α) mit ammoniakalischer Silbernitratlösung,	**Identität** durch Ausscheidung von schwarzem, metallischem Silber.
β) mit überschüssiger alkalischer Kupfertartratlösung.	**Identität** durch Ausscheidung von rotem Kupferoxydul.
Auflösen von etwa 0,5 g Arbutin in Schwefelsäure. Die Lösung ist zunächst farblos, wird aber nach einiger Zeit rötlich.	**Zucker** durch eine sofort auftretende braune Färbung der Lösung.
Versetzen obiger schwefelsauren Lösung mit einer Spur von Salpetersäure.	**Identität** durch eine gelbbraune Färbung.
Erhitzen von 0,2 g Arbutin auf dem Platinbleche. Es muss ohne Rückstand verbrennen.	**Anorganische Beimengungen** durch einen Rückstand.

Arecolinum hydrobromicum
Arecolinhydrobromid.

Weisse, nicht hygroskopische, luftbeständige Nädelchen, die sich in Wasser leicht lösen.

Schmelzpunkt: bei 167 bis 168°.

Prüfung durch:
Auflösen von 0,1 g des Salzes in 2 ccm Wasser, Ansäuren mit Schwefelsäure und Versetzen der Lösung mit Kaliumwismutjodidlösung*.

Zeigt an:
Identität durch einen mikrokrystallinischen, granatroten Niederschlag.

Aufbewahrung: sehr vorsichtig.

* Kaliumwismutjodidlösung wird dargestellt, indem man Wismutjodid in einer genügenden Menge warmer conzentrierter Kaliumjodidlösung auflöst und dann mit einer gleichen Menge conzentrierter Kaliumjodidlösung verdünnt.

Argentaminum
Äthylendiamin-Silberphosphatlösung.

Farblose Flüssigkeit, welche Eiweisslösung nicht fällt und auch durch Natriumchloridlösung nicht gefällt wird.

Prüfung durch:
Verdampfen von 10 ccm der Flüssigkeit zum Trocknen, Behandeln des Rückstandes mit verdünnter Salpetersäure und Versetzen mit verdünnter Salzsäure.

Zeigt an:
Identität durch einen weissen, in Ammoniak löslichen Niederschlag.

Argentum
Silber.

Das Silber kommt im compakten Zustande und in Gestalt sehr feiner Blättchen in den Handel. Es stellt ein weisses, stark glänzendes Metall dar, welches in Salzsäure und verdünnter Schwefelsäure unlöslich, in konzentrierter Schwefelsäure und Salpetersäure löslich ist. Beim Erhitzen auf Kohle vor dem Lötrohre schmilzt es schwierig, ohne die Kohle zu beschlagen.

Argentum nitricum.

Spezifisches Gewicht: 10,5.

Prüfung durch:	Zeigt an:
Auflösen von 1 g Silber in 5 g Salpetersäure unter Erwärmen; es muss sich vollkommen farblos lösen.	**Antimon, Zinn** durch einen weissen, pulverigen Rückstand. **Kupfer** durch eine blaugrüne Lösung.
Verdunsten der überschüssigen Säure auf dem Wasserbade, Versetzen mit 30 ccm Wasser. Es darf keine Trübung eintreten.	**Wismut** durch eine Trübung beim Mischen mit Wasser.
Versetzen der Lösung: a) mit Salzsäure;	**Identität** durch einen weissen, käsigen Niederschlag, der sich in Ammoniakflüssigkeit löst.
b) mit verdünnter Schwefelsäure; es darf keine Trübung entstehen;	**Blei** durch eine weisse Trübung.
c) mit Ammoniakflüssigkeit im Überschuss. Es darf keine Färbung oder Trübung entstehen.	**Kupfer** durch eine blaue Färbung. **Eisen** durch einen rostfarbenen Niederschlag. **Wismut, Blei** durch eine weisse Fällung.
Erwärmen obiger klaren ammoniakalischen Flüssigkeit, Ansäuern mit Salzsäure, Abfiltrieren des Niederschlages, Versetzen des Filtrates mit überschüssiger Ammoniakflüssigkeit: es darf keine Fällung entstehen.	**Cadmium** durch eine weisse, **Nickel** durch eine grüne Fällung.
Versetzen obiger ammoniakalischen Flüssigkeit mit Schwefelammonium; es darf keine Trübung entstehen.	**Zink** durch eine weisse Trübung.

Argentum nitricum
Silbernitrat.

Prüfung auf Identität, fremde Metalle, Silberchlorid, Nitrat, siehe D. A.-B.

Argentum nitricum cum Argento chlorato
Silberchloridhaltiges Silbernitrat.

Weisse oder grau-weisse, harte und feste Stäbchen von faserigem Bruche.

Gehalt: in 100 Teilen 90 Teile Silbernitrat und 10 Teile Silberchlorid enthaltend.

Prüfung durch:

Behandeln von 0,5 g des Präparates mit 10 ccm Wasser.

Behandeln von 0,1 g des Präparates mit 5 ccm Wasser, wobei eine teilweise Lösung stattfindet, Zusatz von überschüssiger Salzsäure, Erhitzen zum Kochen, heisses Filtrieren und Verdampfen des Filtrates auf einem Uhrglase. Es darf kein Rückstand bleiben.

Behandeln von 0,3 g des Präparates mit 10 ccm Wasser, Versetzen der Flüssigkeit mit 17 ccm Zehntel-Normal-Natriumchloridlösung und 10 Tropfen Kaliumchromatlösung und hierauf mit soviel Zehntel-Normal-Silbernitratlösung, bis bleibende Rötung der Flüssigkeit erfolgt.

Zeigt an:

Identität durch Auflösen unter Hinterlassung eines flockigen, weissen Bodensatzes, welcher sich auf Zusatz von Ammoniakflüssigkeit ebenfalls löst.

Fremde Salze (Kalium-, Natriumnitrat) durch einen Verdampfungsrückstand.

Den richtigen Gehalt an Silbernitrat, wenn bis zur bleibenden Rötung 1,1 bis 1,2 ccm Zehntel-Normal-Silbernitratlösung verbraucht werden.

Aufbewahrung: vorsichtig, vor Licht geschützt.

Argentum nitricum cum Kalio nitrico
Salpeterhaltiges Silbernitrat.

Prüfung auf den Silbergehalt, siehe D. A.-B.

Argentum oxydatum
Silberoxyd.

Dunkelbraunes, am Lichte sich schwärzendes, geruchloses Pulver von metallischem Geschmacke, spurenweise in Wasser löslich, demselben alkalische Reaktion erteilend. Beim Erhitzen entweicht Sauerstoff und alkalisches Silber bleibt zurück. Beim Zusammenreiben mit brennenden Körpern, wie Schwefel, Phosphor, Schwefelantimon etc. entsteht Entzündung. Mit Ammoniak und dessen Salzen zusammengebracht, entsteht sehr explosibles Knallsilber.

Prüfung durch:

Auflösen von 0,3 g Silberoxyd in 20 g verdünnter Schwefelsäure. Es sei vollständig ohne Aufbrausen löslich.

Versetzen der Lösung:
a) mit Natriumchloridlösung,

b) mit überschüssiger Ammoniakflüssigkeit; es darf weder eine blaue Färbung noch eine Fällung stattfinden.

Zeigt an:

Fremde Beimengungen durch einen ungelösten Rückstand.

Silbercarbonat durch Aufbrausen.

Identität durch einen weissen, käsigen Niederschlag, der in Ammoniakflüssigkeit löslich ist.

Kupfer durch eine blaue Färbung.

Fremde Metalle, wie Blei, durch eine Fällung.

Aufbewahrung: vorsichtig, in einem vor Licht geschützten Glase.

Argoninum.

Verbindung von Silber mit Caseïn und Alkali.

Feines, weisses Pulver, das in kaltem Wasser schwer, in heissem Wasser leicht löslich ist, nachdem man es zuvor mit kaltem Wasser angerührt hat, zu einer opalisierenden, schwach gefärbten Flüssigkeit. Durch Säuren wird das Argonin in seine Bestandteile gespalten, durch die gewöhnlichen Reagentien kann Silber nicht nachgewiesen werden.

Prüfung durch:	Zeigt an:
Übergiessen des Präparats mit Schwefelwasserstoffwasser und dann mit Ammoniakflüssigkeit.	**Identität** durch eine braune Lösung. **Eine Mischung von Caseinnatrium und Silbernitrat** durch eine schwarze Fällung.
Schütteln von 0,5 g des Präparats mit 50 ccm Wasser, Filtrieren:	
a) Zusatz eines Tropfens zu einer Lösung von Diphenylamin in Schwefelsäure;	**Salpetersäure** durch eine schöne blaue Farbe.
b) Eintauchen von Curcumapapier in das Filtrat. Es darf nicht gebräunt werden.	**Freies Alkali** durch eine Bräunung des Curcumapapieres.
Versetzen des Filtrats:	
c) mit Chlornatriumlösung; es entsteht keine Fällung;	**Silbernitrat** durch eine weisse Fällung.
d) mit Natriumsulfidlösung; es findet keine Fällung statt, sondern nur eine Dunkelfärbung der Lösung.	**Silbernitrat** durch eine schwarze Fällung.

Aufbewahrung: vor Licht geschützt.

Aristolum
Aristol. Dithymoldijodid. Annidalin.

Rötlich-gelbes, geruch- und geschmackloses Pulver, beim Erhitzen violette Dämpfe entwickelnd.

Verhalten gegen Lösungsmittel: leicht löslich in Äther und in Chloroform mit gelber Farbe, etwas löslich in Weingeist sowie in Essigsäure, unlöslich in Wasser und in Glycerin. Auch in fetten Ölen und in Vaselin ist das Aristol löslich.

Prüfung durch:	Zeigt an:
Erhitzen von 0,1 g Aristol auf dem Platinbleche. Es muss sich bis auf einen ganz geringen Rückstand verflüchtigen.	**Identität** durch Entwicklung violetter Dämpfe. **Anorganische Beimengungen** durch einen grösseren Rückstand.

Prüfung	Zeigt an
Auflegen einer kleinen Menge Aristol auf angefeuchtetes rotes Lakmuspapier; es darf nicht blau gefärbt werden.	**Natriumcarbonat** durch eine blaue Färbung des Lakmuspapieres.
Schütteln von 0,5 g Aristol mit 10 ccm Wasser, Filtrieren, Ansäuern des Filtrats mit Salpetersäure und Versetzen mit Silbernitratlösung. Es darf nur schwache Opalisierung eintreten.	**Jodide** durch eine weisse, undurchsichtige Trübung.

Aufbewahrung: vor Licht geschützt.

Arsenium jodatum
Arsenjodid. Arsentrijodid.

Glänzende, rot-gelbe, krystallinische, neutrale Schüppchen, oder orange-rotes, krystallinisches Pulver von jodartigem Geruche und in der Wärme zu einer roten Flüssigkeit schmelzend.

Verhalten gegen Lösungsmittel: löslich in 3,5 Teilen Wasser und in 10 Teilen Weingeist, sowie auch in Äther und Schwefelkohlenstoff.

Prüfung durch:	Zeigt an:
Auflösen von 1 g Arsenjodid in 5 g Wasser. Versetzen der Lösung:	
a) mit Schwefelwasserstoffwasser;	**Identität** durch einen citronengelben Niederschlag, der in Ammoniakflüssigkeit löslich ist.
b) mit Salpetersäure und Erwärmen.	**Identität** durch Entwicklung von violetten Dämpfen.
Erhitzen von etwa 0,1 g Arsenjodid in einem Porzellanschälchen. Es darf kein Rückstand bleiben.	**Feuerbeständige Beimengungen** durch einen Rückstand.
Auflösen von etwa 0,2 g Arsenjodid in 10 ccm Schwefelkohlenstoff. Die Lösung muss vollkommen sein.	**Fremde Beimengungen** durch einen ungelösten Rückstand.

Arsenium metallicum
Arsenmetall.

Das natürlich vorkommende Arsen stellt schwarze Bruchstücke ohne metallischen Glanz, das durch Sublimation gewonnene eine bröckliche, aus glänzenden Blättchen bestehende Masse dar.

Prüfung durch:	Zeigt an:
Erhitzen eines kleinen Stückchens Arsen in einer engen, unten zugeschmolzenen Glasröhre. Es muss sich vollständig verflüchtigen.	**Identität** durch ein braunschwarzes, glänzendes Sublimat (Arsenspiegel) am kälteren Teile der Glasröhre. **Fremde Beimengungen** durch einen Rückstand.
Erhitzen eines Stückchens Arsen auf Kohle vor dem Lötrohre.	**Identität** durch Entwicklung eines knoblauchartigen Geruches.
Kochen von feingepulvertem Arsen mit Wasser, Filtrieren und Versetzen des Filtrats mit Schwefelwasserstoffwasser.	**Identität** durch eine gelbe Färbung.
Ansäuern obiger mit Schwefelwasserstoffwasser versetzten Flüssigkeit.	**Identität** durch eine gelbe Fällung.

Aufbewahrung: sehr vorsichtig.

Asaprol
Abrastol. β-Naphtolschwefelsaures Calcium.

Weisses, bis leicht rötlich gefärbtes, geruchloses Pulver von anfänglich bitterem, später süsslichem Geschmacke. Es ist unlöslich in Äther, sehr leicht löslich in Wasser und in Alkohol.

Prüfung durch:	Zeigt an:
Auflösen von 0,1 g Asaprol in 10 ccm Wasser und Zusatz von 1 Tropfen Eisenchloridlösung.	**Identität** durch eine blaue Färbung.

Asparaginum
Amidobernsteinsäureamid. Asparamid.

Farblose, harte, rhombische Säulen, die in kaltem Wasser schwer, in Alkohol nahezu unlöslich sind. Mit Säuren und mit Basen verbindet es sich zu Salzen.

Atropinum
Atropin.

Farblose, durchscheinende, glänzende, säulenförmige oder spiessige Krystalle.

Schmelzpunkt: bei 115,5°.

Verhalten gegen Lösungsmittel: löslich in etwa 600 Teilen kaltem und 35 Teilen siedendem Wasser, sehr leicht löslich in Weingeist, Äther, Chloroform und verdünnten Säuren.

Prüfung durch:	Zeigt an:
Auflösen von etwa 0,02 g Atropin in 5 ccm Weingeist, Eintauchen von rotem Lakmuspapier.	**Identität** durch einen bitteren, kratzenden Geschmack der Lösung und Bläuung des Lakmuspapiers.
Erhitzen von 0,01 g Atropin in einem Probierröhrchen, bis zum Auftreten weisser Nebel, Zusatz von 1,5 g Schwefelsäure und Erwärmen bis zur beginnenden Bräunung, sofortigen vorsichtigen Zusatz von 2 g Wasser, und Zufügen eines Kryställchens Kaliumpermanganat.	**Identität** durch Entwicklung eines angenehmen, eigentümlich aromatischen Geruches beim Zusatz von Wasser. **Identität** durch Auftreten eines Geruches nach Bittermandelöl.
Eindampfen von 0,01 g Atropin mit 5 Tropfen rauchender Salpetersäure in einem Porzellanschälchen im Wasserbade.	**Identität** durch einen kaum gelblich gefärbten Rückstand.
Erkaltenlassen und Übergiessen obigen Rückstandes mit weingeistiger Kalilauge (1=10).	**Identität** durch eine violette Färbung (Vitalische Reaktion).

Atropinum salicylicum. 93

Auflösen von etwa 0,02 g Atropin in einigen Tropfen Schwefelsäure in einem Porzellanschälchen. Die Lösung muss farblos sein.	**Zucker, fremde Alkaloide (Veratrin)** durch eine Färbung.
Zufügen von 2 Tropfen Salpetersäure zur obigen schwefelsauren Lösung. Die Lösung bleibt farblos.	**Salicin, Brucin** durch eine rote Färbung.
Verbrennen von etwa 0,02 g Atropin auf dem Platinbleche. Es darf kein Rückstand bleiben.	**Anorganische Beimengungen** durch einen Rückstand.

Aufbewahrung: sehr vorsichtig.

Atropinum salicylicum
Atropinsalicylat.

Bernsteingelbes, amorphes Salz, welches in kaltem Wasser langsam, in heissem Wasser und Alkohol rasch löslich ist.

Prüfung durch:	Zeigt an:
Auflösen von 0,1 g des Salzes in 5 ccm Wasser:	
a) Eintauchen von blauem Lakmuspapier. Es darf nicht gerötet werden;	**Freie Säure** durch eine Rötung des Lakmuspapiers.
b) Versetzen der Lösung mit Eisenchloridlösung.	**Identität** durch eine blauviolette Färbung.
Eintrocknen von 0,01 g des Salzes mit 5 Tropfen rauchender Salpetersäure auf dem Wasserbade und Übergiessen des erkalteten Rückstandes mit weingeistiger Kalilauge.	**Identität** durch einen kaum gelblich gefärbten Verdampfungsrückstand, der beim Übergiessen mit weingeistiger Kalilauge violett wird.
Auflösen von 0,05 g des Salzes in Schwefelsäure; es finde keine Färbung statt.	**Fremde Alkaloide, Zucker** durch eine gefärbte Lösung.

Erhitzen einer kleinen Menge auf dem Platinbleche. Es darf kein Rückstand bleiben. | **Anorganische Beimengungen** durch einen feuerbeständigen Rückstand.

Aufbewahrung: sehr vorsichtig.

Atropinum sulfuricum
Atropinsulfat.

Prüfung auf Identität, freie Säure, fremde Basen, Brucin, Salicin, anorganische Beimengungen, siehe D. A.-B.

Atropinum valerianicum
Atropinvalerianat.

Farblose, durchscheinende Krystallfragmente oder weisse, krystallinische Krusten, welche schwach nach Baldriansäure riechen.

Verhalten gegen Lösungsmittel: sehr leicht löslich in Wasser und in Weingeist zu einer neutralen oder sehr schwach alkalisch reagierenden, bitteren und anhaltend kratzend schmeckenden Flüssigkeit, nur wenig löslich in Äther.

Prüfung durch: | Zeigt an:

Erhitzen mit Schwefelsäure, Zusatz von Wasser und einem Kryställchen Kaliumpermanganat. | **Identität** wie bei Atropinum.

Eindampfen mit rauchender Salpetersäure und Übergiessen des Rückstandes mit weingeistiger Kalilauge. | **Identität** wie bei Atropinum (Vitalische Reaktion).

Auflösen von 0,02 g des Präparats in einigen Tropfen Schwefelsäure. Die Lösung muss farblos sein. | **Zucker, fremde Alkaloide (Veratrin)** durch eine Färbung.

Zufügen von 2 Tropfen Salpetersäure zur obigen schwefelsauren Lösung. Dieselbe bleibt farblos. | **Salicin, Brucin** durch eine rote Färbung.

Auro-Natrium chloratum. — Aurum chloratum acidum.

Prüfung	Zeigt an
Verbrennen von etwa 0,02 g des Präparats auf dem Platinbleche. Es darf kein Rückstand bleiben.	**Anorganische Beimengungen** durch einen Rückstand.
Auflösen von 0,1 g des Präparats in 6 g Wasser und Versetzen der Lösung: a) mit Natronlauge,	**Identität** durch eine Trübung.
b) mit Ammoniakflüssigkeit; es darf keine Trübung entstehen.	**Belladonnin und andere fremde Alkaloide** durch eine Trübung.

Aufbewahrung: sehr vorsichtig.

Auro-Natrium chloratum
Natriumgoldchlorid.

Prüfung auf Goldchlorid-Chlorwasserstoff, auf den Goldgehalt, siehe D. A.-B.

Aurum chloratum acidum
Goldchlorid-Chlorwasserstoff.

Rötlich-gelbe, krystallinische, hygroskopische Masse, welche in Wasser, Weingeist und Äther leicht löslich ist, und beim Erhitzen sich zersetzt unter Zurücklassung von metallischem Gold.

Prüfung durch:	Zeigt an:
Auflösen von 0,1 g des Salzes in 10 ccm Wasser, Zusatz von Ferrosulfatlösung und Erwärmen.	**Identität** durch eine braungelbe, pulverige Ausscheidung von metallischem Gold.
Auflösen von 0,1 g des Salzes in 2 ccm Weingeist. Die Lösung muss klar sein.	**Natriumchlorid** durch eine trübe Lösung.
Auflösen von 0,2 g des Salzes in 10 ccm Wasser, Ansäuern mit Salzsäure, Erwärmen	**Kupfer und andere fremde Metalle** durch eine dunkle Färbung oder Fällung.

mit Oxalsäurelösung, Abfiltrieren des Niederschlags und Versetzen des Filtrats mit Schwefelwasserstoffwasser. Es darf keine dunkle Färbung entstehen.

Glühen von 0,2 g des Salzes in einem tarierten Porzellantiegel. Der Rückstand muss mindestens 0,096 g betragen.

Zu **grossen Feuchtigkeitsgehalt** durch einen geringeren Glührückstand als 0,096 g.

Darüberhalten eines mit Ammoniakflüssigkeit befeuchteten Glasstabes über das Präparat. Es dürfen keine weissen Nebel entstehen.

Freie Salzsäure durch Bildung weisser Nebel.

Aufbewahrung: vorsichtig, in einem gut verschlossenen, vor Licht geschützten Glase.

Aurum foliatum
Blattgold.

Zarte, goldgelbe, stark glänzende, gegen das Licht grün durchschimmernde Blättchen.

Prüfung durch:

Auflösen eines Blättchens in Königswasser.

Zeigt an:

Identität durch eine gelbe Lösung.

Silber durch einen weissen, ungelösten Rückstand.

Versetzen obiger Lösung mit Ferrosulfatlösung.

Identität durch Ausscheiden eines braunen Pulvers.

Erwärmen von Blattgold mit Salpetersäure, Abgiessen der Flüssigkeit.

a) Übersättigen der abgegossenen Flüssigkeit mit Ammoniakflüssigkeit. Die Lösung muss farblos bleiben;

Kupfer durch eine blaue Färbung.

Blei, Zinn durch eine weisse Fällung.

b) Versetzen obiger ammoniakalischen Flüssigkeit mit Schwefelammonium. Es darf keine Fällung entstehen.

Eisen durch eine dunkle, **Zink** durch eine weisse Fällung.

Baryum aceticum
Baryumacetat.

Farblose, säulenförmige Krystalle, welche auf 100^0 erwärmt, ihr Krystallwasser verlieren und zu einem weissen Pulver zerfallen. In Wasser ist das Salz reichlich löslich, weniger leicht in Weingeist.

Prüfung durch:	Zeigt an:

Eintragen des getrockneten Salzes in ein erkaltetes Gemisch von 5 ccm Weingeist und 5 ccm Schwefelsäure und Erhitzen im Wasserbade.

Identität durch einen Geruch nach Essigäther.

Erhitzen einer Probe auf dem Platinbleche.

Identität durch einen weissen Rückstand, der mit Säure übergossen, aufbraust.

Auflösen von 3 g des Salzes in 57 g Wasser und Versetzen der Lösung:

a) mit Calciumsulfatlösung;

Identität durch einen weissen Niederschlag.

b) mit Eisenchloridlösung;

Identität durch eine rote Färbung der Lösung.

c) mit Schwefelwasserstoffwasser; es darf keine dunkle Färbung oder Fällung entstehen;

Metalle durch eine dunkle Färbung oder Fällung.

d) Verdünnen von 10 ccm der Lösung mit 20 ccm Wasser, Erhitzen, Versetzen mit einem kleinen

Salze der Alkalien, des Magnesiums durch einen feuerbeständigen Rückstand.

Überschuss von verdünnter Schwefelsäure, Absetzenlassen des Niederschlags, Abgiessen der Flüssigkeit, Verdampfen derselben und stärkeres Erhitzen. Es darf kein Rückstand bleiben.

Aufbewahrung: sehr vorsichtig.

Baryum carbonicum
Baryumcarbonat.

Weisses, geruch- und geschmackloses Pulver, welches in Wasser kaum, in verdünnter Salzsäure und Salpetersäure vollkommen unter Aufbrausen löslich ist. Beim Erhitzen erleidet es keine Veränderung.

Prüfung durch:	Zeigt an:
Auflösen von 5 g des Präparats in 50 ccm verdünnter Salzsäure. Es muss vollständige Lösung stattfinden.	**Identität** durch Aufbrausen. **Fremde Beimengungen** durch einen ungelösten Rückstand.
a) Verdampfen von 20 ccm der Lösung zur Trockne, Behandeln des Rückstandes mit Weingeist, Abgiessen des letzteren und Anzünden. Die Flamme darf nicht rot gefärbt sein;	**Kalk, Strontium** durch eine rote Flamme des Weingeistes.
b) Verdünnen von 20 ccm der Lösung mit der gleichen Menge Wasser und Ausfällen mit Schwefelsäure.	**Identität** durch einen weissen Niederschlag.
Mehrstündiges Stehenlassen, Filtrieren und Verdampfen des Filtrats. Es darf nur ein sehr geringer Rückstand bleiben;	**Alkalien, Magnesiumverbindungen** durch einen feuerbeständigen Rückstand.
c) Versetzen von 10 ccm der Lösung mit Schwefelwasserstoffwasser. Es darf	**Metalle (Kupfer, Blei)** durch eine dunkle Fällung oder Färbung.

Baryum chloratum. 99

keine dunkle Fällung entstehen;
d) Versetzen obiger mit Schwefelwasserstoffwasser versetzten Lösung mit überschüssiger Ammoniakflüssigkeit. Es darf keine dunkle Fällung entstehen.

Eisen durch eine dunkle Färbung oder Fällung.

Auflösen von 0,5 g des Präparats in 10 ccm verdünnter Salpetersäure und Zusatz von Silbernitratlösung; es darf nur ganz schwache Opalisierung eintreten.

Chloride durch eine weisse, undurchsichtige Trübung.

Aufbewahrung: vorsichtig.

Baryum chloratum
Baryumchlorid.

Farblose, durchscheinende Krystalle, an der Luft unveränderlich, in 2,5 Teilen kaltem und 1,5 Teilen heissem Wasser zu einer neutralen Flüssigkeit löslich, in Weingeist aber fast unlöslich.

Prüfung durch: | Zeigt an:

Auflösen von 4 g des Salzes in 76 g Wasser.
Eintauchen von blauem Lakmuspapier, das sich nicht röten darf.

Salzsäure durch Rötung des Lakmuspapiers.

Versetzen von je 10 ccm der Lösung:
a) mit verdünnter Schwefelsäure;

Identität durch einen weissen, pulverigen, in Säuren unlöslichen Niederschlag.

b) mit Silbernitratlösung;

Identität durch einen weissen, käsigen, in Säuren unlöslichen, in Ammoniakflüssigkeit leicht löslichen Niederschlag.

c) mit Schwefelwasserstoffwasser; es darf keine Veränderung eintreten;

Metalle durch eine dunkle Färbung oder Fällung.

d) Ausfällen von 10 ccm der Lösung mit verdünnter Schwefelsäure (1,5 g), Abfiltrieren und Verdampfen des Filtrats in einem Glasschälchen. Es darf kein Rückstand bleiben;

Alkalien durch einen Verdampfungsrückstand.

e) Versetzen von 20 ccm der Lösung mit 0,5 ccm Kaliumferrocyanidlösung. Es darf keine Veränderung entstehen.

Eisen durch eine blaue Färbung.

Schütteln von 4 g des gepulverten Salzes mit 10 ccm Weingeist und Filtrieren.

a) Anzünden des Weingeistes. Die Flamme darf nicht rot erscheinen;

Strontiumchlorid durch eine rote Flamme.

b) Verdampfen des Weingeistes. Es darf kein zerfliesslicher Rückstand bleiben.

Calciumchlorid durch einen zerfliesslichen Rückstand.

Aufbewahrung: vorsichtig.

Baryum chloricum
Baryumchlorat.

Farblose, wasserklare, prismatische Krystalle, die in Wasser leicht, in Weingeist schwer löslich sind.

Prüfung durch: | Zeigt an:

Erhitzen einer kleinen Probe auf Kohle vor dem Lötrohre.

Identität durch Funkensprühen und eine grüne Färbung der Flamme.

Zerreiben von 2 g des Salzes zu Pulver, scharfes Trocknen desselben, Erhitzen in einem trocknen Reagensglase und Darüberhalten eines glimmenden Spahnes.

Identität durch Schmelzen des Salzes und Entzünden des Spahns unter lebhafter Lichtentwicklung.

Auflösen obigen geschmolzenen Rückstandes in 20 ccm

Wasser und Versetzen der Lösung:
a) mit Calciumsulfatlösung;

Identität durch einen weissen, in Salpetersäure unlöslichen Niederschlag.

b) mit Silbernitratlösung.

Identität durch einen weissen, in Salpetersäure unlöslichen Niederschlag.

Auflösen von 2 g des Salzes in 18 g Wasser.
a) Versetzen der Lösung mit Silbernitratlösung; es darf keine oder nur eine sehr schwache Trübung entstehen;

Baryumchlorid durch eine weisse, undurchsichtige Trübung.

b) Eintröpfeln der Lösung in Salzsäure und Erwärmen.

Identität durch eine grünlich-gelbe Färbung der Lösung und Entwicklung von Chlorgeruch.

Aufbewahrung: vorsichtig.

Baryum nitricum
Baryumnitrat.

Farblose, durchscheinende, harte, oktaedrische Krystalle, an der Luft unveränderlich, in 20 Teilen Wasser von mittlerer Temperatur und in 2,8 Teilen siedendem Wasser löslich, in Weingeist unlöslich.

Prüfung durch:
Aufstreuen des gepulverten Salzes auf glühende Kohlen.

Zeigt an:
Identität durch Verpuffung mit blassgrünem Licht.

Auflösen von 3 g des Salzes in 57 g Wasser. Versetzen von je 10 ccm der Lösung:
a) mit verdünnter Schwefelsäure;

Identität durch einen weissen, pulverigen, in Säuren unlöslichen Niederschlag.

b) mit Schwefelwasserstoffwasser; es darf keine Veränderung eintreten;

Metalle durch eine dunkle Färbung oder Fällung.

c) Ausfällen von 10 ccm der Lösung mit verdünnter Schwefelsäure und Verdampfen des Filtrats.	**Alkalien**
d) Versetzen von 20 ccm der Lösung mit 0,5 ccm Kaliumferrocyanidlösung.	**Eisen**
Schütteln von 2 g des gepulverten Salzes mit 20 ccm Weingeist, Abfiltrieren. a) Anzünden des Filtrats, b) Verdampfen desselben.	**Strontiumchlorid Calciumchlorid**

} siehe bei Baryum chloratum

Aufbewahrung: vorsichtig.

Baryum hydricum crystallisatum

Baryum causticum. Baryum oxydatum hydricum. Baryta caustica hydrica. Baryumhydrat. Ätzbaryt.

Farblose, wasserhelle, prismatische Krystalle, die beim Erhitzen unter Verlust des Krystallwassers leicht schmelzen, und in 20 Teilen Wasser löslich sind.

Prüfung durch:	Zeigt an:
Erhitzen von 40 ccm Wasser zum Kochen und Eintragen von 2 g des Präparats. Es muss nahezu klare Lösung erfolgen.	**Baryumcarbonat** durch eine stark trübe Lösung.
a) Eintauchen von rotem Lakmuspapier;	**Identität** durch eine Bläuung des Lakmuspapiers.
b) Einblasen von Ausatmungsluft in die Lösung.	**Identität** durch eine Trübung.
Versetzen der filtrirten Lösung:	
c) mit verdünnter Schwefelsäure;	**Identität** durch eine weisse Fällung.
d) mit Schwefelwasserstoffwasser; es darf keine Veränderung entstehen;	**Metalle** durch eine dunkle Fällung.
e) mit Silbernitratlösung nach Ansäuern mit Salpeter-	**Chloride** durch eine weisse Trübung.

säure; es darf keine Trübung entstehen.

Erhitzen von 20 ccm Wasser in einem Kölbchen zum Sieden, Eintragen von 2 g des Präparats, vollständige Ausfällung der Lösung mit verdünnter Schwefelsäure (8 g), Filtrieren, Verdampfen des Filtrats und Erhitzen bis zum Glühen. Es darf kein oder nur ein sehr geringer Rückstand bleiben.

Salze der Alkalien und alkalischen Erden durch feuerbeständigen Rückstand.

Aufbewahrung: vorsichtig.

Baryum sulfuratum
Baryumsulfid. Schwefelbaryum.

Weisse, rötlich-weisse, oder grau-weisse, amorphe Masse, welche beim Erhitzen keine Veränderung erleidet und mit Wasser in Baryumhydroxyd und Baryumhydrosulfid zerfällt.

Prüfung durch:	Zeigt an:
Auflösen von 1 g des Präparats in 10 ccm Wasser. Es muss nahezu vollständige Lösung stattfinden.	**Fremde Beimengungen** durch einen grösseren, unlöslichen Rückstand.
Versetzen obiger Lösung mit verdünnter Schwefelsäure.	**Identität** durch Entwicklung von Schwefelwasserstoff und durch einen weissen Niederschlag.

Baryum sulfuricum praecipitatum
Baryumsulfat.

Schweres, weisses Pulver, welches in Wasser, Weingeist und in verdünnter Salz- und Salpetersäure unlöslich ist, und beim Erhitzen auf dem Platinbleche keine Veränderung erleidet.

Prüfung durch:	Zeigt an:
Glühen von 2 g des Salzes mit 8 g wasserfreiem Natriumcarbonat, Behandeln des Glüh-	**Identität** durch einen weissen, in Säuren unlöslichen Niederschlag.

rückstandes mit Wasser, Filtrieren, Ansäuern des Filtrats mit Salpetersäure und Versetzen desselben mit Baryumnitratlösung.	
Auswaschen des Glührückstandes auf dem Filter mit Wasser und Behandeln desselben mit warmer, verdünnter Salzsäure.	**Identität** durch Auflösen unter Aufbrausen.
a) Versetzen eines Teils der Lösung mit verdünnter Schwefelsäure;	**Identität** durch einen weissen Niederschlag.
b) Verdampfen des Restes der Lösung zur Trockne, Zerreiben des Rückstandes, Schütteln mit starkem Weingeist, Filtrieren und Verdunsten des Filtrats auf dem Wasserbade. Es darf nur ein ganz geringer Rückstand bleiben.	**Calcium- und Strontiumverbindungen** durch einen beim Verdunsten des Weingeistes zurückbleibenden Rückstand.
Übergiessen des Salzes mit Schwefelwasserstoffwasser. Das Salz darf keine Veränderung erleiden.	**Metalle** durch eine dunkle Färbung des Salzes.

Aufbewahrung: vorsichtig.

Benzaldehydum

Benzaldehyd. Künstliches, ätherisches Bittermandelöl. Benzoylhydrür. Benzoylwasserstoff.

Farblose, stark lichtbrechende, angenehm bittermandelölartig riechende, brennend aromatisch schmeckende Flüssigkeit, welche mit stark russender Flamme brennt, in Wasser nur wenig löslich, dagegen in allen Verhältnissen mit Alkohol, Äther, fetten und ätherischen Ölen mischbar ist.

Siedepunkt: bei 180^0.
Spezifisches Gewicht: 1,05.

Prüfung durch:	Zeigt an:
Schütteln von 1 ccm Benzaldehyd mit 3 ccm einer frisch bereiteten konzentrierten Lösung von saurem Natriumsulfit.	**Identität** durch Entstehen einer festen, krystallinischen, nicht schmierigen Masse.
Vermischen von 1 ccm Benzaldehyd mit 2 ccm rauchender Salpetersäure. Es muss sich klar ohne Gasentwicklung lösen.	**Fremde Öle** durch Abscheiden von öligen Tropfen.
Schütteln von 10 Tropfen Benzaldehyd mit 10 ccm verdünnter Kalilauge, Zusatz von etwas Eisenchlorürlösung, Erwärmen, Versetzen mit 2 Tropfen Eisenchloridlösung und Ansäuern mit Salzsäure. Es darf keine blaue Färbung oder Fällung entstehen.	**Alkohol** durch Entwicklung von roten Dämpfen. **Cyanwasserstoff** durch eine blaue Färbung oder Fällung.

Benzanilid
Benzoylanilid.

Farblose, perlmutterglänzende Blättchen, welche unlöslich in Wasser, löslich in 58 Teilen kaltem und 7 Teilen heissem Alkohol sind, und sich unzersetzt sublimieren lassen.
Schmelzpunkt: bei 163°.
Aufbewahrung: vorsichtig.

Benzinum Petrolei
Petroleumbenzin.

Prüfung auf fremde Kohlenwasserstoffe, Benzol, siehe D. A.-B.

Benzolum
Benzol.

Klare, farblose, flüchtige, stark lichtbrechende Flüssigkeit von eigentümlichem Geruche, unlöslich in Wasser, leicht löslich in Weingeist und Äther.

Siedepunkt: bei 80 bis 82°.

Spezifisches Gewicht: 0,880 bis 0,890.

Prüfung durch:	Zeigt an:
Bestimmen des spezifischen Gewichts. Dasselbe betrage 0,880 bis 0,890.	**Petroleumbenzin** durch ein niedrigeres spezifisches Gewicht.
Mischen von 10 ccm Benzol mit 5 ccm Weingeist. Die Mischung sei klar.	**Petroleumbenzin** durch eine trübe Mischung.
Abkühlen des Benzols auf 0°.	**Identität** durch Erstarren zu grossen, rhombischen Krystallblättern, welche bei etwa $+5°$ wieder schmelzen.
Schütteln von 5 ccm Benzol mit einem Gemisch aus 5 ccm Schwefelsäure und 20 ccm rauchender Salpetersäure.	**Identität** durch eine gelbe Mischung und Entwicklung eines Bittermandelöl ähnlichen Geruches.

Benzonaphtolum

Naphtylbenzoat.   Benzoesäure-Naphtyläther.

Weisses, krystallinisches, geschmack- und geruchloses Pulver, das in Wasser fast unlöslich, in Äther und Weingeist schwer, in Chloroform leicht löslich ist.

Schmelzpunkt: bei 110°.

Prüfung durch:	Zeigt an:
Auflösen einer Probe in Schwefelsäure.	**Identität** durch eine gelbe Lösung, welche beim Erwärmen violett wird.
Versetzen der schwefelsauren Lösung:	
a) mit wenig Salpetersäure,	**Identität** durch eine schwarzbraune Färbung.
b) mit Kaliumnitrit,	**Identität** durch eine violette, dann rot in blau übergehende Färbung.
c) mit Rohrzucker.	**Identität** durch eine rotviolette Färbung.

Auflösen von 1 g des Präparats in 5 g Chloroform, Zusatz eines Stückchens Kalihydrat und Erhitzen zum Aufkochen. Es darf sich nicht **sofort** blau färben.	**Freies β-Naphtol** durch eine **sofortige** blaue Färbung.
Kochen obiger Flüssigkeit einige Zeit lang.	**Identität** durch eine blaue Färbung.
Auflösen von 0,1 g Benzonaphtol in 20 ccm Weingeist, Zusatz von 1 ccm konzentrierter Lösung von Kaliumjodid und Kaliumjodat und Schütteln mit Schwefelkohlenstoff. Letzterer darf sich nicht rot-violett färben.	**Freie Benzoesäure** durch eine rot-violette Färbung des Schwefelkohlenstoffs.
Versetzen obiger vom Schwefelkohlenstoff getrennten Flüssigkeit mit Eisenchloridlösung. Es darf keine Fällung entstehen.	**Freie Benzoesäure** durch eine gelb-rote Fällung.

Berberinum
Berberin.

Gelbe, kleine, glänzende, geruchlose Nadeln von neutraler Reaktion und sehr bitterem Geschmacke. Sie lösen sich in 500 Teilen kaltem, leicht in siedendem Wasser wie auch in Weingeist mit gelber Farbe, in Äther unlöslich.

Prüfung durch:	Zeigt an:
Erhitzen auf dem Platinbleche.	**Identität** durch Schmelzen und vollständige Verbrennung.
Zusammenreiben in einer Porzellanschale mit Schwefelsäure.	**Identität** durch eine grüngelbe Lösung.
Versetzen der schwefelsauren Lösung mit einem Tropfen Kaliumchromatlösung.	**Identität** durch eine braunrote Färbung.
Auflösen einer Probe in starker Salpetersäure.	**Identität** durch eine blutrote Färbung.

Betolum

Naphtolol, Salinaphtol, Naphtosalol, Salicylsäure-Naphtyläther.

Weisses, krystallinisches, geruch- und geschmackloses Pulver, welches von Alkalien und nicht konzentrierten Säuren in der Kälte nicht zersetzt wird, wohl aber beim Erhitzen. **Verhalten gegen Lösungsmittel:** leicht löslich in siedendem Alkohol, in Äther und in Benzol, schwer löslich in kaltem Alkohol, nahezu unlöslich in heissem und kaltem Wasser und in Glycerin.

Schmelzpunkt: bei 95°.

Prüfung durch:	Zeigt an:
Auflösen von 0,1 g Betol in 10 ccm Weingeist.	
a) Versetzen von 8 ccm der Lösung mit 1 Tropfen stark verdünnter Eisenchloridlösung;	**Identität** durch eine violette Färbung.
b) Zutröpfeln der weingeistigen Lösung zu einer sehr verdünnten Eisenchloridlösung.	**Identität** durch eine milchige Trübung ohne Färbung. **Freie Salicylsäure** durch eine violett-rote Färbung.
Übergiesen von 0,1 g Betol mit 3 ccm konzentrierter Schwefelsäure und Versetzen der citronengelben Lösung mit einer Spur Salpetersäure.	**Identität** durch eine olivenbraungrüne Lösung.
Erhitzen von 0,5 g Betol mit 10 ccm Wasser zum Sieden, und Filtrieren.	
a) Eintauchen von blauem Lakmuspapier. Es darf nicht gerötet werden;	**Freie Säure (Salicylsäure, Salzsäure, Phosphorsäure)** durch Rötung des Papiers.
b) Erkaltenlassen der Lösung. Es dürfen sich keine Krystalle abscheiden.	**Salicylsäure** oder β-**Naphtol** durch krystallinische Abscheidungen beim Erkalten.
c) Zusatz einiger Tropfen Silbernitratlösung. Es darf sofort keine Trübung entstehen.	**Chloride** oder **Phosphate** durch eine sofort eintretende Trübung.

Erhitzen von 0,2 g Betol auf dem Platinbleche. Es darf kein Rückstand bleiben.

Anorganische Beimengungen durch einen Rückstand.

Bismutum benzoicum
Wismutbenzoat.

Weisses, amorphes, geschmackloses Pulver, das in kaltem Wasser nahezu unlöslich, in Salzsäure, Salpetersäure und verdünnter Schwefelsäure aber unter Abscheidung von Benzoesäure löslich ist.

Prüfung durch:

Auflösen von 1 g des Salzes in 10 ccm verdünnter Schwefelsäure.

Übergiessen des Salzes mit Eisenchloridlösung.

Glühen von 1 g des Salzes in einem Porzellantiegel bis zur schwachen Verkohlung, Auflösen des Rückstandes in Salpetersäure, vorsichtiges Eindampfen zur Trockne und anhaltendes Glühen.

Zeigt an:

Identität durch Auflösen unter Abscheidung von Benzoesäure, welche in Weingeist und in Äther löslich ist.

Identität durch eine lederbraune Färbung.

Richtige Zusammensetzung des Salzes, wenn 0,65 bis 0,7 g Wismutoxyd zurückbleibt.

Bismutum carbonicum
Wismutcarbonat.

Weisses oder gelblich-weisses, amorphes, geruchloses Pulver, in Wasser und Weingeist unlöslich.

Prüfung durch:

Auflösen von 2 g des Präparats in 3 g Salpetersäure.

Vermischen obiger salpetersauren Lösung mit 50 ccm Wasser.

Auflösen von 4 g des Präparats in 20 ccm verdünnter

Zeigt an:

Identität durch Lösen unter Aufbrausen.

Identität durch eine weisse Fällung.

Fremde Beimengungen (Schwerspath, Gips, Blei-

Bismutum carbonicum.

Salpetersäure. Die Lösung muss klar sein.

Verdünnen der Lösung mit 20 ccm Wasser und Versetzen von je 10 ccm:

a) mit Silbernitratlösung;

b) mit Baryumnitratlösung;

c) mit verdünnter Schwefelsäure.

Diese Reagentien dürfen keine Trübung erzeugen.

d) Übersättigen mit Ammoniakflüssigkeit; die über dem Niederschlag stehende Flüssigkeit darf nicht blau sein.

Abfiltrieren obigen Niederschlags und Versetzen des Filtrats mit Natriumphosphatlösung. Es darf keine Trübung entstehen.

Erwärmen von 1 g des Präparats mit 10 ccm Kalilauge. Es darf kein Ammoniakgeruch auftreten.

Erhitzen von 1 g des Präparats in einem Porzellantiegel bis zum Aufhören der Dampfbildung, Zerreiben des Rückstandes nach dem Erkalten und Auflösen in 3 ccm Zinnchlorürlösung; es darf innerhalb 1 Stunde eine dunklere Färbung nicht entstehen.

Schwaches Glühen von 1 g des Präparats in einem tarierten Porzellantiegel.

sulfat etc.) durch eine trübe Lösung.

Chlorid durch eine weisse Trübung.

Sulfat durch eine weisse Trübung.

Blei oder **Kalk** durch eine weisse Trübung.

Kupfer durch eine blaue Färbung der Flüssigkeit.

Magnesiumverbindung durch eine weisse Trübung.

Ammoniumverbindung durch einen Ammoniakgeruch.

Arsen durch eine dunkle Färbung innerhalb 1 Stunde.

Vorschriftsmässige Zusammensetzung des Salzes, wenn 0,85 g Wismutoxyd zurückbleiben.

Bismutum metallicum
Wismutmetall.

Grauweisses, einen rötlichen Schimmer besitzendes, schweres, sprödes, leicht schmelzbares Metall von grossblättrig krystallinischem Gefüge, welches sich in Salpetersäure löst, von verdünnter Salz- und Salpetersäure aber nicht gelöst wird. Beim Erhitzen auf Kohle vor dem Lötrohre entsteht ein in der Hitze dunkelorangeroter Beschlag, der beim Erkalten gelb wird.

Spezifisches Gewicht: 9,7 bis 9,8.

Prüfung durch:	Zeigt an:
Portionenweises Eintragen von 3 g zerstossenen Metalles in ein Kölbchen, in welchem sich 15 g Salpetersäure befinden, und Erhitzen; es muss vollständige Lösung stattfinden.	**Identität** durch Auftreten von gelb-roten Dämpfen und vollständige Lösung. **Antimon, Zinn** durch einen weissen Rückstand.
Eingiessen obiger klaren Lösung in 100 ccm Wasser.	**Identität** durch einen reichlichen, weissen Niederschlag.
Filtrieren obiger Flüssigkeit und Versetzen des Filtrats: a) mit einigen Tropfen Schwefelsäure; es darf auch nach längerer Zeit keine Trübung entstehen;	**Blei** durch eine weisse Trübung.
b) mit überschüssiger Ammoniakflüssigkeit: es entsteht ein weisser Niederschlag, und die Flüssigkeit bleibt farblos.	**Kupfer** durch eine blaue Farbe der Flüssigkeit.
c) Ansäuern mit Schwefelsäure und Einleiten von Schwefelwasserstoffgas in das Filtrat, bis zur völligen Fällung.	**Identität** durch einen braunen Niederschlag.
Abfiltrieren des Niederschlags, Erhitzen des Filtrats zum Sieden und Zusatz von Natriumcarbonatlösung bis zur alkalischen Reaktion. Es darf keine Trübung entstehen.	**Metalle (Eisen, Zink, Nickel)** durch eine Trübung.

Auflösen von 1 g des Metalls in 5 g Salpetersäure, Verdampfen der Lösung zur Trockne, Erhitzen des Rückstandes, bis keine sauren Dämpfe mehr entweichen, Zerreiben des Rückstandes und Auflösen in 3 ccm Zinnchlorürlösung. Es darf innerhalb einer Stunde keine braune Färbung oder Fällung entstehen.	**Arsen** durch eine innerhalb einer Stunde entstehende braune Färbung oder Fällung.

Bismutum β-naphtolicum
β-Naphtol-Wismut.

Neutrales, geruchloses, nicht ätzendes, braunes Pulver, welches unlöslich in Wasser ist; es enthält 23 % β-Naphtol und 71,6 % Wismut.

Bismutum nitricum
Wismutnitrat.

Grosse, farblose, durchsichtige, säulenförmige Krystalle, welche bei 73° in ihrem Krystallwasser schmelzen, bei stärkerem Erhitzen sich in ein basisches Salz und zuletzt in Wismutoxyd verwandeln. In wenig Wasser lösen sie sich unzersetzt auf, durch viel Wasser scheidet sich basisches Salz aus.

Prüfung durch:	Zeigt an:
Auflösen von 1 g des Salzes in 5 g Wasser, welches mit Salpetersäure angesäuert ist und Eingiessen der Lösung in 50 ccm Wasser.	**Identität** durch einen weissen Niederschlag.
Glühen von 1 g des Salzes in einem Porzellantiegel, bis keine sauren Dämpfe mehr entweichen.	**Identität** durch einen gelben Rückstand.
Schütteln von 0,5 g des Salzes mit 2,5 g verdünnter Schwefelsäure ohne Anwendung	**Blei** durch eine weisse Trübung.

von Wärme. Es muss klare Lösung erfolgen.
a) Versetzen der schwefelsauren Lösung mit Ammoniakflüssigkeit im Überschusse; es findet eine milchige Trübung statt und die Flüssigkeit färbe sich nicht blau;
b) Verdünnen der schwefelsauren Lösung mit Wasser, Erwärmen, Einleiten von Schwefelwasserstoffgas im Überschusse, Abfiltrieren des Niederschlags und Verdampfen des Filtrats. Es darf kein wägbarer Rückstand bleiben.

Glühen von 1 g des Salzes im Porzellantiegel, bis keine sauren Dämpfe mehr entweichen, Zerreiben des Rückstandes und Auflösen in 3 ccm Zinnchlorürlösung. Es darf innerhalb einer Stunde keine braune Färbung oder Fällung entstehen.

Auflösen von 1 g des Salzes in 10 ccm stark verdünnter Salpetersäure und Versetzen der Lösung:
a) mit Silbernitratlösung; es darf höchstens opalisierende Trübung entstehen;
b) mit Baryumnitratlösung; es darf keine Trübung entstehen.

Kupfer durch eine blaue Farbe der Flüssigkeit.

Erden, Alkalien durch einen wägbaren Rückstand.

Arsen durch eine braune Färbung oder Fällung innerhalb einer Stunde.

Chlor durch eine weisse, undurchsichtige Trübung.

Schwefelsäure durch eine weisse Trübung.

Bismutum oxyjodatum
Bismutum subjodatum. Wismutoxyjodid.
Basisches Wismutjodid.

Lebhaft ziegelrotes, schweres, nach Jod riechendes, in Wasser und Weingeist unlösliches Pulver.

Bismutum phenylicum.

Prüfung durch:	Zeigt an:
Erhitzen von 0,5 g des Präparats in einem trocknen Probierrohre.	**Identität** durch Entwicklung von violetten Dämpfen.
Verdampfen von 1 g des Präparats mit 10 g Salpetersäure in einem tarierten Porzellantiegel zur Trockne und Glühen bis zum konstanten Gewichte.	**Die vorschriftsmässige Zusammensetzung** des Salzes, wenn der Rückstand 0,66 bis 0,675 g beträgt.
Auflösen des Glührückstandes in wenig Salpetersäure unter Erwärmen, und Eingiessen der Lösung in viel kaltes Wasser.	**Identität** durch einen weissen Niederschlag.
Schütteln von 0,5 g des Präparats mit 10 ccm Wasser, Abfiltrieren, Ansäuern des Filtrats mit Salpetersäure und Versetzen mit Silbernitratlösung. Es darf nur eine opalisierende Trübung entstehen.	**Chloride, Jodide** durch eine weisse, undurchsichtige Trübung.
Schütteln von 1 g des Salzes mit 10 ccm verdünnter Schwefelsäure, Filtrieren, Mischen des Filtrats mit der doppelten Menge Schwefelsäure und Versetzen mit 1 Tropfen Indigolösung. Es darf keine Entfärbung der Flüssigkeit stattfinden.	**Nitrat** durch Entfärbung der Flüssigkeit.
Glühen von 1 g des Salzes bis zum Aufhören der Dampfbildung, Zerreiben des Glührückstandes und Auflösen in 3 ccm Zinnchlorürlösung. Es darf innerhalb 1 Stunde keine dunklere Färbung entstehen.	**Arsen** durch eine bräunliche Färbung innerhalb 1 Stunde.

Aufbewahrung: vor Licht geschützt.

Bismutum phenylicum
Phenyl-Wismut.

Trockenes, violettes Pulver, das in Wasser nahezu unlöslich ist. Angefeuchtetes rotes Lakmuspapier bläut das Präparat allmählich. Es enthält 22 Procent Phenol und 72,6 Procent Wismut.

Bismutum phosphoricum solubile
Lösliches Wismutphosphat.

Weisses Pulver, das leicht und vollkommen in Wasser löslich ist. Die Lösung ist neutral, schmeckt schwach bitterlich salzig und wird durch Basen, Säuren, sowie beim Kochen getrübt.

Bismutolum ist ein Gemisch von löslichem Wismutphosphat mit Natriumsalicylat.

Bismutum pyrogallicum
Helcosolum. Pyrogallol-Wismut. Basisch pyrogallussaures Wismut.

Gelbes Pulver, unlöslich in Wasser und Alkohol, löslich in Natronlauge und Salzsäure.

Prüfung durch:	Zeigt an:
Auflösen von 1 g des Präparates in 10 ccm Natronlauge.	**Identität** durch eine vollkommene Lösung.
Versetzen obiger Lösung: a) mit Silbernitratlösung; es darf keine Trübung entstehen;	**Wismutoxychlorid** durch eine weisse Trübung.
b) Versetzen von 2 ccm der Lösung mit 2 ccm Schwefelsäure, und Überschichten mit 1 ccm Ferrosulfatlösung; es darf sich keine braune Zone bilden.	**Basisches Wismutnitrat** durch eine braune Zone.
Schwaches Glühen von 1 g des Präparats, Auflösen des Rückstandes in Salpetersäure, vorsichtiges Eindampfen der Lösung zur Trockne und Glühen des Rückstandes.	**Richtige Zusammensetzung des Salzes,** wenn etwa 0,5 g Wismutoxyd zurückbleiben.

Bismutum subgallicum
Wismutsubgallat. Dermatol. Basisch gallussaures Wismut.

Ein safrangelbes, geruch- und geschmackloses, schweres Pulver.

Verhalten gegen Lösungsmittel: Leicht löslich in Natronlauge und in konzentrierter Salzsäure. In Wasser, Weingeist, Äther und in verdünnten Säuren ist es unlöslich. In verdünnter und konzentrierter Schwefelsäure sowie in Salpetersäure löst es sich beim Erwärmen.

Prüfung durch:	Zeigt an:
Auflegen des Pulvers auf angefeuchtetes blaues Lakmuspapier.	**Identität** durch eine schwache Rötung des Papiers.
Auflösen von 0,5 g Dermatol in 5 ccm Natronlauge.	**Identität** durch eine klare, gelbe Lösung (ohne Abscheidung von Wismuthydroxyd), welche an der Luft bald rot wird. **Andere Wismutsalze** durch eine Fällung.
Erwärmen von 0,2 g des Präparats mit 10 ccm verdünnter Schwefelsäure. Es muss klare Lösung erfolgen.	**Blei** durch eine weisse Trübung oder Fällung.
Versetzen obiger Lösung mit Schwefelwasserstoffwasser.	**Identität** durch rein braune Fällung.
Behandeln von 1 g des Salzes mit 10 ccm Weingeist, Abfiltrieren und Verdampfen des Filtrats. Es darf kein Rückstand bleiben.	**Freie Gallussäure** durch einen Rückstand.
Glühen von 1 g des Salzes in einem Porzellantiegel, Zerreiben des Rückstandes und Schütteln desselben mit 3 ccm Zinnchlorürlösung. Es darf innerhalb einer Stunde keine Färbung entstehen.	**Arsen** durch eine braune Färbung oder Fällung innerhalb einer Stunde.
Auflösen eines Körnchens Diphenylamin in 5 ccm reiner konzentrierter Schwefelsäure,	**Nitrat** durch sofortige Entstehung einer blauen Zwischenzone.

Darüberschichten einer Lösung von 0,5 g Dermatol in 3 ccm verdünnter Schwefelsäure. Es darf sich sofort keine blaue Zone bilden.

Glühen von 0,5 g Dermatol in einem Porzellantiegel, Auflösen des Rückstandes in verdünnter Salpetersäure, vorsichtiges Verdampfen zur Trockne und Glühen bis zum konstanten Gewicht.

Vorschriftsmässige Zusammensetzung des Salzes, wenn der Glührückstand mindestens 0,275 g beträgt.

Bismutum subnitricum
Basisches Wismutnitrat. Bismutum hydriconitricum. Magisterium Bismuti.

Prüfung auf richtige Zusammensetzung, Carbonat, fremde Beimengungen, Kupfer, Arsen, Chloride, Schwefelsäure, Alkalien, Ammoniumverbindungen, siehe D. A.-B.

Bismutum subsalicylicum
Basisches Wismutsalicylat. Wismutsubsalicylat.

Prüfung auf Identität, freie Salicylsäure, richtige Zusammensetzung des Salzes, Schwefelsäure, Salzsäure, Kalk, Blei, Kupfer, Alkalien und alkalische Erden, Arsen, Nitrate, siehe D. A.-B.

Bismutum tannicum
Wismuttannat.

Gelbes oder schwach bräunlich-gelbliches Pulver ohne Geruch und Geschmack, unlöslich in Wasser, Weingeist und Äther.

118   Bismutum tribromphenylicum, — valerianicum.

Prüfung durch:	Zeigt an:
Eindampfen von 1 g Wismuttannat mit 5 g Salpetersäure zur Trockne, Durchfeuchten des Rückstandes mit Salpetersäure, Erhitzen bis keine Dämpfe mehr entweichen, Erkaltenlassen, Zerreiben des Rückstandes und Auflösen in 3 ccm Zinnchlorürlösung; es darf innerhalb 1 Stunde keine dunkle Färbung eintreten.	**Arsen** durch eine dunkle Färbung innerhalb 1 Stunde.
Glühen von 1 g des Präparats in einem tarierten Porzellantiegel, Befeuchten des Rückstandes mit Salpetersäure und nochmaliges Glühen bis zum konstanten Gewichte.	**Vorschriftsmässige Zusammensetzung** des Salzes, wenn 0,4 g Wismutoxyd zurückbleiben.

Bismutum tribromphenylicum.
Tribromphenylwismut.

Gelbes, neutrales, geruch- und geschmackloses, unlösliches Pulver.

Bismutum valerianicum
Wismutvalerianat.

Weisses, nach Baldriansäure riechendes Pulver, unlöslich in Wasser und Weingeist, leicht löslich in verdünnter Salpetersäure, dabei eine ölige Schichte abscheidend.

Prüfung durch:	Zeigt an:
Auflösen von 2 g des Präparats in 40 g verdünnter Salpetersäure. Es muss vollständige Lösung erfolgen.	**Identität** durch Auflösen unter Abscheidung einer öligen Schichte (Baldriansäure). **Fremde Beimengungen,** Gips, Schwerspath etc. durch eine unvollständige Lösung.

Vermischen von 10 ccm der umgeschüttelten Lösung mit 50 ccm Wasser.

Versetzen von je 10 ccm der Lösung nach Entfernung der öligen Schicht:
a) mit Baryumnitratlösung; es darf keine Veränderung entstehen;
b) mit verdünnter Schwefelsäure; es darf keine Trübung erfolgen;
c) mit Sibernitratlösung; es darf nur schwache Opalisierung eintreten.

Schütteln von 1 g des Präparats mit 3 ccm Zinnchlorürlösung; es darf innerhalb 1 Stunde keine braune Färbung entstehen.

Durchfeuchten von 1 g des Präparats in einem tarierten Porzellantiegel mit Salpetersäure, Verdampfen zur Trockne, Anfeuchten des Rückstandes mit Salpetersäure, Verdampfen zur Trockne und Glühen bis zum konstanten Gewichte.

Identität durch eine milchige Trübung.

Sulfate durch eine weisse Trübung.

Blei durch eine weisse Trübung.

Chloride durch eine weisse, undurchsichtige Trübung.

Arsen durch eine braune Färbung innerhalb 1 Stunde.

Vorschriftsmässige Zusammensetzung des Salzes, wenn 0,73 bis 0,75 g Wismutoxyd zurückbleiben.

Borax

Borax. Natrium biboricum. Natrium biboracicum. Natriumborat. Natriumbiborat.

Prüfung auf Identität, Metalle, Kalk, Carbonat, Schwefelsäure, Chloride, Eisen, siehe D. A.-B.

Borax octaëdricus
Oktaedrischer Borax.

Der oktaedrische Borax krystallisiert mit 5 Molekülen

Krystallwasser (30 Prozent), während der offizinelle prismatische Borax mit 10 Molekülen Krystallwasser (47 Prozent) krystallisiert. Die Krystalle sind härter und bilden eine klingende Masse. An trockener Luft bleiben sie unverändert, an feuchter Luft ziehen sie Wasser an und werden trübe.

Prüfung wie oben.

Bromalinum
Hexamethylentetraminbromäthylat.

Farblose Blättchen oder ein weisses, krystallinisches Pulver, das in Wasser sehr leicht löslich ist; die Lösung ist nahezu geschmacklos.

Prüfung durch:	Zeigt an:
Erhitzen einer Probe auf dem Platinbleche. Es darf kein Rückstand bleiben.	**Identität** durch Verbrennen unter starkem Aufblähen und Abscheidung von Kohle, welche langsam, aber vollständig verbrennt.
	Fremde Beimengungen durch einen Glührückstand.
Erwärmen von Bromalin mit Natriumcarbonat.	**Identität** durch Entwicklung von stechend riechenden Dämpfen von Formaldehyd.
Auflösen obigen Gemenges in Wasser, Übersättigen der Lösung mit Salzsäure, Zusatz von wenig Chlorwasser und Schütteln mit Chloroform.	**Identität** durch eine rotgelbe Färbung des Chloroforms.

Bromalum hydratum
Bromalhydrat.

Farblose, grosse Krystalle, welche beim Erhitzen auf dem Platinbleche sich vollständig verflüchtigen, ohne brennbare Dämpfe zu entwickeln, sich leicht in Wasser, Weingeist und Äther lösen. Beim Erhitzen auf 110° zerfallen sie in Bromal und Wasser.

Schmelzpunkt: bei 53,5°.

Prüfung durch:

Erhitzen einer Probe auf dem Platinbleche. Es dürfen sich keine brennbaren Dämpfe entwickeln.

Auflösen von 1 g des Präparats in 9 g Wasser. Es dürfen sich keine öligen Tropfen abscheiden.

Auflösen in Natronlauge unter Erwärmen.

Auflösen von 1 g des Präparats in 9 ccm Weingeist und Versetzen der Lösung mit Silbernitratlösung. Es darf keine Trübung entstehen.

Auflösen von 1 g des Präparats in Schwefelsäure in einem mit Schwefelsäure ausgespülten Glase. Es darf keine Bräunung stattfinden.

Zeigt an:

Brom-alkoholat durch Entzünden der sich entwickelnden Dämpfe.

Chlor-alkoholat durch Abscheiden von öligen Tropfen.

Identität durch eine trübe Lösung, welche sich unter Abscheidung von Bromoform klärt.

Zersetzung des Präparats durch eine weisse Trübung.

Fremde organische Bromverbindungen durch eine Bräunung der Schwefelsäure.

Aufbewahrung: vorsichtig.

Bromamid

Bromwasserstoffsaures Tribromanilin.

Farblose, geruch- und geschmacklose Krystallnadeln, welche unlöslich in Wasser, wenig löslich in kaltem Alkohol, löslich in 16 Teilen heissem Alkohol, ferner löslich in Äther, Chloroform und in Öl sind.

Schmelzpunkt: bei 117°.

Aufbewahrung: vorsichtig.

Bromoformium

Bromoform. Tribrommethan.

Farblose, chloroformartig riechende, süsslich schmeckende Flüssigkeit, sehr wenig in Wasser, leicht in Weingeist und Äther löslich.

Bromoformium.

Siedepunkt: bei 148°.
Spezifisches Gewicht: 2,885.
Erstarrungspunkt: bei + 7°.

Prüfung durch:	Zeigt an:
Bestimmen des spezifischen Gewichts.	**Reinheit des Präparats** durch obiges spezifisches Gewicht (etwa 1 Prozent Alkohol enthaltend). **Zu grossen Alkoholgehalt** durch ein niedrigeres spezifisches Gewicht.
Schütteln von 10 ccm Bromoform mit 5 ccm Wasser und Abheben des Wassers mittels einer Pipette.	
a) Eintauchen von blauem Lakmuspapier in das Wasser. Das Papier darf sich nicht röten;	**Bromwasserstoff** durch eine Rötung des Papiers.
b) Verdünnen von 2 ccm Silbernitratlösung mit 2 ccm Wasser und langsames Aufgiessen von etwa 2 ccm des mit Bromoform geschüttelten Wassers. Es darf keine Trübung entstehen;	**Bromwasserstoff** durch eine Trübung zwischen beiden Flüssigkeiten.
c) Versetzen des Wassers mit einer schwach ammoniakalischen Silbernitratlösung. Es darf innerhalb einer halben Stunde keine dunkle Färbung entstehen.	**Aldehyd** durch eine dunkle Färbung innerhalb einer halben Stunde.
Schütteln von etwa 3 ccm Bromoform mit 3 ccm Jodzinkstärkelösung. Es darf keine Bläuung entstehen und das Bromoform darf sich nicht färben.	**Freies Brom** durch eine blaue Färbung der Jodzinkstärkelösung. **Grössere Mengen von freiem Brom** durch eine gelbbraune Färbung des Bromoforms.
Häufiges Schütteln von 5 ccm Bromoform mit 5 ccm Schwefel-	**Fremde Halogenverbindungen** durch eine braune

säure in einem zuvor mit Schwefelsäure gespülten Glase mit Glasstopfen. Die Schwefelsäure darf sich innerhalb einer Stunde nicht bräunen.

Färbung der Schwefelsäure innerhalb einer Stunde.

Aufbewahrung: vorsichtig, vor Licht geschützt.

Bromol
Bromphenol. Tribromphenol.

Citronengelbes Pulver, welches in Wasser unlöslich, in Alkohol, Äther, Chloroform, Glycerin, ätherischen und fetten Ölen leicht löslich ist, von bromähnlichem Geruche und süsslich zusammenziehendem Geschmacke.

Aufbewahrung: vorsichtig, vor Licht geschützt.

Bromum
Brom.

Prüfung auf Bromoform, Bromkohlenstoff, Jod, siehe D. A.-B.

Brucinum
Brucin.

Farblose, durchsichtige Tafeln, oder weisse, glänzende, nadelförmige Krystalle, welche beim Aufbewahren an trockener Luft einen Teil ihres Krystallwassers verlieren.

Verhalten gegen Lösungsmittel: löslich in etwa 320 Teilen Wasser zu einer alkalisch reagierenden, stark bitter schmeckenden Flüssigkeit, leicht löslich in Weingeist und in Chloroform, weniger in Äther.

Schmelzpunkt des vom Krystallwasser befreiten Brucins bei 178^0.

Prüfung durch:	Zeigt an:
Erhitzen von 2 g Brucin in einem tarierten Porzellantiegel auf dem Wasserbade einige Zeit.	**Vorschriftsmässigen Wassergehalt,** wenn dasselbe nicht mehr als 0,31 g an Gewicht verliert.

Auflösen von 0,1 g Brucin in einigen Tropfen Schwefelsäure. Die Lösung muss farblos sein.	**Verwitterung**, wenn der Gewichtsverlust weniger, **zu hoher Wassergehalt**, wenn derselbe mehr als 0,31 g beträgt. **Organische Beimengungen** durch eine braune Lösung.
Auflösen von 0,1 g Brucin in wenig Salpetersäure.	**Identität** durch eine blutrote Färbung, welche allmählich in orange und schliesslich in gelb übergeht.
Versetzen der gelben Lösung in Salpetersäure mit Zinnchlorürlösung oder farblosem Schwefelammonium.	**Identität** durch eine violette Färbung.
Auflösen von 0,1 g Brucin in wenig Chlorwasser.	**Identität** durch eine rote Färbung, welche auf weiteren Zusatz von überschüssigem Chlorwasser wieder verschwindet.
Erhitzen einer kleinen Menge Brucin auf dem Platinbleche. Es darf kein Rückstand bleiben.	**Anorganische Beimengungen** durch einen Rückstand.

Aufbewahrung: sehr vorsichtig, in einem gut verschlossenen Glase.

Butylchloralum hydratum

Butylchloralhydrat. Trichlorbutylaldehydhydrat.

Dünne, weisse, seidenglänzende Blättchen von eigentümlich süsslichem Geruche und brennendem, bitterlichem Geschmacke.

Verhalten gegen Lösungsmittel: löslich in etwa 30 Teilen kaltem, leichter in heissem Wasser, reichlich in Weingeist und in Äther, weniger leicht in Chloroform.

Schmelzpunkt: bei 78°.

Prüfung durch:	Zeigt an:
Auflösen von 0,3 g des Präparats in 10 ccm Wasser und Zusatz von ammoniakalischer Silbernitratlösung.	**Identität** durch eine schwarze Fällung.

Erhitzen einer kleinen Menge des Präparats auf dem Platinbleche. Es darf kein Rückstand bleiben.

Gelindes Erwärmen von 1 g des Präparats mit etwa 2 g Schwefelsäure. Es darf keine Färbung auftreten.

Auflösen von 1 g des Präparats in 9 g Weingeist.
a) Eintauchen von blauem Lakmuspapier. Es darf nicht gerötet werden;
b) Versetzen mit Silbernitratlösung; es darf keine Trübung eintreten.

Identität durch Entwicklung von stechenden, die Atmungswerkzeuge und Schleimhäute reizenden Dämpfen.
Anorganische Beimengungen durch einen Rückstand.
Identität durch Abscheidung von ölartigen Tröpfchen.
Fremde organische Chlorverbindungen durch eine Bräunung.

Salzsäure durch eine Rötung des Papiers.

Salzsäure durch eine weisse Trübung.

Aufbewahrung: vorsichtig, in einem wohlverschlossenen Glase.

Cadmium jodatum
Cadmiumjodid.

Grosse, luftbeständige, am Lichte sich bald gelb färbende, sechsseitige Tafeln, welche in Wasser und Weingeist löslich sind.

Prüfung durch:

Auflösen von 2 g des Salzes in 38 g Wasser und Versetzen der Lösung:
a) mit Ammoniakflüssigkeit;

b) mit Schwefelwasserstoffwasser;

Zeigt an:

Identität durch eine weisse Fällung, die auf weiteren Zusatz von Ammoniak vollständig verschwindet.
Blei durch eine weisse Fällung, die in Ammoniakflüssigkeit unlöslich ist.
Identität durch einen gelben Niederschlag.

c) mit einigen Tropfen Chlorwasser.

Auflösen von 1 g des Salzes in 40 ccm Wasser, Ansäuern mit Salzsäure, Einleiten von Schwefelwasserstoffgas im Überschusse, Abfiltrieren des Niederschlags.
a) Versetzen des Filtrats mit Natriumcarbonatlösung; es darf keine Trübung entstehen;
b) Verdampfen von 20 ccm des Filtrats und stärkeres Erhitzen. Es darf kein Rückstand bleiben.

Identität durch eine braune Färbung.

Metalle (Eisen, Zink) durch eine Trübung.

Fremde Salze durch einen Rückstand.

Aufbewahrung: vorsichtig, in einem vor Licht geschützten Glase.

Cadmium metallicum
Cadmiummetall.

Zinnweisses, glänzendes, geschmeidiges, leicht schmelzbares und verdampfbares Metall, welches auf Kohle vor der äusseren Flamme des Lötrohres erhitzt, mit dunkelgelber Flamme und braunem Rauche verbrennt, die Kohle braunrot beschlagend. Es löst sich in Salpetersäure, verdünnter Salzsäure und Schwefelsäure auf.

Spezifisches Gewicht: 8,6.

Prüfung durch:

Auflösen von 2 g Cadmium in 10 ccm Salpetersäure unter Erwärmen. Die Lösung sei vollkommen.

Versetzen der salpetersauren Lösung mit überschüssiger Ammoniakflüssigkeit. Der zuerst entstehende Niederschlag löst sich vollkommen auf und die Flüssigkeit sei nicht blau.

Zeigt an:

Identität durch Entwicklung von gelbroten Dämpfen.
Zinn durch einen weissen, ungelösten Rückstand.
Kupfer durch eine blaue Farbe der Flüssigkeit, **Blei** durch eine weisse, bleibende Trübung.

Versetzen der ammoniakalischen Lösung:	
a) mit Schwefelwasserstoffwasser;	**Identität** durch einen gelben Niederschlag.
b) mit verdünnter Kalilauge im Überschuss.	**Identität** durch einen weissen Niederschlag.
Abfiltrieren des Niederschlags und Versetzen des Filtrats mit Schwefelwasserstoffwasser. Es darf keine Fällung entstehen.	**Zink** durch eine weisse, **Blei** durch eine dunkle Fällung.
Auflösen von 1 g Metall in 5 ccm Salpetersäure, Verdampfen der Lösung zur Trockne, Erhitzen des Rückstandes bis keine sauren Dämpfe mehr entweichen, Zerreiben des Rückstandes und Auflösen in 3 ccm Zinnchlorürlösung. Es darf innerhalb einer Stunde keine braune Färbung oder Fällung entstehen.	**Arsen** durch eine braune Färbung oder Fällung innerhalb einer Stunde.

Cadmium sulfuricum
Cadmiumsulfat.

Farblose, durchsichtige, monokline Krystalle, ohne Geruch, von herbem, metallischem Geschmacke, welche sich in 2 Teilen Wasser, nicht in Weingeist lösen.

Prüfung durch:	Zeigt an:
Auflösen von 1 g des Salzes in 40 ccm Wasser.	
Versetzen von je 10 ccm der Lösung:	
a) mit Schwefelwasserstoffwasser;	**Identität** durch einen gelben, in Ammoniak unlöslichen Niederschlag.
b) mit Baryumnitratlösung;	**Identität** durch einen weissen, in Säuren unlöslichen Niederschlag.

c) Ansäuern von 20 ccm der Lösung mit Salzsäure, vollständiges Ausfällen des Cadmiums durch Einleiten von Schwefelwasserstoffgas, Filtrieren und Verdampfen einiger ccm des Filtrats in einem Glasschälchen. Es darf kein Rückstand bleiben;	**Fremde Salze, Zinksulfat** durch einen Verdampfungsrückstand.
d) Auswaschen des gelben Schwefel-Cadmiums mit Wasser, Schütteln desselben mit Ammoniakflüssigkeit, Filtrieren und Übersättigen des Filtrats mit Salzsäure. Es darf keine Trübung entstehen.	**Arsen** durch eine gelbe Trübung.

Aufbewahrung: vorsichtig, in einem wohl verschlossenen Glase.

Calcaria chlorata
Chlorkalk.   Calcaria hypochlorosa.   Calciumhypochlorit.

Prüfung auf Identität, auf den Gehalt an wirksamem Chlor, siehe D. A.-B.

Calcaria usta
Gebrannter Kalk.

Prüfung auf Identität, Calciumcarbonat, fremde Beimengungen, siehe D. A.-B.

Calcium aceticum
Calciumacetat.

Glänzende, nadelförmige, an der Luft verwitternde Krystalle, die in Wasser leicht, in Weingeist schwieriger löslich sind.

Calcium carbonic. praecipitat. — Calcium chlorat.

Prüfung durch:
Auflösen von 3 g des Salzes in 57 g Wasser und Versetzen von je 10 ccm der Lösung:
a) mit Ammoniumoxalatlösung;
b) mit Eisenchloridlösung;
c) mit Schwefelwasserstoffwasser; es darf keine dunkle Färbung oder Fällung entstehen;
d) mit Baryumnitratlösung; es darf keine Trübung entstehen;
e) mit 20 ccm Wasser, Ansäuern mit Salpetersäure und Zusatz von Silbernitratlösung; es darf keine Trübung entstehen.

Zeigt an:

Identität durch einen weissen Niederschlag.
Identität durch eine dunkelrote Färbung.
Metalle durch eine dunkle Färbung oder Fällung.

Schwefelsäure durch eine weisse Trübung.

Chlorverbindungen durch eine weisse Trübung.

Aufbewahrung: in einem gut verschlossenen Glase.

Calcium carbonicum praecipitatum
Calciumcarbonat.

Prüfung auf Identität, Natriumcarbonat, Sulfat, Chlorid, Eisen, Thonerde, siehe D. A.-B.

Calcium chloratum
Calciumchlorid.

Farblose, an der Luft zerfliessliche Krystalle (Calcium chlor. cryst.), oder ein weisses, sehr hygroskopisches Pulver (Calcium chlor. siccum), oder auch feste, halb durchsichtige, ebenso hygroskopische Massen (Calcium chlorat. bifusum), sehr leicht in Wasser und in Weingeist löslich.

Prüfung durch:
Auflösen von 1 g Calciumchlorid in 20 ccm Wasser und Versetzen:

Zeigt an:

130 Calcium glycerin-phosphoricum.

a) mit Ammoniumoxalatlösung;	**Identität** durch einen weissen Niederschlag, der in Essigsäure unlöslich ist.
b) mit Silbernitratlösung.	**Identität** durch einen weissen Niederschlag, der in Salpetersäure unlöslich, in Ammoniakflüssigkeit löslich ist.
Auflösen von 15 g Calciumchlorid in 30 g Wasser. Es muss vollkommene Lösung stattfinden.	**Ätzkalk** durch eine trübe Lösung.
a) Eintauchen von rothem und blauem Lakmuspapier. Beide Farben müssen unverändert bleiben.	**Ätzkalk** durch Bläuung des roten Papiers. **Freie Säure** durch Rötung des blauen Papiers.
Versetzen von je 10 ccm der Lösung:	
b) mit 20 ccm Weingeist. Es darf keine Trübung entstehen;	**Fremde Salze** durch eine Trübung.
c) mit Schwefelwasserstoffwasser; es darf keine Veränderung entstehen;	**Metalle** durch eine dunkle Färbung.
d) mit Ammoniakflüssigkeit; es darf keine Trübung entstehen.	**Magnesium- und Aluminiumverbindungen** durch eine weisse Trübung.

Aufbewahrung: in einem gut verschlossenen Glase.

Calcium glycerin-phosphoricum

Glycerinphosphorsaurer Kalk.

Leichtes, weisses, trockenes, luftbeständiges Pulver, in kaltem Wasser leicht und vollkommen löslich, im Verhältniss 6,25 bis 6,66 zu 100, in kochendem Wasser fast unlöslich. Die Lösung reagiert alkalisch.

Prüfung durch:	Zeigt an:
Auflösen von 3,5 g des Präparats in 50 ccm Wasser. Die Lösung sei klar.	

a) Eintauchen von blauem Lakmuspapier. Es darf keine Farbenänderung eintreten.

Versetzen der Lösung:
b) mit Silbernitratlösung; es darf keine Trübung entstehen;
c) mit Baryumnitratlösung; es darf keine Trübung entstehen;
d) Vermischen der Lösung mit Weingeist, Abfiltrieren des Niederschlags und Verdampfen des Filtrats. Es darf kein Rückstand bleiben.

Glühen von 1 g des Präparats, Auflösen der Asche in Salpetersäure und Versetzen der Lösung mit Ammoniummolybdänatlösung.

Freie Säure durch Rötung des blauen Lakmuspapiers.

Chloride durch eine weisse Trübung.

Schwefelsäure durch eine weisse Trübung.

Fremde Salze durch einen Verdampfungsrückstand.

Identität durch einen gelben Niederschlag.

Calcium hypophosphorosum
Calciumhypophosphit.

Farblose, luftbeständige, säulenförmige Krystalle von Perlmutterglanze und widerlichem, bitterem und zugleich laugenhaftem Geschmacke.

Verhalten gegen Lösungsmittel: löslich in 6 Teilen kaltem, reichlicher in heissem Wasser, nicht löslich in Weingeist.

Prüfung durch:
Erhitzen von etwa 1 g des Salzes in einem Porzellantiegel.

Zeigt an:
Identität durch Verknisterung, dann Brennen und Hinterlassung einer weissen Masse, welche in Salzsäure löslich ist.

132 Calcium lacticum.

Auflösen von 4 g des Salzes in 36 g Wasser. Die Lösung muss klar sein.	**Calciumphosphat** durch eine trübe Lösung. Der unlösliche Rückstand ist in Salzsäure löslich, und wird aus dieser Lösung durch Ammoniakflüssigkeit gallertartig gefällt.
Versetzen von je 10 ccm der Lösung: a) mit Silbernitratlösung;	**Identität** durch einen weissen, später schwarz werdenden Niederschlag.
b) mit Ammoniumoxalatlösung;	**Identität** durch einen weissen, in Essigsäure unlöslichen Niederschlag.
c) mit Bleiacetatlösung; es entstehe keine Fällung.	**Saures Calciumphosphat** durch eine weisse Fällung.

Calcium lacticum
Calciumlactat.

Warzig vereinigte Nadeln oder weisse körnige Masse, welche in 9,5 Teilen kaltem Wasser, aber in jedem Verhältnis in siedendem Wasser und auch in siedendem Alkohol löslich, in Äther unlöslich ist.

Prüfung durch:	Zeigt an:
Auflösen von 2 g des Salzes in 38 g Wasser und Versetzen der Lösung: a) mit Ammoniumoxalatlösung;	**Identität** durch einen weissen Niederschlag.
b) mit Schwefelwasserstoffwasser; es darf keine dunkle Fällung entstehen;	**Metalle** durch eine dunkle Fällung.
c) mit Silbernitratlösung; es darf keine weisse Trübung stattfinden;	**Chloride** durch eine weisse Trübung.
d) mit Bleiacetatlösung; es darf keine Veränderung entstehen.	**Weinsäure, Citronensäure** durch eine weisse Trübung.
Anrühren des Salzes mit kalter Schwefelsäure; es darf	**Carbonate** durch ein Aufbrausen.

Calcium phosphoricum, — salicylicum, — sulfuratum.

kein Aufbrausen und keine Bräunung entstehen. Erhitzen einer kleinen Menge in einem Glühtiegel.	**Zucker etc.** durch eine Bräunung. **Identität** durch eine Zersetzung unter Braunfärbung, Verglimmen der ausgeschiedenen Kohle und Zurücklassung eines weissen Rückstandes.

Calcium phosphoricum
Calciumphosphat.   Dicalciumphosphat.

Prüfung auf Identität, Calciumcarbonat, Chloride, Eisen, Arsen, Schwefelsäure, Wassergehalt, siehe D. A.-B.

Calcium salicylicum
Calciumsalicylat.

Weisses, aus mikroskopisch kleinen, rhombischen, transparenten Kryställchen bestehendes Pulver, welches geruch- und geschmacklos ist, sich in 2000 Teilen kaltem Wasser, leichter dagegen in kohlensäurehaltigem Wasser klar löst. In verdünnter Essig-, Salpeter- und Salzsäure ist es leicht löslich.

Prüfung durch:	Zeigt an:
Erhitzen einer Probe des Salzes auf dem Platinbleche.	**Identität** durch einen kohlehaltigen, mit Salzsäure aufbrausenden, die Flamme gelbrot färbenden Rückstand.
Schütteln einer kleinen Menge des Salzes mit kohlensäurehaltigem Wasser, Filtrieren und Versetzen des Filtrats mit Eisenchloridlösung.	**Identität** durch eine blauviolette Färbung.

Calcium sulfuratum
Hepar Calcis.   Calciumsulfid.   Kalkschwefelleber.

Graugelbliches oder etwas rötliches Pulver ohne Geruch, von alkalisch schwefligem Geschmacke und alkalischer Reaktion, wenig löslich in Wasser.

134 Calcium sulfuricum ustum. — Camphora monobromata.

Prüfung durch:	Zeigt an:
Auflösen von 1 g Calciumsulfid in 10 ccm verdünnter Essigsäure.	**Güte des Präparats** durch reichliche Entwicklung von Schwefelwasserstoffgas. **Zersetzung des Präparats** durch einen stechenden Geruch nach Schwefligsäureanhydrid.
Filtrieren der essigsauren Lösung und Versetzen des Filtrats mit Ammoniumoxalatlösung.	**Identität** durch einen weissen, in Salzsäure löslichen Niederschlag.
Auflösen von 1,20 g Kupfersulfat in 50 ccm Wasser, Erhitzen der Lösung zum Sieden, Zusatz von 1 g Calciumsulfid, Digerieren eine Viertelstunde, Filtrieren und Versetzen des farblosen Filtrats mit Kaliumferrocyanidlösung. Es darf keine Veränderung stattfinden. Das Präparat enthält dann mindestens 35 Prozent Calciumsulfid.	**Einen zu geringen Gehalt an Calciumsulfid** durch eine blaue Farbe des Filtrats und eine rote Färbung oder Fällung auf Zusatz von Kaliumferrocyanidlösung.

Aufbewahrung: in einem gut verschlossenen Glase.

Calcium sulfuricum ustum
Gebrannter Gips.

Prüfung auf Güte, siehe D. A.-B.

Camphora monobromata
Monobromkampher.

Farblose, neutrale, flüchtige, luft- und lichtbeständige Krystalle von mildem, kampherartigem Geruche und Geschmacke.

Verhalten gegen Lösungsmittel: nahezu unlöslich in Wasser, wenig löslich in Glycerin, leicht löslich in Weingeist, Äther, Chloroform, heissem Benzin und fetten Ölen.

Schmelzpunkt: bei 75°.

Prüfung durch:	Zeigt an:
Kochen von etwa 0,2 g des Präparats mit Silbernitratlösung.	**Identität** durch Abscheiden von gelblichweissem Bromsilber.

| Auflösen von 1 g des Präparats in kalter Schwefelsäure. Die Lösung muss farblos sein. Vermischen der schwefelsauren Lösung mit Wasser. | **Zersetzung des Präparats** durch eine gelbe Farbe der Lösung. **Identität** durch unveränderte Abscheidung des Monobromkamphers. |

Aufbewahrung: in einem gut verschlossenen Glase.

Cannabinum tannicum
Cannabintannat.

Amorphes, gelbliches oder bräunlich graues Pulver von schwachem Hanfgeruche und bitterem, stark zusammenziehendem Geschmacke.

Verhalten gegen Lösungsmittel: wenig löslich in Wasser, Weingeist und Äther, leicht löslich in mit Salzsäure angesäuertem Wasser in der Wärme und in kaltem angesäuerten Weingeist.

Prüfung durch:	Zeigt an:
Zusammenschütteln von 0,01 g des Präparats mit 5 ccm Wasser und 1 Tropfen Eisenchloridlösung.	**Identität** durch eine schwarzblaue Färbung.
Auflösen von 0,02 g des Salzes in 20 ccm sehr verdünnter Salzsäure unter Erwärmen, Erkaltenlassen, Filtrieren und Versetzen des Filtrats:	
a) mit Natronlauge;	**Identität** durch einen weisslichen Niederschlag.
b) mit Jodlösung.	**Identität** durch eine braune Trübung.
Schütteln von 0,2 g des Salzes mit 15 Tropfen Natronlauge und 10 ccm Äther, Abheben des letzteren und freiwillige Verdunstung desselben.	**Identität** durch einen gelbbraunen Rückstand, der hanfartigen Geruch besitzt, und feuchtes rotes Lakmuspapier bläut.
Erhitzen von 0,5 g des Präparats auf dem Platinbleche. Es darf nur eine äusserst geringe Menge weisser Asche zurückbleiben.	**Anorganische Beimengungen** durch einen grösseren Aschengehalt.

Auflösen von 0,2 g des Präparats in 2 ccm Weingeist, dem man 3 Tropfen Salzsäure zugefügt hat. Die Lösung muss ohne Rückstand erfolgen.

Fremde Beimengungen durch eine trübe Lösung.

Aufbewahrung: vorsichtig, in einem gut verschlossenen Glase.

Cantharidinum
Cantharidin. Cantharidenkampher.

Farblose, glänzende, sublimierbare Blättchen, welche sehr wenig in Wasser, etwas leichter in Weingeist, Äther und Chloroform löslich sind und auch von fetten Ölen, Fetten, Wachs und Harzen beim Erwärmen aufgenommen werden. Die Lösungen sind neutral und wirken stark blasenziehend.

Schmelzpunkt: bei 210^0.

Prüfung durch:

Auflösen von 0,02 g Cantharidin in 1 ccm Kalilauge und Übersättigen der Lösung mit Salzsäure.

Zeigt an:

Identität durch Fällung des Cantharidins.

Gelindes Erwärmen von 0,02 g Cantharidin mit 1 ccm Schwefelsäure und Verteilen der klaren Lösung auf 2 Uhrgläser:
a) Vermischen mit Wasser,

Identität durch Fällung des Cantharidins.

b) Zusatz einer kleinen Menge Kaliumchromat und gelindes Erwärmen.

Identität durch eine lebhaft grüne Färbung.

Erhitzen einer kleinen Probe auf dem Platinbleche. Es darf kein Rückstand bleiben.

Anorganische Beimengungen durch einen Rückstand.

Aufbewahrung: sehr vorsichtig.

Carbo animalis
Tierkohle.

Braunschwarzes, wenig glänzendes und wenig brenzlich riechendes Pulver, welches in der Glühhitze ohne Flamme verbrennt unter Hinterlassung einer ziemlich grossen Menge einer weissen Asche.

Prüfung durch:	Zeigt an:
Übergiessen des Pulvers mit verdünnter Salzsäure, Filtrieren und Übersättigen des Filtrats mit Ammoniakflüssigkeit.	**Identität** durch einen weissen, gallertartigen Niederschlag.
Kochen von 5 g Kohle mit Wasser, Filtrieren und Versetzen des Filtrats mit Silbernitratlösung. Es darf keine Fällung entstehen.	**Salzsäure** durch eine weisse Fällung.

Aufbewahrung: in einem wohlverschlossenen Glase.

Carboneum sulfuratum
Schwefelkohlenstoff.

Klare, farblose, stark lichtbrechende, leicht entzündliche, flüchtige Flüssigkeit von starkem, eigentümlichem Geruche, kaum löslich in Wasser, mit Weingeist, Äther und Ölen mischbar.

Siedepunkt: bei 46^0.
Spezifisches Gewicht: 1,272.

Prüfung durch:	Zeigt an:
Schütteln von 4 ccm Schwefelkohlenstoff mit 2 ccm Wasser und Eintauchen von blauem Lakmuspapier in das Wasser. Dasselbe darf nicht gerötet werden.	**Schweflige Säure, Schwefelsäure** durch Rötung des Papiers.
Schütteln von 4 ccm Schwefelkohlenstoff mit 2 ccm Bleiessig. Letztere darf sich nicht bräunen.	**Schwefelwasserstoff** durch eine Bräunung des Bleiessigs.
Schütteln von 2 g Schwefelkohlenstoff in einem trockenen Gefässe mit einem Tropfen metallischem Quecksilber. Letzteres darf sich nicht mit einer schwarzen Haut überziehen.	**Gelöster Schwefel** durch Überziehen des Quecksilbers mit einer schwarzen Haut.

Aufbewahrung: in wohlverschlossenen Flaschen.

Carboneum tetrachloratum

Carboneum bichloratum. Kohlenstofftetrachlorid. Perchlormethan. Zweifach Chlorkohlenstoff.

Farblose, ätherisch riechende, vollkommen flüchtige, neutrale, in Wasser unlösliche Flüssigkeit, welche unter -25^0 krystallinisch erstarrt.

Siedepunkt: bei 76 bis 78^0.

Spezifisches Gewicht: 1,599 bei 15^0.

Prüfung durch:	Zeigt an:
Erwärmen des Präparats mit alkoholischer Kalilauge und Versetzen der Flüssigkeit mit Salpetersäure und Silbernitratlösung.	**Identität** durch Aufbrausen auf Zusatz von Salpetersäure und einen weissen Niederschlag auf Zusatz von Silbernitratlösung.
Erwärmen einer kleinen Menge des Präparats mit alkoholischer Kalilauge und Anilin.	**Identität** durch einen durchdringenden, widrigen Geruch (Isonitrilreaktion).
Schütteln von 2 ccm des Präparats mit 4 ccm Wasser, Abheben des Wassers und Eintauchen von blauem Lakmuspapier; letzteres darf nicht gerötet werden.	**Salzsäure** durch eine Rötung des Lakmuspapiers.
Versetzen obigen Wassers mit Silbernitratlösung; es darf keine Trübung erfolgen.	**Salzsäure** durch eine weisse Trübung.
Schütteln einiger Tropfen der Flüssigkeit mit Jodzinkstärkelösung. Es darf keine Bläuung erfolgen.	**Freies Chlor** durch eine Bläuung.
Schütteln von 5 ccm des Präparats mit 5 ccm Schwefelsäure in einem mit Schwefelsäure ausgespülten Glase; letztere darf auch nach längerer Zeit nicht gebräunt werden.	**Fremde Halogenverbindungen** durch eine Bräunung der Schwefelsäure.

Carboneum trichloratum
Hexachloräthan. Perchloräthan. Dreifach Chlorkohlenstoff. Kohlensesquichlorid.

Farblose, rhombische Krystalle von kampherartigem Geruche. Sie sind in Wasser schwer, leichter in Alkohol, sehr leicht in Äther und in Chloroform löslich.

Schmelzpunkt: bei 184°.
Siedepunkt: bei 185°.
Spezifisches Gewicht: 2,011.

Cerium oxalicum
Ceroxyduloxalat.

Weisses, körniges, luftbeständiges, in Wasser und Weingeist unlösliches, in Salzsäure lösliches Pulver.

Prüfung durch:	Zeigt an:
Kochen von 1 g des Salzes mit 20 ccm Natronlauge, Filtrieren und Auswaschen des Filtrats mit ungefähr 10 ccm Wasser.	
a) Übersättigen des Filtrats mit Essigsäure und Zusatz von Calciumchloridlösung;	**Identität** durch einen weissen, krystallinischen Niederschlag, der sich in Salzsäure löst.
Versetzen des Filtrats: b) mit Ammoniumchloridlösung;	**Thonerde** durch eine weisse Trübung.
c) mit Schwefelwasserstoffwasser. Beide Reagentien dürfen keine Trübung hervorbringen.	**Zink** durch eine weisse, **Eisen** durch eine dunkle Trübung.
Auflösen von 0,5 g des Salzes in 10 ccm Salzsäure. Die Lösung muss ohne Aufbrausen erfolgen.	**Carbonate** durch ein Aufbrausen.
Versetzen der salzsauren Lösung mit Schwefelwasserstoffwasser. Es darf keine dunkle Färbung erfolgen.	**Metalle** durch eine dunkle Färbung oder Fällung.

Anhaltendes Glühen von 1 g des Salzes in einem tarierten Porzellantiegel.	**Identität** durch einen gelblich-roten, 0,484 g betragenden Rückstand, der sich in Salzsäure vollkommen auflöst.
	Lanthan- und Didymhaltiges Präparat durch einen braunen Rückstand, der sich in Salzsäure selbst beim Erwärmen nur teilweise löst.
Aufbewahrung: vorsichtig.	

Cerussa

Bleiweiss. Plumbum hydrico-carbonicum.

Bleisubcarbonat.

Prüfung auf Identität, fremde Beimengungen, Baryumcarbonat, Zink, Kupfer, Wassergehalt, siehe D. A.-B.

Cetrarinum

Cetrarsäure.

Farbloses, krystallinisches, bitter schmeckendes Pulver, welches fast unlöslich in Wasser, schwer löslich in kaltem Alkohol und in Äther, leicht löslich in siedendem Alkohol ist, beim Erhitzen sich zersetzend.

Chinidinum sulfuricum

Chinidinsulfat.

Weisse, seidenglänzende, nadelförmige Krystalle.

Verhalten gegen Lösungsmittel: löslich in etwa 100 Teilen kaltem, leichter in siedendem Wasser zu einer vollständig neutralen, bitter schmeckenden Flüssigkeit. Von Weingeist und von Chloroform wird es in der Wärme leicht gelöst, in Äther ist es nur wenig löslich.

Prüfung durch:	Zeigt an:
Schütteln von 0,4 g des Salzes mit 40 ccm Wasser, Filtrieren und Versetzen von je 10 ccm des Filtrats:	
a) mit verdünnter Schwefelsäure;	**Identität** durch eine blaue Fluorescierung.

Chinidinum sulfuricum. 141

b) mit 2 ccm Chlorwasser und überschüssiger Ammoniakflüssigkeit.
Ansäuern des Filtrats mit Salpetersäure und Versetzen:
c) mit Baryumnitratlösung;
d) mit Silbernitratlösung; es darf keine Veränderung entstehen.

Trocknen von 1 g Chinidinsulfat in einem tarierten Porzellanschälchen auf dem Wasserbade.

Durchfeuchten von etwa 0,2 g des Salzes mit Schwefelsäure. Es darf kaum eine Färbung entstehen.
Durchfeuchten von etwa 0,2 g des Salzes mit Salpetersäure. Es darf keine Färbung entstehen.
Erhitzen von 0,1 g des Salzes auf dem Platinbleche. Es muss vollständige Verbrennung stattfinden.
Schütteln von 0,5 g des Salzes mit 10 g Chloroform. Es muss vollständige Lösung eintreten.
Erwärmen von 0,5 g des Salzes mit 10 ccm Wasser auf etwa 60°, Versetzen mit 0,5 g Kaliumjodid, Erkaltenlassen unter zeitweiligem Umrühren, Filtrieren nach einstündigem Stehen und Versetzen des Filtrats mit 1 Tropfen Ammoniakflüssigkeit. Es darf keine oder nur sehr schwache Trübung eintreten.

Identität durch eine grüne Färbung.

Identität durch einen weissen Niederschlag.
Chlorid durch eine weisse Trübung.

Richtiger Wassergehalt, wenn der Rückstand 0,953 g beträgt.
Zu hohen Wassergehalt, wenn der Rückstand weniger beträgt.
Salicin durch eine rötliche Färbung, **fremde organische Stoffe** durch eine Bräunung oder Schwärzung.
Morphin durch eine Rötung.

Anorganische Beimengungen durch einen Rückstand.

Anorganische Salze, Cinchonidin, Mannit etc. durch eine trübe Lösung.

Cinchonidin, Cinchonin, Chinin durch eine Trübung.

Auflösen von 0,1 g Chinidinsulfat in 5 ccm Wasser und 2 Tropfen verdünnter Schwefelsäure, Versetzen mit überschüssiger Ammoniakflüssigkeit und Schütteln der Mischung mit einem gleichen Volumen Äther. Es entstehe eine klare Lösung des ausgeschiedenen Alkaloids.	**Cinchonin, Cinchonidin** durch eine trübe Lösung.

Chininum bisulfuricum

Chininbisulfat. Saures Chininsulfat.

Farblose, glänzende, an der Luft verwitternde, am Lichte sich gelb färbende Prismen, welche mit 11 Teilen Wasser und 32 Teilen Weingeist blau fluorescierende, bitter schmeckende, sauer reagierende Lösungen geben.

Schmelzpunkt: bei 80^0.

Prüfung durch:	Zeigt an:
Auflösen von 0,1 g des Salzes in 1,1 g Wasser und Eintauchen von blauem Lakmuspapier.	**Identität** durch eine blau fluorescierende Lösung, welche Lakmuspapier rötet.
Verdünnen obiger Lösung mit 20 g Wasser und 5 g Chlorwasser und Zusatz von überschüssiger Ammoniakflüssigkeit.	**Identität** durch eine grüne Färbung.
Auflösen von 0,5 g des Salzes in 25 g Wasser, Versetzen mit einigen Tropfen Salpetersäure und Zusatz von	
a) Baryumnitratlösung;	**Identität** durch einen weissen Niederschlag.
b) Silbernitratlösung; es entstehe keine Trübung.	**Chlorid** durch eine weisse Trübung.
Trocknen von 1 g des Salzes bei einer allmählich auf 100^0 gesteigerten Temperatur in einem tarierten Porzellanschälchen.	**Richtigen Krystallwassergehalt**, wenn der Rückstand 0,77 g beträgt. **Teilweise Verwitterung des Salzes** durch einen grösseren Rückstand.

Chininum bisulfuricum. 143

Erhitzen einer Probe auf dem Platinbleche. Sie muss vollständig verbrennen.

Durchfeuchten von etwa 0,2 g des Salzes mit Schwefelsäure. Es darf kaum eine Färbung entstehen.

Durchfeuchten von etwa 0,2 g des Salzes mit Salpetersäure. Es darf kaum eine Färbung entstehen.

Auflösen von 2 g des Salzes durch gelindes Erwärmen in einem Probierrohre in 20 ccm Wasser, genaues Neutralisieren der Lösung mit Normal-Kalilauge, halbstündiges Stehenlassen unter häufigem Umschütteln in einem auf 60 bis 65° erwärmten Wasserbade, dann Einstellen des Probierrohres in Wasser von 15°, 2 stündiges Stehenlassen unter häufigem Umschütteln, Filtrieren durch ein aus bestem Filtrierpapier gefertigtes Filter von 7 cm Durchmesser, Abmessen von 5 ccm des Filtrats von 15° in ein trockenes Probierrohr und allmähliches Zumischen von Ammoniakflüssigkeit von 15°, bis der entstandene Niederschlag wieder klar gelöst ist. Man darf hierzu nicht mehr als 4 ccm Ammoniakflüssigkeit brauchen.

Zu **hohen Wassergehalt** durch einen geringeren Rückstand.
Anorganische Beimengungen durch einen Rückstand.

Salicin durch eine rötliche Färbung, **fremde organische Stoffe** durch eine Bräunung oder Schwärzung.

Morphin durch eine gelbrote oder rote Färbung.

Cinchonin, Chinidin, Cinchonidin, wenn mehr als 4 ccm Ammoniakflüssigkeit zur Wiederauflösung der gefällten Alkaloide verbraucht werden.

Aufbewahrung: vor Licht geschützt.

144 Chininum ferro-citricum. — Chininum hydrobromicum.

Chininum ferro-citricum
Eisenchinincitrat.   Chininferricitrat.

Prüfung auf Identität, Chiningehalt, fremde Chinaalkaloide, siehe D. A.-B.

Chininum hydrobromicum
Chininhydrobromat.

Farblose, seidenglänzende geruchlose Nadeln von stark bitterem Geschmack, bei gelinder Wärme verwitternd. Sie lösen sich in 16 Teilen kaltem und 1 Teil heissem Wasser, in 3 Teilen Weingeist, auch in Äther, Chloroform und Glycerin.

Prüfung durch:	Zeigt an:
Schütteln von 3 g des Salzes mit 60 ccm Wasser bis zur Lösung. Versetzen von je 10 ccm der Lösung:	
a) mit verdünnter Schwefelsäure; es darf keine Trübung entstehen;	**Identität** durch eine bläuliche Fluorescenz. **Baryumverbindung** durch eine weisse Fällung.
b) mit Chlorwasser und hierauf mit Ammoniakflüssigkeit;	**Identität** durch eine grüne Färbung.
c) mit überschüssiger Ammoniakflüssigkeit, Filtrieren, Ansäuern des Filtrats, Versetzen mit wenig Chlorwasser und Schütteln mit Chloroform;	**Identität** durch eine gelbe Färbung des Chloroforms.
d) mit Baryumnitratlösung; es darf nur schwach getrübt werden.	**Chininsulfat** durch eine weisse Trübung.
Auflösen des Salzes in konzentrierter Schwefelsäure.	**Identität** durch eine blassgrünlich-gelbe Lösung. **Salicin** durch eine rote, **Zucker** durch eine schwarze Färbung.
Zusatz von einigen Tropfen Salpetersäure zur obigen schwefel-	**Morphin** durch eine Rötung.

Chininum hydrochloricum. — Chininum purum.

Prüfung durch:	Zeigt an:
sauren Lösung; es darf keine Veränderung stattfinden. Trocknen von 10 g des Salzes in einem tarierten Schälchen im Wasserbade bis zum konstanten Gewicht. Der Rückstand muss mindestens 9,12 g betragen.	
	Einen zu hohen Wassergehalt, wenn der Rückstand weniger als 9,12 g beträgt.
Auflösen von 1,5 g des Salzes in 15 ccm heissem Wasser, Zusatz von 0,6 g zerriebenem Natriumsulfat, Stehenlassen $^{1}/_{2}$ Stunde bei 15^{0}, Filtrieren und Vermischen von 5 ccm des Filtrats mit 7 ccm Ammoniakflüssigkeit. Es muss eine klare Flüssigkeit entstehen.	**Cinchonin, Chinidin, Cinchonidin** durch eine trübe Flüssigkeit, welche erst durch eine grössere Menge Ammoniakflüssigkeit klar wird.

Aufbewahrung: in einem wohlverschlossenen Glase.

Chininum hydrochloricum
Chininhydrochlorid.

Prüfung auf Identität, Schwefelsäure, Baryumchlorid, Morphin, Wassergehalt, anorganische Beimengungen, fremde Chinaalkaloide siehe, D. A.-B.

Chininum purum
Reines Chinin.

Mikrokrystallinisches oder amorphes, weisses Pulver von stark bitterem Geschmack, ohne Geruch. Im Wasserbade erhitzt verliert es $^{2}/_{3}$ seines Wassergehaltes, den Rest bei 125^{0}. Es löst sich mit alkalischer Reaktion in 1600 Teilen kaltem, leichter in siedendem Wasser, in 6 Teilen Weingeist, leicht in Äther und in Chloroform. Angesäuertes Wasser löst es leicht auf.

Prüfung durch:	Zeigt an:
Schütteln von 0,5 g des Salzes mit 10 ccm Wasser, Zusatz von verdünnter Schwefelsäure.	**Identität** durch eine blauschillernde Lösung.

146　Chininum salicylicum.

Zusatz von Chlorwasser zur obigen Flüssigkeit und Übersättigen mit Ammoniakflüssigkeit.	**Identität** durch eine smaragdgrüne Färbung.
Auflösen von 0,2 g des Salzes in Schwefelsäure. Die Lösung sei farblos oder nur schwach gelblich.	**Salicin** durch eine Rötung, **Zucker** oder **andere organische Beimengungen** durch eine Bräunung.
Versetzen obiger schwefelsauren Lösung mit einigen Tropfen Salpetersäure; es darf keine Färbung entstehen.	**Morphin** durch eine Rötung.
Zusammenreiben von 1 g Chinin mit 0,5 g Ammoniumsulfat und 5 ccm Wasser in einem Mörser, Eintrocknen im Wasserbade, Zusatz von 10 ccm Wasser, $^1/_2$stündiges Stehenlassen bei 15°, Filtrieren, Vermischen von 5 ccm des Filtrats mit 7 ccm Ammoniakflüssigkeit. Die Mischung sei klar.	**Cinchonin, Cinchonidin, Chinidin** durch eine trübe Mischung, welche sich erst auf weiteren Zusatz von Ammoniakflüssigkeit klärt.

Chininum salicylicum
Chininsalicylat.

Weisse, nadelförmige Krystalle von bitterem Geschmacke, welche mit 230 Teilen Wasser und 20 Teilen Weingeist farblose, sehr schwach sauer reagierende, nicht fluorescierende Lösungen geben.

Prüfung durch:	Zeigt an:
Schütteln von 0,2 g des Salzes mit 30 g Wasser, Filtrieren:	
a) Vermischen von 5 g des Filtrats mit 1 g Chlorwasser und Zusatz von überschüssiger Ammoniakflüssigkeit;	**Identität** durch eine grüne Färbung.
Versetzen von 10 ccm des des Filtrats:	

Chininum salicylicum.

b) mit ein paar Tropfen Eisenchloridlösung;
c) mit verdünnter Schwefelsäure.

Erhitzen von 1 g des Salzes in einem tarierten Porzellantiegelchen auf dem Wasserbade.

Erhitzen von etwa 0,2 g des Salzes auf dem Platinbleche. Es darf kein Rückstand bleiben.

Auflösen von 0,5 g des Salzes in 25 ccm Wasser, Ansäuern mit einigen Tropfen Salpetersäure, Filtrieren und Versetzen des Filtrats:
a) mit Baryumnitratlösung; es darf nur schwache Trübung eintreten;
b) mit Silbernitratlösung; es darf nur ganz schwache Trübung erfolgen.

Durchfeuchten von etwa 0,2 g des Salzes mit Schwefelsäure. Es darf nur schwache, grünlichgelbe Färbung eintreten.

Durchfeuchten von etwa 0,2 g des Salzes mit Salpetersäure. Es darf nur eine schwache Färbung eintreten.

Suspendieren von 2 g des Salzes in 10 ccm Wasser, Versetzen mit Natronlauge bis zur stark alkalischen Reaktion, wiederholtes Ausschütteln mit Äther, Verdampfen des abgehobenen Äthers, Auflösen des gewogenen Rückstandes in der 20 fachen Menge Weingeist, genaues Neutralisieren mit verdünnter

Identität durch eine blauviolette Färbung.
Identität durch eine blaue Fluorescenz.
Richtigen Krystallwassergehalt, wenn der Rückstand 0,99 beträgt.
Zu hohen Wassergehalt durch einen geringeren Rückstand.
Anorganische Beimengungen durch einen Rückstand.

Chininsulfat durch eine weisse, undurchsichtige Trübung.

Chlorid durch eine weisse, undurchsichtige Trübung.

Salicin durch eine rötliche Färbung, **fremde organische Beimengungen** durch Bräunung oder Schwärzung.
Morphin durch eine rote Färbung.

Cinchonin, Chinidin, Cinchonidin, wenn mehr als 4 ccm Ammoniakflüssigkeit zum Wiederauflösen der gefällten Alkaloide verbraucht werden.

Schwefelsäure, Abdampfen auf dem Wasserbade, Zerreiben des Verdampfungsrückstandes, Übergiessen desselben in einem Probierrohre mit 20 ccm Wasser, Stehenlassen eine halbe Stunde unter häufigem Umschütteln in einem auf 60 bis 65° erwärmten Wasserbade, Einstellen des Probierrohres in Wasser von 15°, Stehenlassen 2 Stunden lang unter häufigem Schütteln, dann Filtrieren durch ein aus bestem Filtrierpapiere gefertigtes Filter von 7 cm Durchmesser, Abmessen von 5 ccm des Filtrats von 15° in ein trockenes Probierrohr und allmähliches Zumischen von Ammoniakflüssigkeit von 15°, bis der entstandene Niederschlag wieder klar gelöst ist. Man darf hierzu nicht mehr als 4 ccm Ammoniakflüssigkeit verbrauchen.

Chininum sulfuricum

Chininsulfat.

Prüfung auf Identität, Chloride, Wassergehalt, fremde Alkaloide, anorganische Beimengungen, fremde Chinaalkaloide, siehe D. A.-B.

Chininum tannicum

Chinintannat.

Prüfung auf Identität, Metalle, Chloride, Schwefelsäure, Chiningehalt, fremde Chinaalkaloide, anorganische Beimengungen, siehe D. A.-B.

Chininum valerianicum
Chininvalerianat.

Weisse, perlmutterglänzende, rhombische Säulen oder feine nadelförmige Krystalle, schwach nach Baldriansäure riechend, von bitterem Geschmack und neutraler Reaktion. Bei 80° schmelzen sie und verbrennen stärker erhitzt ohne Rückstand.

Verhalten gegen Lösungsmittel: in 100 Teilen kaltem, in 40 Teilen siedendem Wasser, in 5 Teilen Weingeist löslich, in Äther schwer löslich.

Prüfung durch:	Zeigt an:
Auflösen von 0,3 g des Salzes in 30 g Wasser: a) Ansäuern der Lösung mit verdünnter Schwefelsäure;	**Identität** durch eine blaue Fluorescenz und einen Geruch nach Baldriansäure.
b) Versetzen mit Chlorwasser und überschüssiger Ammoniakflüssigkeit;	**Identität** durch eine smaragdgrüne Färbung.
c) Ansäuern mit Salpetersäure und Zusatz von Baryumnitratlösung; es darf keine Trübung entstehen.	**Chininsulfat** durch eine weisse Trübung.
Glühen einer Probe auf dem Platinbleche. Es darf kein Rückstand bleiben.	**Feuerbeständige Salze** durch einen Rückstand.
Übergiessen des Salzes mit Schwefelsäure. Es darf keine oder nur sehr schwache Bräunung entstehen. Die Lösung ist schwach grünlich-gelb.	**Fremde organische Stoffe** durch eine Bräunung, **Salicin** durch eine Rötung.
Zusatz von Salpetersäure zur obigen schwefelsauren Lösung; es darf keine Rötung erfolgen.	**Morphin** durch eine Rötung.
Auflösen von 1 g des Salzes in 10 ccm verdünnter Schwefelsäure, Schütteln der Lösung mit 10 ccm Äther und überschüssiger Ammoniakflüssigkeit. Es müssen in der Ruhe zwei klare Schichten entstehen,	**Fremde Chinaalkaloide** (Cinchonin, Chinidin, Cinchonidin) durch eine wolkige Ausscheidung zwischen beiden Flüssigkeiten.

zwischen denen keine wolkige
Abscheidung stattfinden darf.

Chinioidinum
Chinioidin.

Braune oder braunschwarze, harzähnliche Masse, leicht zerbrechlich, mit glänzendem, muscheligem Bruche.
Verhalten gegen Lösungsmittel: fast unlöslich in Wasser; in siedendem Wasser schmilzt es, in angesäuertem Wasser, in Weingeist, in Chloroform ist es leicht löslich zu sehr bitter schmeckenden Flüssigkeiten. Die Lösungen in Alkohol und Chloroform bläuen rotes Lakmuspapier.

Prüfung durch:	Zeigt an:
Auflösen von 0,2 g Chinioidin in 2 g verdünnter Salzsäure. Es muss vollständige Lösung stattfinden.	**Fremde Stoffe** durch eine unvollständige Lösung.
Verdünnen obiger Lösung mit Wasser auf 10 ccm, Zusatz von Chlorwasser und Ammoniakflüssigkeit.	**Identität** durch eine grüne Färbung.
Auflösen von 1 g Chinioidin in einer Mischung von 9 ccm Wasser und 1 ccm verdünnter Essigsäure. Die Lösung sei klar oder nahezu klar.	**Fremde Stoffe,** wie Harz, Extraktivstoffe, Gummi etc. durch eine stark trübe Lösung.
Auflösen von 1 g Chinioidin in 10 ccm kaltem verdünnten Weingeist. Die Lösung muss klar sein.	**Fremde Stoffe, Extraktivstoffe, Gummi** durch eine trübe Lösung.
Verbrennen von 10 g Chinioidin in einem tarierten Porzellantiegel. Der Rückstand darf nicht mehr als 0,06 g betragen.	**Anorganische Beimengungen** durch einen grösseren Rückstand.
Auflösen der Asche in verdünnter Salzsäure und Zusatz von Schwefelwasserstoffwasser. Es darf keine dunkle Färbung entstehen.	**Metalle** durch eine dunkle Färbung.
Kochen von 1 g zerriebenem	**Aloe** durch ein gefärbtes

Chinioidin mit 20 ccm Wasser, Filtrieren und Versetzen des farblosen Filtrats mit Kalilauge. Es darf keine Färbung entstehen. | Filtrat, und eine rote Färbung auf Zusatz von Kalilauge.

Chinioidinum tannicum
Chinioidintannat.

Amorphes, bräunliches Pulver von zusammenziehendem und zugleich bitterem Geschmacke, welches kaum in Wasser, schwer in Alkohol, vollständig jedoch in säurehaltigem Alkohol löslich ist.

Prüfung durch: | Zeigt an:

Auflösen von 0,1 g des Salzes in 10 ccm Weingeist und Zusatz von 1 Tropfen Eisenchloridlösung. | **Identität** durch eine blauschwarze Färbung.

Suspendieren von 1 g des Salzes in 4 ccm Wasser, Versetzen mit Natronlauge bis zur alkalischen Reaktion (etwa 15 ccm), Schütteln mit 7 ccm Chloroform und Verdunsten der Chloroformschicht. | Den **richtigen Alkaloidgehalt**, wenn der Verdampfungsrückstand etwa 0,2 g beträgt.

Auflösen des Verdampfungsrückstandes in 40 ccm Wasser, dem einige Tropfen Schwefelsäure zugesetzt sind, Versetzen mit 8 ccm Chlorwasser und mit überschüssiger Ammoniakflüssigkeit. | **Identität** durch eine grüne Färbung.

Schütteln von 1 g des Salzes mit einem Gemisch von 1 g Salpetersäure und 48 g Wasser, Filtrieren und Versetzen des Filtrats:
a) mit Schwefelwasserstoffwasser; es darf keine Veränderung eintreten; | **Metalle** durch eine dunkle Färbung oder Fällung.
b) mit Silbernitratlösung; es darf sofort keine Trübung entstehen; | **Chlorid** durch eine weisse, sofort entstehende Trübung.

c) mit Baryumnitratlösung; es darf sofort keine Trübung entstehen.

Verbrennen von 1 g des Salzes in einem tarierten Porzellantiegel. Es darf kein wägbarer Rückstand bleiben.

Sulfat durch eine sofort entstehende Trübung.

Anorganische Beimengungen durch einen wägbaren Rückstand.

Chinolinum
Chinolin.

Farblose oder schwach gelblich gefärbte, ölige, sich unter Einfluss von Licht und Luft bald dunkler färbende, stark lichtbrechende Flüssigkeit von gewürzhaftem, eigenartigem Geruche und scharf bitterem Geschmacke, an der Luft Wasser anziehend.

Siedepunkt: bei etwa 235 bis 237°.

Spezifisches Gewicht: 1,09 bis 1,10.

Verhalten gegen Lösungsmittel: mischbar mit Weingeist, Äther, Chloroform, Schwefelkohlenstoff und Petroleumbenzin, nur wenig löslich in Wasser.

Prüfung durch:

Bestimmung des Siedepunkts. Derselbe soll 235 bis 237° betragen.

Vermischen von 4 Tropfen Chinolin mit 2 Tropfen verdünnter Salzsäure und Zusatz von 1 Tropfen Kaliumferrocyanidlösung.

Schütteln von 0,5 g Chinolin mit 20 ccm Wasser, Filtrieren und Versetzen des Filtrats mit Chlorkalklösung. Es darf keine Veränderung entstehen.

Auflösen von 2 ccm Chinolin in 4 ccm Salzsäure. Es dürfen sich weder sofort noch nach dem Verdünnen mit Wasser ölartige Tropfen abscheiden.

Erhitzen von 1 g Chinolin

Zeigt an:

Wassergehalt durch einen niedrigeren Siedepunkt.

Homologe des Chinolins durch einen höheren Siedepunkt.

Identität durch eine tiefrote Färbung.

Anilin durch eine violette Färbung.

Benzol, Toluol, Nitrobenzol und andere **Kohlenwasserstoffe** durch Abscheidung von ölartigen Tropfen.

Anorganische Beimen-

in einem Porzellanschälchen. Es darf kein Rückstand bleiben. **gungen** durch einen Rückstand.

Aufbewahrung: vor Licht geschützt.

Chinolinum tartaricum
Chinolintartrat.

Weisse, flache, luftbeständige Nadeln von bittermandelartigem Geruche, löslich in 80 Teilen Wasser zu einer neutralen oder sehr schwach sauren Flüssigkeit, sowie auch in 150 Teilen Alkohol, schwer löslich in Äther.

Prüfung durch: Schütteln von 0,5 g des Salzes mit 50 ccm Wasser, Filtrieren und Versetzen von je 10 ccm des Filtrats:

a) mit 1 ccm Kalilauge;

Zeigt an:

Identität durch eine rein weisse, milchige Trübung, welche beim Erwärmen mit Ammoniumchloridlösung verschwindet.

Fremde Basen durch eine gefärbte Trübung.

b) mit Kaliumacetatlösung nach Ansäuern mit Essigsäure;

Identität durch einen krystallinischen Niederschlag nach längerem Stehen.

c) mit Chlorkalklösung; es darf keine violette Färbung entstehen.

Anilinsalze durch eine violette Färbung.

Erhitzen von etwa 0,2 g des Salzes auf dem Platinbleche. Es darf kein Rückstand bleiben.

Anorganische Beimengungen durch einen Rückstand.

Aufbewahrung: vor Licht geschützt.

Chinosolum
Oxychinolinschwefelsaures Kalium.

Gelbes, krystallinisches Pulver von schwach aromatischem Geruche und eigentümlichem, adstringierendem Geschmacke, welches in Wasser leicht und vollkommen zu einer hellgelben

Flüssigkeit löslich ist. Letztere macht auf der Haut keine gelben Flecken und fällt Eiweisslösung nicht. In Äther und Weingeist ist es nicht löslich.

Prüfung durch:	Zeigt an:
Glühen von 1 g des Präparats in einem tarierten Porzellantiegel.	**Richtige Zusammensetzung des Salzes,** wenn der Glührückstand etwa 0,27 g beträgt.
Erhitzen einer kleinen Probe des Glührückstandes am Öhr des Platindrahtes in einer nicht leuchtenden Flamme.	**Identität** durch eine violette Färbung der Flamme.
Auflösen von 0,01 g des Salzes in 100 ccm Wasser und Zusatz von Eisenchloridlösung.	**Identität** durch eine grüne Färbung.
Auflösen von 0,1 g des Salzes in 10 ccm Wasser und Zusatz von Quecksilberchloridlösung.	**Identität** durch einen starken Niederschlag.
Auflösen von 1 g Chinosol in einem gradierten Glascylinder in Wasser bis zu 10 ccm, Zusatz einer Lösung von 1 g Natriumacetat in 15 ccm Wasser, Schütteln einige Zeit lang, Zugiessen von 15 ccm Äther, nochmaliges Schütteln, Zusatz von Äther, dass die Ätherschicht 20 ccm beträgt, Abheben von 10 ccm Äther mittels einer Pipette, und vorsichtiges Verdampfen derselben bei sehr gelinder Wärme zur Trockne.	Den **richtigen Gehalt an Oxychinolin,** wenn der Verdampfungsrückstand nicht unter 0,25 g beträgt.

Chloralammonium
Chloralammoniak.

Farblose Krystallnadeln, welche in kaltem Wasser kaum löslich, in Alkohol und Äther aber leicht löslich sind.

Schmelzpunkt: bei 82 bis 84°.

Prüfung durch:	Zeigt an:
Erhitzen von 1 g des Präparats mit 20 ccm Wasser.	**Identität** durch einen Geruch nach Chloroform und Abscheiden von Chloroform beim Stehenlassen.

Aufbewahrung: vorsichtig.

Chloralcyanhydratum

Chloralcyanhydrin. Blausäurechloral.

Weisse krystallinische Masse oder dünne rhombische Tafeln von Chloralhydrat ähnlichem Geruche. Beim Erhitzen der wässrigen Lösung zerfällt die Verbindung in Chloralhydrat und Blausäure.

Verhalten gegen Lösungsmittel: leicht löslich in Wasser, Alkohol und Äther.

Prüfung durch:	Zeigt an:
Versetzen einer heissen Fehling'schen Lösung mit der nötigen Menge Chloralcyanhydrat.	**Identität** durch Entfärbung der Flüssigkeit ohne Fällung.
Versetzen einer Mischung von 2 ccm Natronlauge und 3 ccm Wasser mit 0,1 g Chloralcyanhydrat, 0,2 g Ferrosulfat und 1 Tropfen Eisenchloridlösung, Stehenlassen einige Minuten unter öfterem Umschütteln, Übersättigen mit Salzsäure.	**Identität** durch einen blauen Niederschlag.
Schwaches Erwärmen von 1 g des Präparats mit 5 ccm Natronlauge.	**Identität** durch Abscheidung von Chloroformtröpfchen.
Auflösen von 0,2 g des Präparats in 2 ccm Wasser, Zutröpfeln dieser Lösung zu einer Guajakkupferlösung*). Es darf keine Blaufärbung eintreten.	**Freie Blausäure** durch eine blaue Färbung.

Aufbewahrung: vorsichtig, in einem gut verschlossenen Glase.

*) Man stellt die Guajakkupferlösung her, indem man 1 Teil Guajakharz in 100 Teilen absolutem Alkohol auflöst und einige Tropfen sehr verdünnter Kupfersulfatlösung (1 : 6000) zufügt. Die Lösung darf bei schwacher Erwärmung nicht gebläut werden und soll im Dunkeln aufbewahrt werden.

Chloralose
Anhydroglyco-Chloral.

Feine Krystallnadeln, die sich unzersetzt verflüchtigen lassen, in kaltem Wasser wenig, in heissem Wasser und in Alkohol ziemlich leicht löslich sind.

Schmelzpunkt: bei 184 bis 186°.
Aufbewahrung: vorsichtig.

Chloralum formamidatum
Chloralformamid. Chloralamid.

Prüfung auf Identität, Zersetzung des Präparats, Salzsäure, Urethan, Chloralkoholat, anorganische Beimengungen, siehe D. A.-B.

Chloralum hydratum
Chloralhydrat. Trichloraldehydhydrat.

Prüfung auf Identität, Chlorwasserstoff, Zersetzung des Präparats, Chloralkoholat, Urethan, siehe D. A.-B.

Chloroformium
Chloroform. Formylchlorid. Trichlormethan.

Prüfung auf Salzsäure, Arsen, freies Chlor, Zersetzung des Präparats, fremde Chlorverbindungen des Äthyls, Amyls etc., siehe D. A.-B.

Chromum oxydatum viride
Chromoxyd. Chromgrün.

Dunkelgrünes Pulver, das beim Erhitzen keine Veränderung erleidet und je nach dem stärkeren Glühen mit Salzsäure erwärmt gar nicht oder unvollständig mit grüner Farbe gelöst wird. Es färbt die Glasflüsse grün.

Prüfung durch:

Erhitzen einer kleinen Menge am Öhr des Platindrahtes in der Boraxperle vor dem Lötrohre.

Zeigt an:

Identität durch eine smaragdgrüne Perle beim Erhitzen in der inneren Lötrohrflamme, und durch eine gelb-grüne Perle in der äusseren Lötrohrflamme.

Erhitzen einer kleinen Menge am Öhr des Platindrahtes mit Soda vor dem Lötrohre.

Identität durch eine gelbe Farbe der Perle beim Erhitzen in der äusseren Lötrohrflamme.

Chrysarobinum
Chrysarobin.

Prüfung auf Identität, fremde organische Stoffe, siehe D. A.-B.

Cinchonidinum sulfuricum
Cinchonidinsulfat.

Weisse, glänzende Nadeln oder harte glänzende Prismen, welche sich in etwa 5 Teilen siedendem und in etwa 100 Teilen kaltem Wasser zu einer nicht fluorescierenden, neutral reagierenden, bitter schmeckenden Flüssigkeit lösen. In einer zur Lösung ungenügenden Menge Chloroform quillt es gallertartig auf.

Prüfung durch:

Schütteln von 0,3 g des Salzes mit 30 g kaltem Wasser und Filtrieren.
Versetzen von je 10 ccm des Filtrats:
a) mit Kaliumnatriumtartratlösung;

b) mit verdünnter Schwefelsäure; es darf keine Fluorescenz eintreten;
c) mit 2 g Chlorwasser und überschüssiger Ammoniak-

Zeigt an:

Identität durch einen weissen, krystallinischen Niederschlag.
Chinin, Chinidin durch eine blaue Fluorescenz.

Chinin, Chinidin durch eine grüne Färbung.

Cinchonidinum sulfuricum.

flüssigkeit; es darf keine grüne Färbung entstehen.

Auflösen von 0,5 g des Salzes in 25 g mit ein paar Tropfen Salpetersäure angesäuertem Wasser.

Versetzen von je 10 ccm der Lösung:

a) mit Baryumnitratlösung; **Identität** durch einen weissen Niederschlag.

b) mit Silbernitratlösung; es darf keine Trübung entstehen. **Chlorid** durch eine weisse Trübung.

Durchfeuchten von 0,2 g des Salzes mit Schwefelsäure. Es darf nur schwach gelbliche Färbung entstehen.

Salicin durch eine rötliche Färbung, **fremde organische Stoffe** durch eine Bräunung oder Schwärzung.

Durchfeuchten von 0,2 g des Salzes mit Salpetersäure. Es darf kaum eine Färbung eintreten.

Morphin durch eine Rötung.

Trocknen von 1 g des Salzes in einem tarierten Porzellanschälchen auf dem Wasserbade.

Den **richtigen Krystallwassergehalt**, wenn der Rückstand mindestens 0,925 g beträgt.

Zu **hohen Wassergehalt** durch einen geringeren Rückstand.

Erhitzen von 0,2 g des Salzes auf dem Platinbleche. Es darf kein Rückstand bleiben.

Anorganische Beimengungen durch einen Rückstand.

Auflösen von 1 g des Salzes in 8 ccm eines Gemisches von 2 Raumteilen Chloroform und 1 Raumteil absolutem Alkohol. Die Lösung muss vollkommen klar sein.

Fremde Salze durch eine unvollkommene Lösung.

Digerieren von 0,5 g des Salzes mit 20 ccm Wasser bei 60°, Zusatz von 1,5 g Kaliumnatriumtartrat, Erkaltenlassen unter häufigem Umschütteln

Chinidin, **Chinchonin** durch eine Trübung.

und Filtrieren nach 1 stündigem Stehen bei 15°. Zusatz von einem Tropfen Ammoniakflüssigkeit zum Filtrat. Es entstehe keine oder nur eine äusserst schwache Trübung.

Aufbewahrung: vor Licht geschützt, in einem wohlverschlossenen Glase.

Cinchoninum sulfuricum
Cinchoninsulfat.

Weisse, glänzende, harte, luftbeständige, schief rhombische Prismen, ohne Geruch, von bitterem Geschmacke, neutraler oder schwach alkalischer Reaktion. Beim Erhitzen auf 100° verlieren sie ihr Krystallwasser, verkohlen bei stärkerem Erhitzen, und verbrennen beim Glühen ohne Rückstand.

Verhalten gegen Lösungsmittel: in etwa 70 Teilen kaltem, in 14 Teilen siedendem Wasser, in 6 Teilen Weingeist, schwierig in Chloroform löslich, unlöslich in Äther.

Prüfung durch:	Zeigt an:
Auflösen von 0,6 g des Salzes in 50 ccm Wasser. Versetzen der Lösung:	
a) mit ein paar Tropfen verdünnter Schwefelsäure;	**Identität** durch eine nicht fluorescierende Lösung. **Chinin-** und **Chinidinsalz** durch Fluorescenz.
b) mit Baryumnitratlösung;	**Identität** durch einen weissen Niederschlag.
c) mit Ammoniakflüssigkeit;	**Identität** durch einen weissen Niederschlag, der in Ammoniakflüssigkeit im Überschusse und beim Schütteln mit Äther unlöslich ist.
d) mit Chlorwasser und Ammoniakflüssigkeit;	**Identität** durch Ausbleiben der grünen Färbung. **Chinin-** und **Chinidinsalz** durch eine grüne Färbung.
e) mit Kaliumjodidlösung.	**Identität** durch Ausbleiben einer Fällung.

160 Citrophen. — Cobaltum nitricum.

Erhitzen einer Probe auf dem Platinbleche. Sie muss vollständig verbrennen.
Übergiessen des Salzes mit Schwefelsäure. Es darf keine Färbung entstehen.

Versetzen obiger Schwefelsäurelösung mit ein paar Tropfen Salpetersäure; es darf keine Färbung entstehen.
Trocknen des Salzes im Wasserbade und Auflösen von 0,1 g in 7 g Chloroform. Es muss nahezu vollständige Lösung erfolgen.
Schütteln obiger Flüssigkeit mit ½ Volumen Weingeist, wenn die Lösung in Chloroform nicht vollständig war.

Chinidinsalz durch eine weisse Fällung.
Feuerbeständige Salze durch einen Rückstand.

Fremde organische Beimengungen durch eine Bräunung oder Schwärzung der Lösung.
Salicin, Brucin durch eine Rötung der Lösung.
Morphin durch eine rote Färbung.

Fremde Salze durch einen ungelösten Rückstand.

Cinchonidin- und **Chininsalz** durch eine klare Lösung.

Citrophen
p-Phenetidincitrat.

Weisses, sauer schmeckendes Pulver oder Krystalle, in ungefähr 40 Teilen kaltem und 50 Teilen siedendem Wasser leicht löslich. Durch Säuren und Basen wird das Citrophen in seine Bestandteile gespalten.

Schmelzpunkt: bei 181°.

Cobaltum nitricum
Kobaltnitrat.

Rote, an der Luft zerfliessliche, in Wasser leicht lösliche Krystalle, die beim Erhitzen unter 100° schmelzen, dann Wasser verlieren und in höherer Temperatur sich zersetzen unter Hinterlassung von Kobaltoxyd.

Cocainum hydrochloricum.

Prüfung durch:	Zeigt an:
Auflösen von 2 g des Salzes in 38 g Wasser und Versetzen der Lösung:	
a) mit Natronlauge;	**Identität** durch einen blauen Niederschlag, der beim Kochen rosenrot wird.
b) mit Kaliumnitritlösung im Überschusse und dann mit Essigsäure;	**Identität** durch einen gelben, körnig krystallinischen Niederschlag.
c) mit Baryumnitratlösung; es darf keine Trübung entstehen;	**Schwefelsäure** durch eine weisse Trübung.
d) mit Schwefelwasserstoffwasser nach Zusatz von 10 Tropfen Salpetersäure; es darf keine Veränderung entstehen.	**Kupfer, Blei** durch eine dunkle Fällung.
Auflösen von 2 g des Salzes in 100 g Wasser, Versetzen mit Ammoniakflüssigkeit und Schwefelammonium bis zur völligen Fällung des Kobalts, Filtrieren, Abdampfen des Filtrats und Glühen. Es darf kein wägbarer Rückstand bleiben.	**Salze der Alkalien** und **alkalischen Erden** durch einen wägbaren Rückstand.
Auflösen von 0,5 g des Salzes in 50 ccm Wasser, Versetzen mit überschüssiger Natronlauge, Abfiltrieren des Niederschlags, und Versetzen des Filtrats mit Schwefelammonium. Es darf keine Fällung stattfinden.	**Zink** durch eine weisse Fällung.

Aufbewahrung: in einem wohlverschlossenen Glase.

Cocainum hydrochloricum
Cocainhydrochlorid.

Prüfung auf Identität, freie Salzsäure, fremde Alkaloide, organische und anorganische Verunreinigungen siehe D. A.-B.

Cocainum purum
Cocain.

Farblose, vier- oder sechsseitige Prismen von eigentümlichem Geruch und bitterem Geschmack, auf der Zunge vorübergehend Unempfindlichkeit hervorrufend. Sie lösen sich bei 12^0 in 700 Teilen Wasser, leicht dagegen in Weingeist, Äther, Vaselin und Ölen. Die wässerige Lösung bläut rotes Lakmuspapier und rötet Phenolphtalein.

Schmelzpunkt: bei 98^0, beim Abkühlen krystallinisch erstarrend.

Prüfung durch:	Zeigt an:
Befeuchten von weissem Filtrierpapier mit Kaliumferricyanidlösung und Eisenchloridlösung und Betupfen mit einer Cocainlösung.	**Identität** durch einen innerhalb 2 Minuten entstehenden blauen Fleck.
Auflösen von 0,5 g Cocain in 1 ccm Schwefelsäure in einem Reagenscylinder. Es muss farblose Lösung entstehen.	**Fremde organische Beimengungen** durch eine braune Lösung.
Eintauchen obigen Reagenscylinders in ein Wasserbad 2 Minuten lang, Erkaltenlassen, Versetzen mit 3 ccm Wasser und halbstündiges Stehenlassen.	**Identität** durch Abscheiden von Krystallen, die beim Erwärmen wieder verschwinden, nach dem Erkalten wieder erscheinen.
Erhitzen einer kleinen Menge Cocain auf dem Platinbleche. Es darf kein Rückstand bleiben.	**Anorganische Beimengungen** durch einen feuerbeständigen Rückstand.

Aufbewahrung: sehr vorsichtig.

Codeinum
Kodein. Methylmorphin.

Farblose oder weisse, oft deutlich oktaedrische Krystalle, welche in der Wärme verwittern.

Verhalten gegen Lösungsmittel: löslich in 80 Teilen Wasser zu einer alkalisch reagierenden Flüssigkeit von bitterem Geschmacke, leicht löslich in Weingeist, Äther sowie in Chloroform, wenig löslich in Petroleumbenzin. Von verdünnten Säuren wird Kodein leicht, von Kalilauge nur in geringer Menge aufgenommen.

Schmelzpunkt des wasserfreien Kodein: bei 150^0.

Prüfung durch:	Zeigt an:
Erwärmen von 0,01 g Kodein mit 10 ccm Schwefelsäure. Die Lösung sei farblos.	**Narcotin** durch eine grünlichgelbe, dann rotgelbe Lösung.
Erwärmen von 0,01 g Kodein in 10 ccm Schwefelsäure, welche in 100 ccm einen Tropfen Eisenchloridlösung enthält.	**Identität** durch eine blaue oder violette Färbung der Lösung.
Kochen einiger Krystalle mit Wasser.	**Identität** durch Schmelzen des Kodeins zu klaren Tropfen, die nach dem Erkalten krystallinisch erstarren.
Auflösen eines Körnchens Kaliumferricyanid in 10 ccm Wasser, Versetzen mit 1 Tropfen Eisenchloridlösung und sodann mit einer Lösung von 0,01 g Kodein in 1 ccm Wasser. Es darf nicht sofort blaue Färbung entstehen.	**Morphin** durch eine sofort eintretende blaue Färbung.

Aufbewahrung: vorsichtig.

Codeinum hydrochloricum
Kodeinhydrochlorid.

Weisse, kleine, bitter schmeckende Nadeln, welche sich in 20 Teilen kaltem und in weniger als 1 Teil siedendem Wasser zu neutralen Flüssigkeiten lösen.

Prüfung durch:	Zeigt an:
Auflösen von 0,01 g des Salzes in 10 ccm Schwefelsäure unter Erwärmen. Die Lösung sei farblos.	**Narcotin** durch eine grünlichgelbe, dann rotgelbe Lösung.
Erwärmen von 0,01 g des Salzes mit 10 ccm Schwefelsäure, welche in 100 ccm einen Tropfen Eisenchloridlösung enthält.	**Identität** durch eine blaue oder violette Färbung der Lösung.

164 Codeinum phosphoricum. — Codeinum sulfuricum.

Trocknen von 1 g des Salzes in einem tarierten Porzellanschälchen auf dem Wasserbade.	**Richtigen Krystallwassergehalt,** wenn etwa 0,94 g zurückbleiben. **Einen zu hohen Wassergehalt,** wenn der Rückstand weniger beträgt.
Auflösen von 0,5 g des Salzes in 9,5 g Wasser und Versetzen der Lösung:	
a) mit Silbernitratlösung;	**Identität** durch einen weissen Niederschlag.
b) mit Kalilauge;	**Identität** durch einen weissen Niederschlag.
c) mit Baryumnitratlösung nach Ansäuern mit Salpetersäure; es darf nicht sogleich Trübung entstehen.	**Sulfat** durch eine sofort eintretende weisse Trübung.
Auflösen eines Körnchens Kaliumferricyanid in 10 ccm Wasser, Versetzen mit 1 Tropfen Eisenchloridlösung und sodann mit einer Lösung von 0,01 g des Salzes in 1 ccm Wasser. Es darf nicht sofort blaue Färbung entstehen.	**Morphin** durch eine sofort entstehende blaue Färbung.

Aufbewahrung: vorsichtig.

Codeinum phosphoricum
Kodeinphosphat.

Prüfung auf Identität, Wassergehalt, Narcotin, Morphin, Chloride, Sulfate siehe D. A.-B.

Codeinum sulfuricum
Kodeinsulfat.

Strahlig gruppierte, lange Prismen, welche in 30 Teilen kaltem Wasser, viel leichter in heissem Wasser löslich sind.

Coffeinum. — Coffeinum-natrio-salicylicum.

Prüfung durch:	Zeigt an:
Erwärmen von 0,01 g des Salzes mit 5 ccm Schwefelsäure, welche in 100 ccm 1 Tropfen Eisenchloridlösung enthält.	**Identität** durch eine blaue oder violette Färbung der Lösung.
Auflösen von 0,1 g des Salzes in 5 ccm Wasser und Versetzen der Lösung: a) mit Baryumnitratlösung;	**Identität** durch einen weissen Niederschlag.
b) mit Natronlauge.	**Identität** durch einen weissen Niederschlag.

Aufbewahrung: vorsichtig.

Coffeinum
Koffein.

Prüfung auf Identität, anorganische Salze, Theobromin, fremde Alkaloide, Salicin, Zucker, Morphin, Brucin siehe D. A.-B.

Coffeinum - natrio - salicylicum
Koffein-Natriumsalicylat.

Weisses Pulver, geruchlos, von eigentümlich bitterlichsüssem Geschmacke, in 2 Teilen Wasser, sowie in 20 Teilen Weingeist löslich.

Prüfung durch:	Zeigt an:
Vorsichtiges Erhitzen einer kleinen Probe des Salzes in einem trockenen Probierrohre, Darüberhalten eines kalten Objektträgers und betrachten des Beschlags unter dem Mikroskop.	**Identität** durch Auftreten von weissen Dämpfen beim Erhitzen und durch unter dem Mikroskop erkennbare Krystallnadeln.
Schütteln von etwa 0,5 g des Salzes mit 10 ccm Chloroform, Filtrieren, Verdampfen des Filtrats mit 5 ccm Chlor-	**Identität** durch einen gelbroten Verdampfungsrückstand, der mit Ammoniak sich purpurrot färbt.

166 Coffeinum citricum.

wasser auf dem Wasserbade und Befeuchten des Rückstandes mit wenig Ammoniakflüssigkeit.

Auflösen von 1 g des Salzes in 10 ccm Wasser und Zusatz von Salzsäure.

Auflösen von 0,01 g des Salzes in 10 ccm Wasser und Versetzen mit ein paar Tropfen Eisenchloridlösung.

Erwärmen von 0,5 g des Salzes mit 5 ccm Chloroform, Abgiessen desselben, Wiederholen dieser Operation, Filtrieren und Verdunsten des Chloroforms in einem tarierten Porzellanschälchen.

Identität durch Abscheidung von Krystallen, die sich in Äther leicht lösen.

Identität durch eine blauviolette Färbung.

Vorschriftsmässige Zusammensetzung des Salzes, wenn der Rückstand (Koffein) mindestens 0,2 g wiegt.

Aufbewahrung: vorsichtig.

Coffeinum citricum
Koffeincitrat.

Weisses, krystallinisches Pulver, welches mit wenig Wasser eine klare Lösung giebt von stark saurer Reaktion und saurem, zugleich bitterem Geschmacke.

Prüfung durch:

Auflösen von 1 g des Salzes in 1 g Wasser und Eintauchen von blauem Lakmuspapier.

Verdünnen obiger wässrigen Lösung mit Wasser.

Zeigt an:

Identität durch eine sirupdicke Lösung, welche Lakmuspapier stark rötet.

Identität durch Ausscheidung von Coffein, welches sich bei weiterem Zusatz von Wasser, namentlich beim Erwärmen, wieder auflöst.

Auflösen von 0,5 g des Salzes in 50 g Wasser und Versetzen der Lösung:
a) mit Kalkwasser in geringem Überschusse, wo-

Identität durch eine Trübung beim Erhitzen, welche

Coffeinum citricum.

durch keine Trübung entsteht, Erhitzen zum Sieden und Erkaltenlassen in einem verschlossenen Glase;

b) mit Baryumnitratlösung;

c) mit Silbernitratlösung;

d) mit Kaliumoxalatlösung;

e) mit Ammoniakflüssigkeit bis zur schwach sauren Reaktion und dann mit Schwefelwasserstoffwasser. Diese Reagentien dürfen keine Veränderung hervorbringen.

Eindampfen von 1 g des Salzes mit 10 g Chlorwasser auf dem Wasserbade und sofortiges Befeuchten des Rückstandes mit wenig Ammoniakflüssigkeit.

Befeuchten von etwa 0,2 g des Salzes mit Schwefelsäure. Es darf keine Färbung entstehen.

Befeuchten von etwa 0,2 g des Salzes mit Salpetersäure. Es darf keine Färbung entstehen.

Verbrennen von etwa 0,1 g des Salzes auf dem Platinbleche. Es darf kein Rückstand bleiben.

Auflösen von 1 g des Salzes in einem Gemisch von 5 ccm Chloroform und 5 ccm Weingeist. Die Lösung muss klar sein.

Schütteln von 0,5 g des beim Erkalten wieder vollständig verschwindet.

Sulfat durch eine weisse Trübung.

Chlorid durch eine weisse Trübung.

Calciumverbindung durch eine weisse Trübung.

Metalle durch eine dunkle Färbung oder Fällung.

Identität durch einen gelbroten Verdampfungsrückstand, der mit Ammoniakflüssigkeit befeuchtet schön purpurrot wird.

Salicin durch eine rote, **fremde organische Stoffe** durch eine braune oder schwarze Färbung.

Morphin durch eine rote Färbung.

Anorganische Beimengungen durch einen Rückstand.

Fremde Salze durch eine trübe Lösung.

Überschüssige Citronen-

168 Coffeinum-natrio-benzoicum. — Colchicinum.

Salzes mit 5 ccm absolutem Alkohol, Filtrieren und Eintauchen von blauem Lakmuspapier in das Filtrat. Das Papier darf nicht sofort gerötet werden.	säure durch eine sofort eintretende Rötung des Papiers.
Auflösen von 1 g des Salzes in 20 ccm siedendem Wasser, Zusatz von Natronlauge bis zur alkalischen Reaktion, Erkaltenlassen, wiederholtes Ausschütteln mit Chloroform, Verdunsten des abgetrennten Chloroforms und Trocknen des Rückstandes auf dem Wasserbade.	**Vorschriftsmässige Zusammensetzung** des Salzes, wenn der Rückstand (Koffein) annähernd 0,5 g beträgt.

Aufbewahrung: vorsichtig.

Coffeinum-natrio-benzoicum
Koffein-Natriumbenzoat.

Prüfung auf Identität, frei Säure, Koffeingehalt siehe D. A.-B.

Colchicinum
Kolchicin.

Gelblich-weisse oder gelbe, amorphe Massen oder ein gelblich-weisses Pulver, welches sich am Lichte dunkler färbt.

Verhalten gegen Lösungsmittel: leicht löslich in Wasser, Weingeist und Chloroform, wenig in Äther, fast gar nicht in Petroleumbenzin. Die wässerige Lösung ist gelblich gefärbt, besitzt schwach alkalische Reaktion und einen anhaltend bitteren Geschmack.

Schmelzpunkt: bei etwa 145°.

Prüfung durch:	Zeigt an:
Auflösen von 0,1 g Kolchicin in 1 ccm Wasser und Zusatz von 2 Tropfen verdünnter Schwefelsäure.	**Identität** durch eine gelbe Lösung, welche Färbung sich auf Zusatz der Säure erhöht.
Auflösen von 0,05 g Kolchicin in einigen Tropfen Schwefelsäure.	**Identität** durch eine intensiv gelbe Lösung.

Prüfung durch:	Zeigt an:
Zusatz eines Tropfens Salpetersäure zur obigen schwefelsauren Lösung.	**Identität** durch eine blauviolette Färbung der Lösung.
Auflösen von 0,05 g Kolchicin in 5 ccm Wasser, Zusatz von wenig Eisenchloridlösung und Kochen einige Minuten lang.	**Identität** durch eine grüne bis schwarz-grüne Färbung, welche erst beim Kochen der Lösung entsteht.
Erhitzen einer kleinen Probe auf dem Platinbleche. Es darf kein Rückstand entstehen.	**Anorganische Beimengungen** durch einen Rückstand.
Mischen von 0,1 g Kolchicin mit 0,3 g Calciumcarbonat, Anfeuchten mit Wasser, Eintrocknen, Glühen, Auflösen des Rückstandes in wenig Salpetersäure, Verdünnen mit Wasser bis zu 10 ccm, Filtrieren und Versetzen des Filtrats mit Silbernitratlösung. Es darf keine Trübung erfolgen.	Eine **Verbindung von Chloroform mit Kolchicin**, herrührend von der Darstellungsweise, durch eine weisse Trübung.

Aufbewahrung: sehr vorsichtig, vor Licht geschützt.

Coniinum
Koniin.

Farblose oder doch nur schwach gelbliche, ölige Flüssigkeit von eigentümlichem, widrigem Geruche.

Verhalten gegen Lösungsmittel: löslich in 100 Teilen Wasser sowie in jeder Menge Weingeist, Äther, fetten und ätherischen Ölen.

Siedepunkt: bei 165 bis 170°.

Spezifisches Gewicht: 0,850 bis 0,860.

Prüfung durch:	Zeigt an:
Auflösen von 0,2 g Koniin in 20 ccm Wasser:	
a) Eintauchen von rotem Lakmuspapier;	**Identität** durch eine Bläuung des Papiers.
b) Erwärmen von 10 ccm der Lösung;	**Identität** durch eine Trübung beim Erwärmen, welche beim Erkalten wieder vollständig verschwindet.

Prüfung durch:	Zeigt an:
c) Ansäuern der Lösung mit Salzsäure und Erwärmen. Es darf keine Trübung entstehen.	**Ätherische Öle** durch eine Trübung.
Erhitzen einer kleinen Probe auf dem Platinbleche. Es darf kein Rückstand bleiben.	**Anorganische Beimengungen** durch einen Rückstand.
Auflösen von 0,1 g Koniin in 0,9 g absolutem Alkohol und Neutralisieren mit einer Lösung von Oxalsäure in Weingeist. Es entstehe keine krystallinische Abscheidung.	**Ammoniak** durch eine krystallinische Abscheidung.

Aufbewahrung: sehr vorsichtig, vor Licht geschützt.

Coniinum hydrobromicum
Koniinhydrobromid.

Farblose, durchscheinende, glänzende, rhombische Krystalle oder ein weisses, krystallinisches Pulver, welches sich leicht in Wasser und Weingeist zu neutralen Flüssigkeiten löst.

Prüfung durch:	Zeigt an:
Auflösen von 0,5 g des Salzes in 4,5 g Wasser, Verteilen der Lösung auf 4 Uhrgläser und Versetzen:	
a) mit Silbernitratlösung;	**Identität** durch einen gelblichweissen Niederschlag.
b) mit Jodlösung;	**Identität** durch einen rotbraunen Niederschlag.
c) mit Gerbsäurelösung;	**Identität** durch einen gelblichweissen Niederschlag.
d) mit Natronlauge.	**Identität** durch Abscheidung von öligen Tropfen (Koniin).
Erhitzen einer kleinen Probe auf dem Platinbleche. Es darf kein Rückstand bleiben.	**Anorganische Beimengungen** durch einen Rückstand.

Aufbewahrung: sehr vorsichtig.

Convallamarinum
Convallamarin.

Amorphes, in Wasser und Alkohol leicht, in Chloroform schwer, in Äther sehr wenig lösliches Pulver von bittersüssem Geschmacke.

Prüfung durch:	Zeigt an:
Auflösen einer geringen Menge in Schwefelsäure.	**Identität** durch eine gelbbraune Lösung, welche allmählich dunkelrosa, dann violett wird.
Auflösen in konzentrierter Salzsäure.	**Identität** durch eine rotgelbe Lösung, welche beim Erwärmen granatrot wird.

Aufbewahrung: sehr vorsichtig.

Cotoinum
Kotoin.

Gelblichweisses, teilweise krystallinisches Pulver, das in Wasser schwer löslich, in Alkohol, Äther, Chloroform, Petroleumäther und Benzol leicht löslich ist.

Schmelzpunkt: bei 130^0.

Prüfung durch:	Zeigt an:
Auflösen einer geringen Menge Kotoin in Schwefelsäure.	**Identität** durch eine citronengelbe Lösung.
Auflösen in konzentrierter Salpetersäure.	**Identität** durch eine grüngelbe, dann bräunliche und zuletzt blutrote Färbung.
Übergiessen von Kotoin mit rauchender Salpetersäure.	**Identität** durch eine dunkelgrüne, dann gelbrote und braune Färbung.
Auflösen von 0,05 g Kotoin in Kalkwasser. Auflösen von 0,05 g Kotoin in Ammoniakflüssigkeit.	**Identität** durch gelbe Lösungen.

Aufbewahrung: vorsichtig.

Creolinum
Phenolhaltiges Kreolin.

Klare, dunkelbraune, dickliche Flüssigkeit, von eigen-

Creolinum.

tümlich teerartigem Geruche und scharf gewürzhaftem Geschmacke. An der Luft verdickt sich eine kleine Menge derselben im Laufe eines Tages zu einer schmierigen, braunen Masse.

Verhalten gegen Lösungsmittel: löslich in Weingeist, Äther, Chloroform, Schwefelkohlenstoff.

Spezifisches Gewicht: 1,080 bis 1,085.

Prüfung durch:	Zeigt an:
Erhitzen einer Probe im Probierrohre und Darüberhalten von rotem Lakmuspapier.	**Identität** durch Entwicklung von Dämpfen, welche das rote Lakmuspapier blau färben.
Schütteln von 5 ccm Kreolin mit 100 ccm Wasser und 5 ccm Phenolphtaleinlösung.	**Identität** durch Entstehung einer rot gefärbten Emulsion.
Zusatz von etwa 13 ccm Zehntel-Normal-Salzsäure zur obigen Flüssigkeit. Es darf kein Aufbrausen stattfinden.	**Identität** durch eine weisse Emulsion. **Carbonate** durch ein Aufbrausen.
Destillieren von Kreolin im Wasserbade.	**Identität** durch Destillation von Naphtalin und einer farblosen, auf Wasser schwimmenden, gewürzigen, schwach alkalischen Flüssigkeit, die sich mit Eisenchloridlösung rötlich färbt.
Schütteln von 5 ccm Kreolin mit 10 ccm Wasser.	**Identität** durch eine Emulsion, welche sich selbst nach Wochen nicht klärt.
Zusatz von Eisenchloridlösung zur obigen Flüssigkeit. Es darf keine Veränderung stattfinden.	**Karbolsäure** durch eine violette Färbung.
Verbrennen von 10 g Kreolin in einer offenen Schale.	**Identität** durch Hinterbleiben einer dichten Kohle.
Wägen der Kohle, starkes Befeuchten mit Wasser, Eintrocknen, Glühen und Wiederholung dieser Operation.	**Vorschriftsmässige Zusammensetzung,** wenn von dem kohligen Rückstand etwa 5 Prozent weisse Asche zurückbleiben.

Cresolum crudum
Rohes Kresol.

Prüfung auf teerartige Stoffe, Naphtalin, Kresolgehalt, Identität des Kresols, siehe D. A.-B.

Creta praeparata
Schlämmkreide.

Weisses, amorphes, unfühlbares Pulver ohne Geruch und Geschmack, unlöslich in Wasser und Weingeist, unter Aufbrausen löslich in verdünnter Salzsäure, Salpetersäure oder Essigsäure.

Prüfung durch:	Zeigt an:
Glühen einer kleinen Probe auf dem Platinbleche und Zusammenbringen des Rückstandes mit rotem Lakmuspapier.	**Identität** durch Bläuung des roten Lakmuspapiers.
Auflösen von 2 g des Präparats in 38 g verdünnter Essigsäure. Die Lösung muss klar sein.	**Identität** durch Lösen unter Aufbrausen. **Fremde Beimengungen,** wie Gips, Schwerspath durch einen unlöslichen Rückstand.
Versetzen der essigsauren Lösung: a) mit Ammoniumoxalatlösung;	**Identität** durch einen reichlichen, weissen Niederschlag, der auf Zusatz von Salzäure wieder verschwindet.
b) mit Calciumsulfatlösung; es darf keine Trübung entstehen.	**Baryumcarbonat** durch eine weisse Trübung.
c) mit Kaliumferrocyanidlösung; es darf keine oder nur eine schwache Bläuung entstehen.	**Eisen** durch eine blaue Färbung.

Cubebinum
Cubebin.

Kleine, weisse, geruch- und geschmacklose Nadeln oder

perlmutterglänzende Blättchen, die in Wasser kaum löslich sind, wohl aber in Alkohol, Äther, Chloroform, Benzol, flüchtigen und fetten Ölen.
Schmelzpunkt: bei 125 bis 126°.

Prüfung durch:	Zeigt an:
Auflösen von Cubebin in Schwefelsäure.	**Identität** durch eine blutrote Lösung.
Kochen von Cubebin mit Salpetersäure.	**Identität** durch eine gelbe Färbung.

Cumarinum
Cumarsäureanhydrid. Tonkabohnenkampher.

Farblose, glänzende Prismen von angenehmem Geruche, welche in kaltem Wasser nur wenig löslich, mehr in heissem, leicht löslich in Alkohol und in Äther sind.
Schmelzpunkt: bei 67°.
Siedepunkt: bei 291°.

Cumolum
Cumol. Isopropylbenzol.

Farbloses Öl von angenehmem Geruch, das sich mit Wasser nicht mischen lässt, wohl aber mit Alkohol, Äther und flüchtigen Ölen.
Siedepunkt: bei 152 bis 153°.
Spezifisches Gewicht: bei 0°: 0,8797.

Cuprum aceticum
Aerugo crystallisata. Kupferacetat. Kryst. Grünspahn.

Dunkelgrüne, prismatische, an der Luft verwitternde Krystalle, löslich in 14 Teilen kaltem und in 5 Teilen siedendem Wasser und in Weingeist, nachdem man eine kleine Menge Essigsäure zugesetzt hat.

Prüfung durch:	Zeigt an:
Auflösen von 1 g Kupferacetat in überschüssiger Am-	**Identität** durch eine dunkelblaue Lösung.

moniakflüssigkeit. Die Lösung muss vollständig sein.

Erwärmen des Salzes mit Schwefelsäure.

Auflösen von 1 g des Salzes in 10 g Wasser, Erhitzen mit einem starken Ueberschuss von Natronlauge, Filtrieren und Versetzen des Filtrats mit Schwefelwasserstoffwasser. Es darf keine Veränderung stattfinden.

Fremde Metalle durch eine unvollständige Lösung, **Eisen** durch Ausscheiden von braunen Flocken.

Identität durch Entwicklung von Essigsäure-Dämpfen.

Blei durch eine dunkle, **Zink** durch eine weisse Trübung.

Aufbewahrung: vorsichtig, in einem gut verschlossenen Glase.

Cuprum arsenicosum
Basisches Cuproarsenit.   Scheeles Grün.

Gelblich-grünes Pulver.

Prüfung durch:

Erhitzen einer Probe in einer unten zugeschmolzenen Glasröhre.

Trocknen des Pulvers, Bedecken desselben mit einem ausgeglühten Kohlensplitter in einer Glasröhre und Erhitzen der Kohle und des Pulvers zugleich zum Glühen.

Anreiben von 1 g des Pulvers mit Wasser, Zutröpfeln von Kalilauge und starkes Schütteln in einem Reagiercylinder.

Eintauchen des letzteren in heisses Wasser.

Verdünnen obiger alkalischen Flüssigkeit mit 20 ccm Wasser, Filtrieren und Versetzen des Filtrats:

Zeigt an:

Identität durch ein krystallinisches, weisses Sublimat am kälteren Teil der Glasröhre.

Identität durch ein braunschwarzes, glänzendes Sublimat (Arsenspiegel).

Identität durch eine hellblaue Lösung.

Identität durch eine rote oder gelbrote Fällung.

a) mit einigen Tropfen Essigsäure bis zur sauren Reaktion und mit verdünnter ammoniakalischer Silbernitratlösung;	**Identität** durch einen ziegelroten und darauf gelben Niederschlag.
b) mit verdünnter Natriumhydrosulfidlösung und Salzsäure bis zur sauren Reaktion.	**Identität** durch einen gelben Niederschlag.

Aufbewahrung: sehr vorsichtig.

Cuprum carbonicum

Cuprum subcarbonicum. Cuprum hydrico-carbonicum. Basisches Kupfercarbonat. Kupfercarbonat.

Bläulichgrünes, amorphes, luftbeständiges, geruchloses Pulver, das beim Erhitzen schwarz wird, in Wasser und Weingeist unlöslich, in verdünnten Säuren unter Aufbrausen zu blauen oder blaugrünen Flüssigkeiten löslich ist. In Ammoniakflüssigkeit löst es sich mit tiefblauer Farbe.

Prüfung durch:	Zeigt an:
Auflösen von 0,5 g des Salzes in Ammoniakflüssigkeit.	**Identität** durch eine tiefblaue Lösung. **Fremde Salze** durch einen ungelösten Rückstand. **Eisen** durch Ausscheiden von braunen Flocken.
Auflösen von 0,5 g des Salzes in 10 ccm Salzsäure; es muss vollständige Lösung unter Aufbrausen erfolgen.	**Fremde Salze** durch einen ungelösten Rückstand.
Erhitzen obiger salzsauren Lösung mit überschüssiger, **kohlensäurefreier** Natronlauge, Filtrieren und Versetzen des Filtrats mit Schwefelwasserstoffwasser; es darf keine Trübung entstehen.	**Blei** durch eine schwarze, **Zink** durch eine weisse Trübung.
Schütteln von 2 g des Salzes mit 10 ccm Wasser, Filtrieren	**Sulfat** durch eine weisse Trübung.

und Versetzen des Filtrats mit Baryumnitratlösung; es darf keine Trübung entstehen.
Aufbewahrung: vorsichtig.

Cuprum carbonicum nativum
Natürliches Kupfercarbonat. Bergblau.

Feines, tiefblaues Pulver, das in Wasser und in Weingeist unlöslich ist, in verdünnten Säuren unter Aufbrausen sich löst. Auch in Ammoniakflüssigkeit ist es mit tiefblauer Farbe nahezu vollständig löslich. Beim Glühen wird dasselbe schwarz.

Prüfung durch:

Auflösen von 0,5 g des Präparats in Ammoniakflüssigkeit. Es darf nur wenig Rückstand bleiben.

Auflösen von 0,5 g des Präparats in verdünnter Salzsäure. Es darf nur wenig Rückstand bleiben.

Ausfällen des Kupfers aus obiger Lösung durch Schwefelwasserstoffwasser, Filtrieren und Verdampfen des Filtrats. Es darf nur geringer Rückstand bleiben.

Zeigt an:

Identität durch eine tiefblaue Lösung.

Fremde Beimengungen durch einen Rückstand.

Fremde Beimengungen durch einen Rückstand.

Alkalien, alkalische Erden durch einen grösseren Verdampfungsrückstand.

Cuprum chloratum
Kupferchlorid. Cuprichlorid.

Grünes, krystallinisches, hygroskopisches Pulver, welches sich leicht in Wasser, Weingeist und in Äther auflöst. Die konzentrierte wässerige Lösung ist grün, die verdünnte blau. Beim Glühen hinterbleibt eine weisse Masse.

Prüfung durch:

Auflösen von 1 g des Salzes in 40 ccm Wasser und Versetzen der Lösung:
a) mit Schwefelwasserstoffwasser;

Zeigt an:

Identität durch einen schwarzen Niederschlag.

178   Cuprum metallicum.

b) mit Natronlauge; | **Identität** durch einen blaugrünen Niederschlag.
c) mit Ammoniakflüssigkeit; | **Identität** durch eine tiefblaue Färbung.
d) mit Silbernitratlösung. | **Identität** durch einen weissen, in Ammoniakflüssigkeit löslichen Niederschlag.

Auflösen von 5 g des Salzes in 10 ccm Wasser:
a) Vermischen von 5 ccm der Lösung mit 5 ccm Weingeist; es darf keine Trübung entstehen; | **Fremde Salze** (Kupfersulfat) durch eine Trübung.
b) Versetzen der Lösung mit überschüssiger Ammoniakflüssigkeit; es darf keine weisse Trübung, noch eine flockige Ausscheidung entstehen. | **Blei** durch eine weisse Trübung, **Eisen** durch Ausscheiden von braunen Flocken.

Auflösen von 0,5 g des Salzes in 10 ccm Wasser, Versetzen mit überschüssiger, kohlensäurefreier Natronlauge, Erhitzen zum Sieden, Filtrieren und Versetzen des Filtrats mit Schwefelwasserstoffwasser; es darf keine Trübung entstehen. | **Blei** durch eine dunkle, **Zink** durch eine weisse Trübung.

Aufbewahrung: vorsichtig, in einem gut verschlossenen Glase.

Cuprum metallicum
Metallisches Kupfer.

Rötliches Metall, welches in der Analyse als Pulver, dünnes Blech und Draht zur Anwendung kommt. An der Luft überzieht es sich allmählich mit einer grünen Schicht von basischem Kupfercarbonat. In verdünnter Salzsäure und Schwefelsäure löst es sich bei Luftzutritt; auch ist es in heisser, konzentrierter Schwefelsäure unter Entwicklung von Schwefligsäureanhydrid und in Salpetersäure unter Entwicklung von Stickoxyd löslich.

Cuprum metallicum.

Prüfung durch:	Zeigt an:
Erwärmen von Kupfer mit Salpetersäure.	**Identität** durch eine blaue Lösung und Entwicklung von rotgelben Dämpfen. **Zinn, Antimon** durch einen weissen Rückstand.
Starkes Verdünnen der Lösung und Versetzen mit überschüssiger Ammoniakflüssigkeit	**Identität** durch eine schön blaue Farbe der Flüssigkeit ohne Trübung. **Eisen** durch Ausscheiden von braunen Flocken.
Auflösen von 5 g des Metalls in Königswasser, Verdampfen der Lösung zur Trockne und Behandeln des Rückstandes mit Wasser. Es muss vollständige Lösung stattfinden.	**Silberchlorid, Wismutoxychlorid** durch einen weissen, ungelösten Rückstand; ersteres ist in Ammoniakflüssigkeit löslich, letzteres in Salpetersäure und wird durch Ammoniakflüssigkeit wieder weiss gefällt.
Einleiten von Schwefelwasserstoffgas in obige Lösung bis zur Sättigung, Abfiltrieren des gefällten Kupfersulfids und Versetzen des Filtrats mit Ammoniakflüssigkeit und Schwefelammonium. Es darf weder schwarze noch weisse Fällung entstehen.	**Eisen** durch eine schwarze Fällung, **Zink** durch eine weisse.
Digerieren des Kupfersulfids mit Natriumsulfidlösung, Filtrieren und Übersättigen des Filtrats mit Salzsäure. Es darf keine Trübung entstehen.	**Zinn, Antimon** durch eine Trübung oder Fällung.
Auflösen des Kupfersulfids in Salpetersäure, Eindampfen der Lösung, Verdünnen mit Wasser und Zusatz von Schwefelsäure und Weingeist. Es darf keine weisse Ausscheidung stattfinden.	**Blei** durch einen weissen Niederschlag.
Filtrieren obiger Flüssigkeit und Versetzen des Filtrats mit überschüssiger Ammoniak-	**Wismut** durch eine weisse Fällung.

flüssigkeit. Es darf keine Fällung entstehen.

Destillieren von 5 g des zerkleinerten Kupfers mit 40 g Eisenchloridlösung und 20 g Salzsäure bis auf einen geringen Rückstand in der Retorte und Einleiten von Schwefelwasserstoffgas in das Destillat. Es darf keine gelbe Fällung entstehen.

Arsen durch einen gelben Niederschlag, der sich in gelbem Schwefelammonium auflöst, und durch überschüssige Salzsäure wieder gefällt wird.

Cuprum nitricum
Cuprinitrat.

Tiefblaue, hygroskopische Prismen von metallischem Geschmacke, welche in Wasser und in Weingeist leicht löslich sind; in konzentrierter Ammoniakflüssigkeit lösen sie sich mit blauer Farbe. Auf $100°$ erhitzt geht das Salz in ein grünes basisches Salz über, beim Glühen bleibt schwarzes Kupferoxyd zurück.

Prüfung durch:

Auflösen von 1 g des Salzes in 30 ccm Wasser und Versetzen der Lösung:
a) mit Schwefelwasserstoffwasser;
b) mit Ammoniakflüssigkeit;

c) mit Schwefelsäure und Ferrosulfatlösung.

Auflösen von 2 g des Salzes in 20 ccm Wasser, Ansäuern der Lösung mit Salzsäure, Einleiten von überschüssigem Schwefelwasserstoffgas und Filtrieren:
a) Verdampfen der Hälfte des Filtrats in einem Porzellantiegel. Es darf kein Rückstand bleiben.

Zeigt an:

Identität durch einen schwarzen Niederschlag.
Identität durch eine tiefblaue Färbung.
Identität durch eine braune Färbung.

Fremde Salze (Calcium-Magnesium-Alkalienverbindungen) durch einen Rückstand.

b) Versetzen der anderen Hälfte des Filtrats mit Ammoniakflüssigkeit und Schwefelammonium: es darf keine Trübung entstehen.

Eisen durch eine dunkle, **Zink** durch eine weisse Trübung.

Aufbewahrung: vorsichtig, in einem gut verschlossenen Glase.

Cuprum oxydatum
Kupferoxyd.

Schwarzes, amorphes, schweres Pulver, in verdünnter Salpetersäure leicht ohne Entwicklung von Kohlensäure und ohne Rückstand löslich.

Prüfung durch:

Auflösen von 2 g Kupferoxyd in 12 ccm Salpetersäure unter Erwärmen. Die Lösung muss vollständig sein und es darf dabei kein Aufbrausen stattfinden:

Zeigt an:

Carbonat durch ein Aufbrausen bei der Lösung.
Fremde Beimengungen durch einen Rückstand.

a) Verdünnen von 6 ccm der salpetersauren Lösung mit 20 ccm Wasser, Einleiten von Schwefelwasserstoffgas im Überschusse, Filtrieren und Verdampfen des farblosen Filtrats. Es darf kein Rückstand bleiben;

Alkalien, Eisen, Zink durch einen Rückstand.

b) Versetzen der salpetersauren Lösung mit überschüssiger Ammoniakflüssigkeit. Es entstehe eine klare, tiefblaue Flüssigkeit.

Eisen durch eine Trübung und Ausscheiden von braunen Flocken.

Auflösen von 0,2 g Kupferoxyd in 2 ccm verdünnter Schwefelsäure ohne Erwärmung, Vermischen mit 2 ccm Ferrosulfatlösung und langsames Zugiessen von 2 ccm Schwefel-

Kupfernitrat durch eine braune Zwischenzone.

säure. Es darf keine braune Zwischenzone entstehen.

Glühen von 2 g Kupferoxyd in einem tarierten Porzellantiegel. Der Gewichtsverlust soll nicht mehr als 0,08 g betragen.

Einen zu hohen Wassergehalt, wenn ein grösserer Gewichtsverlust als 0,08 g stattfindet.

Aufbewahrung: vorsichtig.

Cuprum sulfuricum
Kupfersulfat.

Prüfung auf Identität, Eisen, Zink, fremde Beimengungen siehe D. A.-B.

Cuprum sulfuricum crudum
Rohes Kupfersulfat. Roher Kupfervitriol. Blauer Vitriol.

Prüfung auf Identität, Eisen, Thonerde, Magnesia siehe D. A.-B.

Cuprum sulfuricum ammoniatum
Kupferammoniumsulfat.

Tiefblaues, an der Luft verwitterndes Pulver von alkalischer Reaktion, in 1,5 Teilen Wasser, nicht in Weingeist löslich.

Prüfung durch:

Auflösen von 5 g des Salzes in 7,5 g Wasser. Es entstehe eine klare, tiefblaue Flüssigkeit.

Vermischen obiger Lösung mit einer grösseren Menge Wasser.

Auflösen von 1 g des Salzes in 20 ccm Wasser, Ansäuern mit Salzsäure, vollständiges Ausfällen des Kupfers durch Ein-

Zeigt an:

Verwitterung durch eine grüne Abscheidung.

Eisen durch Ausscheiden von braunen Flocken.

Identität durch eine Trübung.

Alkalien, Erden, Zink, Eisen durch einen feuerbeständigen Rückstand.

leiten von Schwefelwasserstoffgas, Filtrieren und Verdampfen des farblosen Filtrats. Es darf kein feuerbeständiger Rückstand bleiben.

Aufbewahrung: vorsichtig, in einem gut verschlossenen Glase.

Curarinum
Curarin.

Gelbe, amorphe Masse, welche in Wasser sehr leicht zu einer neutralen, sehr bitter schmeckenden Flüssigkeit löslich ist, ebenso in Weingeist und weingeisthaltigem Chloroform; in Äther und Petroleumäther ist es unlöslich. Die wässerige Lösung besitzt grünliche Fluorescenz.

Prüfung durch:	Zeigt an:
Befeuchten des Curarins mit Schwefelsäure.	**Identität** durch eine prachtvoll rotviolette Färbung.
Befeuchten des Präparats mit Salpetersäure.	**Identität** durch eine purpurrote Färbung.
Vermengen einer kleinen Probe mit wenig Schwefelsäure in einer Porzellanschale, Ausbreiten in eine dünne Schichte, Zufügen eines kleinen Krystalls von Kaliumdichromat und Hin- und Herschieben des letzteren.	**Identität** durch intensive blaue Streifen, welche bald in rot, dann in schmutzig grün übergehen.

Aufbewahrung: sehr vorsichtig.

Cytisinum nitricum
Cytisinnitrat.

Farblose Nadeln oder Blättchen, die in Wasser ziemlich leicht zu einer sauer reagierenden Flüssigkeit löslich sind. Es löst sich auch leicht in verdünntem Weingeist, ist schwierig löslich in absolutem Alkohol und in Amylalkohol, unlöslich in Äther.

184   Dextrinum.

Prüfung durch:	Zeigt an:
Übergiessen des Salzes mit Eisenchloridlösung.	**Identität** durch eine rote Färbung.
Zusatz einiger Tropfen Wasserstoffsuperoxyd zur obigen roten Flüssigkeit.	**Identität** durch Verschwinden der roten Farbe.
Erwärmen obiger Flüssigkeit im Wasserbade.	**Identität** durch eine blaue Färbung.

Aufbewahrung: sehr vorsichtig.

Dextrinum
Dextrin. Stärkegummi.

Eine gelbliche, geruchlose, dem arabischen Gummi ähnliche Masse oder ein meist gelbliches Pulver, an der Luft nicht feucht werdend.

Prüfung durch:	Zeigt an:
Auflösen von 2 g Dextrin in 2 g Wasser und Eintauchen von blauem Lakmuspapier. Dasselbe darf nicht gerötet werden.	**Identität** durch eine schleimige Lösung. **Freie Säure** (Oxalsäure) durch eine Rötung des Lakmuspapiers.
Vermischen obiger Lösung mit 4 g Weingeist.	**Identität** durch einen reichlichen Niederschlag.
Auflösen von 5 g Dextrin in 45 g Wasser. Versetzen von je 10 ccm der Lösung:	
a) mit einem kleinen Überschusse von Jodlösung; es darf keine blaue Färbung entstehen;	**Stärkemehl** durch eine blaue Färbung.
b) mit Calciumchloridlösung nach Ansäuern mit Essigsäure; es darf keine Trübung entstehen;	**Oxalsäure** durch eine weisse Trübung.
c) mit Ammoniumoxalatlösung; es darf keine Trübung entstehen;	**Calciumsalze** durch eine weisse Trübung.
d) mit Schwefelwasserstoffwasser	**Metalle** durch eine dunkle Färbung.

Digitalinum.

und hierauf mit überschüssiger Ammoniakflüssigkeit. Es darf keine dunkle Färbung entstehen.	**Eisen** durch eine dunkle Färbung oder Fällung.
Austrocknen von 5 g Dextrin bei 110°. Es soll nicht mehr als 0,5 g an Gewicht verlieren.	**Einen zu hohen Feuchtigkeitsgehalt** durch einen grösseren Gewichtsverlust als 0,5 g.
Veraschen von 5 g Dextrin in einem tarierten Platintiegel. Es soll nicht mehr als 0,025 g Asche zurückbleiben.	**Anorganische Beimengungen** durch einen höheren Aschengehalt als 0,025 g.

Aufbewahrung: in einem gut verschlossenen Glase.

Digitalinum
Digitalin.

Weisses, amorphes Pulver von neutraler Reaktion und intensiv bitterem Geschmack.

Verhalten gegen Lösungsmittel: in 1000 Teilen kaltem Wasser, leichter in kochendem löslich, fast unlöslich in Äther und Chloroform.

Prüfung durch:	Zeigt an:
Auflösen einer kleinen Probe in einigen Tropfen Schwefelsäure.	**Identität** durch eine rötlichbraune Lösung, welche nach längerer Zeit in kirschrot übergeht.
Einwirkenlassen von Bromdampf auf obige schwefelsaure Lösung.	**Identität** durch eine violettrote Färbung.
Auflösen einer kleinen Probe in einigen Tropfen Salpetersäure.	**Identität** durch eine farblose Lösung, die allmählich gelb wird.
Erwärmen einer kleinen Probe mit Salzsäure.	**Identität** durch eine gelbgrüne Lösung, welche allmählich smaragdgrün wird.
Verbrennen einer kleinen Menge des Präparats auf dem Platinbleche. Es darf kein Rückstand bleiben.	**Anorganische Beimengungen** durch einen Rückstand.

Aufbewahrung: sehr vorsichtig.

Dijodoformium

Tetrajodäthylen.

Prismatische, gelbgefärbte Nadeln, welche in Wasser unlöslich, in Schwefelkohlenstoff, Chloroform, Benzin löslich sind und am Lichte sich bräunen. Von kochender konzentrierter Salpetersäure wird es nicht angegriffen; alkoholische Kalilauge zersetzt es in der Wärme leicht unter Bildung von Kaliumjodid.

Aufbewahrung: vorsichtig.

Diphenylaminum

Diphenylamin.

Farblose, monokline Krystalle, welche in Wasser unlöslich, in Weingeist und in Äther leicht löslich sind.

Schmelzpunkt: bei 54°.

Prüfung durch:	Zeigt an:
Zufügen einiger Krystalle von Diphenylamin zu 1 ccm einer sehr verdünnten Salpeterlösung, allmählichen Zusatz von 1 ccm Schwefelsäure.	**Identität** durch Entstehung einer blauen Färbung nach kurzer Zeit.
Auflösen von 0,1 g des Präparats in 20 ccm Schwefelsäure. Die Lösung muss farblos oder darf nur schwach gelblich gefärbt sein.	**Fremde organische Beimengungen** durch eine braune Farbe der Lösung.

Duboisinum sulfuricum

Duboisinsulfat.

Farblose, zerfliessliche, leicht in Wasser lösliche Krystalle, welche dieselbe Reaktion wie Hyoscyamin zeigen (siehe dieses!).

Aufbewahrung: sehr vorsichtig.

Emetinum
Emetin.

Weisses, amorphes Pulver mit einem Stich ins Gelbliche oder zusammengebackene, gelblichweisse Masse, in Wasser und in Äther wenig löslich, leicht löslich in Weingeist, Chloroform und schwefelsäurehaltigem Wasser. Sein Geschmack ist herbe und bitter. Am Lichte färbt es sich gelb.

Prüfung durch:	Zeigt an:
Allmähliches Erhitzen auf dem Platinbleche.	**Identität** durch Schmelzen und Verbrennen ohne Rückstand.
Auflösen von 0,2 g Emetin in schwefelsäurehaltigem Wasser, Verteilen der Lösung auf Uhrgläser und Versetzen derselben:	**Fremde Beimengungen** durch einen Rückstand.
a) mit Jodlösung;	**Identität** durch eine kermesbraune Fällung.
b) mit Kalium-Quecksilberjodidlösung;	**Identität** durch eine weisse Fällung.
c) mit Gerbsäurelösung;	**Identität** durch eine weisse Fällung.
d) mit Kalilauge;	**Identität** durch eine weisse Fällung, die in überschüssiger Kalilauge löslich ist.
e) mit Salpetersäure.	**Identität** durch eine anfangs gelbliche, dann rotgelbe Färbung.
Auflösen von 0,1 g Emetin in Schwefelsäure. Die Lösung sei farblos.	**Fremde organische Beimengungen** durch eine Bräunung.

Aufbewahrung: sehr vorsichtig, in einem vor Licht geschützten Glase.

Eucalyptolum
Cajeputol. Eucalyptuskampher.

Farblose, kampherartig riechende Flüssigkeit, in Wasser nahezu unlöslich, mischbar mit absolutem Alkohol, Äther, Chloroform und fetten Ölen.

Spezifisches Gewicht: 0,930.
Siedepunkt: bei 176 bis 177°.

188   Eugenolum.

Prüfung durch:	Zeigt an:
Befeuchten der Wände eines Reagiercylinders mit Eucalyptol und Einfliessenlassen von Bromdampf.	**Identität** durch Bildung von ziegelroten Krystallen an der Wandung des Probiercylinders.
Starkes Abkühlen des Eucalyptols in einer Kältemischung.	**Identität** durch vollkommenes Erstarren zu langen Krystallnadeln.
	Terpene durch Flüssigbleiben.
Mischen von 2 ccm Eucalyptol mit 2 ccm Paraffinum liquidum. Die Mischung muss klar sein.	**Wassergehalt** durch eine trübe Mischung.

Aufbewahrung: vor Licht geschützt.

Eugenolum
Nelkensäure. Eugensäure.

Farblose oder gelbliche, an der Luft sich bräunende, stark lichtbrechende Flüssigkeit von scharf aromatischem Geruche und Geschmacke, welche unlöslich in Wasser, leicht löslich in Weingeist, Äther und Essigsäure ist. Auch löst sich dieselbe in 1 bis 2 prozentiger Kalilauge.

Siedepunkt: bei 253 bis 254°.
Spezifisches Gewicht: 1,072 bei 15°.

Prüfung durch:	Zeigt an:
Schütteln von 5 Tropfen Eugenol mit 10 ccm Kalkwasser.	**Identität** durch eine flockige Ausscheidung, welche sich zum Teil an den Wänden des Gefässes anhaftet.
Auflösen von 2 Tropfen Eugenol in 4 ccm Weingeist und Zusatz von 1 Tropfen Eisenchloridlösung.	**Identität** durch eine grüne Färbung.
Auflösen von 2 Tropfen Eugenol in 4 ccm Weingeist und Zusatz von 1 Tropfen verdünnter Eisenchloridlösung (1 = 20).	**Identität** durch eine blaue Färbung, die allmählich rot, dann gelblich wird.
Auflösen von 1 g Eugenol	**Fremde Öle,** Sassafrasöl,

in 2 g verdünntem Weingeist. Die Lösung muss klar sein.

Schütteln von 1 g Eugenol in 20 ccm heissem Wasser, Erkaltenlassen, Filtrieren und Versetzen des Filtrats mit 1 Tropfen Eisenchloridlösung. Es darf nur eine vorübergehend graugrünliche Färbung entstehen.

Paraffinöl durch eine trübe Lösung.
Karbolsäure durch eine blaue Färbung.

Eugenolacetamid
Eugenolessigsäureamid.

Glänzende Blättchen oder feine Nadeln, dessen Pulver, auf die Zunge gebracht, kürzer oder länger andauernde Gefühllosigkeit erzeugt.

Schmelzpunkt: bei 110^0.

Eseridinum
Eseridin.

Farblose, luftbeständige, tetraedrische Krystalle.

Verhalten gegen Lösungsmittel: fast unlöslich in Wasser, leicht löslich in Chloroform, weniger leicht in Weingeist, Äther und Petroleumäther. Die Lösungen reagieren alkalisch.

Schmelzpunkt: bei 132^0.

Prüfung durch:

Erwärmen von 0,01 g Eseridin mit 5 ccm Ammoniakflüssigkeit.

Auflösen eines Kryställchens in 1 ccm Weingeist, Versetzen mit 5 ccm Ammoniakflüssigkeit, Verdampfen auf dem Wasserbade.

Auflösen obigen Rückstandes in ein paar Tropfen Schwefelsäure.

Zeigt an:

Identität durch eine gelbrote Färbung.

Identität durch einen rotbraunen, am Rande und an der Unterseite blaugrün gefärbten Rückstand.

Identität durch grüne Lösung.

Verdünnen der schwefelsauren Lösung des Rückstandes mit Weingeist.	**Identität** durch eine rote Färbung, welche beim Verdunsten des Weingeistes in blaugrün übergeht.
Auflösen von 0,01 g Eseridin in 2 ccm Wasser und einigen Tropfen verdünnter Schwefelsäure, und Erhitzen der Lösung zum Sieden. Es darf keine Rotfärbung eintreten.	**Physostigmin** durch eine rote Färbung.
Verbrennen einer kleinen Probe auf dem Platinbleche. Es darf kein Rückstand bleiben.	**Anorganische Beimengungen** durch einen Rückstand.

Aufbewahrung: sehr vorsichtig.

Euphorine

Phenylurethan.

Weisses, krystallinisches Pulver von schwach aromatischem Geruche und einem schwachen, später schärfer werdenden, an Gewürznelken erinnernden Geschmack. Es ist in kaltem Wasser sehr schwer, in Alkohol und in Äther sehr leicht löslich. Von Schwefelsäure wird es ohne Färbung leicht gelöst.

Schmelzpunkt: bei 49 bis 50°.

Prüfung durch:	Zeigt an:
Auflösen einer Probe in Schwefelsäure. Die Lösung sei farblos.	**Fremde organische Beimengungen** durch eine Bräunung.
Erhitzen einer Probe auf dem Platinbleche. Sie muss vollständig verbrennen.	**Anorganische Beimengungen** durch einen feuerbeständigen Rückstand.
Zerreiben von 0,5 g des Präparats mit 5 ccm Wasser; Filtrieren und Versetzen des Filtrats mit Silbernitratlösung. Es darf keine Trübung entstehen.	**Chlorverbindungen** durch eine weisse Trübung.

Aufbewahrung: vorsichtig, vor Licht geschützt.

Europhenum
Isobutylorthokresoljodid.

Feines, gelbes, geruchloses Pulver, welches unlöslich in Wasser, löslich in Alkohol, Äther, Chloroform, Collodium und fetten Ölen ist. Mit Wasser auf 70^0 erwärmt, zersetzt es sich unter Freiwerden von Jod. Auch durch Ätzalkalien und Alkalicarbonate wird es zersetzt unter Abgabe von Jod.

Gehalt: 28,1 Prozent Jod enthaltend.

Prüfung durch:	Zeigt an:
Erhitzen von 0,1 g Europhen auf dem Platinbleche. Es darf kein Rückstand bleiben.	**Identität** durch Schmelzen und Entwicklung von violetten Dämpfen.
	Anorganische Beimengungen durch einen Rückstand.
Schütteln von 0,5 g Europhen mit 20 ccm Wasser und Filtrieren:	
a) Eintauchen von rotem Lakmuspapier. Dasselbe darf nicht gebläut werden;	**Alkalität** durch eine Bläuung des Lakmuspapiers.
b) Versetzen mit Silbernitratlösung; es darf keine Trübung entstehen.	**Jodid** durch eine weisse Trübung.

Exalginum
Exalgin. Methylacetanilid.

Weisse, geruch- und geschmacklose Krystallnadeln.

Verhalten gegen Lösungsmittel: löslich in etwa 60 Teilen kaltem, in weniger als 2 Teilen kochendem Wasser, in etwa 2 Teilen Weingeist, 10 Teilen Äther und 1,5 Teilen Chloroform.

Schmelzpunkt: bei 101^0.

Prüfung durch:	Zeigt an:
Auflösen von 0,1 g Exalgin in 1 ccm Salzsäure. Die Lösung bleibt klar.	**Acetanilid, Phenacetin** durch eine nur teilweise Lösung.
Versetzen obiger salzsauren Lösung mit 1 Tropfen Salpeter-	**Methacetin** durch eine rotbraune Färbung.

säure. Die Lösung bleibt farblos.

Erhitzen von etwa 0,2 g Exalgin mit 10 ccm weingeistiger Kalilauge und einigen Tropfen Chloroform. Es darf kein widriger Geruch entstehen.

Acetanilid, Anilinsalze durch den widrigen Geruch nach Isonitril.

Schütteln von 1 g Exalgin mit 10 ccm Wasser, Abfiltrieren und Versetzen des Filtrats mit Silbernitratlösung. Es darf keine Trübung entstehen.

Salzsäure durch eine weisse Trübung.

Erhitzen einer kleinen Menge auf dem Platinbleche. Es darf kein Rückstand bleiben.

Anorganische Beimengungen durch einen Rückstand.

Aufbewahrung: vorsichtig.

Extractum Carnis
Fleischextrakt.

Braune, extraktartige Masse von angenehmem, fleischartigem Geschmacke. In Wasser löst es sich leicht zu einer klaren Flüssigkeit, welche nach Zusatz von etwas Kochsalz den Geschmack von Rindfleischbrühe zeigt.

Prüfung durch: — Zeigt an:

Auflösen von 5 g Extrakt in 50 ccm Wasser. Die Lösung muss klar sein.

Erhitzen der Lösung mit einigen Tropfen Essigsäure zum Kochen. Die Lösung muss klar bleiben.

Fettgehalt durch eine trübe Lösung, und Abscheidung von Fetttröpfchen.

Eiweiss durch eine Trübung.

Trocknen von 10 g Extrakt in einer tarierten Platinschale bei 110°. Es darf nicht mehr als 2 g an Gewicht verlieren.

Zu hohen Wassergehalt, wenn der Rückstand weniger als 8 g beträgt.

Glühen des Trockenrückstandes, bis derselbe grau geworden, Erkaltenlassen, Befeuchten des zerriebenen Rückstandes mit wenig Salpeter-

Anorganische Beimengungen, wie Kochsalz, durch einen höheren Aschengehalt als 1,3 g.

säure, Trocknen und Glühen bis zur vollständigen Veraschung. Die Asche darf nicht mehr als 1,3 g betragen.

Ausziehen von 10 g Extrakt mit Weingeist, Filtrieren, Verdampfen des Filtrats auf dem Wasserbade und Trocknen des Rückstandes bei 100°. Der Rückstand muss mindestens 5,6 g betragen.

Fremde Beimengungen, zu hohen Wassergehalt, wenn der Rückstand weniger als 5,6 g beträgt.

Ferratin.

Lockeres, gelbliches, in Wasser unlösliches Pulver, welches sich leicht und vollständig in verdünnter Ammoniakflüssigkeit sowie in verdünnten Lösungen von Natriumcarbonat und Kaliumcarbonat löst, und aus diesen Lösungen durch verdünnte Säuren gefällt wird. Letzterer Niederschlag ist in überschüssiger Säure löslich.

Prüfung durch:

Auflösen von 1 g Ferratin in 20 ccm verdünnter Ammoniakflüssigkeit.

Versetzen dieser Lösung:
a) mit einem Tropfen Schwefelammonium;

Zeigt an:

Identität durch eine erst allmählich eintretende grüne, dann dunkelgrüne, zuletzt schwarze Färbung.

Gewöhnliches Eisenzalz, salzartiges Eisenalbuminat durch eine sofort entstehende schwarze Färbung.

b) mit einem Tropfen Kaliumferrocyanidlösung und Ansäuern mit Salzsäure.

Identität durch einen weissen Niederschlag, der allmählich blau wird.

Ferropyrin

Antipyrinum cum Ferro.

Sehr feines, orangerotes Pulver, welches in 5 Teilen

Ferrum albuminatum siccum.

Wasser von 15° und in ca. 9 Teilen Wasser von 100° löslich ist. Auch in Methylalkohol, Alkohol und Benzol ist es löslich, in Äther fast unlöslich.

Prüfung durch:	Zeigt an:
Schütteln von 1 g des Präparats mit 8 ccm Wasser von 15°, in welchem es sich löst, und Erhitzen der Lösung zum Kochen.	**Identität** durch Abscheiden von rubinroten Krystallblättchen beim Erkalten der Flüssigkeit.
Abfiltrieren der ausgeschiedenen Krystallblättchen, Trocknen derselben auf dem Wasserbade, und Bestimmen des Schmelzpunktes.	**Identität** durch einen bei 220 bis 225° liegenden Schmelzpunkt.
Auflösen von 1 g des Präparats in 100 ccm Wasser, und Versetzen der klaren Lösung mit 3 ccm Ammoniakflüssigkeit.	**Identität** durch einen Niederschlag von Eisenhydroxyd.
Abfiltrieren des Niederschlags, Auswaschen des Filters, Eindampfen des Filtrats bis auf etwa 5 ccm, Versetzen mit 30 ccm 33 prozentiger Natronlauge, Erwärmen der Flüssigkeit, dreimaliges Ausziehen mit je 10 ccm Benzol, Abheben des letzteren und Verdampfen desselben auf dem Wasserbade.	**Richtige Zusammensetzung des Präparats,** wenn der Rückstand (Antipyrin) mindestens 0,6 g beträgt.
Bestimmen des Schmelzpunktes des Verdampfungsrückstandes.	**Identität** des Antipyrins, wenn derselbe bei 113° liegt.

Ferrum albuminatum siccum
Eisenalbuminat.

Ockerfarbenes Pulver, in Wasser unlöslich.

Gehalt: in 100 Teilen 13 bis 14 Teile Eisen enthaltend.

Prüfung durch:	Zeigt an:
Verteilen von 3 g Eisenalbuminat durch Anreiben mit	**Vorschriftsmässige Beschaffenheit** durch eine im

Ferrum albuminatum siccum.

einer Mischung von 0,8 ccm Natronlauge und 96 ccm Wasser, Stehenlassen einige Zeit unter bisweiligem Umschwenken:
a) Vermischen von 10 ccm der Lösung mit Weingeist;
b) Vermischen von 5 ccm der Lösung mit 5 ccm Karbolsäurelösung und 5 Tropfen Salpetersäure;
c) Abfiltrieren obigen Niederschlags und Vermischen des Filtrats mit Silbernitratlösung; es darf nur schwach opalisieren;
d) Vermischen von 40 ccm der Lösung mit 0,5 ccm Normal-Salzsäure und Filtrieren. Das Filtrat muss farblos sein.

Anreiben von 0,5 g Eisenalbuminat mit einer Mischung aus 0,2 ccm Natronlauge und 20 ccm Wasser, Stehenlassen bis zur vollständigen Lösung, Versetzen mit 5 ccm Salzsäure, Erhitzen im Wasserbade bis zur vollständigen Zersetzung des anfangs ausgeschiedenen Eisenalbuminats, Abfiltrieren des gewonnenen Eiweisses, Auswaschen desselben, Versetzen des Filtrats mit wenig Kaliumchlorat, Verdampfen zur Trockne im Wasserbade, Auflösen des Rückstandes in Wasser und wenig Salzsäure, Verdünnen der Lösung mit Wasser bis auf 100 ccm, Zusatz von 3 g Kaliumjodid, Stehenlassen bei gewöhnlicher Temperatur eine Stunde lang in einem verschlossenen Glase,

durchscheinenden Lichte klare, im zurückgeworfenen Lichte wenig trübe, rotbraune Lösung.

Identität durch Klarbleiben der Lösung.

Identität durch einen bräunlichen Niederschlag.

Natriumchlorid durch eine weisse, undurchsichtige Trübung.

Beigemengte Eisenoxydsalze oder **überschüssiges Natriumhydroxyd** durch ein gelb gefärbtes Filtrat.

Vorschriftsmässigen Eisengehalt, wenn bis zu diesem Punkte 11,6 bis 12,5 ccm Zehntel-Normal-Natriumthiosulfatlösung verbraucht werden.

Zusatz von Zehntel-Normal-Natriumthiosulfatlösung bis zur hellgelben Färbung, dann mit Stärkelösung und wiederum mit Zehntel-Normal-Natriumthiosulfatlösung, bis vollständige Entfärbung eingetreten ist.

Ferrum benzoicum
Eisenbenzoat.

Rötliches, in Wasser unlösliches, aber frisch bereitet in Leberthran lösliches Pulver.

Gehalt: in 100 Teilen 17 bis 18 Teile Eisen enthaltend.

Prüfung durch:

Auflösen von 0,5 g des Präparats in 2 ccm Salzsäure und 15 ccm Wasser in der Wärme, Erkaltenlassen, Filtrieren, Versetzen des Filtrats mit 1 g Kaliumjodid, Stehenlassen bei gewöhnlicher Temperatur eine Stunde lang in einem verschlossenen Glase, Versetzen mit Zehntel-Normal-Natriumthiosulfatlösung bis zur hellgelben Färbung, dann mit einigen Tropfen Stärkelösung und wiederum mit Zehntel-Normal-Natriumthiosulfatlösung, bis vollständige Entfärbung stattgefunden hat.

Zeigt an:

Vorschriftsmässigen Eisengehalt, wenn bis zu diesem Punkte mindestens 15 ccm Zehntel-Normal-Natriumthiosulfatlösung verbraucht werden.

Ferrum carbonicum
Ferrocarbonat. Ferrum hydricum.

Feines, rotbraunes, amorphes, geruch- und geschmackloses Pulver, das in Wasser und Weingeist unlöslich, in verdünnten Säuren unter Aufbrausen löslich ist. Beim Glühen bleibt rotes Eisenoxyd zurück.

Ferrum carbonicum saccharatum.

Prüfung durch:	Zeigt an:
Auflösen von 2 g Ferrocarbonat in 50 g verdünnter Salzsäure.	**Identität** durch Auflösen unter Aufbrausen.
Versetzen der Lösung: a) mit Kaliumferrocyanidlösung; b) mit Kaliumferricyanidlösung.	**Identität** durch tiefblaue Niederschläge.
c) Ausfällen der Lösung mit überschüssiger Ammoniakflüssigkeit und Filtrieren. Das Filtrat sei farblos.	**Kupfer** durch ein blaues Filtrat.
d) Erhitzen der Lösung mit Salpetersäure bis zur völligen Oxydation, Ausfällen mit überschüssiger Ammoniakflüssigkeit, Filtrieren und Versetzen des Filtrats:	
α) mit Schwefelwasserstoffwasser. Es darf keine Veränderung entstehen;	**Zink** durch eine weisse, **Blei, Kupfer** durch eine schwarze Fällung.
β) mit Natriumcarbonatlösung. Es darf keine Trübung entstehen;	**Alkalische Erden** durch eine weisse Trübung.
γ) Verdampfen des Filtrats; es darf kein Rückstand bleiben.	**Alkalien** durch einen Verdampfungsrückstand.

Aufbewahrung: in einem gut verschlossenen Glase.

Ferrum carbonicum saccharatum
Zuckerhaltiges Ferrocarbonat.

Prüfung auf Identität, Natriumsulfat, Eisengehalt siehe D. A.-B.

Ferrum chloratum
Eisenchlorür. Ferrochlorid.

Krystallinisches, grünliches Pulver, in gleich viel Wasser, dem einige Tropfen Salzsäure zugesetzt sind, mit grünlicher Farbe klar löslich.

Prüfung durch:	Zeigt an:
Auflösen von 1 g des Salzes in 1 g Wasser und einigen Tropfen Salzsäure. Die Lösung muss klar, grünlich sein.	Einen **zu hohen Gehalt an Oxychlorid** durch eine gelbliche Farbe der Lösung.
Verdünnen obiger Lösung mit 30 ccm Wasser und Versetzen:	
a) mit Kalilauge;	**Identität** durch einen schmutzig grünen Niederschlag.
b) mit Kaliumferricyanidlösung;	**Identität** durch einen tiefblauen Niederschlag.
c) mit Silbernitratlösung.	**Identität** durch einen weissen Niederschlag.
Auflösen von 2 g des Salzes in 10 ccm Wasser unter Zusatz einiger Tropfen Salzsäure.	
a) Vermischen von 2 ccm der Lösung mit 6 ccm Weingeist. Es darf keine Trübung entstehen;	**Fremde Salze**, wie Ferrosulfat durch eine Trübung.
b) Versetzen der Lösung mit Baryumnitratlösung. Es darf keine Trübung entstehen.	**Ferrosulfat** durch eine weisse Trübung.

Aufbewahrung: in kleinen, sorgfältig verschlossenen Gläsern, möglichst dem Sonnenlichte ausgesetzt.

Ferrum citricum ammoniatum
Ferri-Ammoniumcitrat.

Dünne, durchscheinende hygroskopische Blättchen von hellrotbrauner Farbe und stechend salzigem, hintennach schwach eisenartigem Geschmacke, in Wasser leicht löslich,

Ferrum citricum ammoniatum.

beim Erhitzen unter Entwicklung von Ammoniak und Hinterlassung von Eisenoxyd verkohlend.

Gehalt: in 100 Teilen 13 bis 14 Teile Eisen enthaltend.

Prüfung durch:	Zeigt an:
Auflösen von 6 g des Präparats in 54 g Wasser: a) Eintauchen von blauem Lakmuspapier;	**Identität** durch eine schwache Rötung des Lakmuspapiers.
Versetzen von je 10 ccm der Lösung: b) mit Ammoniakflüssigkeit; es entstehe kein Niederschlag;	**Fremdes Eisensalz** durch einen rotbraunen Niederschlag.
c) mit überschüssiger Kalilauge;	**Identität** durch einen gelbroten Niederschlag und einen Geruch nach Ammoniak.
d) mit Silbernitratlösung nach Ansäuern mit Salpetersäure; sie darf nur opalisierend getrübt werden;	**Chlorid** durch eine weisse, undurchsichtige Trübung.
e) mit Kaliumferricyanidlösung; es darf keine Veränderung oder höchstens eine blaugrüne Färbung entstehen;	**Ferrosalz** durch eine blaue Färbung.
f) mit Schwefelwasserstoffwasser; es darf keine dunkle Färbung entstehen.	**Metalle** (Kupfer, Blei) durch eine dunkle Färbung.
Auflösen von 0,5 g des Präparats in 2 ccm Salzsäure und 15 ccm Wasser in der Wärme, Erkaltenlassen, Zusatz von 1 g Kaliumjodid, Stehenlassen bei gewöhnlicher Temperatur eine Stunde lang im verschlossenen Glase, Zusatz von Zehntel-Normal-Natriumthiosulfatlösung bis zur hellgelben Färbung, dann von einigen Tropfen Stärkelösung und wiederum Zehntel-Nor-	**Vorschriftsmässigen Eisengehalt,** wenn bis zu diesem Punkte 12 bis 13 ccm Zehntel-Normal-Natriumthiosulfatlösung verbraucht werden.

mal - Natriumthiosulfatlösung,
bis vollständige Entfärbung eingetreten
ist.

Aufbewahrung: vor Licht geschützt, in einem verschlossenen Glase.

Ferrum citricum oxydatum
Ferricitrat.

Prüfung auf Identität, Chloride, Ferrosalz, Weinsäure, Alkalicarbonat, Eisengehalt siehe D. A.-B.

Ferrum cyanatum caeruleum

Ferrum borussicum. Ferricyaneisencyanür. Ferriferrocyanid. Berlinerblau.

Tiefblaues, amorphes Pulver oder tiefblaue Masse von kupferfarbenem Glanze, in Wasser, Alkohol, Äther und verdünnten Säuren unlöslich. In frisch gefälltem Zustande oder nach voriger Behandlung mit verdünnter Salzsäure löst sich das Berlinerblau in Oxalsäurelösung und in Ammoniumtartratlösung mit tiefblauer Farbe. Mit verdünnter Kalilauge erwärmt entsteht rostbraunes Eisenhydroxyd. Beim Erhitzen an der Luft entwickeln sich Ammoniak- und Blausäuredämpfe und es bleibt eine rostfarbene Asche zurück, welche befeuchtetes Kurkumapapier bräunt.

Prüfung durch:	Zeigt an:
Vollständiges Einäschern von 2 g Berlinerblau in einem offenen Tiegel durch anhaltendes, schwaches Glühen, Eintragen von etwas Ammoniumnitrat gegen das Ende, Zerreiben des kohlenfreien Rückstandes und Kochen mit 10 ccm Salzsäure. Es muss vollständige Lösung unter schwachem Aufbrausen erfolgen.	**Fremde Beimengungen** (Schwerspath, Gyps, Thon etc.) durch einen ungelösten Rückstand. **Carbonate** durch ein starkes Aufbrausen.
Kochen der salzsauren Lösung	

mit etwas Salpetersäure, Verdünnen mit 20 ccm Wasser, Filtrieren und Versetzen des Filtrats:	
a) mit Ammoniakflüssigkeit im Überschusse und Filtrieren. Das Filtrat darf keine blaue Färbung besitzen;	**Kupfer** durch eine blaue Färbung des Filtrats.
Versetzen des ammoniakalischen Filtrats mit Natriumcarbonatlösung. Es darf keine Trübung entstehen.	**Alkalische Erden** durch eine weisse Trübung.
b) mit überschüssiger Natronlauge und Filtrieren;	
α) Versetzen des Filtrats mit Schwefelwasserstoffwasser; es darf nicht getrübt werden;	**Blei** durch eine schwarze, **Zink** durch eine weisse Fällung.
β) Ansäuern des Filtrats mit Salzsäure und Versetzen mit Ammoniumcarbonatlösung; es darf nicht getrübt werden.	**Thonerde** durch eine gallertartige Fällung.

Ferrum jodatum saccharatum
Zuckerhaltiges Eisenjodür.

Gelblichweisses Pulver, in 7 Teilen Wasser klar löslich.
Gehalt: in 100 Teilen 20 Teile Eisenjodür enthaltend.

Prüfung durch:	Zeigt an:
Auflösen von 2 g des Präparats in 18 g Wasser. Die Lösung sei fast klar, grünlich oder gelblich.	**Zersetzung des Präparats** durch eine braune, trübe Lösung.
Versetzen von je der Hälfte der Lösung:	
a) mit 1 Tropfen Eisenchloridlösung und Versetzen mit Stärkelösung;	**Identität** durch eine blaue Färbung.

Prüfung durch:	Zeigt an:
b) mit Stärkelösung; es darf nicht sofort blaue Färbung eintreten.	**Freies Jod** durch eine sosortige blaue Färbung.
Auflösen von 0,34 g des Präparats in 4 ccm Zehntel-Normalsilbernitratlösung, Filtrieren und Versetzen des Filtrats mit Silbernitratlösung. Es soll eine Trübung entstehen.	**Zu geringen Gehalt an Eisenjodür**, wenn keine Trübung mehr erfolgt.

Aufbewahrung: vorsichtig, in kleinen, gut verschlossenen Gläsern.

Ferrum lacticum
Ferrolaktat.

Prüfung auf Identität, Ferrisalz, fremde Säuren, fremde Metalle, Sulfate, Chloride, Milchzucker, Rohrzucker, Dextrin, Stärke, Weinsäure, Gummi, Carbonate, feuerbeständige Salze, Alkalisalze siehe D. A.-B.

Ferrum oxydatum fuscum
Eisenhydroxyd.

Feines, rotbraunes, amorphes, geruch- und geschmackloses Pulver, welches in Wasser und Weingeist unlöslich, in verdünnter Salzsäure leicht löslich ist. Beim Glühen bleibt rotes Eisenoxyd zurück.

Prüfung durch:	Zeigt an:
Auflösen von 3 g des Präparats in 57 g verdünnter Salzsäure; die Lösung muss vollständig sein.	**Identität** durch eine safrangelbe Lösung. **Fremde Beimengungen** durch einen ungelösten Rückstand.
Versetzen der salzsauren Lösung: a) mit Natronlauge;	**Identität** durch einen braunen, voluminösen Niederschlag.
b) mit Kaliumferrocyanidlösung;	**Identität** durch einen tiefblauen Niederschlag.

c) mit Kaliumferricyanidlösung;
d) Verdünnen mit der doppelten Menge Wasser, Zusatz von Baryumnitratlösung; es darf nur eine schwache Opalisierung eintreten;
e) Ausfällen der Lösung mit überschüssiger Ammoniakflüssigkeit, Filtrieren, Verdampfen des farblosen Filtrats und Glühen; es darf kein Rückstand bleiben.

Schütteln des Präparats mit Wasser, Filtrieren und Versetzen des Filtrats mit Silbernitratlösung; es darf keine Trübung entstehen.

Identität durch eine bräunliche Färbung.
Sulfate durch eine weisse, undurchsichtige Trübung.

Zink, alkalische Erden durch einen Rückstand.
Kupfer durch eine blaue Farbe des Filtrats.

Chloride durch eine weisse Trübung.

Ferrum oxydatum saccharatum
Eisenzucker.   Ferrisaccharat.

Prüfung auf Identität, Natriumchlorid, Eisengehalt siehe D. A.-B.

Ferrum peptonatum
Eisenpeptonat.

Glänzend braune, durchscheinende Blättchen oder Schüppchen, die in kaltem, schneller in warmem Wasser klar löslich sind, und deren Lösung schwach sauer reagieren.

Gehalt: in 100 Teilen 24 bis 25 Teile Eisen enthaltend.

Prüfung durch: | Zeigt an:

Auflösen von 2 g Eisenpeptonat in 38 g Wasser:
a) Kochen von 10 ccm der Lösung; es darf keine Ausscheidung stattfinden;

Eiweiss durch eine flockige Ausscheidung.

b) Zusatz von Weingeist: es findet keine Trübung statt;
c) Versetzen von 10 ccm der Lösung mit 2 ccm Salzsäure, langsames Erhitzen zum Kochen.

Auflösen von 0,5 g Eisenpeptonat in 20 ccm heissem Wasser, Erhitzen mit 10 ccm verdünnter Schwefelsäure, bis die entstandene Ausscheidung wieder gelöst ist, Verdünnen der Lösung mit 200 ccm heissem Wasser, Versetzen mit überschüssiger Ammoniakflüssigkeit, Erhitzen im Wasserbade so lange, bis der Niederschlag sich völlig ausgeschieden hat und die Flüssigkeit farblos geworden, Sammeln des Niederschlags auf einem Filter, Auswaschen mit heissem Wasser, Auftropfen heisser verdünnter Schwefelsäure auf das Filter zur Lösung des Niederschlags, Verdünnen der Lösung mit Wasser bis zu 100 ccm, Zusatz von 3 g Kaliumjodid, Stehenlassen eine Stunde lang bei gewöhnlicher Temperatur in einem verschlossenen Glase, Zusatz von Zehntel-Normal-Natriumthiosulfatlösung bis zur hellgelben Färbung, dann von einigen Tropfen Stärkelösung, und wiederum Zehntel-Normal-Natriumthiosulfatlösung bis vollständige Entfärbung stattgefunden hat.

Eiweiss durch eine Trübung.

Identität durch eine Trübung, dann flockige Ausscheidung und zuletzt Lösung.

Vorschriftsmässigen Eisengehalt, wenn bis zu diesem Punkte 21,4 bis 22,3 ccm Zehntel-Normal-Natriumthiosulfatlösung verbraucht werden.

Ferrum phosphoricum oxydatum
Ferriphosphat.

Weissliches, geschmackloses Pulver, unlöslich in Wasser,

leicht löslich in verdünnten Säuren, beim Glühen sich unter Wasserverlust gelb färbend.

Prüfung durch:	Zeigt an:
Auflösen von 2 g des Präparats in 40 ccm verdünnter Salzsäure. Versetzen von 10 ccm der Lösung:	
a) mit Kaliumferrocyanidlösung;	**Identität** durch einen tiefblauen Niederschlag.
b) mit Kaliumferricyanidlösung; es darf nur dunkle Färbung, keine blaue Färbung entstehen;	**Ferrosalz** durch eine blaue Färbung.
c) mit Natronlauge;	**Identität** durch einen weissen Niederschlag, der beim Kochen braun wird, indem sich Eisenhydroxyd bildet.
Abfiltrieren obigen braunen Niederschlags und Versetzen des Filtrats mit Ammoniumchloridlösung, Ammoniakflüssigkeit und Magnesiumsulfatlösung;	**Identität** durch einen weissen, in Salzsäure löslichen, krystallinischen Niederschlag.
d) mit Schwefelwasserstoffwasser; es darf nur weisse Trübung entstehen.	**Metalle,** wie Kupfer, Blei durch eine dunkle Fällung. **Arsen** durch eine gelbe Färbung.
Auflösen von 0,5 g des Präparats in 10 ccm verdünnter Salpetersäure, Verdünnen der Lösung bis 25 ccm und Zusatz von Silbernitratlösung; es darf nur opalisierende Trübung entstehen.	**Natriumchlorid** durch eine weisse, undurchsichtige Trübung.

Aufbewahrung: vor Licht geschützt, in einem wohlverschlossenen Glase.

Ferrum phosphoricum oxydulatum
Ferrophosphat.

Feines, graublaues, in der Wärme graugrünliches, in

Wasser unlösliches Pulver, welches sich bei gelinder Wärme in verdünnter Salzsäure mit schwach goldgelber Farbe löst.

Prüfung durch:	Zeigt an:
Auflösen von 1 g Ferrophosphat in 50 ccm verdünnter Salzsäure. Versetzen von je 10 ccm der Lösung:	
a) mit Kaliumferrocyanidlösung;	**Identität** durch einen tiefblauen Niederschlag.
b) mit Kaliumferricyanidlösung;	**Identität** durch einen tiefblauen Niederschlag.
c) mit Weinsäurelösung, überschüssiger Ammoniakflüssigkeit, Ammoniumchloridlösung und Magnesiumsulfatlösung;	**Identität** durch einen weissen, krystallinischen Niederschlag.
d) mit Baryumnitratlösung, es darf nur schwache Opalisierung eintreten;	**Natriumsulfat** durch eine weisse, undurchsichtige Trübung.
e) mit Schwefelwasserstoffwasser; es darf nur weisse Trübung entstehen.	**Arsen** durch eine gelbe Färbung. **Metalle,** wie Kupfer, Blei durch eine dunkle Fällung.

Aufbewahrung: in einem wohlverschlossenen Glase.

Ferrum pulveratum
Gepulvertes Eisen.

Prüfung auf Identität, fremde Beimengungen, Schwefeleisen, Bleioxyd, Kupferoxyd, Zink, Kupfer, Blei, Arsen, Eisengehalt siehe D. A.-B.

Ferrum pyrophosphoricum
Ferripyrophosphat.

Weissliches, geschmackloses Pulver, unlöslich in Wasser, aber löslich in einer Lösung von Natriumpyrophosphat, in verdünnten Säuren und in Ammoniakflüssigkeit.

Prüfung durch:	Zeigt an:
Auflösen von 0,5 g des Präparats in 10 ccm verdünnter Salzsäure und Zusatz von Kaliumferrocyanidlösung.	**Identität** durch einen tiefblauen Niederschlag.
Kochen von 0,5 g des Präparats mit 20 ccm Natriumcarbonatlösung, Filtrieren, Ansäuern des Filtrats mit Essigsäure, Verdünnen mit Wasser bis zu 50 ccm und Zusatz von Silbernitratlösung.	**Identität** durch einen weissen Niederschlag. **Ferriphosphat** durch einen gelben Niederschlag.
Auflösen von 2 g des Präparats in 18 g verdünnter Salpetersäure und Versetzen je der Hälfte der Lösung:	
a) mit Silbernitratlösung; es darf höchstens Opalisierung entstehen;	**Chlorid** durch eine weisse, undurchsichtige Trübung.
b) mit Baryumnitratlösung; es darf höchstens Opalisierung entstehen.	**Sulfat** durch eine weisse, undurchsichtige Trübung.
Auflösen von 0,5 g des Präparats in 10 ccm Ammoniakflüssigkeit. Die Lösung muss vollständig und klar sein.	**Ferriphosphat** durch eine nur teilweise Lösung.

Ferrum pyrophosphoricum cum Ammonio citrico

Ferripyrophosphat mit Ammoniumcitrat.

Grünlichgelbe Blättchen von schwachem Eisengeschmack, leicht und vollständig in Wasser löslich.

Gehalt: in 100 Teilen 18 Teile Eisen enthaltend.

Prüfung durch:	Zeigt an:
Auflösen von 4 g des Präparats in 36 g Wasser und Versetzen der Lösung:	
a) mit Kaliumferrocyanidlösung und Ansäuern mit Salzsäure;	**Identität** durch einen dunkelblauen Niederschlag.

b) mit Kalilauge und Erhitzen;

c) mit Ammoniakflüssigkeit; es entstehe kein Niederschlag;

d) mit Silbernitratlösung nach Ansäuern mit Salpetersäure; es darf höchstens opalisierend getrübt werden.

Auflösen von 0,5 g des Präparats in 2 ccm Salzsäure und 15 ccm Wasser in der Wärme, Erkaltenlassen, Zusatz von 1 g Kaliumjodid, Stehenlassen bei gewöhnlicher Temperatur eine Stunde lang in einem verschlossenen Glase, Versetzen mit Zehntel-Normal-Natriumthiosulfatlösung bis zur hellgelben Färbung, dann mit einigen Tropfen Stärkelösung und wiederum Zehntel-Normal-Natriumthiosulfatlösung, bis vollständige Entfärbung eingetreten ist.

Identität durch einen gelblich-weissen Niederschlag unter Entwicklung eines Ammoniakgeruchs.

Fremde Eisensalze durch einen Niederschlag.

Chloride durch eine weisse, undurchsichtige Trübung.

Vorschriftsmässigen Eisengehalt, wenn bis zu diesem Punkte 15 bis 16 ccm Zehntel-Normal-Natriumthiosulfatlösung verbraucht werden.

Ferrum reductum
Reduziertes Eisen. Ferrum Hydrogenio reductum.

Prüfung auf Identität, fremde Beimengungen, Schwefeleisen, Alkalicarbonat, Oxalsäure, Arsen, Eisengehalt siehe D. A.-B.

Ferrum sesquichloratum
Eisenchlorid. Ferrichlorid.

Prüfung auf Identität, freie Salzsäure, freies Chlor, Arsen, neutrales Ferrichlorid, Ferrochlorid, Kupfer, Alkalisalze, Kalk, Zink, Salpetersäure, Schwefelsäure siehe D. A.-B.

Ferrum sulfuratum
Schwefeleisen.

Eine mehr oder weniger geschmolzene, metallisch glänzende Masse.

Prüfung durch:

Auflösen von 5 g Schwefeleisen in 40 g verdünnter Schwefelsäure. Es muss nahezu vollständige Lösung stattfinden.

Einleiten des sich entwickelnden Gases durch Wasser in Salpetersäure, Verdampfen der letzteren, Versetzen des Rückstandes mit Zink und verdünnter Salzsäure, Ausströmenlassen des sich entwickelnden Wasserstoffgases aus einer engen Röhre, Anzünden des Gases, und Niederdrücken der Flamme mit einer Porzellanschale. Auf letzterer dürfen sich keine Flecken zeigen.

Zeigt an:

Identität durch Entwicklung von Schwefelwasserstoff.

Fremde Beimengungen, zweifach Schwefeleisen durch einen unlöslichen Rückstand.

Arsen durch schwarze Flecken auf der Porzellanschale.

Ferrum sulfuricum
Ferrosulfat.

Prüfung auf Identität, basisches Ferrisulfat, sowie Schwefelsäure, Kupfer, Salze der Alkalien und alkalischen Erden, siehe D. A.-B.

Ferrum sulfuricum crudum
Eisenvitriol.

Prüfung auf basisches Ferrisulfat, Kupfer, siehe D. A.-B.

Ferrum sulfuricum oxydulatum ammoniatum
Ferro-Ammonium sulfuricum. Ferro-Ammoniumsulfat.

Grünliche, harte Krystalle, in Wasser leicht löslich, und

erst bei 100° verwitternd; sie enthalten genau den 7. Teil ihres Gewichts Eisen.

Prüfung durch:	Zeigt an:
Auflösen von 0,5 g des Präparats in 9,5 g Wasser, das mit verdünnter Schwefelsäure angesäuert wurde, und Zusatz von Kaliumferrocyanidlösung; es darf keine blaue Färbung entstehen.	**Ferrisalz** durch eine blaue Färbung.
Auflösen von 2 g des Salzes in 10 g Wasser, Versetzen mit Salpetersäure, Erwärmen bis keine rothen Dämpfe mehr entweichen, Versetzen mit überschüssiger Ammoniakflüssigkeit, Filtrieren:	**Kupfer** durch eine blaue Farbe des Filtrats.
a) Versetzen eines Teils des farblosen Filtrats mit Schwefelwasserstoffwasser; es darf keine Veränderung entstehen;	**Zink** durch eine weisse Fällung.
b) Verdunsten eines anderen Teils des Filtrats zur Trockne und Glühen. Es darf kein wägbarer Rückstand bleiben.	**Salze der Alkalien** durch einen wägbaren Rückstand.

Ferrum sulfuricum siccum
Getrocknetes Ferrosulfat.

Prüfung auf basisches Ferrisulfat, freie Schwefelsäure, Kupfer, Salze der Alkalien und alkalischen Erden, Eisengehalt, siehe D. A.-B.

Ferrum tartaricum
Ferritartrat.

Dünne, durchsichtige Blättchen von rubinroter Farbe, von säuerlichem Eisengeschmack, beim Erhitzen unter Entwicklung eines schwachen Karamelgeruches und Hinterlassung von Eisenoxyd verkohlend. Das Eisentartrat löst sich leicht in

Ferrum tartaricum.

kaltem, leichter in siedendem Wasser unter Abscheidung von etwas basischem Salze; die Lösung rötet blaues Lakmuspapier.

Gehalt: in 100 Teilen 17 bis 18 Teile Eisen enthaltend.

Prüfung durch:	Zeigt an:
Auflösen von 6 g des Salzes in 54 g Wasser: a) Versetzen von 20 ccm der Lösung mit Kalilauge und Kochen;	**Identität** durch eine dunkle Färbung in der Kälte, und einen braunroten Niederschlag beim Kochen.
Abfiltrieren des entstandenen Niederschlags: α) Versetzen des Filtrats mit Calciumchloridlösung;	**Identität** durch einen weissen, in Kalilauge löslichen Niederschlag.
β) Neutralisieren des Filtrats mit Essigsäure und Stehenlassen.	**Identität** durch einen krystallinischen Niederschlag.
Versetzen von je 10 ccm der Lösung: b) mit Kaliumferrocyanidlösung;	**Identität** durch einen tiefblauen Niederschlag.
c) mit Silbernitratlösung nach Zusatz von Salpetersäure; es entstehe nur opalisierende Trübung;	**Chloride** durch eine weisse, undurchsichtige Trübung.
d) mit Kaliumferricyanidlösung; es entstehe nur eine blaugrüne Färbung.	**Ferrotartrat** durch eine blaue Färbung.
Glühen von 1 g des Präparats und Zusammenbringen des Rückstands mit angefeuchtetem roten Lakmuspapier, das nicht gebläut werden darf.	**Kalium-Ferritartrat** durch eine Bläuung des roten Lakmuspapiers.
Auflösen von 0,5 g des Präparats in 2 ccm Salzsäure und 15 ccm Wasser in der Wärme, Erkaltenlassen, Zusatz von 1 g Kaliumjodid, Stehenlassen eine Stunde bei gewöhnlicher Tem-	**Vorschriftsmässigen Eisengehalt,** wenn bis zu diesem Punkte 14 bis 15 ccm Zehntel-Normal-Natriumthiosulfatlösung verbraucht werden.

peratur in einem verschlossenen Glase, Versetzen mit Zehntel-Normal-Natriumthiosulfatlösung bis zur hellgelben Färbung, dann mit einigen Tropfen Stärkelösung und wiederum mit Zehntel - Normal - Natriumthiosulfatlösung, bis vollständige Entfärbung stattgefunden hat.

Aufbewahrung: vor Licht geschützt.

Ferrum valerianicum
Basisches Ferrivalerianat.

Bräunlichgelbes Pulver, schwach nach Baldriansäure riechend, fast ohne Geschmack, unlöslich in Wasser; durch siedendes Wasser wird es in Baldriansäure und Eisenhydroxyd gespalten. In Weingeist löst es sich schwierig zu einer gelben Flüssigkeit von saurer Reaktion, welche sich mit Wasser trübt. In verdünnter Salzsäure löst es sich unter Abscheidung von Baldriansäure. Beim Erhitzen schmilzt das Salz, entwickelt dann entzündliche Dämpfe und verbrennt unter Zurücklassung von 40 Prozent Eisenoxyd.

Prüfung durch:	Zeigt an:
Auflösen von 1 g des Salzes in 10 ccm verdünnter Salzsäure.	**Identität** durch Ausscheidung von ölartiger Baldriansäure und durch eine gelbe Lösung.
Versetzen der salzsauren Lösung mit Kaliumferrocyanidlösung.	**Identität** durch einen tiefblauen Niederschlag.
Starkes Glühen von 1 g des Salzes in einem tarierten Platintiegel. Der Rückstand muss 0,4 g betragen.	Einen **zu geringen Gehalt an Baldriansäure,** wenn der Rückstand mehr als 0,4 g beträgt.

Aufbewahrung: vor Licht geschützt, in einem wohlverschlossenen Glase.

Formaldehydum solutum
Formaldehydlösung.

Prüfung auf Identität, Salzsäure, Schwefelsäure, Schwermetalle, freie Säure, Gehalt an Formaldehyd, siehe D. A.-B.

Formanilidum
Phenylformamid.

Lange, farblose, prismatische Krystalle, die in Wasser und Alkohol löslich sind, und von verdünnten Säuren in Ameisensäure und Anilin zerlegt werden.

Schmelzpunkt: bei 46^0.

Prüfung durch:	Zeigt an:
Erwärmen von 0,2 g des Präparats mit 5 ccm Natronlauge.	**Identität** durch Entwicklung aromatisch riechender Dämpfe.
Versetzen obiger Lösung mit einigen Tropfen Chloroform und erneutes Erhitzen.	**Identität** durch den widrigen Geruch von Isonitril.
Erhitzen einer kleinen Menge auf dem Platinbleche. Es darf kein Rückstand bleiben.	**Anorganische Beimengungen** durch einen Rückstand.
Auflösen von 0,2 g des Präparats in konzentrierter Schwefelsäure. Die Lösung sei farblos.	**Organische Beimengungen** durch eine dunkle Färbung der Lösung.

Aufbewahrung: vorsichtig.

Gallobromolum
Gallobromol. Dibromgallussäure.

Farblose, feine Krystallnadeln, welche in kaltem Wasser wenig, in heissem leicht löslich sind, ebenso in Alkohol und in Äther.

Schmelzpunkt: bei 205^0.

Aufbewahrung: vor Licht geschützt.

Gallactophenonum

Galaktophenon. Trioxyacetophenon. Alizaringelb.

Krystallinisches, schwach fleischfarbenes Pulver von neutraler oder schwach saurer Reaktion. Es ist leicht löslich in heissem Wasser, in Alkohol und Äther, sowie in 600 Teilen kaltem Wasser; in Glycerin ist es in jedem Verhältnis löslich. Ein Zusatz von Natriumacetat erhöht die Löslichkeit in Wasser.

Schmelzpunkt: bei 170°.

Prüfung durch:	Zeigt an:
Auflösen des Präparats in Natriumcarbonatlösung oder Natronlauge.	**Identität** durch eine gelbe Farbe der Lösung.
Auflösen von 0,1 g des Präparats in 60 g Wasser: a) Eintauchen von blauem Lakmuspapier. Es darf gar nicht oder nur schwach rot gefärbt werden;	**Zersetzung des Präparats** durch eine Rötung des Papiers.
Versetzen der Lösung: b) mit Eisenchloridlösung;	**Identität** durch eine grünschwarze Fällung.
c) mit ammoniakalischer Silbernitratlösung und Erwärmen.	**Identität** durch Ausscheidung von metallischem Silber.
Auflösen von 0,2 g des Präparats in Kalkwasser. Die Lösung darf sich nicht alsbald rot färben.	**Pyrogallussäure** durch eine alsbaldige rote Färbung.
Verbrennen auf dem Platinbleche. Es darf kein Rückstand bleiben.	**Anorganische Beimengungen** durch einen Rückstand.

Aufbewahrung: vorsichtig, vor Licht geschützt.

Gallanolum

Gallussäureanilid. Gallanilid.

Farblose, schwach bitterlich schmeckende Krystalle; dieselben lösen sich sehr leicht in siedendem Wasser, Alkohol und Äther, sind aber in kaltem Wasser sehr schwer löslich, in Benzin und Chloroform unlöslich.

Schmelzpunkt der bei 100° getrockneten Verbindung: gegen 205°.

Prüfung durch:	Zeigt an:
Schütteln von 0,1 g des Präparats mit 10 ccm heissem Wasser und Zusatz von Eisenchloridlösung.	**Identität** durch eine blaue Färbung.
Auflösen von 0,1 g des Präparats in 10 ccm Natronlauge.	**Identität** durch eine Lösung, welche alsbald eine braune bis schwarze Färbung annimmt.
Erhitzen von 0,2 g des Präparats mit 5 ccm Wasser und Zusatz von Silbernitratlösung.	**Identität** durch Ausscheidung von metallischem Silber.
Auflösen einer Probe in Schwefelsäure und Zusatz von wenig Ammoniummolybdat.	**Identität** durch eine blaue Färbung, welche in schmutzig grün übergeht.

Glycerinum
Glycerin.

Prüfung auf Arsen, Alkalien, freie Säuren, Metalle, Schwefelsäure, Kalk, Oxalsäure, Chlorverbindungen, Kohlenhydrate, anorganische Salze, Silber reduzierende Stoffe, Zucker, Ammoniumverbindungen, Fettsäuren, siehe D. A.-B.

Den Anforderungen des Arzneibuches entspricht nur das destillierte Glycerin, während das raffinierte Glycerin, Glycerinum raffinatum, noch Verunreinigungen enthält.

Guajacolum
Guajacol. Brenzcatechinmethyläther.

Klare, farblose, lichtbrechende, ölige Flüssigkeit von eigentümlichem, gewürzhaftem Geruche und schwachem Geschmacke. Sie ist in etwa 200 Teilen Wasser löslich, mit Weingeist, Äther, Schwefelkohlenstoff klar mischbar.

Spezifisches Gewicht: 1,117.
Siedepunkt: bei 200° bis 202°.

Prüfung durch:	Zeigt an:
Mischen von 3 Tropfen Guajacol mit 5 ccm Weingeist und Zusatz von 1 bis 2 Tropfen Eisenchloridlösung, welche mit der 20 fachen Menge Wasser verdünnt ist.	**Identität** durch eine blaue Färbung; auf weiteren Zusatz von Eisenchloridlösung wird die Flüssigkeit smaragdgrün.
Mischen von 2 ccm Guajacol mit 4 ccm Petroleumbenzin. Die Mischung sei anfangs trübe und helle sich aber durch Abscheiden von Guajacol bald auf.	**Unreines Guajacol** durch eine sofortige klare Mischung.
Mischen von 2 ccm Guajacol mit 4 ccm Natronlauge. Es muss eine klare Mischung geben, welche beim Vermischen mit 60 ccm Wasser klar und farblos bleibt.	**Unreines Guajacol** durch eine trübe Mischung mit Natronlauge, oder Trübung beim Verdünnen mit Wasser.
Mischen von 2 ccm Guajacol mit 2 ccm Natronlauge.	**Identität** durch Erstarren zu einer weissen, krystallinischen Masse nach kurzer Zeit. **Unreines Guajacol** durch Flüssigbleiben der Mischung.

Aufbewahrung: vorsichtig, vor Licht geschützt.

Guajacolum benzoicum

Guajacolbenzoat. Benzosolum. Benzoylguajacol.

Farbloses, krystallinisches, geruch- und geschmackloses Pulver, welches in Wasser fast unlöslich, leicht löslich in Äther, in Chloroform und in heissem Alkohol ist. Die alkoholische Lösung wird durch Eisenchloridlösung nicht charakteristisch gefärbt. Durch alkoholische Kalilauge wird es in Guajacolkalium und Kaliumbenzoat gespalten.

Schmelzpunkt: bei 56°.

Prüfung durch:	Zeigt an:
Auflösen von 0,5 g des Präparats in 30 ccm Schwefelsäure.	**Identität** durch eine citronengelbe Lösung.

Versetzen der schwefelsauren Lösung:
a) mit einer Mischung von Aceton und Alkohol;
b) mit Eisenchloridlösung;
c) mit Rohrzucker.

Eindampfen von 0,1 g des Präparats mit einigen Tropfen rauchender Salpetersäure und alkoholischer Kalilösung zur Trockne auf dem Wasserbade.

Auflösen einer Probe des Salzes in Weingeist und Versetzen mit ein paar Tropfen Eisenchloridlösung. Es findet keine Färbung statt.

Identität durch eine kirschrote bis purpurrote Färbung.
Identität durch eine violette, grüne bis blaue Streifung.
Identität durch eine hochrote Färbung.
Identität durch Auftreten eines pfefferminzartigen Geruches.

Freies Guajacol durch eine smaragdgrüne Färbung.

Guajacolum carbonicum

Guajacolcarbonat. Kohlensäure-Guajacyläther.

Weisses, krystallinisches, neutrales, fast geschmackloses und geruchloses Pulver. Es ist unlöslich in Wasser, wenig löslich in kaltem Weingeist, leicht löslich in heissem Weingeist, in Äther, Chloroform und Benzol.

Schmelzpunkt: bei 78 bis 84°.

Prüfung durch:

Bestimmen des Schmelzpunktes.

Auflösen von 0,2 g des Präparats in 10 ccm alkoholischer Kalilauge und Ansäuern der Lösung mit Salzsäure.

Auflösen von 0,1 g des Präparats in 10 ccm heissem Alkohol und Zusatz von Eisenchloridlösung. Es darf keine blaue Färbung eintreten.

Zeigt an:

Reinheit des Präparats durch obigen Schmelzpunkt.
Identität durch Aufbrausen und Auftreten eines Geruchs nach Guajacol.

Freies Guajacol durch eine blaue Färbung.

Guajacolum salicylicum

Guajacolsalicylat. Guajacolsalol. Salicylsäure-Guajacyläther.

Weisses, krystallinisches, geruch- und geschmackloses Pulver, fast unlöslich in Wasser, löslich in Weingeist, in Äther und in Chloroform. Durch alkoholische Kalilauge wird es in Guajacolkalium und Kaliumsalicylat gespalten.

Schmelzpunkt: bei 65°.

Prüfung durch:	Zeigt an:
Auflösen von 0,5 g des Präparats in 20 ccm Weingeist:	
a) Eintropfen der Lösung in Eisenchloridlösung;	**Identität** durch eine Trübung.
b) Versetzen der Lösung mit Eisenchloridlösung;	**Identität** durch eine violette Färbung.
c) Versetzen mit etwas Schwefelsäure und dann mit einigen Tropfen Salpetersäure.	**Identität** durch eine hellrote Färbung. **Identität** durch eine grüne, dann violette und weinrote Färbung.
Auflösen des gepulverten Präparats in Schwefelsäure und Zusatz von Kaliumnitrit.	**Identität** durch grüne, blaue, dann rot werdende Streifung — und zuletzt durch eine weinrote Färbung der Lösung.
Durchfeuchten des gepulverten Präparats mit Schwefelsäure und Übergiessen mit einem Gemisch von gleichen Teilen Aceton und Alkohol.	**Identität** durch eine hochrote Färbung des Pulvers.

Hämatoxylinum

Hämatoxylin.

Farblose, glänzende, quadratische Säulen oder rhombische Krystalle, die sich wenig in kaltem Wasser, leicht in heissem Wasser, Weingeist und Äther auflösen. Von Ammoniakflüssigkeit, ätzenden und kohlensauren Alkalien wird das Hämatoxylin bei Luftzutritt mit purpurner Farbe gelöst. Am Lichte färbt es sich allmählich rötlich.

Prüfung durch:	Zeigt an:
Schütteln von 0,2 g des Präparats mit 60 ccm heissem Wasser, Filtrieren und Versetzen des Filtrats:	
a) mit wenig Ammoniakflüssigkeit;	**Identität** durch eine purpurne Färbung.
b) mit Bleiessig;	**Identität** durch einen weissen Niederschlag, der an der Luft allmählich blau wird.
c) mit Alaunlösung;	**Identität** durch eine schöne rote Färbung.
d) mit Kaliumdichromatlösung;	**Identität** durch eine allmählich schwarze Färbung.
e) mit Zinnchlorürlösung;	**Identität** durch einen rosenroten Niederschlag.
f) mit Eisenchloridlösung;	**Identität** durch einen schwarzvioletten Niederschlag.
g) mit Fehlingscher Kupferlösung.	**Identität** durch Ausscheiden von rotem Kupferoxydul.

Haemolum
Hämol.

Schwarzbraunes Pulver.

Haemogallolum
Hämogallol.

Schön rotbraunes Pulver.

Heleninum
Alant-Kampher.

Farb- und geruchlose, nadelförmige Krystalle von neutraler Reaktion. Beim Erhitzen zersetzt es sich teilweise, doch ist es mit Wasserdämpfen unzersetzt flüchtig. Es ist leicht löslich in heissem Alkohol, Äther, fetten und ätherischen Ölen, nahezu unlöslich in Wasser. In mässig verdünnter Salpetersäure löst es sich ohne Zersetzung auf, auch Kali- und Natronlauge zersetzen dasselbe nicht.

Schmelzpunkt: bei 68 bis 70°.

Prüfung durch:	Zeigt an:
Auflösen einer kleinen Menge Helenin in einigen Tropfen konzentrierter Schwefelsäure.	**Identität** durch eine rote Lösung.
Versetzen obiger Lösung mit Wasser.	**Identität** durch Fällen des unzersetzten Helenins.
Erwärmen mit konzentrierter Salpetersäure und Versetzen der Lösung mit Wasser.	**Identität** durch einen gelben, amorphen Niederschlag.
Schütteln von 0,2 g Helenin mit 10 ccm Wasser, Filtrieren und Verdampfen des Filtrats. Es darf nur ein ganz geringer Rückstand bleiben.	**Fremde Beimengungen** durch einen Rückstand.
Auflösen von 0,1 g Helenin in 5 ccm heissem Alkohol. Es muss eine vollkommene, klare Lösung entstehen.	**Fremde Beimengungen** durch eine trübe Lösung.
Verbrennen auf dem Platinbleche. Es muss vollständig flüchtig sein.	**Anorganische Beimengungen** durch einen Rückstand.

Aufbewahrung: in gut verschlossenen Gläsern.

Homatropinum hydrobromicum
Homatropinhydrobromid.

Prüfung auf Neutralität, Identität, fremde Alkaloide, Atropin, siehe D. A.-B.

Hydracetinum
Pyrodin.   Acetylphenylhydracin.

Farblose, geruch- und nahezu geschmacklose, glänzende Krystalle, welche sich leicht in Alkohol, in 50 Teilen kaltem und in 8—10 Teilen siedendem Wasser lösen. Das Hydracetin wirkt sehr stark reduzierend.

Schmelzpunkt: bei 128 bis 129°.

Prüfung durch:	Zeigt an:
Übergiessen von 0,1 g Hydracetin mit 5 ccm Schwefelsäure. Es entsteht eine farblose Lösung.	**Fremde organische Beimengungen** durch eine braune Lösung.
Versetzen obiger schwefelsauren Lösung mit 1 Tropfen Salpetersäure.	**Identität** durch eine blutrote Färbung.
Auflösen von 0,1 g Hydracetin in 1 ccm siedendem Wasser und Zusatz einiger Tropfen dieser Lösung:	
a) zu einer ammoniakalischen Silbernitratlösung;	**Identität** durch Abscheidung eines schwarzen Pulvers (Silber).
b) zu einer Goldchloridlösung.	**Identität** durch eine blaugrüne bis violette Färbung und Abscheiden von glänzenden Goldblättchen auf der Oberfläche.
Erhitzen einer Probe auf dem Platinbleche. Sie muss sich vollständig verflüchtigen.	**Mineralische Beimengungen** durch einen Rückstand.
Auflösen von 0,1 g des Präparats in 5 g Wasser und Eintauchen von blauem Lakmuspapier; es darf nicht gerötet werden.	**Essigsäure** durch eine Rötung des Papiers.
Kochen von 0,1 g Hydracetin mit 3 ccm Salzsäure 2 bis 3 Minuten lang, Erkaltenlassen, Verdünnen mit 10 ccm Wasser und Zusatz einer filtrierten Chlorkalklösung. Es darf nur gelbe, keine violette Färbung entstehen.	**Acetanilid** durch eine violette Färbung.

Aufbewahrung: vorsichtig.

Hydrargyrum
Quecksilber.

Prüfung auf fremde Metalle, siehe D. A.-B.

Hydrargyrum aceticum

Mercuroacetat.

Kleine, glänzendweisse Krystallschüppchen ohne Geruch, von unangenehmem, metallischem Geschmacke, in 300 Teilen kaltem Wasser, aber nicht in Weingeist und in Äther löslich.

Prüfung durch:	Zeigt an:
Erhitzen einer kleinen Menge des Salzes in einer Glasröhre.	**Identität** durch Entwicklung essigsaurer Dämpfe und Sublimation von Quecksilber.
Auflösen von 0,1 g des Salzes in 30 g Wasser und Versetzen der Lösung: a) mit Schwefelwasserstoffwasser;	**Identität** durch einen schwarzen Niederschlag.
b) mit Salzsäure;	**Identität** durch einen weissen Niederschlag, welcher nach dem Abgiessen der Flüssigkeit mit Ammoniakflüssigkeit übergossen schwarz wird.
Auflösen von 1 g des Salzes in 10 ccm erwärmter verdünnter Essigsäure. Es muss vollständige Lösung stattfinden.	**Quecksilberchlorür** durch eine unvollständige Lösung.
Zusammenreiben von 1 g des Salzes mit 1 g Natriumchlorid, Anreiben des Gemisches mit 10 g Wasser, Filtrieren und Versetzen des Filtrats mit Schwefelwasserstoffwasser. Es darf keine oder nur geringe Färbung entstehen.	**Mercuriacetat** durch eine schwarze Färbung.
Erhitzen einer kleinen Menge des Salzes auf dem Platinbleche. Es darf kein Rückstand bleiben.	**Anorganische Beimengungen** durch einen Rückstand.

Aufbewahrung: vorsichtig, in einem vor Licht geschützten Glase.

Hydrargyrum benzoicum

Mercuribenzoat.

Farblose, seidenglänzende Krystallnadeln von metallischem, schwach ätzendem Geschmacke. Das Salz ist in kaltem Wasser nahezu unlöslich, leichter löslich in siedendem Wasser, leicht löslich in Natriumchloridlösung. In kaltem Alkohol ist es unter teilweiser Zersetzung löslich, indem sich gelbes, basisches Salz und Benzoesäure ausscheidet.

Prüfung durch:	Zeigt an:
Auflösen von 1 g des Salzes und 0,5 g Natriumchlorid in 40 ccm Wasser und Versetzen der Lösung:	
a) mit verdünnter Salzsäure;	**Identität** durch weisse Krystalle, welche in Äther löslich sind.
b) mit Natronlauge;	**Identität** durch einen gelben Niederschlag (Quecksilberoxyd).
c) mit Schwefelwasserstoffwasser;	**Identität** durch einen schwarzen Niederschlag.
d) mit Eisenchloridlösung.	**Identität** durch einen rotbraunen Niederschlag.
Schütteln von 0,5 g des Salzes mit 10 ccm Wasser und Filtrieren:	
a) Zusatz einiger Tropfen dieses Filtrats zu einer Auflösung von 0,1 g Diphenylamin in 10 ccm reiner konzentr. Schwefelsäure. Es darf keine Bläuung erfolgen;	**Salpetersäure** durch eine blaue Färbung.
b) Versetzen des Filtrats mit einigen Tropfen Salpetersäure und mit Silbernitratlösung. Es darf keine Trübung entstehen.	**Chloride** durch eine weisse Trübung.
Erhitzen von etwa 0,5 g des	**Anorganische Beimen-**

Salzes in einem Porzellantiegelchen. Es darf kein Rückstand bleiben. **gungen** durch einen Rückstand.

Aufbewahrung: sehr vorsichtig.

Hydrargyrum bibromatum
Quecksilberbromid. Mercuribromid.

Glänzend weisse Krystallblättchen oder flache, rhombische Säulen, ohne Geruch, von widrig metallischem Geschmacke, beim Erhitzen schmelzend und sich vollständig verflüchtigend. Es löst sich in 100 Teilen kaltem und 10 Teilen heissem Wasser, leicht in Weingeist, sehr leicht in Äther.

Prüfung durch:	Zeigt an:
Erhitzen in einem Glasrohre; es muss sich vollkommen verflüchtigen.	**Identität** durch Sublimation in den oberen Teil der Glasröhre. **Fremde Beimengungen** durch einen Rückstand.
Auflösen von 0,5 g des Präparats in 50 g Wasser. Es muss sich vollkommen klar auflösen:	**Quecksilberbromür** durch eine trübe Lösung.
a) Eintauchen von blauem Lakmuspapier in die Lösung;	**Identität** durch Rötung des Lakmuspapiers.
b) Zutröpfeln von Schwefelwasserstoffwasser zur Lösung;	**Identität** durch einen zuerst gelben, dann roten und bei überschüssigem Schwefelwasserstoff schwarzen Niederschlag.
c) Schütteln der Lösung mit etwas Chlorwasser und Chloroform;	**Identität** durch eine gelbe Färbung des Chloroforms.
d) Versetzen der Lösung mit Silbernitratlösung.	**Identität** durch einen gelblichen, in Ammoniakflüssigkeit nur wenig löslichen Niederschlag.

Aufbewahrung: sehr vorsichtig.

Hydrargyrum bichloratum

Hydrargyrum bichloratum corrosivum. Quecksilberchlorid. Mercurichlorid. Quecksilbersublimat. Ätzsublimat.

Prüfung auf Identität, feuerbeständige Beimengungen, Calomel, Salze der Alkalien und alkalischen Erden, Arsen siehe D. A.-B.

Hydrargyrum bijodatum

Hydrargyrum jodatum rubrum. Deuterojoduretum Hydrargyri. Quecksilberjodid. Mercurijodid.

Prüfung auf Identität, fremde Beimengungen, Quecksilberchlorid, Kaliumchlorid siehe D. A.-B.

Hydrargyrum bromatum

Hydrargyrum bromatum mite. Quecksilberbromür. Mercurobromid.

Feines, schweres, geruch- und geschmackloses, weisses Pulver mit einem Stich ins Gelbliche oder weisse, faserig krystallinische Stücke, unlöslich in Wasser, Weingeist und verdünnten Säuren, beim Erhitzen ohne Rückstand sich verflüchtigend.

Prüfung durch:	Zeigt an:
Erhitzen auf dem Platinbleche; es muss sich ohne Entwicklung von gelbroten Dämpfen vollständig verflüchtigen.	**Fremde Beimengungen** durch einen Rückstand. **Nitrate** durch Entwicklung von gelbroten Dämpfen.
Mischen einer Probe mit gepulvertem Kalk und Erhitzen in der Glasröhre.	**Identität** durch einen grauen Beschlag an dem kälteren Teil der Glasröhre.
Übergiessen mit Natronlauge, Erwärmen und Darüberhalten eines angefeuchteten Curcumapapiers; dasselbe darf sich nicht bräunen.	**Identität** durch Schwärzung beim Erwärmen mit Natronlauge. **Quecksilberamidverbin-**

Filtrieren obiger alkalischen Flüssigkeit, Ansäuern des Filtrats mit Salzsäure, Schütteln mit Chlorwasser und Chloroform.

Befeuchten einer Probe auf blankem Eisen, Liegenlassen eine Minute lang; es darf kein dunkler Fleck auf dem Eisen entstehen.

dung durch Bräunung des Curcumapapiers.

Identität durch eine gelbe Färbung des Chloroforms.

Quelksilberbromid durch einen dunklen Fleck auf dem Eisen.

Aufbewahrung: vorsichtig, vor Licht geschützt.

Hydrargyrum carbamidatum solutum
Quecksilberchlorid-Harnstoff-Lösung.

Farblose, schwach sauer reagierende Flüssigkeit von salzigem, hintennach metallischem Geschmacke. Die Lösung zersetzt sich mit der Zeit, besonders am Lichte.

Prüfung durch: | Zeigt an:

Versetzen der Lösung:
a) mit Schwefelammonium;

b) mit Natronlauge; es darf keine Fällung stattfinden.

Identität durch einen schwarzen Niederschlag.

Zersetzung der Verbindung durch eine gelbe Fällung.

Aufbewahrung: sehr vorsichtig, vor Licht geschützt.

Hydrargyrum carbolicum
Hydrargyrum phenylicum. Phenolquecksilber.

Farblose Krystallnadeln. Beim Übergiessen mit Kalilauge findet keine Fällung von Quecksilberoxyd statt, und aus der Lösung wird weder durch Schwefelwasserstoff noch Schwefelammonium Quecksilbersulfid gefällt. Es löst sich in 20 Teilen siedendem Alkohol, in Äther, Ätherweingeist und Eisessig, ist nahezu unlöslich in Wasser, schwer löslich in kaltem Alkohol.

Prüfung durch: | Zeigt an:

Erhitzen von 0,1 g des Salzes in einem trocknen Probierrohre,

Identität durch Abscheidung von kleinen Quecksilber-

Hydrargyrum carbolicum.

und hierauf Eintragen einer kleinen Menge Jod.

Kochen von 0,2 g des Salzes mit 5 ccm Wasser, Filtrieren und Versetzen des Wassers:

a) mit Silbernitratlösung;

b) mit Schwefelwasserstoffwasser;

c) mit Natronlauge.

Diese Reagentien dürfen keine Veränderung hervorbringen.

Übergiessen einer kleinen Menge des Salzes mit Natronlauge. Es darf keine dunkle Färbung entstehen.

Verdampfen von 0,5 g des Salzes mit 2,5 g Salpetersäure und 7,5 g Salzsäure auf dem Wasserbade zur Trockne, Behandeln des Rückstandes mit Wasser, Ansäuern der Lösung mit Salzsäure, Einleiten von Schwefelwasserstoffgas bis zur Sättigung, Sammeln des Quecksilbersulfids auf einem gewogenen Filter, Auswaschen desselben, Trocknen bei 100^0 und Wiegen.

Erhitzen von 0,2 g des Salzes in einem Porzellanschälchen. Es kügelchen an dem kälteren Teil des Probierrohres, welche mit der Lupe zu erkennen sind.

Identität durch Verwandeln des Quecksilbers in gelbes Quecksilberbijodid, welches mit einem Glasstab gerieben, rot wird.

Quecksilberchlorid durch eine weisse Trübung.

Fremde Quecksilbersalze durch eine dunkle Färbung oder Fällung.

Dasselbe durch eine gelbrote Fällung.

Quecksilberchlorür durch eine dunkle Färbung.

Vorschriftsmässige Beschaffenheit des Salzes, wenn das Quecksilbersulfid mindestens 0,3 g wiegt.

Mineralische Beimengungen durch einen Rückstand

228 Hydrargyrum chlorat., — vapore paratum — via humida parat.

muss sich vollkommen verflüchtigen.

Aufbewahrung: sehr vorsichtig, vor Licht geschützt.

Hydrargyrum chloratum

Hydrargyrum chloratum mite laevigatum. Mercurius dulcis. Quecksilberchlorür. Mercurochlorid. Calomel.

Prüfung auf Identität, fremde Beimengungen, Quecksilberamidoverbindungen, Quecksilberchlorid siehe D. A.-B.

Hydrargyrum chloratum vapore paratum

Durch Dampf bereitetes Quecksilberchlorür.

Prüfung auf Identität, fremde Beimengungen, Quecksilberamidoverbindungen, Quecksilberchlorid siehe D. A.-B.

Hydrargyrum chloratum via humida paratum

Gefälltes Quecksilberchlorür.

Zartes, weisses, durch starken Druck mit dem Pistill im Porzellanmörser gelb werdendes, wenig stäubendes Pulver, welches in Wasser und Weingeist unlöslich ist, und unter dem Mikroskope betrachtet, aus kleinen, undurchsichtigen, amorphen Teilchen besteht.

Prüfung durch:	Zeigt an:
Betrachten unter dem Mikroskope bei 100 facher Vergrösserung.	**Identität** durch kleine, undurchsichtige, amorphe Teilchen. **Sublimiertes Quecksilberchlorür** durch nahezu undurchsichtige, grössere und kleinere Krystallbruchstücke. **Durch Dampf bereitetes Quecksilberchlorür** durch durchscheinende, undeutlich ausgebildete, kleinere Krystallbruchstücke.

Erhitzen einer kleinen Probe im Probierrohre. Sie muss sich, ohne zu schmelzen, vollständig verflüchtigen.	**Fremde Beimengungen** (Natriumchlorid, Bleichlorid, Kieselsäure etc.) durch einen Rückstand.
Erwärmen einer Probe mit Natronlauge. Sie schwärze sich ohne Entwicklung von Ammoniak.	**Quecksilberamidoverbindungen** durch einen Geruch nach Ammoniak.
Schütteln von 1 g des Präparats mit 10 ccm Wasser, Filtrieren und Versetzen des Filtrats:	
a) mit Silbernitratlösung; es darf keine weisse Trübung entstehen;	**Quecksilberchlorid, Natriumchlorid** durch eine weisse Trübung.
b) mit Schwefelwasserstoffwasser; es darf keine dunkle Fällung entstehen.	**Quecksilberchlorid** durch eine dunkle Fällung.

Aufbewahrung: vorsichtig, vor Licht geschützt.

Hydrargyrum cyanatum
Quecksilbercyanid. Mercuricyanid.

Prüfung auf Identität, Quecksilberchlorid, fremde Beimengungen siehe D. A.-B.

Hydrargyrum formamidatum solutum
Quecksilberformamidlösung.

Farblose, sirupartige Flüssigkeit, welche mit Wasser, Alkohol und Äther in jedem Verhältnis mischbar ist. Sie reagiert schwach alkalisch und besitzt einen geringen metallischen Geschmack. Durch ätzende Alkalien wird sie in der Kälte nicht gefällt.

Gehalt: in 1 ccm der Lösung ist so viel Quecksilberformamid enthalten, als 0,01 g Quecksilberchlorid entspricht.

Prüfung durch:	Zeigt an:
Eintauchen von rotem und blauem Lakmuspapier. Das rote Papier soll nur schwach gebläut werden.	**Zersetzung des Präparats** (Ameisensäure) durch eine Rötung des blauen Papiers.

230 Hydrargyrum jodatum.

Kochen der Lösung mit Natronlauge.	**Identität** durch Abscheidung von metallischem Quecksilber.
Versetzen der Lösung: a) mit Schwefelwasserstoffwasser;	**Identität** durch einen schwarzen Niederschlag.
b) mit filtrierter Eiweisslösung. Die Lösung muss klar bleiben.	**Fremde Quecksilbersalze** (Quecksilberchlorid) durch einen Niederschlag.
c) Tropfenweiser Zusatz einer Kaliumjodidlösung. Es darf nur eine sehr schwache gelbliche Trübung entstehen, die durch einen Überschuss der Kaliumjodidlösung gelöst wird.	**Quecksilberchlorid** durch einen roten Niederschlag.

Aufbewahrung: sehr vorsichtig, vor Licht geschützt.

Hydrargyrum jodatum

Protojoduretum Hydrargyri.   Quecksilberjodür.

Mercurojodid.

Grünlichgelbes, amorphes Pulver, sehr wenig löslich in Wasser, unlöslich in Weingeist und Äther.

Prüfung durch:	Zeigt an:
Erhitzen einer kleinen Menge des Präparats mit Braunstein und Schwefelsäure.	**Identität** durch reichliche Entwicklung von Joddämpfen.
Erhitzen einer kleinen Probe in einem Porzellanschälchen. Es darf kein Rückstand bleiben.	**Fremde Beimengungen** durch einen Rückstand.
Schütteln von 0,5 g des Präparats mit 9,5 ccm Weingeist, Filtrieren und Versetzen des Filtrats mit Schwefelwasserstoffwasser. Es darf kaum verändert werden.	**Quecksilberjodid** durch eine dunkle Trübung.

Aufbewahrung: sehr vorsichtig, vor Licht geschützt.

Hydrargyrum nitricum oxydulatum

Quecksilberoxydulnitrat.   Mercuronitrat.

Kleine, säulenförmige Krystalle von widerlich, metallischem Geschmacke und saurer Reaktion, welche in kleinen Mengen warmen Wassers, leichter in salpetersäurehaltigem Wasser löslich sind, durch viel Wasser aber zerlegt werden, indem sich ein hellgelbes Pulver abscheidet.

Prüfung durch:	Zeigt an:
Erhitzen von 1 g des Salzes in einem Porzellanschälchen und Glühen des Rückstandes.	**Identität** durch Schmelzen des Salzes, Ausstossen von gelbroten, erstickend riechenden Dämpfen und Hinterlassung eines zunächst roten Rückstandes, der sich in der Glühhitze vollständig verflüchtigt.
Auflösen von 1 g des Salzes in 1 g heissen Wassers, und Verdünnen der Lösung mit einer hinreichenden Menge Wasser.	**Identität** durch Trübung, dann Ausscheidung eines weissen, bald gelb werdenden Niederschlags.
Auflösen von 0,5 g des Salzes in 20 ccm Wasser, dem 10 Tropfen Salpetersäure zugefügt wurden. Versetzen von je der Hälfte der Lösung:	
a) mit Natronlauge im Überschusse;	**Identität** durch eine schwarze Fällung.
b) mit Salzsäure.	**Identität** durch eine weisse Fällung.
Zusammenreiben von 1 g des Salzes mit 0,5 g Natriumchlorid und 10 ccm Wasser und Filtrieren. Es muss ein rein weisser Rückstand bleiben.	**Basisches Quecksilbernitrat** durch einen grauen Rückstand.
Versetzen des Filtrats:	
a) mit Zinnchlorürlösung; es darf keine Trübung entstehen;	**Quecksilberoxydsalz** durch eine weisse, dann grau werdende Trübung.

b) mit Schwefelwasserstoff-wasser; es darf keine Veränderung entstehen. | **Quecksilberoxydsalz** durch eine dunkle Trübung.

Aufbewahrung: sehr vorsichtig.

Hydrargyrum oleinicum

Hydrargyrum elainicum. Quecksilberoleat.

Mercurioleat.

Eine schwach gelblichweisse, etwas durchscheinende Masse von zäher Salbenkonsistenz, deutlich nach Ölsäure riechend, zu einem kleinen Teil in Weingeist, auch wenig in Äther, aber leichter in Benzin und vollständig in fetten Ölen löslich.

Prüfung durch:	Zeigt an:
Übergiessen des Präparats mit Schwefelwasserstoffwasser.	**Identität** durch eine tiefschwarze Farbe des Präparats.
Mischen von 1 g des Präparats mit 10 g zerstossenem Glase und 20 g verdünntem Weingeist, Stehenlassen in einem Kölbchen eine Stunde lang unter öfterem Umschütteln bei 35 bis 40°, Filtrieren und rasches Verdampfen von 10 ccm des Filtrats auf dem Wasserbade. Der Rückstand darf nicht mehr als 0,06 g betragen.	**Zu grossen Gehalt an freier Ölsäure** durch einen grösseren Rückstand als 0,06 g.
Kochen von 1 g des Präparats mit 5 g Salpetersäure einige Minuten, Versetzen mit 5 g Wasser, Filtrieren, Erkaltenlassen und Vermengen des Filtrats mit der dreifachen Menge verdünnter Schwefelsäure. Es darf keine Trübung entstehen.	**Bleioleat** durch eine weisse Trübung oder Fällung.

Aufbewahrung: vorsichtig, vor Licht geschützt.

Hydrargyrum oxydatum
Mercurius praecipitatus ruber. Quecksilberoxyd. Mercurioxyd. Roter Quecksilberpräzipitat. Roter Präzipitat.

Prüfung auf fremde Beimengungen, basisches Mercurinitrat, auf nassem Wege dargestelltes Quecksilberoxyd, Quecksilberchlorid, siehe D. A.-B.

Hydrargyrum oxydatum via humida paratum
Hydrargyrum oxydatum flavum. Gelbes Quecksilberoxyd. Gelbes Mercurioxyd.

Prüfung auf Identität, fremde Beimengungen, Quecksilberchlorid siehe D. A.-B.

Hydrargyrum praecipitatum album
Hydrargyrum amidato-bichloratum. Hydrargyrum bichloratum ammoniatum. Mercurius praecipitatus albus. Weisser Quecksilberpräzipitat. Weisser Präzipitat. Mercuriammoniumchlorid.

Prüfung auf Identität, richtige Darstellungsweise, fremde Beimengungen siehe D. A.-B.

Hydrargyrum salicylicum
Quecksilbersalicylat. Mercurisalicylat.

Weisses, amorphes, geruch- und geschmackloses, neutrales, in Wasser und Weingeist kaum lösliches, in Natronlauge und Natriumcarbonatlösung schon in der Kälte, in Kochsalzlösung beim Erwärmen vollkommen lösliches Pulver.

Gehalt: in 100 Teilen gegen 60 Teile Quecksilber enthaltend.

Hydrargyrum salicylicum.

Prüfung durch:	Zeigt an:
Erhitzen von etwa 0,2 g des Salzes mit 2 ccm Salzsäure, Verdünnen mit 10 ccm Wasser, **Filtrieren und Versetzen des** Filtrats mit Schwefelwasserstoffwasser.	**Identität** durch einen schwarzen Niederschlag.
Schütteln von 0,1 g des Salzes mit 5 ccm Wasser und Zusatz einiger Tropfen Eisenchloridlösung.	**Identität** durch eine violette Färbung.
Erhitzen von etwa 0,2 g des Salzes in einem trockenen Probierrohre.	**Identität** durch Bildung eines Sublimats von metallischem Quecksilber an dem kälteren Teil des Glases.
Übergiessen von 0,2 g des Salzes mit 2 ccm Natronlauge. Es muss sich ohne Färbung und Ammoniakentwicklung auflösen.	**Fremde Quecksilbersalze** durch eine Färbung des Salzes. **Quecksilberamidoverbindung** durch einen Ammoniakgeruch.
Eindampfen von 0,5 g des Salzes mit 5 g Salpetersäure und 15 g Salzsäure auf dem Wasserbade zur Trockne, Ausziehen des Rückstandes mit etwa 20 ccm Wasser, Filtrieren, Ansäuern des Filtrats mit Salzsäure, Einleiten von überschüssigem Schwefelwasserstoffgas zur Fällung des Quecksilbers, Sammeln des schwarzen Niederschlags auf einem gewogenen Filter, Auswaschen und Trocknen desselben bei 100^0 und Wiegen.	**Vorschriftsmässigen Gehalt an Quecksilber,** wenn der Niederschlag nicht weniger als 0,34 g beträgt.
Zusammenbringen des Salzes mit befeuchtetem blauen Lakmuspapier; dasselbe darf nicht gerötet werden.	**Freie Salicylsäure** durch Rötung des blauen Lakmuspapiers.
Erhitzen einer kleinen Menge	**Anorganische Beimen-**

des Salzes im Porzellantiegel. Es muss sich ohne Rückstand verflüchtigen.

Aufbewahrung: sehr vorsichtig.

gungen durch einen Rückstand.

Hydrargyrum sozojodolicum

Sozojodol-Quecksilber. Dijodparaphenolsulfonsaures Quecksilber.

Tief citronengelbes, sehr feines, lockeres Pulver, das in Wasser und Alkohol fast unlöslich, leicht löslich in Kochsalzlösung ist.

Gehalt: 32 Prozent Quecksilber.

Prüfung durch:	Zeigt an:
Erhitzen einer kleinen Menge des Präparats in einem Porzellantiegelchen. Es darf kein Rückstand bleiben.	**Identität** durch starkes Aufblähen und rasche Verflüchtigung. **Fremde organische Beimengungen** durch einen Rückstand.
Auflösen von 0,5 g des Salzes in einer Auflösung von 1,5 g Kochsalz in 30 ccm Wasser unter Umschütteln. Es darf höchstens schwach milchige Trübung entstehen. Filtrieren der Lösung und Versetzen des Filtrats:	**Zersetzung des Präparats** durch einen weissen oder gelblichweissen Niederschlag.
a) mit Ammoniakflüssigkeit;	**Identität** durch einen gelblichweissen, ins Graue spielenden Niederschlag.
b) mit Schwefelwasserstoffwasser.	**Identität** durch einen schwarzen Niederschlag.
Auflösen von 0,1 g des Salzes in 1 ccm Salpetersäure und 9 ccm Wasser unter Erwärmen und Versetzen der Lösung mit 2 Tropfen Silbernitratlösung. Es darf nur schwache Opalisierung eintreten.	**Chlor** durch eine weisse, undurchsichtige Trübung.

Auflösen von 0,2 g des Salzes in 20 ccm Wasser unter Zusatz einiger Tropfen Salzsäure und Versetzen der Lösung:
  a) mit 2 bis 3 Tropfen Baryumchloridlösung; es darf keine Trübung entstehen;

Schwefelsäure durch eine weisse Trübung.

  b) mit verdünnter Schwefelsäure; es darf keine Trübung entstehen.

Baryumverbindung durch eine weisse Trübung.

Auflösen von 2 g des Präparats in einer Auflösung von 7,5 g Kochsalz in 150 ccm Wasser, Zusatz von 2 Tropfen Salzsäure, Einleiten von überschüssigem Schwefelwasserstoffgas in die Lösung, Sammeln des Niederschlags auf einem gewogenen Filter, Auswaschen, Trocknen desselben bei 100^0 und Wiegen.

Den **richtigen Quecksilbergehalt,** wenn der Filterinhalt 0,74 g wiegt.

Aufbewahrung: sehr vorsichtig.

Hydrargyrum stibiato-sulfuratum

Aethiops antimonialis. Schwefelantimonquecksilber.

Spliessglanzmohr.

Schweres, höchst zartes, schwarzes, geruch- und geschmackloses Pulver.

Prüfung durch:

Starkes Erhitzen von 1 g des Präparats in einem Glühröhrchen.

Zeigt an:

Identität durch Schmelzen, Ansetzen von Quecksilberkügelchen und von rotem Sublimat an der kalten Stelle des Glühröhrchens.

Erwärmen von 2 g des Präparats mit 10 ccm Salzsäure.

Identität durch eine teilweise Lösung unter Schwefelwasserstoffentwicklung.

Klares Abgiessen der salzsauren Lösung und Versetzen derselben:	
a) mit viel Wasser;	**Identität** durch eine weisse Trübung.
b) mit Schwefelwasserstoffwasser.	**Identität** durch einen orangeroten Niederschlag.
Erwärmen des in Salzsäure unlöslichen Rückstandes mit Königswasser.	**Identität** durch eine teilweise Lösung.
Absetzenlassen, Abgiessen der Lösung und Versetzen derselben:	
a) mit Zinnchlorürlösung;	**Identität** durch eine weisse Fällung.
b) mit Schwefelwasserstoffwasser.	**Identität** durch eine schwarze Fällung.

Hydrargyrum sulfuratum nigrum

Aethiops mineralis. Schwarzes Quecksilbersulfid. Quecksilbermohr.

Ein sehr feines, schwarzes, schweres Pulver, in Wasser, Weingeist und auch in Salzsäure, sowie in Salpetersäure unlöslich.

Prüfung durch:	Zeigt an:
Erwärmen von 1 g des Präparats mit 5 ccm Königswasser.	**Identität** durch teilweise Lösung und einen orangeroten Rückstand.
Absetzenlassen, Abgiessen der Lösung, Verdünnen mit 20 ccm Wasser und Versetzen:	
a) mit überschüssiger Ammoniakflüssigkeit;	**Identität** durch eine weisse Fällung.
b) mit Natronlauge.	**Identität** durch eine hochgelbe Fällung.
Glühen von etwa 0,5 g des Präparats in einem Porzellanschälchen. Es brennt mit blauer Flamme und verflüchtigt sich ohne Rückstand.	**Fremde Beimengungen** durch einen Rückstand.

Kochen von 0,2 g des Präparats in 10 ccm Kalilauge. Es muss sich ganz oder nahezu ganz auflösen.	**Fremde Beimengungen** durch einen unlöslichen Rückstand.
Erhitzen von 0,2 g des Präparats mit 10 ccm verdünnter Salzsäure, Filtrieren und Versetzen des Filtrats mit Schwefelwasserstoffwasser. Es darf keine Veränderung erfolgen.	**Schwefelantimon** durch einen orangeroten Niederschlag.

Hydrargyrum sulfuratum rubrum
Rotes Quecksilbersulfid. Zinnober.

Lebhaft rotes Pulver, unlöslich in Wasser, Weingeist, Salzsäure und Salpetersäure, sowie in verdünnter Kalilauge, aber löslich in Königswasser.

Prüfung durch:	Zeigt an:
Glühen von etwa 0,5 g des Präparats in einem Porzellanschälchen.	**Identität** durch Verbrennen mit blauer Flamme, Ausstossung von Dämpfen von Schwefeldioxyd und Verflüchtigung ohne Rückstand. **Fremde Beimengungen** (Mennige etc.) durch einen Rückstand.
Übergiessen des Präparats mit ammoniakalischer Silbernitratlösung.	**Identität** durch eine schwarze Färbung des Präparats.
Erhitzen von 1 g des Präparats mit 5 ccm Königswasser, Absetzenlassen, Abgiessen der Lösung, Verdünnen derselben mit 20 ccm Wasser und Versetzen:	
a) mit überschüssiger Ammoniakflüssigkeit;	**Identität** durch einen weissen Niederschlag.
b) mit Natronlauge.	**Identität** durch einen hochgelben Niederschlag.
Schütteln von etwa 0,5 g des Präparats mit 10 ccm Salpeter-	**Mennige** durch eine hellere oder dunklere Bräunung.

Hydrargyrum sulfuricum.

säure; es darf die Farbe nicht ändern.

Gelindes Erhitzen obiger Mischung, Verdünnen mit 10 ccm Wasser, Filtrieren und Versetzen des farblosen Filtrats mit Schwefelwasserstoffwasser. Es darf keine schwarze Fällung entstehen.

Bleichromat durch eine schwarze Fällung.

Schütteln von 0,5 g des Präparats mit 10 ccm Natronlauge und 10 ccm Wasser, Erhitzen und Filtrieren. Das Filtrat muss farblos sein.

Beimengung von Schwefel durch ein gelbes Filtrat.

Versetzen von je der Hälfte des Filtrats:
a) mit Salzsäure im Überschuss; es darf keine Veränderung entstehen;

Freien Schwefel durch Entwicklung von Schwefelwasserstoff.
Schwefeleisen durch eine gelbe, **Schwefelantimon** durch eine orangerote Trübung.

b) mit Bleiacetatlösung; es darf nur ein weisser Niederschlag entstehen.

Chromat, Quecksilberjodid durch einen gelben, **freien Schwefel** durch einen schwarzen Niederschlag.

Hydrargyrum sulfuricum
Quecksilberoxydsulfat.   Mercurisulfat.

Schweres, weisses, krystallinisches Pulver.

| Prüfung durch: | Zeigt an: |

Starkes Erhitzen von 1 g des Präparats in einem Porzellanschälchen.

Identität durch eine anfangs gelbe, dann braune Färbung und vollständige Verflüchtigung bei Rotglut.
Fremde Beimengungen durch einen Glührückstand.

Auflösen von 0,2 g des Präparats in 10 ccm Salzsäure.

Quecksilberoxydulsulfat durch eine weisse Trübung.

Die Lösung muss vollkommen sein.

Behandeln von 0,2 g des Präparats mit 10 ccm kochendem Wasser.

Identität durch Verwandlung in ein unlösliches gelbes Pulver.

Aufbewahrung: sehr vorsichtig.

Hydrargyrum tannicum oxydulatum
Quecksilbertannat. Mercurotannat.

Metallglänzende, braungrüne Schüppchen, beim Zerreiben ein missfarbenes, graugrünes Pulver liefernd, geruch- und geschmacklos, an Wasser und Weingeist Gerbsäure abgebend, beim Erhitzen unter Verflüchtigung des Quecksilbers eine leicht verglimmende Kohle hinterlassend.

Gehalt: in 100 Teilen mindestens 40 Teile Quecksilber enthaltend.

Prüfung durch:

Erhitzen von etwa 0,5 g des Salzes in einem Porzellanschälchen.

Zeigt an:

Identität durch Verflüchtigung des Quecksilbers und Hinterlassung einer leicht verglimmenden Kohle.

Erwärmen von 0,5 g des Präparats mit 1 ccm Salzsäure und 5 ccm Weingeist einige Zeit, Absetzenlassen des gebildeten Quecksilberchlorürs, Abgiessen der Flüssigkeit und Versetzen derselben mit Eisenchloridlösung.

Identität durch eine blauschwarze Färbung.

Zweimaliges Aufgiessen von je 200 ccm Wasser auf obigem Niederschlag und jedesmaliges Dekantieren nach dem Absetzen, Zusammenbringen des trüben Rückstandes mit 15 ccm Zehntel-Normal-Jodlösung, Stehenlassen bis zur vollständigen Lösung, Zusatz von Zehntel-Normal-Natriumthiosulfatlösung bis zur hellgelben

Vorschriftsmässigen Gehalt an Quecksilber, wenn bis zu diesem Punkte nicht mehr als 5 ccm Zehntel-Normal-Natriumthiosulfatlösung verbraucht werden. Es entspricht dieses einem Gehalt von 40 Prozent Quecksilber.

Färbung, dann von einigen Tropfen Stärkelösung und wiederum Zehntel-Normal-Natriumthiosulfatlösung, bis vollständige Entfärbung stattgefunden hat.

Erwärmen von 0,5 g des Präparats mit 10 ccm Kalilauge.

Zerreiben von 0,3 g des Salzes mit 3 ccm Wasser, Filtrieren, Ansäuern des Filtrats mit verdünnter Schwefelsäure, Versetzen mit der gleichen Raummenge Ferrosulfatlösung und vorsichtiges Aufgiessen auf Schwefelsäure. Es darf keine braune Zwischenzone entstehen.

Identität durch Ausscheidung von sehr kleinen Quecksilberkügelchen.

Nitrat durch eine braune Zwischenzone.

Aufbewahrung: vorsichtig, vor Licht geschützt.

Hydrargyrum thymico-aceticum
Thymol-Quecksilberacetat.

Farblose Prismen oder ein weisses, mikrokrystallinisches Pulver, schwach nach Thymol riechend. Am Lichte zersetzt es sich, indem es eine rötliche Farbe annimmt und dann stärker nach Thymol riecht. Es ist sehr schwer löslich in Wasser und in kaltem Alkohol, etwas leichter in siedendem Alkohol, sehr leicht löslich in verdünnten Alkalien; durch Säuren wird es aus letzteren Lösungen unverändert abgeschieden.

Prüfung durch:

Erhitzen einer kleinen Menge des Salzes in einem trockenen Probierrohre.

Schütteln von 0,1 g des Salzes mit 5 ccm Wasser und einigen Tropfen Natronlauge.

Zeigt an:

Identität durch einen kohligen Rückstand und ein krystallinisches Sublimat an dem kälteren Teile des Rohres, ohne zu schmelzen.

Teilweise Zersetzung durch eine schwärzliche Trübung.

242 Hydrastinum. — Hydrastininum hydrochloricum.

Die Lösung muss rasch und vollkommen erfolgen.

Aufbewahrung: sehr vorsichtig, vor Licht und Luft geschützt.

Hydrastinum
Hydrastin.

Farblose, glänzende·Nadeln oder Prismen von alkalischer Reaktion und bitterem Geschmacke, welche unlöslich in Wasser, leicht löslich in siedendem Alkohol, Essigäther und Chloroform sind. Von verdünnten Mineralsäuren wird es ohne Färbung leicht und vollständig gelöst.

Schmelzpunkt: bei 132^0.

Prüfung durch:	Zeigt an:
Auflösen einer kleinen Menge des Präparats in einigen Tropfen Schwefelsäure. Die Lösung sei farblos.	**Fremde organische Stoffe** durch eine braune Lösung.
Aufstreuen von basischem Wismutnitrat auf obige Schwefelsäurelösung.	**Identität** durch eine braune Färbung.
Auflösen einer kleinen Menge des Salzes in Salpetersäure.	**Identität** durch eine blassgelbe Färbung.
Erhitzen einer Probe auf dem Platinbleche. Es muss vollständig verbrennen.	**Anorganische Beimengungen** durch einen Rückstand.

Aufbewahrung: vorsichtig.

Hydrastininum hydrochloricum
Hydrastininhydrochlorid.

Gelblichweisses, an der Luft feucht werdendes Krystallpulver von stark bitterem Geschmack, sehr leicht in Wasser und auch reichlich in Weingeist löslich.

Schmelzpunkt: bei 116 bis 117^0.

Prüfung durch:	Zeigt an:
Auflösen von 0,2 g des Salzes in 2 g Wasser, Verteilen	**Identität** durch ein schwaches Schillern der Lösung.

der Lösung auf 5 Uhrgläser und Versetzen:
a) mit Kalilauge;

b) mit Platinchloridlösung;
c) mit Kaliumferrocyanidlösung;
d) mit Ammoniakflüssigkeit; es darf keine Trübung entstehen;
e) mit Natriumcarbonatlösung; es darf keine Trübung entstehen.

Erhitzen einer kleinen Menge des Salzes auf dem Platinbleche. Es darf kein Rückstand bleiben.

Identität durch eine weisse Fällung.

Identität durch Niederschläge die beim Erwärmen der Flüssigkeit sich wieder lösen.

Fremde Alkaloide durch eine Trübung.

Anorganische Beimengungen durch einen Rückstand.

Aufbewahrung: vorsichtig und in einem gut verschlossenen Glase.

Hydrochinonum

Hydrochinon. Para-Dioxybenzol.

Farblose, sechsseitige Säulen, in höherer Wärme unzersetzt sublimierend. Es ist schwer löslich in kaltem, leicht in heissem Wasser, sowie in Weingeist und Äther.

Schmelzpunkt: bei 169°.

Prüfung durch:
Auflösen von 1 g des Präparats in 30 ccm Wasser.

Zeigt an:
Identität durch einen schwach süssen Geschmack, und durch eine Bräunung der Lösung an der Luft nach kurzer Zeit.

Versetzen von je 10 ccm der Lösung:
a) mit alkalischer Kupfertartratlösung;
b) mit Silbernitratlösung und Erwärmen;

Identität durch einen roten Niederschlag.
Identität durch einen schwarzen Niederschlag.

244 Hydrogen. peroxydatum. — Hydroxylam. hydrochloricum.

c) mit Eisenchloridlösung. | **Identität** durch eine blaue Färbung, die bald in gelb übergeht.

Aufbewahrung: vorsichtig, vor Licht geschützt.

Hydrogenium peroxydatum
Wasserstoffsuperoxyd.

Farb- und geruchlose, wässerige Flüssigkeit von herbem und bitterem Geschmacke, in 100 Teilen nicht weniger als 2,15 Teile Wasserstoffhyperoxyd enthaltend.

Prüfung durch:	Zeigt an:
Versetzen des Präparats mit wenig Kaliumpermanganatlösung.	**Identität** durch starkes Aufbrausen und gleichzeitiger Entfärbung der Kaliumpermanganatlösung.
Versetzen von 5 ccm des Präparats mit etwas Jodzinkstärkelösung und dann mit einigen Tropfen einer sehr verdünnten Auflösung von oxydfreiem Ferrosulfat.	**Identität** durch eine blaue Färbung der Flüssigkeit.
Vermischen von 5 ccm des Präparats mit etwas verdünnter Schwefelsäure, einigen ccm Äther und einigen Tropfen einer sehr verdünnten Kaliumchromatlösung und kräftiges Schütteln.	**Identität** durch eine schön blaue Färbung. In der Ruhe scheidet sich der Äther als dunkelblaue Schichte oben ab.
Verdünnen von 5 g des Präparats mit Wasser bis zu 100 ccm, Abpipettieren von 25 ccm der Verdünnung, Ansäuern mit verdünnter Schwefelsäure und Zusatz von Kaliumpermanganatlösung (1 = 1000) bis zur bleibenden Rötung.	Den **richtigen Gehalt an Wasserstoffsuperoxyd,** wenn bis zu diesem Punkte mindestens 50 ccm Kaliumpermanganatlösung verbraucht werden.

Aufbewahrung: vor Licht geschützt.

Hydroxylaminum hydrochloricum
Hydroxylaminhydrochlorid.

Trockene, farblose, leicht in Wasser, auch in 15 Teilen Weingeist und in Glycerin lösliche Krystalle.

Hyoscyaminum.

Prüfung durch:	Zeigt an:
Auflösen von 7 g des Salzes in 63 g Wasser. Versetzen von je 10 ccm der Lösung:	
a) mit Silbernitratlösung;	**Identität** durch einen schwarzen Niederschlag.
b) mit Quecksilberchloridlösung;	**Identität** durch einen schwarzen Niederschlag.
c) mit Kaliumpermanganatlösung;	**Identität** durch ein Verschwinden der roten Färbung.
d) mit Kaliumsulfocyanatlösung; es darf keine rote Färbung entstehen;	**Eisenoxydsalz** durch eine rote Färbung.
e) mit Kaliumferricyanidlösung; sie darf nicht blau gefärbt werden;	**Eisenoxydulsalz** durch eine blaue Färbung.
f) mit verdünnter Schwefelsäure; es darf keine Veränderung eintreten.	**Baryumchlorid** durch eine weisse Trübung.
Auflösen von 1 g des Präparats in 20 g absolutem Alkohol. Die Lösung sei klar.	**Ammoniumchlorid** durch eine unvollkommene Lösung.
Erhitzen von etwa 0,5 g des Präparats auf dem Platinbleche. Es darf kein Rückstand bleiben.	**Anorganische Beimengungen** durch einen Rückstand.

Aufbewahrung: vorsichtig.

Hyoscyaminum

Hyoscyamin.

Feine, weisse Nadeln oder durchscheinende, farblose Krystallblättchen, welche in Wasser nur wenig löslich, leicht löslich in Weingeist, Äther, Chloroform und verdünnten Säuren sind. Die weingeistige Lösung reagiert alkalisch und besitzt einen bitteren, kratzenden Geschmack.

Schmelzpunkt: bei 106 bis 108°.

Prüfung durch:	Zeigt an:
Erhitzen von 0,01 g Hyoscyamin in einem Probierröhr-	**Identität** durch Entwicklung eines angenehmen, eigentüm-

chen bis zum Auftreten weisser Nebel, Zusatz von 1,5 g Schwefelsäure, Erwärmen bis zur beginnenden Bräunung, sofortiger vorsichtiger Zusatz von 2 g Wasser und hierauf von einem Kryställchen von Kaliumpermanganat.

Eindampfen von 0,01 g Hyoscyamin mit 5 Tropfen rauchender Salpetersäure im Wasserbade in einem Porzellanschälchen, Erkaltenlassen und Übergiessen des Rückstandes mit weingeistiger Kalilauge (1 = 10).

Auflösen von 0,01 g Hyoscyamin in einigen Tropfen Schwefelsäure. Die Lösung sei farblos.

Zufügen von einigen Tropfen Salpetersäure zur obigen schwefelsauren Lösung. Die Lösung bleibe farblos.

Erhitzen einer kleinen Menge auf dem Platinbleche. Es bleibe kein Rückstand.

lich aromatischem Geruches beim Zusatz von Wasser und durch Auftreten eines Bittermandelöl-Geruchs beim Zusatz von Kaliumpermanganat.

Identität durch einen kaum gelblichen Verdampfungsrückstand, der beim Übergiessen mit weingeistiger Kalilauge violett wird.

Fremde organische Beimengungen durch eine braune Färbung.

Brucin durch eine rote Färbung.

Anorganische Beimengungen durch einen Rückstand.

Aufbewahrung: sehr vorsichtig.

Hypnalum

Hypnal. Monochloralantipyrin.

Farb-, geruch- und geschmacklose, oktaedrische Krystalle, die in etwa 15 Teilen kaltem Wasser, leichter in heissem Wasser löslich sind.

Schmelzpunkt: bei 67 bis 68°.

Prüfung durch:

Auflösen von 0,5 g des Präparats in 10 ccm verdünnter Natronlauge und Erwärmen.

Zeigt an:

Identität durch den Geruch nach Chloroform.

Versetzung obiger Lösung mit 1 Tropfen Eisenchloridlösung.

Aufbewahrung: vorsichtig.

Identität durch eine tiefrote Färbung.

Hypnonum
Hypnon. Acetophenon.

Farblose oder schwach gelbliche, ölige, neutrale Flüssigkeit von scharfem Geschmack und eigentümlichem Geruche, welche sich in Alkohol, Äther, Chloroform und fetten Ölen sehr leicht, in Wasser sehr wenig löst.

Siedepunkt: bei 210^0.

Prüfung durch:

Abkühlen des Hypnons auf $+14^0$.

Betupfen von feuchtem blauen Lakmuspapier mit demselben. Es darf nicht oder nur schwach gerötet werden.

Eintragen von 1 Tropfen Hypnon in 10 ccm einer stark verdünnten Kaliumpermanganatlösung (1:1000) und Umschütteln. Es darf innerhalb 2 Minuten keine Entfärbung stattfinden.

Zeigt an:

Identität durch Erstarren zu farblosen Krystallblättern, die bei $20,5^0$ schmelzen.

Organische Säuren (Benzoesäure) durch eine Rötung des Papiers.

Benzaldehyd, Cumarin etc. durch eine Entfärbung innerhalb 2 Minuten.

Aufbewahrung: vorsichtig.

Indigo
Indigo.

Dichte, zerreibliche, tiefblaue Masse, auf dem Bruche matt, reinblau, feinerdig oder ein feines, dunkelblaues Pulver; beim Reiben nimmt es Kupferglanz an, und erhitzt verflüchtigt es sich mit purpurnen Dämpfen unter Hinterlassung einer lockeren, rötlichweissen Asche. In rauchender Schwefelsäure ist der

Indigo zu einer tiefblauen Flüssigkeit löslich. Er ist leichter als Wasser.

Prüfung durch:	Zeigt an:
Eintragen einer Messerspitze voll gepulverten Indigos in 20 ccm Wasser. Derselbe darf nicht untersinken.	**Fremde Beimengungen** durch Untersinken in Wasser.
Austrocknen von 2 g feingepulvertem Indigo in einem flachen Porzellanschälchen bei 100°. Er darf nicht mehr als 0,15 g an Gewicht verlieren.	**Zu grossen Feuchtigkeitsgehalt**, wenn der Gewichtsverlust grösser als 0,15 g beträgt.
Stärkeres Erhitzen und zuletzt Glühen obigen Trockenrückstandes. Der Glührückstand darf höchstens 0,2 g betragen.	**Identität** durch Entweichen von purpurnen Dämpfen und Hinterlassung einer rötlichweissen Asche. **Einen zu grossen Gehalt an mineralischen Bestandteilen** durch einen grösseren Glührückstand.
Übergiessen von 2 g feingepulvertem Indigo mit 30 ccm Wasser in einem Glaskölbchen, Erwärmen unter zeitweiligem Umschütteln zum Kochen, Absetzenlassen und Filtrieren der überstehenden Flüssigkeit durch ein genässtes Filter. Versetzen des Filtrats:	
a) mit Ammoniumoxalatlösung; es darf nur geringe Trübung entstehen;	**Calciumsulfat** durch eine weisse, undurchsichtige Trübung.
b) mit Baryumnitratlösung; es darf nur geringe Trübung entstehen.	**Calciumsulfat** durch eine weisse, undurchsichtige Trübung.
Versetzen des in dem Glaskölbchen zurückgebliebenen Rückstandes mit etwas Wasser und einigen Tropfen Salzsäure, Erhitzen zum Kochen, Absetzenlassen, Filtrieren der über-	**Stärkemehl** durch eine Bläuung.

Indigotinum. 249

stehenden Flüssigkeit und Versetzen des Filtrats mit 1 Tropfen Jodlösung; es darf keine Bläuung entstehen.	
Versetzen des in dem Glaskölbchen zurückgebliebenen Rückstandes mit Wasser und Natronlauge bis zur alkalischen Reaktion, Eintauchen des Kölbchens in heisses Wasser, Schütteln, Filtrieren und Versetzen des Filtrats tropfenweise mit Salzsäure bis zur schwach sauren Reaktion und mit 1 Tropfen Eisenchloridlösung; es darf keine Bläuung eintreten.	**Berlinerblau** durch eine Bläuung.

Indigotinum
Indigblau.

Glänzende, tief kupferfarbene, kleine rhombische Krystalle oder tief blaues Pulver, welches durch Druck tief kupferrot wird. Es ist geruch- und geschmacklos, von neutraler Reaktion, in Wasser, Alkohol, Äther, verdünnten Säuren und Alkalien unlöslich. Kochender Weingeist löst Spuren davon auf, am besten löst es sich in siedendem Eisessig, Anilin und Nitrobenzol. Konzentrierte Schwefelsäure und rauchende Schwefelsäure löst es mit blauer, konzentrierte Kalilauge mit brauner Farbe. Beim Verdünnen der letzteren Lösung mit Wasser scheidet es sich an der Luft wieder mit blauer Farbe ab.

Prüfung durch:	Zeigt an:
Erhitzen einer Probe des Indigblaus auf dem Platinbleche.	**Identität** durch nahezu vollständige Verflüchtigung unter Entwicklung von purpurroten Dämpfen.
	Feuerbeständige Beimengungen durch einen grösseren Rückstand.
Schütteln von gepulvertem Indigblau mit rauchender Schwefelsäure. Es findet voll-	**Fremde Beimengungen** durch eine unvollkommene Lösung.

kommene Lösung statt, und letztere färbt Wasser blau.

Jodoformium
Jodoform. Trijodmethan.

Prüfung auf fremde Beimengungen, Pikrinsäure, Jodide, Chloride, Alkalicarbonate, Sulfate, siehe D. A.-B.

Jodoforminum

Jodoformin. Eine Verbindung von Jodoform mit Hexamethylentetramin.*)

Staubfeines, weisses, am Lichte sich leicht gelb färbendes Pulver, welches nur wenig riecht und in Äther viel weniger löslich ist als Jodoform. Lässt man die Ätherlösung am Lichte stehen, so wird sie dunkelgelb und riecht nach Jodoform.

Gehalt: 75 Prozent reines Jodoform.

Prüfung durch:	Zeigt an:
Erhitzen einer kleinen Probe des Präparats mit Natronlauge oder Salzsäure.	**Identität** durch eine gelbe Färbung des Pulvers und Auftreten von starkem Jodoformgeruch. Das Pulver löst sich nun leicht in Äther mit gelber Farbe.
Erhitzen von Jodoformin in einem trocknen Reagensröhrchen.	**Identität** durch Entwickeln von dunkeln Dämpfen und Joddämpfen, welche scharf riechen, darübergehaltenes feuchtes, Curcumapapier bräunen und mit Salzsäure Nebel erzeugen. Im Rückstand bleibt eine lockere, glänzende Kohle.

Aufbewahrung: vorsichtig, vor Licht geschützt.

*) In Frankreich versteht man unter Jodoformin ein Jodderivat von Hexamethylentetramin.

Jodolum
Jodol. Tetrajodpyrrol.

Lockeres, hellgelbes, geruch- und geschmackloses, fein krystallinisches Pulver, welches in 4 Teilen Weingeist, in 1 Teil Äther und 50 Teilen Chloroform löslich ist; in Wasser ist es sehr wenig löslich.

Prüfung durch:

Erhitzen von etwa 0,2 g Jodol in einem trocknen Probierröhrchen.

Auflösen von etwa 0,1 g Jodol in 2 ccm Schwefelsäure.

Erhitzen von 1 g Jodol in einem Porzellanschälchen. Es darf kein wägbarer Rückstand bleiben.

Schütteln von 0,5 g Jodol mit 20 ccm Wasser, Filtrieren und Versetzen des Filtrats:
a) mit Silbernitratlösung; es darf nur opalisierende Trübung entstehen;
b) mit Schwefelwasserstoffwasser; es darf keine Veränderung eintreten.

Zeigt an:

Identität durch Entwicklung von violetten Joddämpfen und vollständige Verflüchtigung.

Identität durch eine grüne Lösung, welche allmählich braun wird.

Anorganische Beimengungen durch einen wägbaren Rückstand.

Jodide durch eine weisse, undurchsichtige Trübung.

Metalle (Kupfer, Quecksilber) durch eine dunkle Fällung.

Aufbewahrung: vorsichtig, vor Licht geschützt.

Jodophenin
Jodphenacetin. Trijoddiphenacetin.

Fein krystallinisches, chocoladebraunes Pulver von schwach jodartigem Geruche und herbem, brennenden Geschmacke, die Haut gelb färbend. Es ist fast unlöslich in Wasser, schwer löslich in Benzol und Chloroform, leichter in Eisessig, Weingeist und siedender Salzsäure. Durch Natronlauge wird es wieder in Phenacetin verwandelt.

Schmelzpunkt: bei 130 bis 131°.

252 Jodopyrinum. — Jodum. — Jodum trichloratum.

Prüfung durch:	Zeigt an:
Auflösen von 0,5 g Jodophenin in 10 ccm Weingeist und Erwärmen der Lösung.	**Identität** durch eine braune Färbung.
Kochen von 0,5 g Jodophenin mit 20 ccm Wasser.	**Identität** durch eine braune Farbe der Lösung und Entwicklung von violetten Dämpfen.

Aufbewahrung: vorsichtig.

Jodopyrinum
Jodantipyrin.

Glänzende, farblose, geschmack- und geruchlose, prismatische Nadeln, welche in kaltem Wasser und Weingeist schwer, in heissem Wasser leichter löslich sind.

Schmelzpunkt: bei 160°.

Prüfung durch:	Zeigt an:
Schütteln von 0,1 g des Präparats mit 20 ccm Wasser, Filtrieren und Versetzen des Filtrats:	
a) mit Salpetersäure und Chloroform, Erhitzen der Mischung und Stehenlassen;	**Identität** durch eine violette Färbung des Chloroforms.
b) mit ein paar Tropfen rauchender Salpetersäure, Erhitzen und Stehenlassen.	**Identität** durch eine rote Färbung.

Aufbewahrung: vorsichtig.

Jodum
Jod.

Prüfung auf Identität, fremde Beimengungen, Cyanjod, Chlorjod, Gehaltsbestimmung siehe D. A.-B.

Jodum trichloratum
Jodtrichlorid.

Pomeranzengelbe Krystallnadeln oder Tafeln von durchdringend stechendem Geruche, in 5 Teilen Wasser, sowie auch in Weingeist und in Äther löslich.

Schmelzpunkt: bei etwa 25^0.

Prüfung durch:	Zeigt an:
Erhitzen einer kleinen Menge des Präparats in einem trockenen Probierrohre. Es darf kein Rückstand bleiben.	**Identität** durch Entwicklung von braunen Dämpfen. **Fremde Beimengungen** durch einen Rückstand.
Erhitzen des Präparats mit etwas Zucker.	**Identität** durch Auftreten von violetten Dämpfen.
Auflösen von 2 g des Präparats in 18 g Wasser:	
a) Versetzen von 10 ccm der Lösung mit viel Schwefelsäure;	**Identität** durch einen weissen, später gelb werdenden Niederschlag.
b) Schütteln von 5 ccm der Lösung mit Schwefelkohlenstoff;	**Identität** durch eine schwach rosa Färbung des Schwefelkohlenstoffs.
c) Verdünnen von 1 g der Lösung mit 9 g Wasser und Zusatz einiger Tropfen Stärkelösung. Es darf nicht sofort blaue Färbung eintreten.	**Freies Jod** durch eine sofortige blaue Färbung.
Auflösen von 0,05 g des Präparats und 2 g Kaliumjodid in 10 ccm Wasser, Zusatz von Zehntel-Normal-Natriumthiosulfatlösung bis zur hellgelben Färbung, dann von einigen Tropfen Stärkelösung und wiederum Zehntel-Normal-Natriumthiosulfatlösung bis zur Entfärbung.	Die **richtige Zusammensetzung des Präparats**, wenn bis zu diesem Punkte mindestens 8 ccm Zehntel-Normal-Natriumthiosulfatlösung verbraucht werden.

Aufbewahrung: vorsichtig, vor Licht geschützt, in einem sehr gut verschlossenen Glase.

Kali causticum fusum

Kali hydricum fusum. Lapis causticus chirurgorum.

Kaliumhydroxyd. Ätzkali.

Prüfung auf Identität, fremde Salze, Kaliumcarbonat,

254 Kalium aceticum, — bicarbonicum, — bioxalicum.

Nitrate, Sulfat, Chlorid, Prozentgehalt an Kaliumhydroxyd, siehe D. A.-B.

Kalium aceticum
Kaliumacetat.

Prüfung auf Identität, Kaliumcarbonat, Metalle, Sulfat, Chlorid, Eisen, Kupfer, siehe D. A.-B.

Kalium bicarbonicum
Kali carbonicum acidulum. Kaliumbicarbonat. Kaliumhydrocarbonat.

Prüfung auf Identität, Sulfat, Metalle, Chlorid, Eisen, Kupfer, siehe D. A.-B.

Kalium bioxalicum
Saures Kaliumoxalat. Monokaliumoxalat.

Farblose, luftbeständige, blaues Lakmuspapier stark rötende Krystalle, in 38 Teilen kaltem und 6 Teilen siedendem Wasser löslich; in Weingeist unlöslich.

Prüfung durch:	Zeigt an:
Auflösen von 1 g des Salzes in 50 ccm Wasser:	
Eintauchen von blauem Lakmuspapier.	**Identität** durch eine starke Rötung des Lakmuspapiers.
Versetzen der Lösung:	
a) mit überschüssiger Weinsäurelösung;	**Identität** durch einen weissen, krystallinischen Niederschlag.
b) mit Calciumchloridlösung;	**Identität** durch einen weissen Niederschlag, welcher in Salzsäure löslich, in Essigsäure unlöslich ist.
c) mit einigen Tropfen Essigsäure und mit Baryumnitratlösung; es darf keine Trübung entstehen;	**Sulfat** durch eine weisse Trübung.

Kalium bisulfuricum.

d) mit einigen Tropfen Salpetersäure und mit Silbernitratlösung. Es darf nur Trübung erfolgen.	**Kaliumchlorid** durch einen weissen Niederschlag.
Erhitzen des Salzes auf dem Platinbleche. Es darf sich kein Geruch nach Karamel wahrnehmen lassen.	**Fremde Beimengungen** (Zucker, Weinstein) durch einen Geruch nach Karamel.
	Identität durch Schmelzung und Hinterlassung eines weissen Rückstandes, der angefeuchtetes Curcumapapier bräunt und mit einer Säure übergossen aufbraust.

Aufbewahrung: vorsichtig.

Kalium bisulfuricum
Kalium sulfuricum acidum. Saures Kaliumsulfat.
Kaliumhydrosulfat.

Farblose Krystalle, welche sich leicht in Wasser lösen; die Lösung reagiert stark sauer. Beim Erhitzen geben sie Wasser ab, und bei hoher Temperatur zerfallen sie in Schwefelsäureanhydrid und neutrales Kaliumsulfat.

Prüfung durch:	Zeigt an:
Auflösen von 4 g des Salzes in 76 g Wasser:	
Eintauchen von blauem Lakmuspapier.	**Identität** durch eine starke Rötung des Papiers.
Versetzen von je 10 ccm der Lösung:	
a) mit Weinsäurelösung;	**Identität** durch einen nach einiger Zeit entstehenden weissen, krystallinischen Niederschlag.
b) mit Baryumnitratlösung;	**Identität** durch einen weissen, in Säuren unlöslichen Niederschlag.
c) mit Schwefelwasserstoffwasser; es entstehe keine dunkle Fällung;	**Metalle** (Kupfer, Blei) durch eine dunkle Fällung.

d) mit überschüssiger Ammoniakflüssigkeit und Schwefelammonium; es entstehe keine dunkle Färbung;

e) mit überschüssiger Ammoniakflüssigkeit und Ammoniumoxalatlösung; es entstehe keine Trübung;

f) mit Silbernitratlösung; es entstehe keine Trübung.

Schütteln von 1 g zerriebenem Salz mit 3 ccm Zinnchlorür; es darf im Laufe einer Stunde keine Färbung eintreten.

Eisen durch eine dunkle Färbung.

Kalk durch eine weisse Trübung.

Chlorid durch eine weisse Trübung.

Arsen durch eine braune Färbung oder Fällung.

Kalium bromatum
Kaliumbromid.

Prüfung auf Identität, Natriumsalz, Kaliumbromat, Kaliumcarbonat, Metalle, Baryumbromid, Kaliumjodid, Eisen, Kaliumchlorid, siehe D. A.-B.

Kalium bromicum
Kaliumbromat.

Farblose, hexagonale Krystalle, welche in kaltem Wasser schwer, in heissem leichter löslich, in Weingeist unlöslich sind. Beim Erhitzen auf 350° schmelzen sie und verwandeln sich unter Entwicklung von Sauerstoff in Kaliumbromid.

Prüfung durch: | Zeigt an:

Auflösen von 1 g des Salzes in 20 ccm Wasser und Versetzen der Lösung:

a) mit Weinsäurelösung;

Identität durch einen allmählich entstehenden weissen, krystallinischen Niederschlag.

b) mit Silbernitratlösung;

Identität durch einen weissen, in Salpetersäure sehr schwer löslichen Niederschlag.

Erhitzen eines Kryställchens

Natriumsalz durch eine

Kalium bromicum.

am Öhr des Platindrahtes. Die Flamme färbt sich violett, und darf nur vorübergehend gelb erscheinen.

Auflösen von 0,1 g des bei 100° getrockneten Salzes in 15 ccm Wasser, Zusatz von 2 g Kaliumjodid und 15 ccm Salzsäure, Stehenlassen einige Zeit in einem verschlossenen Glase, Versetzen mit Zehntel-Normal-Natriumthiosulfatlösung bis zur hellgelben Färbung, dann mit einigen Tropfen Stärkelösung und wiederum mit Zehntel-Normal-Natriumthiosulfatlösung, bis vollständige Entfärbung stattgefunden hat.

Vorsichtiges, schwaches Glühen von 4 g des Salzes.

a) Aufstreuen des Salzes auf feuchtes, rotes Lakmuspapier; es darf nicht sofort gebläut werden;

b) Auflösen von 2 g des geglühten Salzes in 38 g Wasser und Versetzen der Lösung:

α) mit Schwefelwasserstoffwasser; es darf keine dunkle Trübung entstehen;

β) mit Baryumnitratlösung; es darf keine Trübung entstehen;

γ) mit 1 Tropfen Eisenchloridlösung und etwas Stärkelösung; es darf keine blaue Färbung entstehen.

anhaltend gelbe Färbung der Flamme.

Reinheit des Präparats, wenn bis zur Entfärbung 35,9 ccm Zehntel-Normal-Natriumthiosulfatlösung verbraucht werden. Jeder ccm der Zehntel-Normal-Natriumthiosulfatlösung entspricht 0,002784 g Kaliumbromat.

Verunreinigtes Präparat (Kaliumbromid, Kaliumchlorid etc.), wenn bis zur Entfärbung weniger als 35,9 ccm Zehntel-Normal-Natriumthiosulfatlösung gebraucht werden.

Kaliumcarbonat durch eine sofortige Bläuung des Lakmuspapiers.

Metalle durch eine dunkle Trübung.

Kaliumsulfat durch eine weisse Trübung.

Kaliumjodid durch eine blaue Färbung.

Biechele, Chemikalien.

Kalium cantharidatum

Kalium cantharidinicum. Kaliumcantharidat.

Weisse Krystalle, welche sich in 25 Teilen Wasser zu einer alkalisch reagierenden und auf der Haut stark blasenziehenden Flüssigkeit auflösen.

Aufbewahrung: sehr vorsichtig.

Kalium carbonicum

Kali carbonicum e Tartaro. Sal Tartari. Kaliumcarbonat.

Prüfung auf Identität, Natriumsalze, Eisen, Zink, Kaliumsulfid, Kaliumthiosulfat, Kaliumcyanid, Nitrat, Kupfer, Blei, Sulfat, Chlorid, Prozentgehalt an Kaliumcarbonat siehe D. A.-B.

Kalium carbonicum crudum

Pottasche. Rohes Kaliumcarbonat.

Prüfung auf Identität und Prozentgehalt an Kaliumcarbonat siehe D. A.-B.

Kalium chloratum

Kaliumchlorid.

Farblose, würfelförmige Krystalle oder ein weisses Krystallpulver, neutral, luftbeständig, von bittersalzigem Geschmacke. Es löst sich in 3 Teilen kaltem Wasser, etwas leichter in siedendem Wasser, und ist unlöslich in absolutem Alkohol.

Prüfung durch:	Zeigt an:
Auflösen von 2 g des Salzes in 20 ccm Wasser und Versetzen der Lösung:	
a) mit Silbernitratlösung;	**Identität** durch einen weissen, käsigen, in Ammoniakflüssigkeit löslichen Niederschlag.
b) mit überschüssiger Weinsäurelösung;	**Identität** durch einen allmählich entstehenden weissen, krystallinischen Niederschlag.

Erhitzen des Salzes am Öhr des Platindrahtes in der Weingeistflamme. Die Flamme muss von Anfang an violett gefärbt werden.

Auflösen von 3 g des Salzes in 57 g Wasser.
a) Eintauchen von blauem und rotem Lakmuspapier. Die Farben dürfen nicht geändert werden.

Versetzen von je 10 ccm der Lösung:
b) mit Schwefelwasserstoffwasser; es darf keine dunkle Fällung entstehen;
c) mit Baryumnitratlösung; es darf keine Trübung erfolgen;
d) mit Natriumcarbonatlösung; es darf keine Trübung entstehen.
e) Versetzen von 20 ccm der Lösung mit 0,5 ccm Kaliumferrocyanidlösung; es darf nicht sofort Bläuung eintreten.

Schütteln von 1 g zerriebenem Kaliumchlorid mit 3 ccm Zinnchlorür; es darf innerhalb einer Stunde keine Färbung entstehen.

Natriumsalz durch eine gelbe Färbung der Flamme.

Kaliumcarbonat durch eine blaue Färbung des roten Lakmuspapiers.
Freie Salzsäure durch eine Rötung des blauen Lakmuspapiers.

Metalle, wie Kupfer, Blei, durch eine dunkle Fällung.

Kaliumsulfat durch eine weisse Trübung.

Calciumchlorid durch eine weisse Trübung.

Eisen durch eine sofort entstehende Bläuung.

Arsen durch eine innerhalb einer Stunde entstehende braune Färbung.

Kalium chloricum
Kaliumchlorat.

Prüfung auf Identität, Metalle, Kalk, Chlorid, Eisen, Kupfer, Nitrat siehe D. A.-B.

Kalium chromicum flavum

Kaliumchromat.

Gelbe, rhombische Krystalle von schwach alkalischer Reaktion, luftbeständig, beim Erhitzen schmelzend, in 2 Teilen kaltem Wasser, leicht in siedendem Wasser löslich, in Weingeist unlöslich. Die wässrige Lösung ist auch bei starker Verdünnung gelb gefärbt.

Prüfung durch:	Zeigt an:
Auflösen von 3 g des Salzes in 57 g Wasser.	
a) Versetzen von 10 ccm der Lösung mit Bleiacetat.	**Identität** durch eine gelbe Fällung.
b) Starkes Ansäuern von 20 ccm der Lösung mit Salpetersäure und Versetzen von je der Hälfte:	
α) mit Baryumnitratlösung;	**Kaliumsulfat** durch eine weisse Trübung.
β) mit Silbernitratlösung;	**Kaliumchlorid** durch eine weisse Trübung.
Beide Reagentien dürfen keine Trübung erzeugen.	
c) Versetzen von 10 ccm der Lösung mit Ammoniakflüssigkeit und Ammoniumoxalatlösung. Es darf keine Trübung entstehen.	**Calciumverbindungen** durch eine weisse Trübung.

Aufbewahrung: vorsichtig.

Kalium citricum

Kaliumcitrat.

Farbloses, grobkörniges Salz von mildem Geschmacke, neutral, an der Luft zerfliesslich, beim Erhitzen verkohlend und dann einen weissen Rückstand von alkalischer Reaktion hinterlassend, welcher mit Salzsäure befeuchtet, die Flamme violett färbt. Es ist in weniger als 1 Teil Wasser, nicht in Weingeist löslich.

Kalium citricum.

Prüfung durch:	Zeigt an:
Erhitzen von 0,5 g des Salzes in einem Porzellanschälchen zum Glühen:	**Identität** durch Verkohlung und Hinterlassung eines weissen Rückstandes.
a) Zusammenbringen des Glührückstandes mit angefeuchtetem roten Lakmuspapier;	**Identität** durch eine blaue Färbung des Lakmuspapiers.
b) Befeuchten des Rückstandes mit Salzsäure und Erhitzen einer Probe am Öhre des Platindrahtes in einer nicht leuchtenden Flamme.	**Identität** durch eine violette Färbung der Flamme.
Auflösen von 3 g des Salzes in 57 g Wasser.	
a) Eintauchen von blauem und rotem Lakmuspapier. Dasselbe darf nicht verändert werden.	**Kaliumcarbonat** durch eine Bläuung des roten Papiers. **Freie Citronensäure** durch Rötung des blauen Papiers.
Versetzen von je 10 ccm der Lösung:	
b) mit Weinsäurelösung;	**Identität** durch einen allmählich entstehenden weissen, krystallinischen Niederschlag.
c) mit Calciumchloridlösung; es entstehe in der Kälte keine Trübung.	**Kaliumtartrat** durch eine weisse Trübung.
Erhitzen dieser Flüssigkeit zum Sieden;	**Identität** durch eine Trübung.
d) mit Schwefelwasserstoffwasser; es entstehe keine Veränderung;	**Metalle** durch eine dunkle Fällung.
e) mit Baryumnitratlösung; es entstehe keine Trübung;	**Kaliumsulfat** durch eine weisse Trübung.
f) mit Silbernitratlösung nach Ansäuern mit Salpetersäure; es entstehe höchstens opalisierende Trübung.	**Kaliumchlorid** durch eine weisse, undurchsichtige Trübung.

Aufbewahrung: in einem gut verschlossenen Glase.

Kalium cyanatum

Kaliumcyanid.

Weisse, grobkörnige Salzmasse oder weisse Stäbchen, nach Blausäure riechend, an der Luft zerfliesslich, von alkalischer Reaktion. Das Salz ist sehr leicht in Wasser, auch in heissem, verdünntem Weingeist löslich, beim Erkalten des letzteren zum grössten Teil herauskrystallisierend, sehr wenig löslich in starkem Weingeist.

Prüfung durch:	Zeigt an:
Auflösen von 3 g des Salzes in 57 g Wasser. Versetzen von je 10 ccm der Lösung:	
a) mit überschüssiger Weinsäurelösung;	**Identität** durch einen allmählich entstehenden weissen, krystallinischen Niederschlag.
b) mit einigen Tropfen Eisenchloridlösung, einem Körnchen Ferrosulfat und Ansäuern mit Salzsäure;	**Identität** durch eine tiefblaue Färbung.
c) Ansäuern von 30 ccm der Lösung mit Salzsäure. Es darf nur wenig aufbrausen.	**Kaliumcarbonat, Kaliumcyanat** durch ein stärkeres Aufbrausen.
Versetzen von je 10 ccm dieser Lösung:	
α) mit Bleiacetatlösung; es darf keine Bräunung entstehen;	**Kaliumsulfid** durch eine Bräunung oder Schwärzung.
β) mit Eisenchloridlösung; es darf weder Rötung noch Bläunung eintreten;	**Kaliumsulfocyanid** durch eine rote Färbung. **Kaliumferrocyanid** durch eine blaue Färbung.
γ) mit Baryumnitratlösung; es darf keine Trübung entstehen;	**Kaliumsulfat** durch eine weisse Trübung.
Glühen von 2 g Kaliumcyanid mit 1 g Kaliumnitrat und 5 g Kaliumcarbonat, Auf-	**Kaliumchlorid** durch eine weisse Trübung.

lösen in Wasser, Übersättigen mit Salpetersäure und Zusatz von Silbernitratlösung; es darf keine Trübung entstehen.

Auflösen von 1 g getrocknetem Kaliumcyanid in Wasser zu 100 ccm, Abmessen von 10 ccm dieser Lösung, Verdünnen mit 90 ccm Wasser, Versetzen mit einer Spur Natriumchlorid und mit so viel Zehntel-Normalsilbernitratlösung unter fortwährendem Umrühren, bis eine bleibende, weisse Trübung erfolgt.

Einen entsprechenden Gehalt an Kaliumcyanid, wenn bis zu diesem Punkte mindestens 14 ccm Zehntel-Normalsilbernitratlösung verbraucht werden, was einem Minimalgehalt von 90 Prozent reinem Kaliumcyanid entspricht.

Einen höheren Gehalt an Kaliumcyanat, wenn weniger als 14 ccm Zehntel-Normalsilbernitratlösung bis zu diesem Punkte verbraucht werden.

Aufbewahrung: sehr vorsichtig, in einem gut verschlossenen Glase.

Kalium dichromicum
Kaliumdichromat.

Prüfung auf Identität, Sulfat, Chlorid, Kalk siehe D. A.-B.

Kalium ferricyanatum
Kaliumferricyanid. Rotes Blutlaugensalz.

Rubinrote, glänzende, säulenförmige Krystalle, in 4 Teilen kaltem Wasser mit dunkelbraungelber Farbe, wenig in Weingeist löslich.

Prüfung durch:

Auflösen von 1 g des Salzes in 20 ccm Wasser und Versetzen der Lösung:

a) mit überschüssiger Weinsäurelösung;

Zeigt an:

Identität durch einen allmählich entstehenden weissen, krystallinischen Niederschlag.

264 Kalium ferrocyanatum.

Prüfung	Zeigt an
b) mit Ferrosulfatlösung.	**Identität** durch eine tief dunkelblaue Fällung.
Auflösen von 0,5 g der zuvor mit Wasser abgespülten Krystalle in 49,5 g Wasser.	
a) Versetzen von 10 ccm der Lösung mit Eisenchloridlösung; es darf keine blaue Färbung entstehen;	**Kaliumferrocyanid** durch eine blaue Färbung.
b) Fällen von 20 ccm der Lösung mit Silbernitratlösung, Abfiltrieren des gelbbraunen Niederschlags, Auswaschen und Kochen desselben in einem Gemisch von 10 ccm verdünnter Schwefelsäure und 10 ccm Wasser. Es muss vollständige Lösung erfolgen.	**Kaliumchlorid, Kaliumbromid** durch eine nur teilweise Lösung des Niederschlags.

Kalium ferrocyanatum

Kaliumferrocyanid.   Gelbes Blutlaugensalz.

Grosse, gelbe, oft zusammenhängende, säulenförmige Krystalle oder quadratische Tafeln, neutral, luftbeständig, in 4 Teilen kaltem und 2 Teilen siedendem Wasser, nicht in Weingeist löslich.

Prüfung durch:	Zeigt an:
Auflösen von 1 g des Salzes in 20 ccm Wasser. Versetzen der Lösung:	
a) mit überschüssiger Weinsäurelösung;	**Identität** durch einen allmählich entstehenden weissen, krystallinischen Niederschlag.
b) mit Eisenchloridlösung.	**Identität** durch eine tiefblaue Fällung.
Übergiessen des zerriebenen Salzes mit verdünnter Schwefelsäure. Es darf kein Aufbrausen stattfinden.	**Kaliumcarbonat** durch Aufbrausen.

Auflösen von 0,5 g des Salzes in 49,5 g Wasser.

a) Versetzen von 10 ccm der Lösung mit Baryumnitratlösung. Es darf nicht sofort Trübung erfolgen.

Kaliumsulfat durch eine sofort eintretende weisse Trübung.

b) Fällen von 20 ccm der Lösung mit Silbernitratlösung, Abfiltrieren des Niederschlags, Auswaschen und Kochen desselben in einem Gemisch von 10 ccm verdünnter Schwefelsäure und 10 ccm Wasser. Es muss vollständige Lösung stattfinden.

Kaliumchlorid durch eine nur teilweise Lösung des Niederschlags.

Kalium fluoratum
Kaliumfluorid.

Weisses, zerfliessliches Salz oder würfelförmige Krystalle, welche in Wasser leicht löslich sind. Die Lösung ätzt Glas.

Prüfung durch:

Auflösen von 2 g des Salzes in 20 ccm Wasser und Versetzen der Lösung:

a) mit überschüssiger Weinsäurelösung;

b) mit Kieselfluorwasserstoffsäure.

Zeigt an:

Identität durch einen allmählich entstehenden, weissen krystallinischen Niederschlag.

Identität durch einen gelatinösen Niederschlag.

Aufbewahrung: in einem sehr gut verschlossenen Glase.

Kalium jodatum
Kaliumjodid.

Prüfung auf Identität, Natriumsalz, Kaliumcarbonat, Metalle, Sulfat, Cyanid, Eisen, Jodat, Nitrat, Chlorid, Thiosulfat siehe D. A.-B.

Kalium nitricum
Kaliumnitrat. Salpeter.

Prüfung auf Identität, Carbonat, freie Säure, Metalle, Sulfat, Chlorid, Eisen, Kupfer, Chlorat, organische Stoffe siehe D. A.-B.

Kalium nitrosum
Kaliumnitrit.

Weisse oder schwach gelblich gefärbte, sehr leicht zerfliessliche Stängelchen oder mikroskopisch kleine, prismatische Krystalle. Die wässrige Lösung reagiert alkalisch.

Prüfung durch:	Zeigt an:
Übergiessen des Salzes mit Schwefelsäure.	**Identität** durch Entwicklung von braunroten Dämpfen.
Versetzen von 10 ccm Kaliumpermanganatlösung (1 = 1000) mit einigen Tropfen verdünnter Schwefelsäure und einer Kaliumnitritlösung.	**Identität** durch Entfärben der Flüssigkeit.
Auflösen von 0,1 g des Salzes in 10 ccm Wasser, Ansäuern mit Schwefelsäure und Zusatz von einigen Tropfen Jodzinkstärkekleister.	**Identität** durch eine blaue Färbung.
Übergiessen von 5 g des Salzes mit 10 ccm Wasser. Die Lösung muss rasch und vollkommen erfolgen.	**Kaliumnitrat** durch eine langsame Lösung.
Zutröpfeln obiger Lösung zu einer Silbernitratlösung.	**Identität** durch eine weisse Trübung, welche auf Zusatz einiger Tropfen Salpetersäure zunimmt, auf weiteren Zusatz von Salpetersäure aber wieder verschwindet, wobei unter Aufbrausen salpetrige Säure entweicht. **Kaliumchlorid** durch eine bleibende, in Salpetersäure unlösliche Trübung.

Auflösen von 2 g des Salzes in 19 ccm Wasser und Versetzen der Lösung:	
a) mit Schwefelammonium; es darf keine dunkle Färbung entstehen;	**Metalle** durch eine dunkle Färbung.
b) mit Baryumnitratlösung; es darf keine weisse Trübung entstehen.	**Kaliumsulfat** durch eine weisse Trübung.

Aufbewahrung: in einem gut verschlossenen Glase.

Kalium oxalicum neutrale
Neutrales Kaliumoxalat. Dikaliumoxalat.

Farblose, in der Wärme verwitternde, monokline Krystalle, welche sich in 3 Teilen Wasser lösen. Die Lösung reagiert neutral. Beim Glühen bleibt ein weisser, stark alkalisch reagierender Rückstand, der mit Säuren aufbraust.

Prüfung durch:	Zeigt an:
Glühen von 1 g des Salzes in einem Platintiegel. Es darf keine Verkohlung stattfinden.	**Fremde organische Säuren** durch Verkohlung.
	Identität durch einen weissen Glührückstand, der angefeuchtetes Curcumapapier bräunt.
Auflösen obigen Glührückstandes in wenig Wasser und Versetzen der Lösung mit überschüssiger Weinsäurelösung.	**Identität** durch Aufbrausen und Entstehen eines weissen, krystallinischen Niederschlags.
Auflösen von 2 g des Salzes in 38 g Wasser.	
a) Eintauchen von blauem Lakmuspapier; dasselbe darf nicht gerötet werden;	**Saures Kaliumoxalat** durch Rötung des Lakmuspapiers.
Ansäuern mit Essigsäure und Versetzen:	
b) mit Calciumsulfatlösung;	**Identität** durch einen weissen Niederschlag.
c) mit Schwefelwasserstoffwasser; es darf keine Färbung entstehen.	**Metalle** durch eine dunkle Färbung.

268 Kalium permanganicum. — picrinicum. — sozojodolicum.

d) mit Baryumnitratlösung; es darf keine Trübung entstehen;

e) mit Silbernitratlösung nach Zusatz von verdünnter Salpetersäure; es darf nur schwache Trübung entstehen.

Sulfat durch eine weisse Trübung.

Chlorid durch eine weisse, undurchsichtige Trübung.

Aufbewahrung: vorsichtig.

Kalium permanganicum
Kaliumpermanganat.

Prüfung auf Identität, Sulfat, Carbonat, Chlorid, Nitrat siehe D. A.-B.

Kalium picrinicum
Kalium picronitricum. Kaliumpikrat.

Gelbes, krystallinisches Pulver oder lange, gelbe Krystallnadeln, in 260 Teilen kaltem und in 14 Teilen siedendem Wasser löslich.

Prüfung durch:	Zeigt an:
Erhitzen einer ganz kleinen Menge des Präparats auf dem Platinbleche.	**Identität** durch Explosion mit violetter Flamme, Hinterlassung eines kohligen Fleckes, der bei stärkerer Erhitzung verschwindet unter Zurücklassung eines sehr geringen Rückstandes, der angefeuchtetes Curcumapapier bräunt.
Erhitzen von 0,5 g des Präparats mit 10 ccm Wasser in einem Reagiercylinder zum Kochen und Erkaltenlassen.	**Identität** durch Auflösen beim Erhitzen und Ausscheidung zum grössten Teile beim Erkalten. Die überstehende Flüssigkeit ist gelb und sehr bitter.

Aufbewahrung: vorsichtig.

Kalium sozojodolicum
Sozojodolkalium. Dijodparaphenolsulfonsaures Kalium.

Weisses, leichtes Pulver, das sich beim Erwärmen stark

Kalium sozojodolicum.

aufbläht, in Alkohol unlöslich, in 50 Teilen Wasser beim Umschütteln löslich ist.

Prüfung durch:	Zeigt an:
Erhitzen einer kleinen Probe des Präparats auf dem Platinbleche.	**Identität** durch ein sehr starkes Aufblähen und durch einen sehr unangenehmen Geruch nach Jodphenol.
Schütteln von 1 g des Salzes mit 100 ccm Wasser. Versetzen der Lösung:	
a) mit Eisenchloridlösung;	**Identität** durch eine veilchenblaue Färbung.
b) mit einigen Tropfen rauchender Salpetersäure und Schütteln mit Chloroform;	**Identität** durch eine violette Färbung des Chloroforms und eine gelbe Färbung der wässerigen Flüssigkeit.
c) Versetzen von 20 ccm der Lösung mit 2 Tropfen Silbernitratlösung. Es entsteht ein rein weisser Niederschlag, der sich in verdünnter Salpetersäure auflöst. Es darf nur eine schwache Opalescenz bleiben.	**Chlor** durch eine weisse, undurchsichtige Trübung. **Freies Jod** durch eine gelblichweisse Trübung.
Versetzen von je 10 ccm der Lösung:	
d) mit einigen Tropfen Baryumchloridlösung; es entsteht ein weisser Niederschlag, der sich in Ammoniakflüssigkeit ohne Trübung wieder auflöst;	**Schwefelsäure** durch eine weisse Trübung.
e) mit einigen Tropfen verdünnter Schwefelsäure; es darf keine Trübung entstehen;	**Baryumverbindung** durch eine weisse Trübung.
f) mit Schwefelwasserstoffwasser; es darf keine Veränderung entstehen.	**Metalle** durch eine dunkle Fällung.
g) Schütteln mit Bromwasser; es darf keine Trübung entstehen.	**Phenolkalium** durch eine milchige Trübung.

Kalium stibicum
Saures pyroantimonsaures Kalium. Saures Kaliumpyroantimoniat.

Körnig krystallinisches, in kaltem Wasser schwer lösliches, weisses Pulver.

Prüfung durch:	Zeigt an:
Kochen des Salzes mit Wasser, Filtrieren und Versetzen des Filtrats:	
a) mit einer nicht zu verdünnten Natriumchloridlösung;	**Identität** durch einen weissen, feinkörnigen Niederschlag.
b) mit Schwefelwasserstoffwasser und Ansäuern mit Salzsäure.	**Identität** durch einen orangegelben Niederschlag.
Schütteln von 1 g des Präparats mit 2 ccm Wasser, Zusatz von 2 ccm Schwefelsäure und Überschichten der heissen Mischung mit Ferrosulfatlösung. Es darf keine braune Zwischenzone entstehen.	**Kaliumnitrat** durch eine braune Zwischenzone.
Digerieren von 1 g des Präparats mit ammoniakalischer Silbernitratlösung. Das Salz darf die Farbe nicht ändern.	**Antimonoxyd** durch eine graue oder schwarze Farbe des Salzes.

Kalium sulfocyanatum
Kalium rhodanatum. Kaliumsulfocyanid. Rhodankalium.

Farblose, lange, gestreifte, nadel- oder säulenförmige Krystalle, an der Luft feucht werdend, beim Erhitzen schmelzend, leicht löslich in Wasser und Weingeist.

Prüfung durch:	Zeigt an:
Auflösen von 3 g des Salzes in 57 g Wasser.	

Versetzen von je 10 ccm der Lösung:
a) mit einer Spur Eisenchloridlösung; **Identität** durch eine blutrote Färbung.
b) mit Weinsäurelösung; **Identität** durch einen allmählich entstehenden weissen, krystallinischen Niederschlag.
c) mit Baryumnitratlösung; es darf keine Trübung entstehen; **Kaliumsulfat** durch eine weisse Trübung.
d) mit Schwefelammonium; er darf keine Fällung oder Färbung entstehen. **Metalle** durch eine Fällung oder dunkle Färbung.

Aufbewahrung: vorsichtig, in einem gut verschlossenen Glase.

Kalium sulfuratum

Hepar sulfuris. Schwefelkalium. Schwefelleber.

Prüfung auf Identität und fremde Beimengungen siehe D. A.-B.

Kalium sulfuricum

Arcanum duplicatum. Kaliumsulfat. Doppelsalz.

Prüfung auf Identität, Natriumsalz, saures Kaliumsulfat, Carbonat, Metalle, Kalk, Chlorid, Eisen, Kupfer siehe D. A.-B.

Kalium tartaricum

Tartarus tartarisatus. Kaliumtartrat.

Prüfung auf Identität, Kalk, Carbonat, freie Säure, Metalle, Chlorid, Eisen, Kupfer, Ammoniumverbindungen siehe D. A.-B.

Keratinum

Hornstoff.

Prüfung auf Identität und fremde Beimengungen siehe D. A.-B.

Kosinum
Kosin.

Gelbe, geruch- und geschmacklose, nadelförmige, feuchtes Lakmuspapier nicht verändernde Krystalle, welche in Wasser, selbst in heissem, nahezu unlöslich sind. In Weingeist ist das Kosin schwer löslich, leichter löst es sich in Äther und in Chloroform.

Schmelzpunkt: bei 142^0.

Prüfung durch:	Zeigt an:
Auflösen einer kleinen Menge Kosin in einigen Tropfen Schwefelsäure.	**Identität** durch eine gelbliche Lösung, welche Farbe nach längerem Stehen in eine tiefgelbe, dann bräunliche und endlich nach mehreren Tagen in eine scharlachrote übergeht.
Gelindes Erwärmen der schwefelsauren Auflösung.	**Identität** durch eine scharlachrote Färbung.
Schütteln von 0,02 g Kosin mit 10 ccm Weingeist, Filtrieren und Versetzen des Filtrats mit Eisenchloridlösung.	**Identität** durch eine erst nach einiger Zeit entstehende, bleibend rote Färbung.
Auflösen von etwa 0,01 g Kosin in einigen Tropfen verdünnter Natronlauge und längeres Stehenlassen.	**Identität** durch eine rote Färbung.
Erhitzen einer kleinen Probe auf dem Platinbleche. Sie verbrennt ohne Rückstand.	**Anorganische Beimengungen** durch einen Rückstand.

Aufbewahrung: vorsichtig.

Kreosotum
Kreosot.

Prüfung auf Identität, saure Teerdestillationsprodukte, teerartige Bestandteile, Naphtalin, Karbolsäure, Teeröle, Kresol, Pyrogallolester siehe D. A.-B.

Kreosotum carbonicum
Kreosotcarbonat. Kreosotal.

Bernsteingelbes Öl von schwachem Geruch und Geschmack

nach Kreosot. Es ist in Wasser unlöslich, mischbar mit Alkohol und Äther, löslich in fetten Ölen. Durch Alkalien wird es leicht verseift. Bei längerem Stehen in der Kälte scheiden sich Krystalle ab.

Aufbewahrung: vorsichtig.

Kresalole
Kresolum salicylicum.   Kresylsalicylat.

Man unterscheidet:
Orthokresalol mit einem Schmelzpunkt: bei 35^0.
Metakresalol mit einem Schmelzpunkt: bei 73 bis 74^0.
Parakresalol mit einem Schmelzpunkt: bei 39^0.

Sie stellen farblose, krystallinische, in Wasser schwer, in Alkohol und Äther leicht lösliche Pulver dar.

Prüfung durch:	Zeigt an:
Auflösen in Alkohol und Zusatz von wenig Eisenchloridlösung.	**Identität** der 3 Kresalole durch eine violette Färbung, die durch Salzsäure aufgehoben wird.
Auflösen in Schwefelsäure und Versetzen der Lösung:	
a) mit Kaliumnitrit;	**Metakresalol** durch eine orange, dann braune und zuletzt grüne Färbung. **Parakresalol** durch eine rotbraune, dann grüne Färbung. **Orthokresalol** durch eine rotbraune, dann grüne und blaue und später rosa oder violett gerandete Färbung.
b) mit wenig Salpetersäure.	**Parakresalol** durch eine rotbraune, dann kirschrote Färbung. **Orthokresalol** durch eine hellgelbe, dann schön grüne und zuletzt orange Färbung.

Kresolum purum liquefactum
Verflüssigtes Orthokresol.

Wasserhelle Flüssigkeit, welche noch etwa 10 Prozent Wasser aufzunehmen vermag.

Lactopheninum
Lactophenetidin. Lactyl-Paraamidophenolaethylaether.

Farb- und geruchlose Krystalle von leicht bitterem, nicht unangenehmem Geschmacke, die in 500 Teilen kaltem Wasser, in 55 Teilen siedendem Wasser sowie in 8,5 Teilen Weingeist löslich, in Äther und Petroleumäther schwer löslich sind. Die Lösungen sind neutral.

Schmelzpunkt: bei 117,5 bis 118°.

Prüfung durch:	Zeigt an:
Kochen von 0,1 g Lactophenin in 1 ccm Salzsäure eine Minute lang, Verdünnen der Lösung mit 10 ccm Wasser, Filtrieren nach dem Erkalten und Versetzen des Filtrats mit 3 Tropfen Chromsäurelösung.	**Identität** durch eine rubinrote Färbung.
Anreiben von 0,3 g fein gepulvertem Lactophenin mit 2 ccm Salpetersäure, Stehenlassen eine Stunde, Verdünnen mit Wasser, Filtrieren, Auswaschen des Rückstandes auf dem Filter und Erwärmen desselben mit wenig alkalischer Kalilauge.	**Identität** durch eine dunkelgelbrote Flüssigkeit, aus der sich beim Erkalten rote Krystalle ausscheiden.
Auflösen von 0,1 g Lactophenin in 10 ccm heissem Wasser, Erkaltenlassen, Filtrieren und Versetzen des Filtrats mit Bromwasser bis zur Gelbfärbung.	**Identität** durch eine starke Trübung, die auf Zusatz von viel Wasser wieder verschwindet.
Auflösen einer kleinen Menge	**Fremde organische Bei-**

des Präparats in konzentrierter Schwefelsäure. Die Lösung sei farblos.

Erhitzen auf dem Platinbleche. Es muss vollkommen verbrennen.

Aufbewahrung: vorsichtig.

mengungen durch eine braune Färbung der Lösung.

Fremde anorganische Beimengungen durch einen Rückstand.

Laevulose
Fruchtzucker. Lävulose.

Weisse, bräunliche, krystallinische Masse oder ein weisses Pulver, das in Wasser und verdünntem Weingeist leicht löslich, in absolutem Alkohol unlöslich ist. Die wässerige Lösung schmeckt süss, ist neutral und lenkt die Ebene des polarisierten Lichtes nach links ab.

Prüfung durch:

Erhitzen einer Probe auf dem Platinbleche. Es darf kein wägbarer Rückstand bleiben.

Zeigt an:

Identität durch Verkohlung unter Entwicklung eines Geruches nach verbranntem Zucker und durch einen sehr geringen Glührückstand.

Fremde Beimengungen durch einen wägbaren Rückstand.

Auflösen von 1 g Fruchtzucker in 10 ccm Wasser, Zusatz von Fehlingschem Reagens und Erhitzen zum Kochen.

Identität durch Ausscheiden von gelbrotem Kupferoxydul.

Auflösen von 5,5 g Lävulose in Wasser, Verdünnen auf 100 ccm, Betrachten der Lösung von 20^0 C im 20 mm Rohre des Ventzka- Soleilschen Polarisationsapparates.

Identität durch eine Ablenkung von 25 bis 26^0. Es entspricht dieses einem Gehalt von 98 bis 99 Prozent Lävulose.

Liquor Aluminii acetici
Basisches Aluminiumacetatlösung.

Prüfung auf Identität, Kupfer, Blei, Basizität, Thonerdegehalt siehe D. A.-B.

Liquor Aluminii acetici neutralis
Neutrale Aluminiumacetatlösung.

Klare, farblose, sauer reagierende, schwach nach Essigsäure riechende, adstringierend schmeckende Flüssigkeit, welche bei längerer Aufbewahrung und noch mehr beim Erhitzen basisches Aluminiumacetat ausscheidet.

Gehalt: etwa 10 Prozent Aluminiumacetat.

Prüfung durch:	Zeigt an:
Versetzen des Liquors mit einer kleinen Menge Kaliumsulfat oder Natriumacetat oder Natriumchlorid und Erwärmen im Wasserbade.	**Identität** durch Coagulierung der Lösung, welche beim Erkalten wieder verschwindet.
Eindampfen von 10 g des Liquors zur Trockne, starkes Erhitzen des Rückstandes, Behandeln desselben mit Wasser, Filtrieren und Verdampfen des Filtrats. Es darf kein Rückstand bleiben.	**Fremde Salze** (Kaliumacetat etc.) durch einen Verdampfungsrückstand.
Versetzen von je 10 ccm der Lösung:	
a) mit Baryumnitratlösung; es darf nur eine geringe Trübung entstehen;	**Schwefelsäure** durch eine weisse, deutliche Trübung.
b) mit Schwefelwasserstoffwasser; es darf keine oder nur eine sehr geringe Bräunung entstehen;	**Blei** und andere Metalle durch eine braune bis schwarze Fällung.
c) mit verdünnter Schwefelsäure; es darf keine Trübung entstehen.	**Baryumsalz** durch eine weisse Trübung.
Versetzen von 10 ccm des Liquors mit überschüssiger Ammoniumcarbonatlösung, Abfiltrieren des Niederschlags, Auswaschen, gutes Trocknen, Glühen und Wägen desselben.	Den **richtigen Gehalt an Aluminiumacetat,** wenn die restierende Thonerde etwa 0,25 g wiegt.

Aufbewahrung: in einem gut verschlossenen Glase.

Liquor Aluminii chlorati
Aluminiumchloridlösung.

Klare, farblose Flüssigkeit von saurer Reaktion und süsslich zusammenziehendem Geschmacke.

Gehalt: in 100 Teilen etwa 10 Teile wasserfreies Aluminiumchlorid enthaltend.

Prüfung durch:	Zeigt an:
Versetzen von 10 ccm des Liquors: a) mit Natronlauge;	**Identität** durch einen weissen, gelatinösen Niederschlag, der sich im Überschusse des Fällungsmittels wieder auflöst.
Versetzen obiger alkalischer Lösung mit Ammoniumchloridlösung;	**Identität** durch Wiedererscheinen des Niederschlags.
b) mit Silbernitratlösung;	**Identität** durch einen weissen, käsigen Niederschlag, der in Salpetersäure unlöslich ist.
c) mit Schwefelwasserstoffwasser; es darf keine Veränderung entstehen;	**Metalle** durch eine dunkle Färbung oder Fällung.
d) mit Gerbsäurelösung; es darf keine oder nur schwach bläuliche Färbung entstehen;	**Eisen** durch eine blauschwarze Trübung.
e) mit 20 ccm Weingeist; es darf sofort nur Trübung, aber kein Niederschlag entstehen.	**Aluminiumsulfat** durch einen weissen Niederschlag.
Fällen von 10 g des Liquors mit überschüssiger Ammoniakflüssigkeit, Sammeln des Niederschlags auf einem Filter, Auswaschen desselben mit kochendem Wasser, Trocknen, Glühen und Wägen.	Den **vorschriftsmässigen Gehalt an Aluminiumchlorid**, wenn annähernd 0,38 g Aluminiumoxyd zurückbleiben.

Liquor Aluminii subsulfurici
Aluminiumsubsulfatlösung. Basisch Aluminiumsulfatlösung.

Schwach weisslich-trübe Flüssigkeit von saurer Reaktion und stark zusammenziehendem Geschmacke.

Prüfung durch:
Versetzen von 10 ccm des Liquors:
a) mit Natronlauge.

Zeigt an:

Identität durch einen weissen, gelatinösen Niederschlag, der im Überschusse des Fällungsmittels wieder löslich ist.

Versetzen obiger alkalischen Lösung mit Ammoniumchloridlösung;

Identität durch Wiedererscheinen des Niederschlags.

b) mit Baryumnitratlösung;

Identität durch einen weissen, in Salpetersäure unlöslichen Niederschlag.

c) mit Schwefelwasserstoffwasser; es entstehe keine Fällung;

Metalle, Kupfer, Blei durch eine dunkle Färbung oder Fällung.

d) mit Gerbsäurelösung; es entstehe keine oder nur eine schwach bläuliche Färbung.

Eisen durch eine blauschwarze Trübung.

Liquor Ammonii acetici
Spiritus Mindereri. Ammoniumacetatlösung.

Prüfung auf feuerbeständige Salze, Neutralität, Metalle, Schwefelsäure, Chloride siehe D. A.-B.

Liquor Ammonii caustici
Spiritus salis Ammoniaci causticus. Ammoniakflüssigkeit. Ätzammoniak. Salmiakgeist.

Prüfung auf Identität, Carbonat, Metalle, Kalk, Sulfat, Chlorid, Empyreuma, feuerbeständige Salze, Ammoniakgehalt siehe D. A.-B.

Liquor Ammonii caustici spirituosus.
Spiritus Ammonii caustici Dzondii. Weingeistige Ammoniakflüssigkeit.

Klare, farblose, stark nach Ammoniak, aber nicht brenzlich riechende, leicht und vollkommen flüchtige, brennbare Flüssigkeit.

Spezifisches Gewicht: 0,808 bis 0,810.
Gehalt: in 100 Teilen ungefähr 10 Teile Ammoniak.

Prüfung durch:	Zeigt an:
Darüberhalten eines mit Salzsäure befeuchteten Glasstabes.	**Identität** durch Entstehung von weissen Nebeln.
Verdünnen von 5 g des Liquors mit 15 ccm Wasser und Versetzen mit 20 ccm Kalkwasser. Es darf keine Trübung entstehen.	**Ammoniumcarbonat** durch eine weisse Trübung.
Verdünnen von 10 g des Liquors mit 30 g Wasser und Versetzen:	
a) mit Schwefelammonium; es darf keine Veränderung eintreten;	**Metalle,** Kupfer, Blei, Eisen durch eine dunkle, **Zink** durch eine weisse Fällung.
b) mit Ammoniumoxalatlösung; es darf keine Trübung entstehen.	**Kalk** durch eine weisse Trübung.
Übersättigen von 20 ccm des verdünnten Liquors mit Essigsäure (15 ccm) und Versetzen:	
c) mit Schwefelwasserstoffwasser; es darf keine dunkle Färbung entstehen;	**Metalle** wie Kupfer, Blei durch eine dunkle Fällung.
d) mit Baryumnitratlösung; es darf keine Trübung entstehen;	**Ammoniumsulfat** durch eine weisse Trübung.
e) mit Silbernitratlösung; es darf nur schwache Trübung entstehen.	**Ammoniumchlorid** durch eine weisse, undurchsichtige Trübung.
Übersättigen von 5 ccm des Liquors mit verdünnter Schwefelsäure.	**Empyreumatische Stoffe** durch den Geruch.

Verdünnen von 5 ccm des Liquors mit 20 ccm Wasser, Zusatz von etwas Lakmustinktur und so viel Normal-Salzsäure, bis die Flüssigkeit beim Umschütteln in einem jedesmal verschlossenen Glase zwiebelrot geworden.

Den **vorschriftsmässigen Ammoniakgehalt,** wenn bis zu diesem Punkte mindestens 23,8 ccm Normal-Salzsäure verbraucht werden.

Jeder ccm Normal-Salzsäure entspricht 0,017 g Ammoniak. Man findet die Gewichtsprozente an Ammoniak, wenn man die verbrauchten ccm Normal-Salzsäure mit $0,017 \times 20$ multipliziert, und das erhaltene Produkt durch das spezifische Gewicht des Liquors dividiert.

Aufbewahrung: in einem mit Glasstopfen gut verschlossenen Gefässe.

Liquor Ammonii hydrosulfurati

Schwefelammoniumlösung.

Farblose oder nur schwach gelblich gefärbte Flüssigkeit von stinkendem Geruche und alkalischer Reaktion.

Prüfung durch:

Versetzen des Liquors mit verdünnter Schwefelsäure. Es darf sich kein oder nur wenig Schwefel ausscheiden.

Zeigt an:

Güte des Präparats durch reichliche Entwicklung von Schwefelwasserstoff.

Zweifach Schwefelammonium durch eine weisse Fällung. (Der Liquor ist in diesem Falle stark gelb gefärbt.)

Verdampfen von 5 g des Liquors in einer Porzellanschale und Glühen. Es darf kein Rückstand bleiben.

Fremde Beimengungen durch einen feuerbeständigen Rückstand.

Erhitzen mit Magnesiumsulfatlösung; es darf keine Trübung entstehen.

Ammoniumcarbonat, freies Ammoniak durch eine weisse Trübung.

Aufbewahrung: in kleinen, gut verschlossenen Gläsern.

Liquor Ammonii succinici

Ammoniumsuccinatlösung.

Klare, bräunliche, allmählich dunkler werdende, neutrale Flüssigkeit von brenzlichem Geruche und stechend salzigem Geschmacke.

Spezifisches Gewicht: 1,050 bis 1,054.
Gehalt: 13 Prozent Ammoniumsuccinat.

Prüfung durch:	Zeigt an:
Zusatz von Eisenchloridflüssigkeit.	**Identität** durch einen bräunlichroten Niederschlag.
Eintauchen von blauem und rotem Lakmuspapier. Die Farben dürfen sich nicht ändern.	**Freie Säure** durch Rötung des blauen Lakmuspapiers. **Überschüssiges Ammoniak** durch Bläuung des roten Lakmuspapiers.
Vermischen von 5 ccm des Liquors mit 15 ccm Weingeist. Die Flüssigkeit muss klar bleiben.	**Fremde Salze**, wie Ammoniumchlorid, Ammoniumoxalat etc. durch eine Ausscheidung.
Versetzen obiger Flüssigkeit mit verdünnter Essigsäure und kräftiges Schütteln. Die Flüssigkeit muss klar bleiben.	**Weinsäure** durch Ausscheidung eines krystallinischen, weissen Salzes.
Verdampfen einiger Tropfen auf dem Platinbleche und nachheriges Glühen. Es darf kein Rückstand bleiben.	**Identität** durch einen kohligen Verdampfungsrückstand, der beim Glühen vollständig verbrennt. **Feuerbeständige Salze** durch einen Glührückstand.

Aufbewahrung: vor Licht geschützt.

Liquor Ferri albuminati

Eisenalbuminatlösung.

Prüfung auf Identität, Natriumchlorid, fremde Eisenoxydsalze, Natriumhydroxyd siehe D. A.-B.

Liquor Ferri chlorati
Eisenchlorürlösung. Ferrochloridlösung.

Klare, grünliche Flüssigkeit.
Spezifisches Gewicht: 1,226 bis 1,230.
Gehalt: in 100 Teilen 10 Teile Eisen.

Prüfung durch:	Zeigt an:
Bestimmen des spezifischen Gewichts.	Den **richtigen Eisengehalt** durch obiges spezifisches Gewicht.
Verdünnen von 1 g des Liquors mit 30 ccm Wasser und Versetzen:	
a) mit Kaliumferricyanidlösung;	**Identität** durch einen tiefblauen Niederschlag.
b) mit Kaliumferrocyanidlösung;	**Identität** durch einen hellblauen Niederschlag.
c) mit Silbernitratlösung.	**Identität** durch einen weissen, in Ammoniakflüssigkeit löslichen Niederschlag.
Vermischen von 5 ccm des Liquors mit 5 ccm Weingeist. Es darf keine Trübung entstehen.	**Fremde Salze** wie Ferrosulfat durch eine Trübung.
Versetzen von 10 ccm des Liquors mit Schwefelwasserstoffwasser. Es darf nur eine sehr geringe weisse Trübung entstehen.	**Ferrichlorid** durch eine weisse Trübung. **Kupfer** durch eine dunkle Fällung.
Fällen von 10 ccm des Liquors mit überschüssiger Natronlauge, Filtrieren und Versetzen des Filtrats mit Schwefelwasserstoffwasser. Es darf keine Trübung entstehen.	**Zink** durch eine weisse Trübung.

Aufbewahrung: in kleinen, wohlverschlossenen Gläsern mit Glasstopfen.

Liquor Ferri oxychlorati
Flüssiges Eisenoxychlorid.

Prüfung auf Ammoniumchlorid, Ferrichlorid siehe D. A.-B.

Liquor Ferri oxydati dialysati
Dialysirte Eisenoxydflüssigkeit.

Klare, tiefbraunrote, geruchlose Flüssigkeit von schwach zusammenziehendem, eisenartigem Geschmacke und neutraler Reaktion. Sie lässt sich mit Weingeist mischen, coaguliert aber beim Aufkochen. Durch verdünnte Säuren und Magnesiumsulfat entsteht ein gallertartiger Niederschlag.

Spezifisches Gewicht: 1,05.
Gehalt: 3,5 Prozent Eisen.

Prüfung durch:	Zeigt an:
Versetzen der Flüssigkeit: a) mit Natronlauge;	**Identität** durch einen voluminösen, braunen Niederschlag.
b) mit Gerbsäure;	**Identität** durch eine schwärzliche Färbung.
c) mit Kaliumferrocyanidlösung nach Ansäuern mit Salzsäure.	**Identität** durch einen tiefblauen Niederschlag.
Erhitzen der Flüssigkeit zum Kochen.	**Identität** durch Coagulierung.
Verdünnen von 1 ccm der Flüssigkeit mit 20 ccm Wasser, Zusatz von 2 Tropfen Silbernitratlösung; es darf keine Trübung entstehen.	**Ammoniumchlorid** und andere Chloride durch eine weisse Trübung.
Versetzen obiger Flüssigkeit mit 1 Tropfen Salpetersäure; sie muss im durchfallenden Lichte noch klar erscheinen. (Mehr Salpetersäure ruft eine weisse Fällung hervor.)	Einen **zu hohen Gehalt an Oxychlorid** durch eine undurchsichtige Trübung.
Versetzen von 10 g des Liquors mit überschüssiger Ammoniakflüssigkeit, Filtrieren, Verdampfen des Filtrats und Glühen des Rückstandes. Er muss sich vollständig verflüchtigen.	**Fremde Salze** durch einen Glührückstand.
Gelindes Erwärmen von 1,6 g der Flüssigkeit mit 5 g	Den **richtigen Gehalt an Eisen,** wenn bis zu diesem

verdünnter Salzsäure bis zur Klärung, Zusatz von 1 g Kaliumjodid, Stehenlassen eine Stunde lang in einem verschlossenen Glase bei gewöhnlicher Temperatur, Versetzen mit Zehntel-Normal-Natriumthiosulfatlösung bis zur hellgelben Färbung, dann mit einigen Tropfen Stärkelösung und wiederum mit Zehntel-Normal-Natriumthiosulfatlösung bis zur Entfärbung. Punkte 10 ccm Zehntel-Normal-Natriumthiosulfatlösung verbraucht wurden.

Aufbewahrung: in einem mit Glasstopfen versehenen, vor Licht geschützten Glase.

Liquor Ferri peptonati
Eisenpeptonatlösung.

Klare, rotbraune Flüssigkeit von peptonartigem Geschmacke und schwach saurer Reaktion.

Gehalt: in 1000 Teilen fast 16 Teile trockenes Eisenpeptonat, entsprechend 4 Teilen Eisen enthaltend.

Prüfung durch:	Zeigt an:
Kochen der Lösung; es darf keine Ausscheidung stattfinden.	**Eiweiss** durch eine flockige Ausscheidung.
Vermischen von 5 ccm der Lösung mit 5 ccm Weingeist; es darf keine Trübung entstehen.	**Eiweiss** durch eine Trübung.
Versetzen von 10 ccm der Lösung mit 3 ccm Salzsäure, langsames Erhitzen zum Kochen.	**Identität** zunächst durch eine Tübung, dann durch eine flockige Ausscheidung, bevor Lösung eintritt.
Eindampfen von 10 ccm der Lösung auf dem Wasserbade zur Trockne, und Auflösen des Rückstandes in Wasser. Derselbe muss sich vollkommen lösen.	**Unreines Präparat** durch eine unvollständige Lösung des Verdampfungsrückstandes in Wasser.
Erhitzen von 25 ccm der Lösung mit 10 ccm verdünnter Schwefelsäure, bis die entstandenen Ausscheidungen wieder gelöst sind, Verdünnen der	Den **vorschriftsmässigen Eisengehalt,** wenn bis zu diesem Punkte 17,6 bis 17,8 ccm Zehntel-Normalnatriumthiosulfatlösung verbraucht werden.

Lösung mit 200 ccm heissem Wasser, Versetzen mit überschüssiger Ammoniakflüssigkeit, Erhitzen im Wasserbade, bis der Niederschlag sich völlig ausgeschieden hat und die Flüssigkeit farblos geworden, Sammeln des Niederschlags auf einem Filter, Auswaschen mit heissem Wasser, Auftropfen heisser verdünnter Schwefelsäure auf das Filter zur Lösung des Niederschlags. Verdünnen der Lösung mit Wasser bis zu 100 ccm, Zusatz von 3 g Kaliumjodid, Stehenlassen eine Stunde lang bei gewöhnlicher Temperatur in einem verschlossenen Glase, Zusatz von Zehntel-Normalnatriumthiosulfatlösung bis zur hellgelben Färbung, dann von einigen Tropfen Stärkelösung und wiederum Zehntel-Normalnatriumthiosulfatlösung, bis vollständige Entfärbung eingetreten ist.

Liquor Ferri sesquichlorati
Eisenchloridlösung.   Ferrichloridlösung.

Prüfung auf Identität, freie Salzsäure, freies Chlor, Arsen, Ferrochlorid, Kupfer, Salze der Alkalien und alkalischen Erden, Salpetersäure, salpetrige Säure, Schwefelsäure, Zink siehe D. A.-B.

Liquor Ferri subacetici
Basische Ferriacetatlösung.

Prüfung auf Identität, Essigsäure, Ferroacetat, Metalle, Schwefelsäure, Chloride, Salze der Alkalien und alkalischen Erden, Eisengehalt siehe D. A.-B.

Liquor Ferri sulfurici oxydati
Ferrisulfatlösung.

Klare, etwas dickliche, bräunlichgelbe Flüssigkeit.
Spezifisches Gewicht: 1,428 bis 1,430.
Gehalt: in 100 Teilen 10 Teile Eisen enthaltend.

Prüfung durch:	Zeigt an:
Verdünnen von 5 ccm des Liquors mit 20 ccm Wasser und Versetzen:	
a) mit Baryumnitratlösung;	**Identität** durch einen weissen Niederschlag.
b) mit Kaliumferrocyanidlösung;	**Identität** durch einen tiefblauen Niederschlag.
Erwärmen des Liquors und Darüberhalten eines mit Jodzinkstärkelösung befeuchteten Papierstreifens. Derselbe darf nicht gebläut werden.	**Freies Chlor** durch eine Bläuung des Papierstreifens.
Langsames Erhitzen von 3 Tropfen des Liquors mit 10 ccm Zehntel-Normalnatriumthiosulfatlösung und Erkaltenlassen, wobei sich einige Flöckchen von Eisenhydroxyd ausscheiden sollen.	**Neutrale Salzlösung** durch Klarbleiben der Mischung. **Freie Schwefelsäure** durch eine milchige Trübung.
Verdünnen von 1 g des Liquors mit 10 g Wasser, Ansäuern mit Schwefelsäure und Zusatz von Kaliumferricyanidlösung. Es darf keine blaue Färbung entstehen.	**Ferrosulfat** durch eine blaue Färbung.
Verdünnen von 5 ccm des Liquors mit 20 ccm Wasser, Versetzen mit überschüssiger Ammoniakflüssigkeit und Filtrieren. Das Filtrat muss farblos sein. Übersättigen des Filtrats mit Essigsäure und Versetzen:	**Kupfer** durch eine blaue Farbe des Filtrats.

Liquor Hydrargyri albuminati, — peptonati.

a) mit Silbernitratlösung; es darf keine Trübung entstehen;

b) mit Kaliumferrocyanidlösung; es darf keine Veränderung entstehen;

c) Verdampfen von etwa 5 ccm des Filtrats in einem tarierten Porzellanschälchen und gelindes Glühen. Es darf kein wägbarer Rückstand bleiben.

d) Mischen von 2 ccm des Filtrats mit 2 ccm Schwefelsäure und Überschichten mit 1 ccm Ferrosulfatlösung. Es darf keine braune Zone entstehen.

Chlorgehalt durch eine weisse Trübung.

Kupfer durch eine braunrote Färbung, **Zink** durch eine weisse Fällung.

Salze der Alkalien und alkalischen Erden, Zink, Kupfer durch einen wägbaren Rückstand.

Salpetersäure durch eine braune Zone zwischen beiden Flüssigkeiten.

Aufbewahrung: vor Licht und Luft geschützt.

Liquor Hydrargyri albuminati
Quecksilberalbuminatlösung.

Gelbliche, salzig und hinterher schwach metallisch schmeckende und schwach sauer reagierende Flüssigkeit, welche durch Salzsäure und Natronlauge nicht gefällt wird.

Prüfung durch: | Zeigt an:

Versetzen des Liquors:

a) mit Natronlauge; es darf keine Fällung stattfinden;

b) mit Schwefelwasserstoffwasser.

Ungebundenes Quecksilberchlorid durch eine gelbrote Fällung.

Identität durch eine schwarze Fällung.

Aufbewahrung: sehr vorsichtig, vor Licht geschützt.

Liquor Hydrargyri peptonati
Quecksilberpeptonatlösung.

Gelbliche, salzige, hinterher schwach metallisch schmeckende und schwach saure Flüssigkeit, welche durch Salzsäure und Natronlauge nicht gefällt wird.

288 Liquor Kali caustici, — acetici, — arsenicosi, — silicici.

Prüfung durch:	Zeigt an:
Versetzen des Liquors: a) mit Natronlauge;	**Ungebundenes Quecksilberchlorid** durch eine gelbrote Fällung;
b) mit Schwefelwasserstoffwasser.	**Identität** durch eine schwarze Fällung.

Aufbewahrung: sehr vorsichtig, in einem vor Licht geschützten Glase.

Liquor Kali caustici

Kalium hydricum solutum. Kalilauge. Ätzkalilauge. Kaliumhydroxydlösung.

Prüfung auf Identität, Carbonat, Sulfat, Chlorid, Nitrat, Nitrit, Thonerde, Kieselerde siehe D. A.-B.

Liquor Kalii acetici

Liquor Terrae foliatae Tartari. Kaliumacetatlösung.

Prüfung auf Metalle, Sulfat, Chlorid siehe D. A.-B.

Liquor Kalii arsenicosi

Solutio arsenicalis Fowleri. Kaliumarsenitlösung. Fowlersche Lösung.

Prüfung auf Identität, Schwefeleisen, Gehalt an arseniger Säure siehe D. A.-B.

Liquor Kalii silicici

Kaliumwasserglaslösung.

Klare, farblose oder schwach gelblich gefärbte, rotes Lakmuspapier bläuende Flüssigkeit.
Spezifisches Gewicht: 1,30 bis 1,40.

Prüfung durch:	Zeigt an:
Übersättigen von etwa 10 ccm des Liquors mit Salzsäure.	**Identität** durch einen gallertartigen Niederschlag.
Verdampfen obiger Mischung zur staubigen Trockne, Ausziehen des Rückstandes mit wenig Wasser, Filtrieren und Verdampfen eines Tropfens am Platindrahte. Die Flamme darf sich nur vorübergehend gelb, dann lebhaft violett färben.	**Natriumsalz** durch eine anhaltend gelbe Färbung der Flamme.
Vermischen von 1 ccm des Liquors mit 10 ccm Wasser und Ansäuern mit Salzsäure. Es darf kein Aufbrausen stattfinden.	**Natriumcarbonat** durch ein Aufbrausen.
Versetzen obiger Flüssigkeit mit Schwefelwasserstoffwasser. Es darf keine Veränderung stattfinden.	**Metalle** (Kupfer, Blei) durch eine dunkle Färbung.
Verreiben von 10 ccm des Liquors mit 10 ccm Weingeist in einer Schale. Es muss sich ein körniges Salz in reichlicher Menge ausscheiden.	**Kieselsäure-ärmere Verbindungen** durch Ausscheidung eines breiigen oder schmierigen Salzes.
Filtrieren obiger Mischung und Eintauchen von rotem Lakmuspapier in das Filtrat. Dasselbe darf nicht gebläut werden.	**Freies Alkali** durch eine Bläuung des Lakmuspapiers.

Liquor Natri caustici

Natrium hydricum solutum. Natronlauge. Ätznatronlauge. Natriumhydroxydlösung.

Prüfung auf Identität, Carbonat, Sulfat, Chlorid, Nitrat, Nitrit, Thonerde, Kieselerde siehe D. A.-B.

Liquor Natrii hypochlorosi
Natriumhypochloritlösung. Labarraquesche Bleichflüssigkeit.

Klare, farblose Flüssigkeit von scharfem Chlorgeruch, rotes Lakmuspapier zuerst bläuend, dann entfärbend.

Gehalt: in 1000 Teilen wenigstens 5 Teile Chlor enthaltend.

Prüfung durch:	Zeigt an:
Versetzen von 10 ccm der Lösung mit Natriumcarbonatlösung. Es darf keine Trübung eintreten.	**Kalk** durch eine weisse Trübung.
Vermischen von 20 ccm der Lösung mit einer Lösung von 1 g Kaliumjodid in 20 ccm Wasser, Ansäuern mit 20 Tropfen Salzsäure, Versetzen mit Zehntel-Normal-Natriumthiosulfatlösung bis zur hellgelben Färbung, dann mit einigen Tropfen Stärkelösung und wiederum mit Zehntel-Normal-Natriumthiosulfatlösung, bis vollständige Entfärbung eingetreten ist.	Den **vorschriftsmässigen Chlorgehalt,** wenn bis zu diesem Punkte mindestens 28 ccm Zehntel-Normal-Natriumthiosulfatlösung verbraucht werden. Jeder ccm Zehntel-Normal-Natriumthiosulfatlösung entspricht 0,00355 g Chlor.

Aufbewahrung: in Flaschen mit Glasstopfen, vor Licht geschützt.

Liquor Natrii silicici
Natronwasserglaslösung. Natriumsilicatlösung.

Prüfung auf Identität, Carbonat, Metalle, Kieselsäureärmere Verbindungen, Ätznatron siehe D. A.-B.

Liquor Plumbi subacetici
Acetum plumbicum. Plumbum hydrico-aceticum solutum. Bleiessig. Bleisubacetatlösung.

Prüfung auf Identität und Kupfer siehe D. A.-B.

Liquor Stibii chlorati
Butyrum Antimonii. Antimonchlorürlösung. Spiessglanzbutter.

Klare, gelbliche, in mässiger Hitze vollkommen flüchtige Flüssigkeit von der Dicke eines Öles, mit 4 bis 5 Teilen Wasser einen Brei gebend.

Prüfung durch:

Vermischen von 5 ccm des Liquors mit 20 bis 25 ccm Wasser. Es muss eine breiige Masse entstehen.

Filtrieren obigen Gemisches, Versetzen des Filtrats mit Weinsäure und:
a) mit Natriumsulfatlösung; es darf keine Trübung entstehen;
b) mit überschüssiger Ammoniakflüssigkeit. Es darf keine blaue Färbung entstehen.

Verdünnen von 5 g des Liquors mit 10 g Salzsäure und Zufügen von 2 Tropfen gesättigtem Schwefelwasserstoffwasser. Es darf keine gelbe Trübung erfolgen.

Zeigt an:

Einen **zu geringen Gehalt an Antimonchlorür** oder **zu viel Salzsäure** durch Ausbleiben der Fällung.

Blei durch eine weisse Trübung.

Kupfer durch eine blaue Färbung.

Arsen durch eine gelbe Trübung.

Aufbewahrung: vorsichtig.

Lithargyrum
Plumbum oxydatum. Bleioxyd. Bleiglätte. Silberglätte.

Prüfung auf Identität, fremde Beimengungen, Bleicarbonat, Kupfer, Eisen siehe D. A.-B.

Lithium benzoicum
Lithiumbenzoat.

Weisses Pulver oder dünne, glänzende Schüppchen, etwas

Lithium benzoicum.

fettig anzufühlen, luftbeständig, geruchlos oder von schwachem benzoeartigem Geruche, kühlendem, süsslichem Geschmacke und von schwach saurer Reaktion. Es löst sich in 3 Teilen kaltem und 2 Teilen siedendem Wasser sowie in 10 Teilen Weingeist.

Prüfung durch:	Zeigt an:
Erhitzen von etwa 1 g des Salzes in einem Porzellanschälchen und stärkeres Erhitzen bis zum Glühen.	**Identität** durch Schmelzen, Verkohlung unter Abgabe entzündlicher Dämpfe bei höherer Temperatur und Hinterlassung eines weissen Rückstandes.
Zusammenbringen des Glührückstandes mit angefeuchtetem roten Lakmuspapier.	**Identität** durch Bläuung des Lakmuspapiers.
Auflösen des Glührückstandes in wenig Salzsäure, Eintauchen eines Platindrahtes in die Lösung und Erhitzen desselben in einer nicht leuchtenden Flamme.	**Identität** durch eine karminrote Färbung der Flamme.
Auflösen von 2 g des Salzes in 18 g Wasser und Versetzen je der Hälfte der Lösung:	
a) mit Salzsäure;	**Identität** durch Abscheidung eines Breies von weissen Krystallen, die in Äther löslich sind.
b) mit Eisenchloridlösung.	**Identität** durch einen fleischfarbenen Niederschlag.
Auflösen von 3 g des Salzes in 57 g Wasser:	
a) Versetzen von 10 ccm mit Baryumnitratlösung; es darf keine Trübung entstehen;	**Sulfat** durch eine weisse Trübung.
b) Versetzen von 20 ccm der Lösung mit Ammoniakflüssigkeit und Zusatz:	
α) von Schwefelwasserstoffwasser; es darf keine dunkle Färbung entstehen;	**Metalle, Eisen** durch eine dunkle Färbung.

β) von Ammoniumoxalatlösung; es darf keine Trübung stattfinden;

c) Ansäuern von 10 ccm der Lösung mit Salpetersäure, Wiederauflösen des entstandenen Niederschlags durch Zusatz von Weingeist und Versetzen mit Silbernitratlösung. Es darf nur schwache Opalisierung eintreten.

Übergiessen des Salzes mit Schwefelsäure. Das Salz darf sich nicht bräunen.

Veraschen von 0,3 g des Salzes, Auflösen der Asche in 1 ccm Salzsäure, Filtrieren, Abdampfen des Filtrats zur Trockne und Behandeln des Rückstandes mit 3 ccm Weingeist. Es muss klare Lösung erfolgen.

Kalk durch eine weisse Trübung.

Chlorid durch eine weisse, undurchsichtige Trübung.

Hippursäure durch eine Bräunung des Salzes.

Salze anderer Alkalimetalle (Kalium, Natrium, Magnesium) durch eine trübe Lösung.

Lithium bromatum
Lithiumbromid.

Weisses, an der Luft leicht zerfliessliches, körniges Salz ohne Geruch, von sehr schwachem, bitterlich salzigem Geschmacke und neutraler Reaktion. Es löst sich sehr leicht in Wasser wie in Weingeist.

Prüfung durch:

Erhitzen einer Probe des Salzes am Öhr des Platindrahtes in einer nicht leuchtenden Flamme.

Auflösen von 1 g des Salzes in 9 g Wasser, Zusatz von etwa 1 ccm Chloroform, Zu-

Zeigt an:

Identität durch Schmelzen und durch karminrote Färbung der Flamme.

Identität durch eine gelbe bis rötlichgelbe Färbung des Chloroforms.

Lithium bromatum.

tropfen von Chlorwasser und Schütteln.

Auflösen von 2 g des Salzes in 6 g Weingeist. Es muss vollständige Lösung stattfinden.

Vermischen obiger weingeistiger Lösung mit dem gleichen Volumen Äther. Es darf sich kein Salz ausscheiden.

Auflösen von 1 g des Salzes in 49 g Wasser und Versetzen von je 10 ccm der Lösung:
a) mit Baryumnitratlösung; es darf sofort keine Trübung entstehen;
b) mit Ammoniumoxalatlösung; es darf sofort keine Trübung entstehen;
c) mit Schwefelwasserstoffwasser nach Zusatz von Ammoniakflüssigkeit; es darf keine Veränderung entstehen;
d) mit einigen Tropfen Eisenchloridlösung und Schütteln mit Chloroform. Letzteres darf sich nicht violett färben.

Scharfes Trocknen des Salzes, Auflösen von 3 g desselben in Wasser zu 100 ccm, Abpipettieren von 10 ccm der Lösung, Versetzen mit einigen Tropfen Kaliumchromatlösung und dann mit so viel Zehntel-Normal-Silbernitratlösung, bis beim Umrühren bleibende Rötung eintritt. Es dürfen bis zu diesem Punkte nicht mehr als 35,4 ccm Zehntel-Normal-Silbernitratlösung verbraucht werden.

Natrium- oder Kaliumbromid durch eine unvollständige Lösung.
Dasselbe durch Ausscheidung eines Salzes.

Schwefelsäure durch eine sofort entstehende weisse Trübung.
Kalk durch eine sofort entstehende weisse Trübung.

Eisen durch eine schwarze, **Mangan** durch eine fleischfarbene Fällung.

Jodid durch eine violette Färbung des Chloroforms.

Einen **zu hohen Gehalt an Chlorid**, wenn mehr als 35,4 ccm Zehntel-Normal-Silbernitratlösung bis zur bleibenden Rötung verbraucht werden.

Ganz reines Lithiumbromid würde 34,48 ccm Zehntel-Normal-Silbernitratlösung verbrauchen. Es sind demnach 3 Prozent Lithiumchlorid gestattet.

Aufbewahrung: in einem sehr gut verschlossenen Glase.

Lithium carbonicum
Lithiumcarbonat.

Prüfung auf Identität, Sulfat, Chlorid, Eisen, Mangan, Kalium- und Natriumsalz siehe D. A.-B.

Lithium chloratum
Lithiumchlorid.

Weisse, würfelförmige oder oktaedrische Krystalle, häufiger eine aus krystallinischem Pulver zusammengebackene Masse, an der Luft zerfliessend, sich leicht in Wasser und Weingeist lösend.

Prüfung durch: | Zeigt an:

Auflösen von 1 g des Salzes in 5 ccm Weingeist und Anzünden der Lösung. — **Identität** durch eine schöne rote Flamme.

Auflösen von 1 g des Salzes in 9 g Wasser und Zusatz von Silbernitratlösung. — **Identität** durch einen weissen, in Salpetersäure unlöslichen Rückstand.

Auflösen von 1 g des Salzes in 10 g absolutem Alkohol. Es muss vollkommene Lösung stattfinden. — **Salze anderer Alkalimetalle** (Kalium, Natrium) durch eine trübe Lösung.

Auflösen von 2 g des Salzes in 38 g Wasser. Versetzen der Lösung:
a) mit Schwefelwasserstoffwasser; es darf keine Veränderung eintreten; — **Metalle** durch eine dunkle Fällung.
b) mit Baryumnitratlösung; es darf keine Trübung erfolgen; — **Sulfat** durch eine weisse Trübung.

c) Verdünnen von 5 ccm der Lösung mit 15 ccm Wasser und Zusatz von Ammoniumcarbonatlösung: es darf keine Trübung erfolgen. | **Salze der alkalischen Erden** durch eine weisse Trübung.

Aufbewahrung: in einem gutverschlossenen Glase.

Lithium citricum
Lithiumcitrat.

Weisses, luftbeständiges, geruchloses Salz von etwas kühlendem, schwach alkalischem Geschmacke und neutraler Reaktion. Es löst sich in 5,5 Teilen kaltem und 2,5 Teilen siedendem Wasser, wenig in Weingeist.

Prüfung durch: | Zeigt an:

Glühen einer Probe des Salzes auf dem Platinbleche. | **Identität** durch Verkohlung, Ausstossung von entzündlichen Dämpfen und Hinterbleiben eines weissen Rückstandes, der angefeuchtetes Curcumapapier bräunt.

Auflösen des weissen Glührückstandes in wenig Salzsäure, Eintauchen eines Platindrahtes und Erhitzen desselben in einer nicht leuchtenden Flamme. | **Identität** durch Aufbrausen beim Lösen, und karminrote Färbung der Flamme.

Auflösen von 0,5 g des Salzes in 9,5 g Wasser. Versetzen der Lösung mit Calciumchloridlösung und Erhitzen der Mischung zum Sieden. | **Identität** durch einen weissen Niederschlag, der erst nach einiger Zeit beim Sieden entsteht.

Auflösen von 0,5 g des Salzes in 24,5 g Wasser und Versetzen der Lösung:
a) mit Schwefelammonium; es darf keine Trübung entstehen;
b) mit Ammoniumoxalatlösung; es darf sofort keine Trübung entstehen. | **Eisen** durch eine schwarze, **Mangan** durch eine fleischfarbene Trübung. **Kalk** durch eine weisse Trübung.

Auflösen von 1 g des Salzes in 6 g Wasser, Ansäuern mit Essigsäure, Versetzen mit Kaliumacetatlösung und kräftiges Umschütteln. Es darf kein Niederschlag entstehen.

Weinsäure durch einen weissen, krystallinischen Niederschlag.

Einäschern von 0,3 g des Salzes, Behandeln des Rückstandes mit 1 g Wasser und 1 g verdünnter Schwefelsäure, Filtrieren, Vermischen des Filtrats mit dem doppelten Volumen Weingeist. Die Flüssigkeit muss klar bleiben.

Kalium-Natriumsalz durch eine Trübung beim Mischen mit Weingeist.

Lithium jodatum
Lithiumjodid.

Weisses, an der Luft zerfliessliches Krystallpulver ohne Geruch, von bitterlich salzigem Geschmacke, neutral oder schwach alkalisch reagierend, leicht löslich in Wasser wie auch in Weingeist.

Prüfung durch: | Zeigt an:

Auflösen von 1 g des Salzes in 5 ccm Weingeist, und Anzünden der Lösung.

Identität durch eine karminrote Farbe der Flamme.

Auflösen von 1 g des Salzes in 10 g Wasser, Versetzen mit einigen Tropfen Chlorwasser und Schütteln mit Chloroform.

Identität durch eine violette Farbe des Chloroforms.

Auflösen von 1 g des Salzes in 49 g Wasser. Versetzen von je 10 ccm der Lösung:

a) mit Baryumnitratlösung; es darf keine Trübung entstehen;

Sulfat durch eine weisse Trübung.

b) mit verdünnter Schwefelsäure und Schütteln mit Chloroform; letzteres darf sich nicht violett färben.

Jodat durch eine violette Färbung des Chloroforms.

c) Versetzen von 20 ccm der Lösung mit Ammoniakflüssigkeit und

α) mit Schwefelwasserstoffwasser; es darf keine Veränderung stattfinden;

Eisen durch eine schwarze, **Mangan** durch eine fleischfarbene Fällung.

β) mit Ammoniumoxalatlösung; es darf keine Trübung entstehen.

Kalk durch eine weisse Trübung.

Auflösen von 0,3 g des Salzes in 1 ccm Wasser und 1 ccm verdünnter Schwefelsäure, Versetzen der Lösung mit 5 ccm Weingeist. Es darf keine Trübung entstehen.

Kalium-, Natrium-, Magnesiumsalz durch eine Trübung.

Auflösen von 0,2 g bei 100^0 getrocknetem Lithiumjodid in 2 ccm Ammoniakflüssigkeit, Zufügen von 16 ccm Zehntel-Normalsilbernitratlösung, Umschütteln, Filtrieren und Übersättigen des Filtrats mit Salpetersäure. Es darf innerhalb 10 Minuten weder bis zur Undurchsichtigkeit getrübt, noch dunkel gefärbt werden.

Einen **zu hohen Gehalt an Chlorid oder Bromid** durch eine weisse, undurchsichtige Trübung, welche innerhalb 10 Minuten eintritt.

Thiosulfat durch eine dunkle Färbung.

Aufbewahrung: vorsichtig, in einem gut verschlossenen Glase.

Lithium salicylicum
Lithiumsalicylat.

Prüfung auf Identität, freie Salicylsäure, Carbonat, fremde organische Stoffe, Metalle, Sulfat, Chlorid, fremde Alkalisalze siehe D. A.-B.

Lithium sulfuricum
Lithiumsulfat.

Farb- und geruchlose, prismatische oder tafelförmige Krystalle von rein salzigem, nicht bitterem Geschmacke und neutraler Reaktion, an der Luft schwach verwitternd. Sie lösen sich in 3 Teilen Wasser und in etwa 30 Teilen verdünntem, schwer in unverdünntem Weingeist.

Prüfung durch:	Zeigt an:
Anrühren von 0,5 g des Salzes mit 20 g Weingeist und Anzünden des letzteren.	**Identität** durch eine karminrote Färbung der Flamme.
Auflösen von 1 g des Salzes in 49 g Wasser, Versetzen der Lösung: a) mit Baryumnitratlösung;	**Identität** durch einen weissen, in Salpetersäure unlöslichen Niederschlag.
b) mit Schwefelammonium; es darf keine Trübung entstehen.	**Eisen** durch eine dunkle, **Mangan** durch eine fleischfarbene Fällung.
Auflösen von 0,2 g des Salzes in 2 ccm Wasser und Vermischen mit 4 ccm Weingeist. Die Mischung muss klar bleiben.	**Fremde Alkalisalze, Magnesiumsalz** durch eine trübe Mischung.
Erwärmen des Salzes mit Natronlauge und Darüberhalten von angefeuchtetem Curcumapapier; dasselbe darf sich nicht bräunen.	**Ammoniak** durch eine Bräunung des Curcumapapiers.

Aufbewahrung: in einem gut verschlossenen Glase.

Loretinum
m-Jod-Ortho-Oxychinolin-ana-Sulfonsäure.

Gelbes, krystallinisches, geruchloses Pulver, welches in Wasser und Alkohol sehr wenig löslich, in Äther und Ölen unlöslich ist.

Schmelzpunkt: bei etwa 270°, bei welcher Temperatur

auch Zersetzung unter Entwicklung von violetten Dämpfen stattfindet.

Prüfung durch:

Schütteln von 0,1 g des Präparats mit Wasser und Filtrieren.

Auflösen von 0,1 g des Präparats in verdünnter Natronlauge und Zusatz von Eisenchloridlösung.

Zeigt an:

Identität durch ein hellgelbes Filtrat.

Identität durch eine dunkelgrüne Färbung.

Aufbewahrung: vorsichtig.

Losophanum
Trijodmetakresol.

Farblose Krystallnadeln ohne Geruch, in Wasser nahezu unlöslich, schwer löslich in Alkohol, leicht löslich in Äther, Benzol und Chloroform. In verdünnter Natronlauge lösen sie sich ohne Zersetzung.

Schmelzpunkt: bei 121,5°.

Prüfung durch:

Übergiessen von 0,2 g des Präparats mit 5 ccm konzentrierter Natronlauge.

Erhitzen einer Probe in einem Porzellanschälchen. Es darf kein Rückstand bleiben.

Schütteln von 0,2 g des Präparats mit 20 ccm Wasser, Filtrieren und Versetzen des Filtrats mit 1 Tropfen Eisenchloridlösung. Es darf keine blaue oder violette Färbung entstehen.

Zeigt an:

Identität durch Bildung eines grünschwarzen Harzes, das in Alkohol unlöslich ist.

Mineralische Beimengungen durch einen Rückstand.

Freies Phenol durch eine blaue oder violette Färbung.

Lycetolum
Dimethylpiperacinum tartaricum.

Klein granuliertes, wenig hygroskopisches Pulver, das in Wasser leicht löslich ist, von säuerlichem Geschmacke.

Schmelzpunkt: bei 243°.

Lysidinum
Methylglyoxalidin.

Hellrötliche, krystallinische, sehr hygroskopische Masse, von eigentümlichem Geruch nach Mäuse, sehr leicht in Wasser löslich.

Lysolum
Lysol.

Braune, nach Teeröl riechende Flüssigkeit, die sich in Wasser klar löst.
Identisch mit Lysol ist das **Sapocarbol.**

Magnesia usta
Gebrannte Magnesia.

Zu prüfen auf Identität, Carbonat, Kalk, Eisen, Kieselerde, Thonerde, Metalle nach Angabe des D. A.-B.

Magnesia usta ponderosa.

Schweres, glänzendweisses, dichtes Pulver, welches sich weniger leicht mit Wasser verbindet und in verdünnten Säuren auflöst, als das offizinelle, leichte Präparat.
Prüfung wie das vorhergehende Präparat.

Magnesium
Magnesiummetall.

Das Magnesium kommt als Draht, Band und Blech in den Handel. Es stellt ein silberweisses, sehr glänzendes Metall dar, das an der Luft zum Glühen erhitzt mit blendend weissem, intensivem Lichte zu einem weissen Pulver verbrennt. Es löst sich leicht in verdünnten Säuren unter Wasserstoffentwicklung auf, auch in Ammoniumchloridlösung; von Kali- und Natronlauge wird es nicht angegriffen.

Spezifisches Gewicht: 1,75.

Prüfung durch:	Zeigt an:
Auflösen von Magnesium in verdünnter Salzsäure, Versetzen der Lösung mit Schwefelwasserstoffwasser; es entstehe keine Fällung.	**Fremde Metalle** (Kupfer, Blei) durch eine dunkle Fällung.
Versetzen obiger mit Schwefelwasserstoffwasser versetzer Flüssigkeit mit überschüssiger Ammoniumcarbonatlösung; es entstehe keine Fällung.	**Eisen** durch eine dunkle, **Zink** durch eine weisse Fällung.
Versetzen obiger Flüssigkeit mit Phosphorsäure.	**Identität** durch einen weissen Niederschlag.

Magnesium boro-citricum
Magnesiumborocitrat.

Mittelfeines, weisses Salzpulver von schwach bitterlichem Geschmacke und schwach saurer Reaktion, in Wasser löslich, unlöslich in Weingeist, welcher nur die Borsäure aufnimmt.

Prüfung durch:	Zeigt an:
Erhitzen von etwa 1 g des Salzes in einem Porzellanschälchen.	**Identität** durch Aufblähen und Verkohlung.
Behandeln des kohligen Rückstandes mit salzsäurehaltigem Wasser, Filtrieren und Übersättigen des Filtrats mit Ammoniumcarbonatlösung. Es darf keine Trübung entstehen.	**Kalk** durch eine weisse Trübung.
Versetzen obiger mit Ammoniumcarbonatlösung übersättigten Flüssigkeit mit Natriumphosphatlösung.	**Identität** durch einen weissen Niederschlag.
Versetzen von etwa 0,2 g des Salzes mit einem Tropfen Salzsäure und 5 ccm Weingeist, und Anzünden der Mischung.	**Identität** durch eine grüngesäumte Flamme.
Auflösen von 1 g des Prä-	**Weinsäure** durch einen

parats in 1 ccm Wasser, Ansäuern mit Essigsäure, Zusatz von 1 ccm Kaliumacetatlösung und Schütteln. Es darf keine Fällung entstehen. | weissen, krystallinischen Niederschlag.

Aufbewahrung: in einem sehr gut verschlossenen Glase.

Magnesium carbonicum
Magnesium hydrico-carbonicum. Magnesia alba.
Magnesiumcarbonat. Weisse Magnesia.

Prüfung auf Identität, Eisen, Mangan, Alkalisalze, Metalle, Sulfat, Chlorid, Wassergehalt, Kalk siehe D. A.-B.

Magnesium chloratum
Magnesiumchlorid.

Weisses, sehr hygroskopisches, krystallinisches Salz oder farblose, schief rhombische Säulen von bitterem und scharf salzigem Geschmacke, in 0,6 Teilen Wasser und in 2 Teilen Weingeist löslich. Beim Glühen bleibt fast reine Magnesia zurück.

Prüfung durch: | Zeigt an:

Auflösen von 2 g des Salzes in 38 g Wasser und Versetzen der Lösung:

a) mit Silbernitratlösung; | **Identität** durch einen weissen, käsigen Niederschlag, der in Ammoniakflüssigkeit löslich ist.

b) mit Ammoniumcarbonatlösung und Natriumphosphatlösung; | **Identität** durch einen weissen Niederschlag.

c) mit Ammoniumoxalatlösung; es darf sofort keine Trübung entstehen; | **Kalk** durch eine weisse Trübung.

d) mit Ammoniumchloridlösung und Schwefelammonium; es darf keine dunkle Trübung entstehen. | **Eisen** durch eine dunkle Trübung.

Aufbewahrung: in einem sehr gut verschlossenen Glase.

Magnesium chloratum crudum

Dasselbe ist vorzüglich auf seine vollkommene Löslichkeit in Wasser, sowie auf Eisen, wie oben angegeben, zu prüfen.

Magnesium citricum
Magnesiumcitrat.

Mittelfeines, weisses Salzpulver von schwach bitterlichem, nicht saurem Geschmacke, in 2 Teilen Wasser klar und vollständig zu einer neutralen oder blaues Lakmuspapier nur schwach rötenden Flüssigkeit löslich.

Prüfung durch:	Zeigt an:
Auflösen von 2 g des Salzes in 4 g Wasser. Die Lösung muss klar und vollständig sein.	**Schwer lösliche Modifikation** durch eine nur teilweise Lösung.
Glühen von etwa 1 g des Salzes in einem Porzellanschälchen, Übergiessen des kohligen Rückstandes mit salzsäurehaltigem Wasser, Filtrieren und Übersättigen des Filtrats mit Ammoniumcarbonatlösung. Es darf keine Trübung entstehen.	**Kalk** durch eine weisse Trübung.
Versetzen obiger mit Ammoniumcarbonatlösung übersättigten Flüssigkeit mit Natriumphosphatlösung.	**Identität** durch einen weissen Niederschlag.
Auflösen von 8 g des Salzes in 32 g Wasser: a) Ansäuern von 10 ccm der Lösung mit verdünnter Essigsäure, Zusatz von Kaliumacetatlösung und Schütteln. Es darf keine Fällung entstehen;	**Magnesiumtartrat** durch einen weissen, krystallinischen Niederschlag.
b) Versetzen von 20 ccm der Lösung mit Ammoniumchloridlösung und etwas Ammoniakflüssigkeit und Zufügen:	

α) von Schwefelwasserstoffwasser; es darf keine dunkle Trübung entstehen; | **Eisen** durch eine dunkle Trübung.

β) von Ammoniumoxalatlösung; es darf keine weisse Trübung stattfinden. | **Kalk** durch eine weisse Trübung.

Magnesium lacticum
Magnesiumlaktat.

Farblose, säulenförmige Krystalle oder weissliche, krystallinische Krusten, luftbeständig, von kaum merklich bitterem Geschmacke. Sie lösen sich in 3,5 Teilen siedendem Wasser, in ungefähr 26 Teilen kaltem Wasser, und sind unlöslich in Weingeist.

Prüfung durch: | Zeigt an:

Glühen von etwa 1 g des Salzes in einem Porzellanschälchen. | **Identität** durch Verkohlung.

Auflösen von 1 g des Salzes in 10 ccm warmem Wasser und Zusatz von Ferrosulfatlösung. | **Identität** durch einen grünlichweissen Niederschlag.

Auflösen von 1 g des Salzes in 49 g Wasser:
a) Eintauchen von rotem und blauem Lakmuspapier; die Farben dürfen nicht verändert werden; | **Freie Säure** durch Rötung des blauen Lakmuspapiers. **Basisches Salz** durch eine Bläuung des roten Lakmuspapiers.

Versetzen von je 10 ccm der Lösung:
b) mit Ammoniumcarbonatlösung; es darf keine Trübung entstehen; | **Kalk** durch eine weisse Trübung.

hierauf Zusatz von Natriumphosphatlösung; | **Identität** durch einen weissen, krystallinischen Niederschlag.

c) mit Bleiacetatlösung; es entstehe keine Trübung;	**Fremde Säuren,** wie Schwefelsäure, Weinsäure, Aepfelsäure, **Chlor** durch eine weisse Trübung.
d) mit Schwefelwasserstoffwasser; es entstehe keine dunkle Färbung;	**Metalle,** wie Kupfer, Blei durch eine dunkle Färbung.
e) mit Ammoniakflüssigkeit und Schwefelwasserstoffwasser; es entstehe keine Veränderung.	**Eisen** durch eine dunkle, **Zink** durch eine weisse Fällung.
Befeuchten von 2 g des Salzes mit Salpetersäure und Glühen bis zur vollständigen Veraschung in einem tarierten Tiegel.	**Richtige Zusammensetzung des Salzes,** wenn der Rückstand 0,3 bis 0,32 g beträgt.

Magnesium phosphoricum
Magnesiumphosphat.

Weisses, geruch- und geschmackloses Pulver, in 350 Teilen Wasser, nicht in Weingeist löslich. In verdünnten Säuren löst sich das Salz leicht auf.

Prüfung durch:	Zeigt an:
Auflösen von 0,1 g des Salzes in 40 g Wasser:	
a) Versetzen der Lösung mit Ammoniakflüssigkeit.	**Identität** durch eine weisse Fällung.
b) Kochen der Lösung.	**Identität** durch Trübung.
Auflösen von 2 g des Salzes in 38 g verdünnter Essigsäure. Versetzen der Lösung;	
a) mit Ammoniumoxalatlösung; es darf keine Trübung entstehen.	**Kalk** durch eine weisse Trübung.
b) mit Schwefelwasserstoffwasser; es darf nicht getrübt werden;	**Kupfer, Blei** durch eine dunkle, **Zink** durch eine weisse Fällung.
c) mit Ammoniakflüssigkeit und Schwefelammonium; der entstehende Niederschlag sei rein weiss.	**Eisen** durch eine dunkle Färbung des Niederschlags.

Magnesium salicylicum
Magnesiumsalicylat.

Farblose, luftbeständige Krystalle von süss bitterlichem Geschmacke, welche in Wasser und Alkohol löslich sind.

Prüfung durch:	Zeigt an:
Erhitzen einer kleinen Menge des Salzes auf dem Platinbleche.	**Identität** durch einen weissen Rückstand.
Auflösen von 6 g des Salzes in 60 g Wasser. Die Lösung muss klar sein.	**Basisches Salz** durch eine trübe Lösung.
a) Eintauchen von blauem Lakmuspapier.	**Identität** durch Rötung des Papiers.
Versetzen von je 10 ccm der Lösung:	
b) mit Salzsäure;	**Identität** durch eine reichliche, krystallinische Ausscheidung.
c) mit Eisenchloridlösung nach starker Verdünnung der Lösung;	**Identität** durch eine violette Färbung.
d) mit Ammoniak und Ammoniumchloridlösung bis zum Verschwinden des entstandenen Niederschlags und hierauf mit Natriumphosphatlösung;	**Identität** durch eine weisse, krystallinische Ausscheidung.
e) Versetzen von 20 ccm der Lösung mit Salpetersäure, Filtrieren und Versetzen des Filtrats:	
α) mit Silbernitratlösung;	**Chloride** durch eine weisse Trübung.
β) mit Baryumnitratlösung.	**Sulfate** durch eine weisse Trübung.
Beide Reagentien dürfen keine Veränderung hervorbringen.	
f) Schütteln von 10 ccm der Lösung mit Äther, Abheben des Äthers und Ver-	**Freie Salicylsäure** durch einen grösseren Rückstand.

dampfen desselben. Es darf nur ein sehr geringer Rückstand bleiben.

Magnesium sulfuricum
Magnesiumsulfat. Bittersalz.

Prüfung auf Identität, Natriumsalze, Arsen, Neutralität, Kupfer, Blei, Zink, Chlorid, Eisen siehe D. A.-B.

Magnesium tartaricum
Magnesiumtartrat.

Weisses, luftbeständiges, geruchloses Pulver, in Wasser nur wenig, in stark verdünnter Essigsäure leicht löslich, in Weingeist unlöslich.

Prüfung durch:	Zeigt an:
Erhitzen einer Probe in einem Porzellanschälchen und Glühen.	**Identität** durch eine Schwärzung, dann Verglimmen unter Entwicklung eines Geruches nach verbranntem Zucker und Zurücklassung eines weissen, lockeren Rückstandes.
Behandeln des Glührückstandes mit verdünnter Salzsäure, Filtrieren, Übersättigen des Filtrats mit Ammoniumcarbonatlösung und Zusatz von Natriumphosphatlösung.	**Identität** durch einen weissen Niederschlag.
Auflösen von 1 g des Präparats in 40 g stark verdünnter Essigsäure und Versetzen der Lösung:	
a) mit Kaliumacetatlösung;	**Identität** durch einen weissen, krystallinischen Niederschlag.
b) mit Natriumacetat- und Ammoniumoxalatlösung; es darf keine Trübung entstehen;	**Kalk** durch eine weisse Trübung.

c) mit Schwefelwasserstoffwasser; es darf keine Trübung entstehen;
d) mit Ammoniumchloridlösung, Ammoniakflüssigkeit und Schwefelammonium. Es darf keine dunkle Trübung entstehen.

Metalle durch eine dunkle Trübung.

Eisen durch eine dunkle Trübung.

Malakin
Salicyl-p-Phenetidin.   Salicyliden-p-Phenetidin.

Kleine, hellgelbe, feine Nädelchen, die in Wasser und in kaltem Alkohol schwer, in heissem leicht löslich sind. In Natronlauge löst es sich mit gelber Farbe, sehr verdünnte Mineralsäuren zersetzen es in Salicylaldehyd und Para-Phenetidin.

Schmelzpunkt: bei 92^0.

Prüfung durch:	Zeigt an:
Auflösen von Malakin in Schwefelsäure.	**Identität** durch eine citronengelbe Lösung.
Langsames Erwärmen von Malakin mit Salpetersäure.	**Identität** durch eine Orangefärbung.
Kochen von 0,2 g Malakin mit 20 ccm Salzsäure, Erkaltenlassen der Lösung und Zusatz:	
a) von Eisenchloridlösung;	**Identität** durch eine rotviolette Färbung.
b) von Chlorkalklösung.	**Identität** durch einen violetten Niederschlag.
Kochen von 0,1 g Malakin mit 10 ccm Natronlauge und Versetzen mit Chlorkalklösung.	**Identität** durch eine rote Färbung.
Auflösen von 0,1 g Malakin in 10 ccm Chlorwasser, langsames Verdunsten der Lösung.	**Identität** durch einen violetten Rückstand.
Befeuchten obigen Verdampfungsrückstandes mit Salzsäure.	**Identität** durch eine blaue Färbung.

Manganum chloratum
Manganochlorid. Manganchlorür.

Rötliche, in Wasser leicht lösliche Krystalle, ohne Geruch, von herbem, salzigem Geschmacke, an der Luft zerfliessend, an trockner Luft verwitternd; in Wasser mit blassroter, in Weingeist mit grünlicher Farbe löslich.

Prüfung durch: Auflösen von 3 g des Salzes in 57 g Wasser. Versetzen der Lösung:

a) mit Schwefelammonium;

Zeigt an: **Identität** durch einen fleischfarbenen Niederschlag, der in verdünnter Salzsäure löslich ist.

b) mit Silbernitratlösung; **Identität** durch einen weissen, käsigen Niederschlag.

c) mit einigen Tropfen Salzsäure und mit Schwefelwasserstoffwasser; es darf keine Fällung entstehen; **Metalle**, Kupfer, Blei durch eine dunkle Fällung.

d) mit Gerbsäurelösung; es darf keine dunkle Färbung entstehen; **Eisen** durch eine dunkle Färbung.

e) mit Ammoniumoxalatlösung; es darf keine Trübung entstehen; **Kalk** durch eine weisse Trübung.

f) mit Baryumnitratlösung; es darf keine Trübung entstehen. **Schwefelsäure** durch eine weisse Trübung.

Auflösen von 1 g des Salzes und 1 g Natriumacetat in 10 ccm Wasser, Zusatz von einigen Tropfen Essigsäure und von Schwefelwasserstoffwasser. Es darf keine weisse Trübung entstehen. **Zink** durch eine weisse Trübung.

Aufbewahrung: in einem gut verschlossenen Glase.

Manganum hyperoxydatum
Manganhyperoxyd. Braunstein.

Schwere, faserig krystallinische, schwarzgraue, zuweilen

glänzende Massen, welche, zerrieben, ein graues Pulver geben und, mit Salzsäure erwärmt, Chlor entwickeln.

Prüfung durch:	Zeigt an:
Erhitzen einer Probe mit Salzsäure.	**Identität** durch Chlorentwicklung.
Allmähliches Erhitzen von 1 g fein gepulvertem Braunstein mit 4 g Ferrosulfat und 20 ccm verdünnter Salzsäure bis zum Sieden, Filtrieren und Versetzen des Filtrats mit Kaliumferricyanidlösung. Es darf keine blaue Färbung entstehen.	**Vorschriftsmässigen Gehalt an Manganhyperoxyd,** wenn keine blaue Färbung entsteht. Der Braunstein enthält dann mindestens 62 Prozent Manganhyperoxyd.
	Verunreinigung mit Manganit, Calciumcarbonat, thonigem Gestein, Eisenoxyd etc. durch eine blaue Färbung.

Manganum sulfuricum
Manganosulfat.

Blassrote, rhombische, verwitternde Krystalle, in 0,8 Teilen Wasser löslich, in Weingeist unlöslich. Die wässrige Lösung ist neutral.

Prüfung durch:	Zeigt an:
Schmelzen eines Körnchens des Salzes mit Kaliumnitrat auf dem Platinbleche und lösen des Rückstandes in Wasser.	**Identität** durch eine dunkelgrüne Schmelze, welche sich mit gleicher Farbe in Wasser löst.
Auflösen von 3 g des Salzes in 57 g Wasser:	
a) Eintauchen von blauem Lakmuspapier. Es darf nicht gerötet werden.	**Freie Säure** durch eine Rötung des Lakmuspapiers.
Versetzen von je 10 ccm der Lösung:	
b) mit Baryumnitratlösung;	**Identität** durch einen weissen, in Salzsäure unlöslichen Niederschlag.

312　Mentholum. — Methacetinum.

c) mit Ammoniakflüssigkeit und Schwefelwasserstoffwasser;
d) mit Schwefelwasserstoffwasser; es darf 'keine Veränderung entstehen;
e) mit Kaliumferricyanidlösung; es darf keine blaue Fällung entstehen.
f) Ausfällen des Mangans mittels überschüssiger Ammoniumcarbonatlösung, Filtrieren, Verdampfen des Filtrats und stärkeres Erhitzen des Rückstandes.

Auflösen von 1 g des Salzes und 1 g Natriumacetat in 20 ccm Wasser, Versetzen mit einigen Tropfen Essigsäure und Zusatz von Schwefelwasserstoffwasser. Es darf keine weisse Trübung entstehen.

Gelindes Glühen von 1 g des gepulverten Salzes in einem tarierten Porzellanschälchen.

Identität durch einen rötlichweissen Niederschlag.

Metalle (Kupfer, Blei) durch eine dunkle Fällung.

Eisen durch eine blaue Fällung.

Salze der Alkalien und alkalischen Erden durch einen feuerbeständigen Rückstand.

Zink durch eine weisse Trübung.

Den **richtigen Krystallwassergehalt**, wenn der Glührückstand 0,665 bis 0,678 g beträgt.

Mentholum

Menthol.　Pfefferminzkampher.

Prüfung auf Identität, fremde Beimengungen, Thymol siehe D. A.-B.

Methacetinum

Methacetin.　Paraoxymethylacetanilid.

Farb- und geruchlose, glänzende Krystallblättchen, bei höherer Temperatur unzersetzt destillierend. Sie sind sehr leicht löslich in Alkohol, Aceton und Chloroform, ferner in 350 Teilen kaltem und 12 Teilen siedendem Wasser, schwer löslich in Schwefelkohlenstoff, Petroleumbenzin und Äther. In der Wärme lösen sie sich in Glycerin und fetten Ölen.

Schmelzpunkt: bei 127^0.

Prüfung durch:	Zeigt an:
Kochen von 0,1 g Methacetin mit 1 ccm konzentrierter Salzsäure eine Minute lang, Verdünnen mit 10 ccm Wasser, Filtrieren nach dem Erkalten und Zusatz von 3 Tropfen Chromsäurelösung (3 : 100).	**Identität** durch eine allmählich entstehende rubinrote Färbung.
Kochen von 0,1 g Methacetin mit 1 ccm Salzsäure eine Minute lang, Zusatz von 2 ccm Karbolsäurelösung und hierauf von Chlorkalklösung, Übersättigen mit Ammoniakflüssigkeit.	**Identität** durch eine zwiebelrote Färbung auf Zusatz von Chlorkalklösung und durch eine indigblaue Färbung nach Übersättigen mit Ammoniak (Indophenolreaktion).
Übergiessen von etwa 0,2 g Methacetin mit konzentrierter Salpetersäure.	**Identität** durch eine sogleich auftretende tiefgelbrote Färbung, starke Erhitzung und Ausscheiden von gelben Krystallen beim Erkalten.
Erhitzen einer kleinen Menge des Präparats mit Kalilauge und Chloroform. Es darf kein widerlicher Geruch entstehen.	**Acetanilid** durch einen widerlichen Geruch von Isonitril.
Auflösen von 0,1 g Methacetin in 10 ccm heissem Wasser, Erkaltenlassen, Filtrieren und Zusatz von Bromwasser bis zur gelben Färbung. Es darf keine Trübung entstehen.	**Acetanilid** durch eine Trübung.
Auflösen einer kleinen Menge des Präparats in konzentrierter Schwefelsäure. Die Lösung sei farblos.	**Kohlehydrate** durch eine Bräunung.
Kochen von 2 g Methacetin mit 15 ccm Wasser. Es	**Phenacetin** durch Nichtschmelzen des Ungelösten.

schmilzt das nicht Gelöste zu
einer öligen Flüssigkeit, die
beim Erkalten erstarrt.
  Versetzen der heiss gesättigten
Lösung:
  a) mit Baryumnitratlösung; **Schwefelsäure** durch eine weisse Trübung.
  b) mit Silbernitratlösung.   **Chlor, Jod** durch eine weisse Trübung.
  Beide Reagentien dürfen keine Veränderung erzeugen.
  Erhitzen einer kleinen Menge auf dem Platinbleche. Es darf kein Rückstand bleiben.   **Anorganische Beimengungen** durch einen Rückstand.
  Aufbewahrung: vorsichtig.

Methylalum
Methylal. Methylendimethyläther.

Farblose, leicht bewegliche, nach Chloroform und Essigäther riechende Flüssigkeit. Von Alkalien wird sie nicht zersetzt, von konzentrierter Schwefelsäure unter Bildung von Methylschwefelsäure und Formaldehyd zersetzt. Sie ist löslich in 3 Teilen Wasser, in Alkohol, Äther, fetten und ätherischen Ölen.

Spezifisches Gewicht: 0,855 bis 0,860.
Siedepunkt: bei 42°.

Prüfung durch: Zeigt an:

Auflösen von 1 g Methylal in 3 g Wasser. Eintauchen von blauem Lakmuspapier; dasselbe darf nicht gerötet werden.   **Freie Säure** (Essigsäure, Ameisensäure) durch eine Rötung des Papiers.

Vermischen von 5 Tropfen Methylal mit 10 g Wasser, Zufügen von 10 Tropfen verdünnter Schwefelsäure und 1 Tropfen Kaliumpermanganatlösung. Es darf innerhalb 5 Minuten die rote Farbe nicht verschwinden.   **Aldehyd, Methylalkohol** durch Verschwinden der roten Färbung innerhalb 5 Minuten.

Aufbewahrung: vorsichtig, in kleinen, gut verschlossenen Gläsern.

Methylenum chloratum

Methylenchlorid. Dichlormethan.

Farblose, chloroformartig riechende, nicht leicht entzündliche Flüssigkeit, deren Dämpfe mit grüngesäumter Flamme brennen. Sie mischt sich mit Weingeist, Äther, fetten und ätherischen Ölen, und ist sehr wenig löslich in Wasser.

Spezifisches Gewicht: 1,354.

Siedepunkt: zwischen 41 und 42^0.

Prüfung durch:	Zeigt an:
Bestimmen des spezifischen Gewichts und des Siedepunkts.	**Chloroform** durch ein höheres spezifisches Gewicht und einen höheren Siedepunkt als oben angegeben.
Zweimaliges Schütteln von etwa 50 ccm des Präparats mit je 100 ccm Wasser, Abscheiden des ersteren mittels eines Scheidetrichters, Entwässern mit Chlorcalcium und Bestimmen des spezifischen Gewichts und des Siedepunktes. Dieselben müssen mit, dem zuerst gefundenen übereinstimmen.	**Äthyl-, Methylalkohol** durch eine Veränderung des spezifischen Gewichts und des Siedepunkts.
Schütteln des Präparats mit dem gleichen Volumen reiner konzentrierter Schwefelsäure in einem mit Schwefelsäure ausgespülten Glase. Die Schwefelsäure darf sich nicht färben.	**Fremde Chlorverbindungen des Äthyls, Amyls etc.** durch eine Bräunung der Schwefelsäure.
Schütteln von 20 ccm des Präparats mit 20 ccm Wasser und Abheben des letzteren.	
a) Eintauchen von blauem Lakmuspapier in das Wasser. Ersteres darf nicht gerötet werden;	**Salzsäure** durch Rötung des Papiers.

316 Methylium salicylicum. — Methylum chloratum.

b) Versetzen des Wassers mit Silbernitratlösung. Es darf keine Trübung entstehen; **Chlorhaltige Zersetzungsprodukte** durch eine weisse Trübung.

c) Schütteln desselben mit Jodzinkstärkelösung. Es darf keine Bläuung erfolgen. **Freies Chlor** durch Bläuung.

Aufbewahrung: vorsichtig, in kleinen, gut verschlossenen, vor Licht geschützten Gläsern mit Glasstopfen an einem kühlen Orte.

Methylium salicylicum
Salicylsäure-Methyläther.

Das Gaultheriaöl (Wintergrünöl) enthält gegen 90 Prozent dieser Verbindung.

Farblose, angenehm riechende Flüssigkeit, in Wasser nur wenig löslich.

Siedepunkt: bei 220^0.

Spezifisches Gewicht: 1,819.

Prüfung durch: | Zeigt an:
Schütteln einiger Tropfen des Präparats mit Wasser und Zusatz von Eisenchloridlösung. | **Identität** durch eine violette Färbung.

Methylum chloratum
Methylchlorid. Monochlormethan.

Farbloses, ätherisch riechendes Gas, das mit grüngesäumter Flamme verbrennt. Es löst sich in 4 Volumen Wasser, 35 Volumen Alkohol, leicht in Äther und in Chloroform. Durch starken Druck und Abkühlung kann das Gas verflüssigt werden. Beim Verdampfen des flüssigen Chlormethyls entsteht eine sehr starke Kälte.

Prüfung durch: | Zeigt an:
Einleiten von Chlormethyldampf in mit Eis abgekühltes Wasser:
a) Eintauchen von blauem Lakmuspapier. Es darf nicht gerötet werden; | **Salzsäure** durch eine Rötung des Papiers.

Versetzen des Wassers:
b) mit Silbernitratlösung; es darf nicht getrübt werden;
c) mit Jodzinkstärkelösung; es darf keine blaue Färbung eintreten.

Salzsäure durch eine weisse Trübung.
Freies Chlor durch eine blaue Färbung.

Aufbewahrung: an einem kühlen Orte in metallenen Flaschen mit Ventilansatz, sogenannten „Bomben".

Minium

Plumbum hyperoxydatum rubrum. Mennige. Rotes Bleioxyd.

Prüfung auf Identität, fremde Beimengungen siehe D. A.-B.

Morphinum aceticum
Morphinacetat.

Weisses oder doch nur schwach gelblich weisses, schwach nach Essigsäure riechendes, krystallinisches Pulver von bitterem Geschmack. Es ist in möglichst neutralem Zustande in etwa 12 Teilen Wasser und in 30 Teilen Weingeist zu einer farblosen oder doch nur blass gelblich gefärbten Flüssigkeit löslich. In der Wärme, namentlich auf Zusatz von wenig verdünnter Essigsäure ist es in Wasser und Weingeist leichter löslich.

Prüfung durch:

Auflösen einer kleinen Menge des Salzes in Schwefelsäure. Die Lösung sei farblos oder nur schwach gelblich.

Aufstreuen von basischem Wismutnitrat auf obige schwefelsaure Lösung.

Befeuchten des Salzes mit Salpetersäure.

Auflösen von 0,3 g des Salzes in 8 g Wasser, Zutropfen von Ammoniakflüssigkeit.

Zeigt an:

Zucker oder andere organische Stoffe durch eine braune oder schwarze Färbung, **Salicin** durch eine rote.

Identität durch eine dunkelbraune Färbung.

Identität durch eine rote Färbung.

Identität durch einen Niederschlag, der sich leicht in Natronlauge, schwieriger in

318 Morphinum hydrochloricum. — Morphinum sulfuricum.

Auflösen von 0,5 g des Salzes in 10 g Wasser und Versetzen mit Gerbsäurelösung. Es darf keine Fällung stattfinden.

Erhitzen einer kleinen Menge auf dem Platinbleche. Es darf kein Rückstand bleiben.

Aufbewahrung: vorsichtig.

überschüssiger Ammoniakflüssigkeit und in Kalkwasser auflöst.

Fremde Alkaloide, Narcotin durch Unlöslichkeit des Niederschlags in Natronlauge, Ammoniakflüssigkeit und Kalkwasser.

Narcotin durch eine weisse Fällung.

Anorganische Beimengungen durch einen Rückstand.

Morphinum hydrochloricum
Morphinhydrochlorid.

Prüfung auf Identität, Feuchtigkeitsgehalt, fremde Beimengungen, Zucker, Narcotin, Neutralität, Apomorphin, fremde Alkaloide siehe D. A.-B.

Morphinum sulfuricum
Morphinsulfat.

Farblose, nadelförmige Krystalle, welche sich in etwa 20 Teilen Wasser zu einer farblosen, neutralen, bitter schmeckenden Flüssigkeit lösen.

Prüfung durch:

Erwärmen von 1 g des Salzes auf dem Wasserbade in einem tarierten Porzellanschälchen bis zum konstanten Gewicht.

Erhitzen einer kleinen Menge

Zeigt an:

Vorschriftsmässigen Krystallwassergehalt, wenn der Rückstand mindestens 0,88 g beträgt.

Zu hohen Feuchtigkeitsgehalt durch einen geringeren Rückstand.

Anorganische Beimen-

des Salzes auf dem Platinbleche. Es darf kein Rückstand bleiben.
Übergiessen von 0,1 g des Salzes mit einigen Tropfen Schwefelsäure. Die Lösung muss farblos sein.
Bestreuen obiger schwefelsauren Lösung mit basischem Wismutnitrat.
Auflösen von 0,5 g des Salzes in 14,5 g Wasser:
a) Eintauchen von blauem Lakmuspapier. Dasselbe darf nicht gerötet werden;
b) Zusatz von Kaliumcarbonatlösung und Schütteln mit Chloroform;
c) Zutröpfeln von Ammoniakflüssigkeit.

gungen durch einen Rückstand.
Zucker oder andere organische Beimengungen durch eine braune, **Salicin** durch eine rote Färbung.
Identität durch eine dunkelbraune Färbung.

Freie Säure durch Rötung des Lakmuspapiers.

Identität durch Ausscheiden von feinen, rein weissen Krystallen, die beim Berühren mit Luft keine Färbung erleiden.
Apomorphin durch eine grüne Färbung der ausgeschiedenen Krystalle an der Luft.
Apomorphin durch eine rötliche Färbung des Chloroforms.
Identität durch einen Niederschlag, der sich leicht in Natronlauge, schwieriger in überschüssiger Ammoniakflüssigkeit und in Kalkwasser löst.
Fremde Alkaloide, Narcotin durch die Unlöslichkeit des Niederschlags in Natronlauge, überschüssiger Ammoniakflüssigkeit und Kalkwasser.

Aufbewahrung: vorsichtig.

Naphtalinum
Naphtalin.

Prüfung auf anorganische Beimengungen, freie Schwefelsäure, ungenügende Reinigung siehe D. A.-B.

α-Naphtolum
α-Naphtol.

Farblose, seidenglänzende, phenolartig riechende Nadeln, welche in Wasser nur wenig löslich, leicht löslich aber in Alkohol und in Äther sind.

Schmelzpunkt: bei 93°.
Siedepunkt: gegen 280°.

Prüfung durch:	Zeigt an:
Schütteln von 0,1 g des Präparats mit 50 ccm Wasser, Filtrieren und Versetzen des Filtrats:	
a) mit Chlorkalklösung;	**Identität** durch eine violette Färbung.
b) mit Eisenchloridlösung;	**Identität** durch einen weissen, bald violett werdenden Niederschlag.
c) mit Chlorwasser.	**Identität** durch einen weissen Niederschlag, der sich in Ammoniak mit bläulicher Farbe löst.
Erwärmen von 1 g α-Naphtol mit 4 g Schwefelsäure auf 80 bis 100° einige Zeit lang, Verdünnen mit 40 g Wasser, Neutralisieren mit Bleiweiss, Filtrieren und Versetzen des Filtrats mit Eisenchloridlösung.	**Identität** durch eine schön grüne Färbung. **β-Naphtol** durch eine violette Färbung.

Aufbewahrung: vor Licht geschützt.

β-Naphtolum
Betanaphtol.

Prüfung auf Identität, fremde Beimengungen, ungenügende Reinigung, α-Naphtol siehe D. A.-B.

Naphtolum carbonicum

Naphtolcarbonat. Kohlensäure-Naphtylester.

Atlasglänzende, farblose Krystallblättchen, welche in Wasser schwer, in heissem Alkohol leichter löslich sind.
Schmelzpunkt: bei 176^0.

Prüfung durch:	Zeigt an:
Auflösen einer Probe in Schwefelsäure und Zusatz:	
a) von Salpetersäure;	**Identität** durch eine gelbe Färbung.
b) von Kaliumnitrit;	**Identität** durch eine violette Färbung, welche nach Wasserzusatz in braunrot übergeht.
c) von Rohrzucker und gelindes Erwärmen.	**Identität** durch eine grüne Färbung.
Kochen von Naphtolcarbonat mit konzentrierter Kalilauge, Erkaltenlassen, Vermischen mit Chloroform und nochmaliges Erwärmen.	**Identität** durch eine Blaufärbung.

Narceinum

Narcein.

Farblose, zarte, büschelförmige, geruchlose Krystallnadeln von schwach bitterem, hinterher herbem Geschmacke, von neutraler Reaktion. Beim Erhitzen schmelzen sie, entwickeln stärker erhitzt einen Geruch nach Häringslake und verbrennen dann ohne Rückstand. Sie sind in kaltem Wasser kaum, in siedendem Wasser reichlicher löslich, wie auch in Kali- und Natronlauge, Ammoniakflüssigkeit und in verdünnten Säuren. In kaltem Weingeist sind sie sehr schwierig, in heissem leicht löslich, in Äther unlöslich.

Prüfung durch:	Zeigt an:
Erhitzen einer Probe auf dem Platinbleche.	**Identität** durch Schmelzen, Entwicklung eines Geruchs

322 Narcotinum.

Übergiessen einiger Krystalle in einem Porzellanschälchen mit Schwefelsäure und nachheriges Erhitzen.	nach Häringslake und vollständige Verbrennung.
Erwärmen einer Spur Narcein in einer Porzellanschale mit verdünnter Schwefelsäure bis zur kirschroten Färbung, Erkaltenlassen und Zusatz einer ganz geringen Menge Salpetersäure.	**Identität** durch eine graubraune Lösung, welche beim Erhitzen blutrot wird.
	Identität durch Entstehen von blauvioletten Streifen.
Übergiessen einer Probe mit Jodwasser.	**Identität** durch eine blaue Färbung des Narceins.
Übergiessen einiger Krystalle auf einem Uhrglase mit Chlorwasser und Zusatz einiger Tropfen Ammoniakflüssigkeit.	**Identität** durch eine blutrote Färbung.

Aufbewahrung: vorsichtig.

Narcotinum
Narcotin.

Durchsichtige, farblose, glänzende Prismen oder büschelförmige Nadeln ohne Geruch und Geschmack und ohne alkalische Reaktion. Sie sind unlöslich in Wasser, löslich in 100 Teilen kaltem und 20 Teilen siedendem Weingeist, in 166 Teilen Äther, sehr leicht löslich in Chloroform. Von verdünnten Säuren werden sie leicht gelöst, indem sich schwer krystallisierbare Salze von bitterem Geschmack und saurer Reaktion bilden.

Prüfung durch:	Zeigt an:
Erhitzen einer Probe auf dem Platinbleche.	**Identität** durch Schmelzen und Verbrennen ohne Rückstand.
Anrühren einer Probe in einer Porzellanschale mit Schwefelsäure.	**Identität** durch eine anfangs grünlichgelbe Lösung, welche allmählich rotgelb wird.

Erhitzen obiger schwefelsauren Lösung.	**Identität** durch eine karmoisinrote Färbung.
Versetzen der schwefelsauren Lösung mit einer Spur Salpetersäure.	**Identität** durch eine blutrote Färbung.
Übergiessen einer Probe mit Chlorwasser und Versetzen mit Ammoniakflüssigkeit.	**Identität** durch eine rotbraune Färbung.

Aufbewahrung: vorsichtig.

Natrium aceticum

Terra foliata Tartari crystallisata. Natriumacetat.

Prüfung auf Identität, Alkalität, Metalle, Sulfat, Kalk, Chlorid, Eisen, Kupfer siehe D. A.-B.

Natrium aethylicum

Natriumäthylat.

Gelbliches bis graubraunes Pulver von weingeistigem Geruch und ätzendem Geschmack, in Weingeist und Wasser löslich.

Aufbewahrung: vorsichtig.

Natrium anisicum

Natriumanisat.

Mikrokrystallinisches, etwas hygroskopisches Pulver, in Wasser leicht löslich. Die wässrige Lösung ist neutral oder schwach sauer.

Prüfung durch:	Zeigt an:
Auflösen von 0,2 g des Salzes in 20 ccm Wasser und Versetzen der Lösung:	
a) mit Silbernitratlösung;	**Identität** durch einen weissen Niederschlag.
b) mit Eisenchloridlösung.	**Identität** durch einen eigelben Niederschlag.

Natrium benzoicum
Natriumbenzoat.

Weisses Pulver oder weisse körnige Masse, in 1,5 Teilen Wasser, weniger in Weingeist löslich.

Prüfung durch:	Zeigt an:
Erhitzen einer kleinen Menge des Salzes auf dem Platinbleche und Übergiessen des Rückstandes mit Salzsäure.	**Identität** durch Schmelzen beim Erhitzen und Aufbrausen beim Übergiessen des Rückstandes mit Salzsäure.
Eintauchen des Platindrahtes in obige salzsaure Lösung des Rückstandes, und Erhitzen desselben in einer nicht leuchtenden Flamme.	**Identität** durch eine gelbe Flammenfärbung.
Auflösen von 2 g des Salzes in 18 g Wasser:	
a) Eintauchen von blauem Lakmuspapier. Es darf nur schwach gerötet werden.	**Freie Säure** durch Rötung des Lakmuspapiers.
Versetzen von je der Hälfte der Lösung:	
b) mit Salzsäure;	**Identität** durch Entstehung eines weissen Krystallbreies, welcher sich in Äther auflöst.
c) mit Eisenchloridlösung.	**Identität** durch Entstehung eines dicken, gelblichen Niederschlags.
Auflösen von 2 g des Salzes in 38 g Wasser. Versetzen der Lösung:	
a) mit Schwefelwasserstoffwasser; es darf keine Veränderung entstehen;	**Metalle** durch eine dunkle Fällung.
b) mit Baryumnitratlösung; es darf keine Trübung entstehen;	**Natriumsulfat** durch eine weisse Trübung.
c) Vermischen von 5 ccm der Lösung mit 5 ccm Weingeist, Ansäuern mit Sal-	**Natriumchlorid** durch eine weisse, undurchsichtige Trübung.

petersäure und Versetzen mit Silbernitratlösung; es darf nur opalisierende Trübung entstehen.

Natrium bicarbonicum

Natrium carbonicum acidulum. Natriumbicarbonat. Mononatriumcarbonat. Natriumhydrocarbonat.

Prüfung auf Identität, Kaliumsalze, Ammoniumverbindungen, Natriumcarbonat, Kupfer, Blei, Sulfat, Thiosulfat, Chlorid, Rhodansalz siehe D. A.-B.

Weniger rein als das offizielle Natriumbicarbonat ist das in den Preislisten verzeichnete **Natrium bicarbonicum purum;** am wenigsten rein das **Natrium bicarbonicum anglicum seu venale.**

Natrium bisulfurosum
Natriumhydrosulfit.

Weisses, stark nach schwefliger Säure riechendes Pulver, das in Wasser löslich ist, und sich an der Luft und auch in Lösung unter Abgabe von schwefliger Säure allmählich in Sulfat verwandelt.

Prüfung durch:	Zeigt an:
Erhitzen einer Probe am Öhre des Platindrahtes.	**Identität** durch eine gelbe Färbung der Flamme.
Verdampfen von 5 g des Salzes mit Schwefelsäure zur Trockne, Auflösen des Rückstandes in Wasser und Versetzen der Lösung:	
a) mit Schwefelwasserstoffwasser; es darf keine Veränderung erfolgen;	**Metalle** durch eine dunkle, **Arsen** durch eine gelbe Fällung.
b) mit Salpetersäure und Ammoniummolybdänatlösung und gelindes Erwärmen.	**Arsen** durch eine gelbe Färbung.
Auflösen von 5 g des Salzes zu 1 Liter in ausgekochtem	Den **Gehalt an schwefliger Säure** durch die Menge der ver-

und in einem verschlossenen Glase erkaltetem Wasser, Abpipettieren von 10 ccm der Lösung, Verdünnen mit ausgekochtem Wasser zu 100 ccm, Zusatz von Stärkelösung und dann von so viel Zehntel-Normal-Jodlösung bis eine Blaufärbung eintritt.

brauchten Zehntel-Normal-Jodlösung. Jeder ccm dieser Lösung entspricht 0,003195 g Schwefligsäureanhydrid.

Ganz reines Salz würde bis zu diesem Punkte 9,6 ccm Zehntel-Normal-Jodlösung verbrauchen.

Aufbewahrung: in einem wohlverschlossenen Glase.

Natrium bromatum
Natriumbromid.

Prüfung auf Identität, Wassergehalt, Kaliumsalze, Bromat, Carbonat, Metalle, Sulfat, Chlorat, Jodid, Eisen, Chlorid siehe D. A.-B.

Natrium carbolicum
Natriumphenylat.

Weisse, starre, an der Luft bald zerfliessende, stark ätzende Masse mit einem schwachen Geruche nach Karbolsäure, in Wasser und Weingeist leicht löslich.

Prüfung durch:

Auflösen von 2 g des Salzes in 2 g Wasser. Die Lösung sei klar.

Zusammenbringen von 1,4 g des Präparats mit 3 ccm verdünnter Schwefelsäure in einem graduierten Glascylinder und gelindes Umschütteln. Es muss sich 1 ccm Karbolsäure abscheiden.

Zeigt an:

Teilweise Zersetzung durch eine trübe Lösung.

Einen zu geringen Karbolsäuregehalt des Salzes, wenn sich weniger als 1 ccm Karbolsäure abscheidet.

Aufbewahrung: vorsichtig, in einem sehr gut verschlossenen Glase.

Natrium carbonicum
Natriumcarbonat.

Prüfung auf Identität, Metalle, Sulfat, Chlorid, Thiosulfat, Sulfit, Ammoniumverbindungen, Gehalt an wasserfreiem Natriumcarbonat siehe D. A.-B.

Natrium carbonicum crudum
Soda.

Prüfung auf Identität und Löslichkeit siehe D. A.-B.

Natrium chloratum
Natriumchlorid. Reines Kochsalz.

Prüfung auf Identität, Carbonat, Kaliumsalze, Metalle, Sulfat, Baryumchlorid, Kalk, Magnesium, Jodid siehe D. A.-B.

Natrium chloricum
Natriumchlorat.

Farblose, durchsichtige, geruchlose und luftbeständige tetraedrische Krystalle, von kühlendem, salzigem Geschmacke, in 1 Teil kaltem, 0,5 Teilen siedendem Wasser und in 40 Teilen Weingeist löslich. Die Lösungen sind neutral.

Prüfung durch:	Zeigt an:
Auflösen von 1 g des Salzes in 1 g Wasser:	
a) Eintauchen des Platindrahtes in die Lösung und Erhitzen desselben in einer nicht leuchtenden Flamme; Betrachten der Flamme durch ein Kobaltglas. Die Flamme darf nicht rot erscheinen.	**Identität** durch die gelbe Flammenfärbung. **Kaliumsalz** durch eine rote Flamme.
b) Versetzen der Lösung mit Salzsäure und Erwärmen.	**Identität** durch eine grüngelbliche Färbung und reichliche Entwicklung von Chlor.

Auflösen von 2 g des Salzes in 38 g Wasser und Versetzen von je 10 ccm der Lösung: a) mit Schwefelwasserstoffwasser; b) mit Ammoniumoxalatlösung; c) mit Silbernitratlösung. Diese Reagentien dürfen keine Veränderung hervorbringen.	**Metalle** durch eine dunkle Fällung. **Kalk** durch eine weisse Trübung. **Natriumchlorid** durch eine weisse Trübung.
Auflösen von 3 g des Salzes in 6 g Wasser, Zusatz von Kaliumacetatlösung und Schütteln. Es darf kein Niederschlag entstehen.	**Weinsäure** durch einen weissen, krystallinischen Niederschlag.

Natrium dithiosalicylicum
Natriumdithiosalicylat.

Es sind unter diesem Namen zwei isomere Verbindungen im Handel, nämlich I und II.

Natrium dithiosalicylicum I. Gelbliches, amorphes, etwas hygroskopisches Pulver von alkalischer Reaktion, in Wasser mit etwas bräunlicher Farbe löslich.

Prüfung durch:	Zeigt an:
Auflösen von 1 g des Salzes in 40 ccm Wasser und Versetzen der Lösung: a) mit verdünnter Schwefelsäure;	**Identität** durch eine milchige Trübung, dann allmähliches Zusammenballen des Niederschlags zu einem gelblich-bräunlichen Harze.
b) mit 1 Tropfen Eisenchloridlösung;	**Identität** durch eine violette Fällung.
c) mit Bleiacetatlösung;	**Identität** durch einen gelblichen Niederschlag, der mit Natronlauge erhitzt sich dunkel färbt.
d) mit Silbernitratlösung.	**Identität** durch einen

Natrium dithiosalicylicum II. Graues, amorphes, hygroskopisches Pulver, das sich in Wasser zu einer braunschwarzen, alkalischen Flüssigkeit löst.

Prüfung durch:	Zeigt an:
Auflösen von 0,5 g des Salzes in 20 ccm Wasser und Versetzen der Lösung:	
a) mit verdünnter Schwefelsäure;	**Identität** durch einen schmutzig weissen Niederschlag, der bald zu einem dunkeln Harze zusammenballt.
b) mit 1 Tropfen Eisenchloridlösung.	**Identität** durch eine violette Fällung.

gelatinösen, bräunlichen Niederschlag, der sich beim Erhitzen dunkel färbt.

Natrium hydrosulfuratum solutum
Natriumhydrosulfidlösung.

Klare, farblose Flüssigkeit.

Prüfung durch:	Zeigt an:
Farbe. Die Flüssigkeit muss farblos sein.	**Polysulfid** durch eine gelbe Farbe der Flüssigkeit.
Versetzen der Flüssigkeit mit verdünnter Salzsäure.	**Identität** durch Entwicklung von Schwefelwasserstoff ohne Abscheidung von Schwefel.
	Polysulfid durch Abscheidung von gelblich weissem Schwefel.
	Arsen, Antimon durch eine stark gefärbte Abscheidung.

Aufbewahrung: in einem gut verschlossenen Glase.

Natrium hypophosphorosum
Natriumhypophosphit.

Weisses, krümliches, an der Luft zerfliessendes Salzpulver oder eine blättrig krystallinische Masse ohne Geruch, von

330   Natrium jodatum.

alkalisch salzigem Geschmacke und neutraler Reaktion, in Wasser und in Weingeist löslich.

Prüfung durch:	Zeigt an:
Erhitzen des Salzes in einem trockenen Reagensglase.	**Identität** durch Schmelzen des Salzes, Entwicklung von selbstentzündlichem Phosphorwasserstoffgas und Hinterlassung eines weissen Rückstandes.
Erhitzen eines kleinen Stückchens des Rückstandes am Öhr des Platindrahtes.	**Identität** durch eine gelbe Färbung der Flamme.
Auflösen von 3 g des Salzes in 57 g Wasser: a) Ansäuern von 5 ccm der Lösung mit Salzsäure und Zufügen zu einer Quecksilberchloridlösung;	**Identität** durch einen weissen Niederschlag, der grau wird, sobald Natriumhypophosphitlösung im Überschuss zugesetzt wurde.
Versetzen der Lösung: b) mit Silbernitratlösung;	**Identität** durch einen weissen Niederschlag, der bald braun, zuletzt schwarz wird.
c) mit Salzsäure; es darf kein Aufbrausen stattfinden;	**Natriumcarbonat** durch Aufbrausen.
d) mit Ammoniumoxalatlösung; es darf keine Trübung entstehen;	**Kalk** durch eine weisse Trübung.
e) mit Calciumchloridlösung; es darf nur opalisierende Trübung erfolgen, die auf Zusatz von Salzsäure wieder verschwindet;	**Phosphorsäure** durch eine weisse Trübung, die auf Zusatz von Salzsäure nicht verschwindet.
f) mit Baryumnitratlösung nach Ansäuern mit Salpetersäure; es darf keine Trübung erfolgen.	**Schwefelsäure** durch eine weisse Trübung.

Natrium jodatum
Natriumjodid.

Prüfung auf Identität, Wassergehalt, Kaliumsalze, Carbonat,

Metalle, Sulfat, Cyanid, Jodat, Nitrat, Chlorid, Thiosulfat siehe D. A.-B.

Natrium metallicum
Natriummetall.

Auf dem frischen Schnitt silberweisses, glänzendes Metall, das an der Luft bald anläuft, bei mittlerer Temperatur knet- und schneidbar ist, auf Wasser schwimmt, dasselbe sehr lebhaft zersetzend, wobei bei gewöhnlicher Temperatur keine Feuererscheinung stattfindet, wohl aber, wenn das Wasser warm ist.

Prüfung durch:	Zeigt an:
Auflegen eines kleinen Stückchens Natrium auf Fliesspapier und Schwimmenlassen des letzteren auf Wasser. Beobachten der Reaktion von der Ferne wegen explosionsartigem Herumschleudern von Natriumstückchen!	**Identität** durch Verbrennen des freiwerdenden Wasserstoffs mit gelber Farbe und Auflösen von Natriumoxyd in Wasser.
Eintauchen von Curcumapapier in das Wasser.	**Identität** durch starke Bräunung des Curcumapapiers.
Versetzen obigen Wassers: a) mit Schwefelammonium; es darf keine Trübung entstehen; b) mit einigen Tropfen Salzsäure und Schwefelwasserstoffwasser; es darf keine Fällung stattfinden.	**Eisen** durch eine dunkle, **Zink** durch eine weisse Trübung. **Metalle**, wie Kupfer, Blei durch eine dunkle Fällung.

Aufbewahrung: in einem gutverschlossenen Glase unter Steinöl.

Natrium nitricum
Natriumnitrat. Natronsalpeter.

Prüfung auf Identität, Kaliumnitrat, Neutralität, Metalle, Chlorid, Sulfat, Kalk, Magnesia, Jodat, Nitrit siehe D. A.-B.

Natrium nitro-prussicum
Nitroprussidnatrium.

Grosse, dunkelrote, rhombische Krystalle, welche in 2½ Teilen Wasser löslich sind.

Prüfung durch:	Zeigt an:
Auflösen von 1 g der Krystalle in 50 ccm Wasser. Versetzen der Lösung:	
a) mit einigen Tropfen Schwefelwasserstoffwasser und wenig Natronlauge;	**Identität** durch eine schön rote Färbung, welche rasch in violett und blau übergeht und zuletzt missfarbig wird.
b) mit Kupfersulfatlösung;	**Identität** durch eine grünliche Fällung.
c) mit Baryumnitratlösung nach Ansäuern mit Salpetersäure; sie darf nur ganz schwach opalisierend getrübt werden.	**Schwefelsäure** durch eine weisse Trübung.

Natrium nitrosum
Natriumnitrit.

Mikrokrystallinische, schiefe, einseitige Prismen von schwach alkalischer Reaktion, die in Wasser sehr leicht löslich, in kaltem absoluten Weingeist unlöslich sind.

Prüfung durch:	Zeigt an:
Übergiessen des Salzes mit verdünnter Schwefelsäure.	**Identität** durch Entwicklung von braunroten Dämpfen.
Auflösen von 0,1 g des Salzes in 10 ccm Wasser, Ansäuern mit Schwefelsäure und Zusatz einiger Tropfen Jodzinkstärkelösung.	**Identität** durch eine blaue Färbung.
Auflösen von 1 g des Salzes in 5 ccm Wasser und Zutröpfeln von Silbernitratlösung.	**Identität** durch eine weisse Trübung, welche auf Zusatz von einigen Tropfen Salpetersäure zunimmt, auf weiteren Zusatz von Salpetersäure aber

Natrium phosphoricum, — ammoniatum.

Auflösen von 1 g des Salzes in 19 ccm Wasser und Versetzen der Lösung:
a) mit Schwefelammonium; es darf keine dunkle Färbung entstehen;
b) mit Baryumnitratlösung; es darf keine weisse Trübung entstehen.

wieder verschwindet, wobei unter Aufbrausen salpetrige Säure entweicht.
Natriumchlorid durch eine bleibende, in Salpetersäure unlösliche Trübung.

Metalle durch eine dunkle Färbung.

Natriumsulfat durch eine weisse Trübung.

Aufbewahrung: in einem gut verschlossenen Glase.

Natrium phosphoricum
Natriumphosphat.   Dinatrium-Orthophosphat.

Prüfung auf Identität, Kaliumsalze, Phosphit, Arsen, Metalle, Carbonat, Sulfat, Chlorid siehe D. A.-B.

Natrium phosphoricum ammoniatum
Natrium-Ammoniumphosphat.   Phosphorsalz.

Klare, farblose, monokline Krystalle, welche in Wasser leicht löslich sind; die Lösung reagiert schwach alkalisch.

Prüfung durch: | Zeigt an:

Erhitzen eines kleinen Krystalls am Öhr des Platindrahtes vor dem Lötrohre.

Identität durch Schmelzen zu einer farblosen, klaren Perle, und durch Gelbfärbung der Flamme.
Metalle durch eine gefärbte Perle.

Auflösen von 2 g des Salzes in 4 ccm heisser Salzsäure, Versetzen der Lösung mit 8 ccm Zinnchlorürlösung und Erwärmen $^1/_2$ Stunde lang im

Arsen durch eine braune Ausscheidung.

Prüfung durch:	Zeigt an:
Wasserbade. Es darf keine braune Ausscheidung stattfinden.	
Auflösen von 3 g des Salzes in 27 ccm Wasser und Ansäuern mit Salpetersäure. Es darf kein Aufbrausen erfolgen.	**Carbonate** durch ein Aufbrausen.
Versetzen der angesäuerten Lösung:	
a) mit Schwefelwasserstoffwasser; es darf keine Färbung entstehen;	**Metalle,** Kupfer, Blei durch eine dunkle Färbung.
b) mit Baryumnitratlösung; es darf keine Trübung entstehen;	**Sulfate** durch eine weisse Trübung.
c) mit Silbernitratlösung; sie darf nur opalisierend getrübt werden.	**Chloride** durch eine weisse, undurchsichtige Trübung.

Aufbewahrung: in einem gut verschlossenen Glase.

Natrium pyrophosphoricum
Natriumpyrophosphat.

Farblose, durchscheinende, säulenförmige Krystalle, ohne Geruch, von kühlend salzigem, schwach laugenhaftem Geschmacke und schwach alkalischer Reaktion, luftbeständig, in gelinder Wärme Krystallwasser verlierend. Sie sind in 10 bis 12 Teilen kaltem und in etwas mehr als 1 Teil siedendem Wasser löslich, unlöslich in Weingeist.

Prüfung durch:	Zeigt an:
Erhitzen eines Krystalls am Öhr des Platindrahtes.	**Identität** durch Gelbfärben der Flamme und durch Schmelzen zu einem durchsichtigen Glase, welches beim Erkalten zu einer durchscheinenden Krystallmasse erstarrt.
Betrachten der gelben Flamme durch ein Kobaltglas. Die	**Kaliumsalz** durch eine rote Farbe der Flamme.

Natrium pyrophosphoricum.

Flamme darf nur ganz vorübergehend rot erscheinen.

Schütteln von 1 g des zerriebenen Salzes mit 3 ccm Zinnchlorürlösung. Es darf im Laufe einer Stunde keine braune Färbung entstehen.

Arsen durch eine braune Färbung innerhalb 1 Stunde.

Auflösen von 3 g des Salzes in 57 g Wasser und Versetzen der Lösung:
a) mit Silbernitratlösung und Filtrieren;

Identität durch einen weissen Niederschlag und durch neutrale Reaktion des Filtrats.

Natriumphosphat durch einen gelben Niederschlag und durch saure Reaktion des Filtrats.

b) mit Schwefelwasserstoffwasser; es darf keine dunkle Trübung entstehen.

Metalle durch eine dunkle Trübung oder Fällung.

Ansäuern von 20 ccm der Lösung mit Salpetersäure. Es darf kein Aufbrausen erfolgen.

Natriumcarbonat durch ein Aufbrausen.

Versetzen dieser Lösung:
c) mit Baryumnitratlösung; sie darf innerhalb 3 Minuten nicht mehr als opalisierend getrübt werden;

Natriumsulfat durch eine weisse, undurchsichtige Trübung.

d) mit Silbernitratlösung; sie darf innerhalb 3 Minuten nicht mehr als opalisierend getrübt werden.

Natriumchlorid durch eine weisse, undurchsichtige Trübung.

Versetzen von 20 ccm der Lösung mit Ammoniakflüssigkeit und Zusatz:
e) von Schwefelammonium; es darf keine dunkle Färbung entstehen.

Eisen durch eine dunkle Färbung.

f) von Ammoniumoxalatlösung; es darf keine weisse Trübung entstehen.

Kalk durch eine weisse Trübung.

Natrium pyrophosphoricum ferratum
Natrium-Ferripyrophosphat.

Weisses, geruchloses, schwach salzig und nur sehr wenig metallisch schmeckendes Pulver von schwach alkalischer Reaktion.

Prüfung durch:	Zeigt an:
Auflösen von 4 g des Salzes in 76 g Wasser. Es erfolgt langsame aber vollkommene Lösung:	**Zersetzung des Präparats** durch eine unvollkommene Lösung.
a) Kochen von 10 ccm der Lösung.	**Identität** durch Ausscheidung eines weissen Niederschlags.
Versetzen von je 10 ccm der Lösung:	
b) mit Weingeist;	**Identität** durch Ausscheiden eines weissen Niederschlags.
c) mit Silbernitratlösung;	**Identität** durch einen weissen, in Salpetersäure löslichen Niederschlag.
d) mit Kaliumferrocyanidlösung nach Ansäuern mit Salzsäure.	**Identität** durch eine blaue Fällung.
Ansäuern von 20 ccm der Lösung mit Salpetersäure und Versetzen:	
e) mit Baryumnitratlösung; sie darf nicht mehr als opalisierend getrübt werden;	**Natriumsulfat** durch eine weisse, undurchsichtige Trübung.
f) mit Silbernitratlösung; es darf nur Trübung aber kein Niederschlag entstehen.	**Natriumchlorid** durch einen weissen Niederschlag.

Natrium salicylicum
Natriumsalicylat.

Prüfung auf Identität, Eisen, freie Salicylsäure, Natriumcarbonat, organische Verunreinigungen, Metalle, Sulfat, Chlorid siehe D. A.-B.

Natrium santonicum
Natriumsantonat.

Farblose, durchscheinende, tafelförmige oder blättrige Krystalle von bitterem, salzigem Geschmacke, schwach alkalischer Reaktion, an der Luft allmählich verwitternd, am Lichte sich nur langsam gelb färbend, welche in 3 Teilen kaltem, leicht in heissem Wasser, sowie in 12 Teilen Weingeist löslich sind.

Prüfung durch:	Zeigt an:
Erhitzen einer Probe des Salzes auf dem Platinbleche und Zusammenbringen des kohligen Rückstandes mit angefeuchteten rotem Lakmuspapier.	**Identität** durch Verkohlung und Bläuung des Lakmuspapiers.
Befeuchten des kohligen Rückstandes mit Salzsäure, Eintauchen des Platindrahtes und Erhitzen desselben in einer nicht leuchtenden Flamme.	**Identität** durch Gelbfärbung der Flamme.
Auflösen von 2 g des Salzes in 20 ccm Wasser und Versetzen:	
a) mit Salzsäure;	**Identität** durch einen krystallinischen Niederschlag, der sich in Chloroform leicht auflöst.
b) mit Salzsäure und hierauf mit einem Gemisch von 2 ccm Kalilauge und 6 ccm Weingeist.	**Identität** durch Lösen des krystallinischen Niederschlags mit vorübergehend roter Farbe.
Auflösen von 1 g des Salzes in 19 g Wasser und Versetzen:	
a) mit Natriumcarbonatlösung; es darf keine Trübung entstehen.	**Salze der alkalischen Erden** durch eine Trübung.
b) mit Gerbsäure; es darf keine Trübung entstehen.	**Fremde Alkaloide** durch eine weisse Trübung.
Erhitzen von 1 g des Salzes	**Richtigen Krystallwasser-**

auf dem Wasserbade in einem tarierten Porzellanschälchen bis zum konstantem Gewichte.

gehalt, wenn der Rückstand 0,82 g beträgt.
Durch **Weingeist niedergeschlagenes Salz,** wenn kein oder nur geringer Gewichtsverlust stattfindet.

Aufbewahrung: vorsichtig, in gut verschlossenem, vor Licht geschütztem Glase.

Natrium sozojodolicum

Sozojodolnatrium. Dijodparaphenolsulfonsaures Natrium.

Schöne, weisse, prismatische Nadeln von anfangs adstringierendem, dann süsslichem Geschmacke, in 20 Teilen kaltem Wasser, noch reichlicher in lauwarmem Wasser löslich, ebenso in Glycerin. Die Lösungen in Glycerin verändern sich am Lichte nicht, die wässerigen Lösungen färben sich allmählich dunkel. In erwärmtem, 80 prozentigen Alkohol ist das Salz bis zu 5 Prozent löslich. Beim Erhitzen auf dem Platinbleche bläht es sich nicht auf.

Prüfung durch:	Zeigt an:	
Auflösen von 4 g des Salzes in 100 ccm Wasser. Versetzen der Lösung mit:		
a) Eisenchloridlösung;	**Identität**	
b) rauchender Salpetersäure und Chloroform;	**Identität**	siehe bei Kalium sozojodolicum. Seite 268.
c) Silbernitratlösung;	**Chlor und freies Jod**	
d) Baryumchloridlösung;	**Schwefelsäure**	
e) verdünnter Schwefelsäure;	**Baryumverbindungen**	
f) Schwefelwasserstoffwasser;	**Metalle**	
g) Bromwasser.	**Phenolnatrium**	

Natrium sulfocarbolicum

Carbolschwefelsaures Natrium. Natriumsulfophenylat.

Farblose, durchscheinende, nahezu geruchlose, luftbeständige, rhombische Prismen von neutraler Reaktion. Sie

Natrium sulfo-ichthyolicum. 339

lösen sich in 5 Teilen kaltem, in 0,7 Teilen siedendem Wasser, sowie in 132 Teilen kaltem und 10 Teilen siedendem Weingeist.

Prüfung durch:	Zeigt an:
Erhitzen einer Probe des Salzes in einem Porzellantiegelchen zum Glühen.	**Identität** durch Zerfallen des Salzes, Verkohlung bei höherer Temperatur unter Ausstossung entzündlicher Dämpfe und Entwicklung eines Geruchs nach Karbolsäure und durch einen weissen Glührückstand.
Erhitzen einer Probe des Glührückstandes am Öhre des Platindrahtes.	**Identität** durch eine gelbe Färbung der Flamme.
Auflösen des Glührückstandes in Wasser, Ansäuern der Lösung mit Salpetersäure und Versetzen mit Baryumnitratlösung.	**Identität** durch einen weissen Niederschlag.
Auflösen von 3 g des Salzes in 57 g Wasser. Versetzen der Lösung:	
a) mit ganz wenig Eisenchloridlösung;	**Identität** durch eine violette Färbung.
b) mit Schwefelwasserstoffwasser; es darf keine Trübung entstehen;	**Metalle** durch eine dunkle Trübung.
c) mit Schwefelammonium; es darf keine Trübung entstehen;	**Eisen** durch eine dunkle, **Zink** durch eine weisse Trübung.
d) mit Natriumcarbonatlösung; es darf keine Trübung entstehen;	**Alkalische Erden** durch eine weisse Trübung.
e) mit Baryumnitratlösung; es darf nur opalisierende Trübung entstehen.	**Natriumsulfat** durch eine weisse, undurchsichtige Trübung.

Aufbewahrung: in einem wohlverschlossenen, vor Licht geschütztem Glase.

Natrium sulfo-ichthyolicum
Natrium-Ichthyol.

Braunschwarze, theerartige Masse von brandharzigem Geruche.

Dieselbe löst sich in Wasser zu einer etwas trüben, dunkelbraunen, grünschillernden, nahezu neutralen Flüssigkeit, ist nur teilweise löslich in Weingeist sowie in Äther, vollständig und klar löslich mit tiefbrauner Farbe in einer Mischung beider, ebenso in Benzol, kaum löslich in Petroleumbenzin.

Prüfung durch:	Zeigt an:
Erhitzen einer kleinen Menge des Präparats auf dem Platinbleche und Zusammenbringen der Kohle mit angefeuchtetem rotem Lakmuspapier.	**Identität** durch Aufblähen beim Verkohlen und durch eine blaue Färbung des Lakmuspapiers.
Erhitzen der kohligen Masse am Öhre des Platindrahtes in einer nicht leuchtenden Flamme.	**Identität** durch eine gelbe Färbung der Flamme.
Verbrennen der kohligen Masse zur Asche durch Glühen, Behandeln der Asche mit Wasser, Filtrieren, Übersättigen des Filtrats mit Salpetersäure und Versetzen mit Baryumnitratlösung.	**Identität** durch eine starke, weisse Trübung.
Auflösen von etwa 1 g des Präparats in 20 ccm Wasser und Übersättigen der Lösung mit Salzsäure.	**Identität** durch Ausscheidung einer dunkeln Harzmasse; dieselbe löst sich nach dem Absetzen in Wasser und in Äther.
Absetzenlassen obiger Harzmasse, Abgiessen der überstehenden Flüssigkeit, Auflösen des Harzes in Wasser und Versetzen der Lösung mit Salzsäure oder mit Natriumchlorid.	**Identität** durch Ausscheidung der Harzmasse.
Erwärmen einer Probe des Präparats mit Natronlauge. Es darf kein Geruch nach Ammoniak auftreten.	**Ammoniumverbindung** durch einen Geruch nach Ammoniak.

Natrium sulfosalicylicum
Saures sulfosalicylsaures Natrium.

Farbloses, fein krystallinisches Pulver von saurem, etwas

zusammenziehenden Geschmack, in 25 Teilen Wasser löslich, fast unlöslich in Weingeist und in Äther. Die wässerige Lösung reagiert sauer.

Prüfung durch:	Zeigt an:
Auflösen von 2 g des Salzes in 50 ccm Wasser. Versetzen der Lösung:	
a) mit Eiweisslösung;	**Identität** durch einen Niederschlag, der durch Natriumchloridlösung nicht gelöst wird.
b) mit Eisenchloridlösung;	**Identität** durch eine weinrote Färbung, welche auf Zusatz von verdünnter Schwefelsäure heller wird.
c) mit Baryumchloridlösung; es darf keine Trübung entstehen;	**Schwefelsäure** durch eine weisse Trübung.
d) mit Bleiacetatlösung; es darf sofort keine Trübung entstehen.	**Schwefelsäure** durch eine sofort entstehende weisse Trübung.
	Identität durch Ausscheiden eines Krystallbreies nach einiger Zeit, der in siedendem Wasser löslich ist.

Natrium sulfuricum
Sal mirabile Glauberi. Sal Glauberi. Natriumsulfat. Glaubersalz.

Prüfung auf Identität, Arsen, Hydrosulfat, Carbonat, Metalle, Magnesia, Chlorid, Eisen, Kupfer siehe D. A.-B.

Unreiner als das offizinelle Natriumsulfat ist die im Handel unter der Bezeichnung **Natrium sulfuricum depuratum** vorkommende Sorte; noch unreiner ist das rohe Glaubersalz.

Natrium sulfurosum
Natriumsulfit.

Farblose Krystalle, welche beim Erhitzen ihr Krystallwasser verlieren und in höherer Temperatur unter Zersetzung schmelzen. Sie sind in Wasser leicht löslich, unlöslich in wasserfreiem Weingeist. Die wässerige Lösung reagiert schwach alkalisch.

Prüfung durch:	Zeigt an:
Verdampfen von 1 g des Salzes mit 1 ccm Schwefelsäure zur Trockne.	**Identität** durch reichliche Entwicklung von schwefliger Säure.
Auflösen obigen Verdampfungsrückstandes in 30 ccm Wasser und Versetzen der Lösung:	
a) mit Schwefelwasserstoffwasser; es darf keine dunkle Fällung entstehen;	**Metalle** durch eine dunkle Färbung oder Fällung.
b) mit Ammoniummolybdänatlösung, welche mit Salpetersäure versetzt wurde, und gelindes Erwärmen. Es darf keine gelbe Färbung entstehen;	**Arsen** durch eine gelbe Färbung.
c) mit ammoniakalischer Silbernitratlösung; es darf keine Trübung entstehen.	**Natriumchlorid** durch eine weisse Trübung, welche in Salpetersäure unlöslich ist.
Auflösen von 1 g des Salzes in 9 g Wasser und Versetzen mit Baryumnitratlösung. Es entsteht ein weisser Niederschlag, der in Salpetersäure fast vollständig sich auflöst.	Zu **grossen Gehalt an Schwefelsäure** durch einen in Salpetersäure unlöslichen Niederschlag.

Aufbewahrung: in einem gut verschlossenen Glase.

Natrium tartaricum
Natriumtartrat.

Farblose, durchsichtige, rhombische Prismen, bisweilen büschelartig vereinigt, neutral, von salzigem Geschmacke, in 2 Teilen kaltem Wasser, nicht in Weingeist löslich.

Prüfung durch:	Zeigt an:
Erhitzen einer Probe des Salzes auf dem Platinbleche,	**Identität** durch Verkohlung unter Entwicklung eines Kara-

Natrium tartaricum.

Zusammenbringen des kohligen Rückstandes mit angefeuchtetem rotem Lakmuspapier.

Erhitzen einer kleinen Menge des Salzes am Öhr des Platindrahtes in einer nicht leuchtenden Flamme.

Betrachten der gelben Flamme durch ein Kobaltglas. Sie darf höchstens vorübergehend rot gefärbt erscheinen.

Auflösen von 3 g des Salzes in 10 ccm Wasser, Zusatz von verdünnter Essigsäure und Schütteln. Es darf selbst nach längerem Stehen keine Fällung entstehen.

Versetzen obiger mit Essigsäure versetzen Lösung mit Kaliumacetatlösung.

Auflösen von 4 g des Salzes in 76 g Wasser:
a) Eintauchen von rotem und blauem Lakmuspapier. Die Farben dürfen nicht verändert werden;

b) Versetzen von je 10 ccm der Lösung:
α) mit Schwefelwasserstoffwasser; es darf keine Veränderung entstehen;
β) mit Ammoniumoxalatlösung; es darf keine Trübung entstehen;

c) Ansäuern von 20 ccm der Lösung mit Salpetersäure und Versetzen:

melgeruches und Bläuung des Lakmuspapiers.

Identität durch Gelbfärbung der Flamme.

Kaliumsalz durch eine andauernd rote Farbe der Flamme.

Kaliumtartrat durch eine weisse, krystallinische Fällung.

Identität durch einen weissen, krystallinischen, in Natronlauge löslichen Niederschlag.

Natriumcarbonat durch eine Bläuung des roten Lakmuspapiers.

Freie Säure durch eine Rötung des blauen Lakmuspapiers.

Metalle, Kupfer, Blei, Eisen durch eine dunkle Fällung.

Kalk durch eine weisse Trübung.

344 Natrium telluricum.

α) mit Baryumnitratlösung; es darf keine Trübung entstehen;	**Natriumsulfat** durch eine weisse Trübung.
β) mit Silbernitratlösung; es darf nur opalisierende Trübung eintreten;	**Natriumchlorid** durch eine weisse, undurchsichtige Trübung.
d) Versetzen von 20 ccm der Lösung mit 0,5 ccm Kaliumferrocyanidlösung. Es darf keine Veränderung entstehen.	**Eisen** durch eine blaue, **Kupfer** durch eine rote Färbung.
Erwärmen von 1 g des Salzes mit Natronlauge. Es darf sich kein Geruch nach Ammoniak entwickeln.	**Ammoniakverbindung** durch einen Geruch nach Ammoniak.

Natrium telluricum
Tellursaures Natrium.

Weisses, krystallinisches Pulver, in Wasser zu einer schwach alkalischen Flüssigkeit löslich, in Weingeist unlöslich.

Prüfung durch:	Zeigt an:
Auflösen von 2 g des Salzes in 98 g Wasser:	
a) Ansäuern von 50 g der Lösung mit Salzsäure, Einleiten von Schwefligsäureanhydrid, und Stehenlassen einige Zeit lang.	**Identität** durch einen schwarzen Niederschlag.
Sammeln obigen Niederschlags auf einem gewogenen Filter, Auswaschen, Trocknen und Wägen desselben.	**Gehalt des Salzes an Tellur;** der Niederschlag soll gegen 0,53 g wiegen.
b) Versetzen der Lösung mit etwas Zinnchlorürlösung; es darf höchstens eine braune Färbung, nicht sofort schwarzer Niederschlag entstehen.	**Tellurige Säure** durch einen sofort entstehenden schwarzen Niederschlag.

Natrium thiosulfuricum

Natrium subsulfurosum. Natrium hyposulfurosum.
Natriumthiosulfat. Unterschwefligsaures Natrium.
Prüfung auf Identität, Carbonat siehe D. A.-B.

Natrium valerianicum
Natriumvalerianat.

Blumenkohlartige Warzen oder ein weisses Pulver, das an der Luft zerfliesst und in Wasser und Weingeist leicht löslich ist.

Prüfung durch:	Zeigt an:
Auflösen von 3 g des Salzes in 57 g Wasser und Versetzen:	
a) mit Salzsäure und Kochen;	**Identität** durch den charakteristischen Baldriansäuregeruch.
b) mit Kupferacetatlösung; es darf keine Trübung entstehen;	**Buttersäure** durch eine Trübung.
c) mit verdünnter Eisenchloridlösung bis zur vollständigen Fällung, Absetzenlassen des Niederschlags. Die überstehende Flüssigkeit darf nicht rot gefärbt sein;	**Identität** durch eine rote Färbung der Flüssigkeit.
d) mit Calciumchloridlösung; es darf keine Trübung entstehen;	**Schwefelsäure, Weinsäure, Oxalsäure** durch eine Trübung.
e) mit Schwefelwasserstoffwasser; es darf keine dunkle Fällung eintreten.	**Metalle** durch eine dunkle Fällung.

Aufbewahrung: in einem sehr gut verschlossenen Glase.

Natrium causticum fusum
Natriumhydroxyd. Ätznatron.

Trockne, weisse, schwer zerreibliche, an der Luft feucht

Natrium causticum fusum.

werdende Stücke oder Stückchen, auf der Bruchfläche ein krystallinisches Gefüge zeigend, in Wasser und Weingeist sehr leicht löslich.

Prüfung durch:	Zeigt an:
Auflösen von 2 g des Präparats in 4 ccm Wasser:	
a) Eintauchen von rotem Lakmuspapier;	**Identität** durch eine Bläuung des Papiers.
b) Erhitzen des mit der Lösung befeuchteten Platindrahtes in einer nicht leuchtenden Flamme;	**Identität** durch eine Gelbfärbung der Flamme.
c) Vermischen von 2 ccm der Lösung mit 10 ccm Weingeist. Es darf sich nach einigem Stehen nur ein sehr geringer Bodensatz bilden.	**Fremde Salze** (Natriumcarbonat, Natriumsulfat etc) durch eine Ausscheidung.
Auflösen von 1 g des Präparats in 2 ccm Wasser, Kochen der Lösung mit 50 ccm Kalkwasser, Filtrieren und Eingiessen des erkalteten Filtrats in überschüssige Salpetersäure. Es darf kein Aufbrausen stattfinden.	**Natriumcarbonat** durch ein Aufbrausen.
Auflösen von 0,5 g des Präparats in 9,5 g verdünnter Schwefelsäure, Mischen von 2 ccm dieser Lösung mit 2 ccm Schwefelsäure und Überschichten mit 1 ccm Ferrosulfatlösung; es darf keine braune Zone entstehen.	**Nitrat** durch eine braune Zwischenzone.
Auflösen von 0,5 g des Präparats in 24,5 g Wasser, Übersättigen mit Salpetersäure und Versetzen:	
a) mit Baryumnitratlösung; darf nicht sofort Trübung entstehen;	**Natriumsulfat** durch eine sofort entstehende weisse Trübung.
b) mit Silbernitratlösung; es	**Natriumchlorid** durch eine

darf nur opalisierende Trübung entstehen.

Auflösen von 2 g des Präparats in Wasser zu 50 ccm, Abpipettieren von 10 ccm dieser Lösung, Versetzen mit ein paar Tropfen Phenolphtaleinlösung und soviel Normal-Salzsäure, bis vollständige Entfärbung stattgefunden hat.

weisse, undurchsichtige Trübung.

Vorschriftsmässigen Gehalt an Natriumhydroxyd, wenn bis zu diesem Punkte mindestens 9 ccm Normal-Salzsäure verbraucht werden.

Man findet den Prozentgehalt an Natriumhydroxyd durch Multiplizieren der verbrauchten ccm Normal-Salzsäure mit 10.

Aufbewahrung: vorsichtig, in einem gut verschlossenen Glase.

Neurodinum

Acetyl-p-oxyphenylurethan.

Farb- und geruchlose Krystalle, in kaltem Wasser nur wenig, in 140 Teilen siedendem Wasser löslich.

Schmelzpunkt: bei 87°.

Prüfung durch:

Auflösen einer kleinen Menge Neurodin in Schwefelsäure und Versetzen der Lösung:
a) mit wenig Salpetersäure;

b) mit Kaliumnitrit.

Auflösen einer kleinen Menge Neurodin im Fröhde'schen Alkaloidreagens, welches man durch gelindes Erwärmen von 0,02 g Ammoniummolybdänat mit 2 ccm Schwefelsäure bereitet hat.

Zeigt an:

Identität durch eine orange Färbung, zuweilen mit grüner und roter Streifung.
Identität durch eine grüne und violette Streifung und später braune Färbung.
Identität durch eine schön violette Färbung.

Aufbewahrung: vorsichtig.

Niccolum chloratum.
Nickelchlorid.

Braungelbe, erdige Masse oder kleine, grüne Krystalle, die beim Erhitzen unter Wasserverlust gelb werden und in Wasser leicht löslich sind. Ersteres Salz zieht Feuchtigkeit aus der Luft an und wird dann citronengelb und hierauf grün.

Prüfung durch:	Zeigt an:
Auflösen von 4 g des Salzes in 76 g Wasser und Versetzen der Lösung:	
a) mit Natronlauge;	**Identität** durch einen apfelgrünen Niederschlag.
b) mit Silbernitratlösung.	**Identität** durch einen weissen Niederschlag.
c) mit Salzsäure; d) mit Gerbsäurelösung; e) mit Natriumacetat, verdünnter Essigsäure und Schwefelwasserstoffwasser; f) mit Kaliumnitritlösung und verdünnter Essigsäure.	**Silber**, **Eisen**, **Kupfer, Zink**, **Kobalt** } wie bei Niccolum sulfuricum.

Aufbewahrung: vorsichtig, in einem gut verschlossenen Glase.

Niccolum metallicum
Metallisches Nickel.

Silberweisses, mit einem Stich ins Gelbe glänzendes ziemlich hartes, schwer schmelzbares Metall, das sich an der Luft nicht verändert, magnetisch ist, in Salzsäure und Schwefelsäure sich nur träge unter Wasserstoffentwicklung löst; in Salpetersäure löst es sich leicht. Beim Glühen an der Luft läuft es an und bedeckt sich mit einer grünlich grauen Schicht von Oxydul.

Prüfung durch:	Zeigt an:
Auflösen von 5 g Nickel in 50 g Salpetersäure. Es muss vollständige Lösung stattfinden.	**Fremde Beimengungen,** wie Zinn, Antimon, Kohle, Kieselsäure durch einen unlöslichen Rückstand.
Versetzen der Lösung: a) mit Kalilauge, nach Verdünnung der Lösung mit	**Identität** durch einen apfelgrünen Niederschlag, der in

Niccolum nitricum. 349

dem 4 fachen Volumen Wasser; Abfiltrieren des Niederschlags und Versetzen des Filtrats mit Schwefelammonium; es darf keine Trübung entstehen.

b) mit einer geringen Menge einer konzentrierten Kaliumacetatlösung und dann mit einer konzentrierten Kaliumnitritlösung; es darf auch nach längerer Zeit kein gelber Niederschlag entstehen;

c) mit Schwefelwasserstoffwasser im grossen Überschusse; es darf keine Fällung entstehen;

d) mit Natriumacetatlösung und Schwefelwasserstoffwasser;

e) mit Natriumacetatlösung und Gerbsäurelösung; es darf keine Färbung entstehen;

f) mit Ammoniakflüssigkeit im Überschusse.

Versetzen obiger ammoniakalischer Flüssigkeit:
α) mit Ammoniumphosphatlösung; es entstehe keine Trübung;
β) mit Kalilauge.

überschüssiger Kalilauge unlöslich ist.

Zink durch eine weisse Trübung.

Kobalt durch einen gelben Niederschlag.

Fremde Metalle, wie Blei, Silber, Wismut, Kupfer durch eine dunkle, **Arsen** durch eine gelbe Trübung.

Identität durch einen schwarzen Niederschlag.

Eisen durch eine violette Färbung.

Identität durch eine anfangs entstehende geringe Trübung, hierauf durch eine klare, blaue Flüssigkeit.

Mangan durch eine weisse Fällung.

Identität durch einen apfelgrünen Niederschlag.

Niccolum nitricum
Nickelnitrat.

Grüne, säulenförmige, zerfliessliche Krystalle, welche in

350   Niccolum sulfuricum.

Wasser und in Weingeist löslich sind. Beim Erhitzen entsteht zuerst gelbliches, basisches Salz, zuletzt graues Oxydul.

Prüfung durch: — Zeigt an:

Auflösen von 4 g des Salzes in 76 g Wasser und Versetzen der Lösung:

a) mit Natronlauge; — **Identität** durch einen apfelgrünen Niederschlag.

b) mit einer gleichen Menge Schwefelsäure und Übersichten mit Ferrosulfatlösung. — **Identität** durch eine braune Zwischenzone.

c) mit Salzsäure;
d) mit Gerbsäurelösung;
e) mit Natriumacetatlösung, verdünnter Essigsäure und Schwefelwasserstoffwasser;
f) mit Kaliumnitritlösung und verdünnter Essigsäure.

Silber
Eisen
Kupfer, Zink

Kobalt

} wie bei Niccolum sulfuricum.

Aufbewahrung: vorsichtig.

Niccolum sulfuricum
Nickelsulfat.

Dunkel smaragdgrüne, rhombische Krystalle oder ein grünes krystallinisches Pulver von süsslich zusammenziehendem Geschmacke, in Wasser leicht löslich, unlöslich in Weingeist und Äther.

Prüfung durch: — Zeigt an:

Auflösen von 8 g des Salzes in 72 g Wasser und Versetzen der Lösung:

a) mit Natronlauge; — **Identität** durch einen apfelgrünen Niederschlag.

b) mit Baryumnitratlösung; — **Identität** durch einen weissen Niederschlag.

c) mit Salzsäure; es darf keine Fällung entstehen; — **Silber** durch eine weisse Trübung.

d) mit Gerbsäurelösung und Schütteln; es darf keine dunkle Färbung entstehen; — **Eisen** durch eine dunkle Färbung.

e) mit etwas Natriumacetat, einem gleichen Volumen verdünnter Essigsäure und — **Kupfer** durch eine schwarze, **Zink** durch eine weisse Fällung.

Schwefelwasserstoffwasser;
es darf keine Veränderung
entstehen;

f) mit Kaliumnitritlösung und verdünnter Essigsäure; es darf selbst nach 1 Stunde kein Niederschlag entstehen.

Kobalt durch einen gelben, krystallinischen Niederschlag.

Aufbewahrung: vorsichtig.

Niccolum sulfuricum ammoniatum
Nickelsulfatammoniak.

Dunkelblaue Krystalle oder hellblaues Pulver, in Wasser, nicht aber in Weingeist löslich.

Prüfung durch:	Zeigt an:
Auflösen von 1 g des Salzes in 10 ccm Wasser, Zusatz von Natronlauge und Erwärmen.	**Identität** durch Entwicklung von Ammoniak und Entstehen eines apfelgrünen Niederschlags.
Filtrieren obiger Flüssigkeit und Versetzen des Filtrats mit Baryumnitratlösung.	**Identität** durch einen weissen Niederschlag.

Aufbewahrung: vorsichtig, in einem gut verschlossenen Glase.

Das zum Vernickeln in grosser Menge verbrauchte Salz stellt grüne, licht- und luftbeständige, in Wasser lösliche Krystalle dar. Prüfung auf Identität wie oben.

Nicotinum
Nicotin.

Farblose oder schwach gelbliche, ölige Flüssigkeit von unangenehmem, stechendem, tabakähnlichem Geruche und scharfem, brennendem Geschmacke. Sie ist schwerer als Wasser, mischt sich damit zu einer alkalischen Flüssigkeit und ist auch mit Weingeist, Äther und fetten Ölen mischbar. Auf Papier erzeugt sie einen Fettfleck, der nach einiger Zeit wieder verschwindet.

Prüfung durch:	Zeigt an:
Erhitzen einiger Tropfen auf dem Platinbleche; es darf kein Rückstand bleiben.	**Identität** durch Entwicklung von Dämpfen, die mit rauchender Flamme verbrennen.
Mischen von 50 ccm einer ätherischen Nicotinlösung	**Identität** durch Abscheiden eines braunroten, krystallinisch

Prüfung durch:	Zeigt an:
(1 = 100) mit 50 ccm einer ätherischen Jodlösung und Stehenlassen.	erstarrenden Öles, und nach einiger Zeit durch Bildung von rubinroten, blauschillernden, langen Krystallnadeln.
Eintröpfeln von Nicotin in Schwefelsäure; es darf keine Färbung stattfinden.	**Fremde Beimengungen** durch eine Bräunung.
Eintröpfeln in Wasser, Schütteln, und Eintauchen von Curcumapapier.	**Identität** durch Untersinken der Tropfen in Wasser, welche sich beim Umschütteln lösen, und durch Bräunung des Curcumapapiers.
Zusatz von festem Ätzkali zur wässrigen Lösung.	**Identität** durch Abscheiden von öligen Tropfen.
Auflösen einiger Tropfen Nicotin in 5 ccm Wasser, Verteilen der Lösung auf Uhrgläser und Versetzen: a) mit Gerbsäurelösung; b) mit Kalium-Quecksilberjodidlösung; c) mit Platinchloridlösung.	} **Identität** durch Fällung.
Mischen einiger Tropfen Nicotin mit starkem Weingeist und Zusatz von verdünnter Schwefelsäure; es darf keine Trübung entstehen.	**Ammoniak** durch eine Trübung.

Aufbewahrung: sehr vorsichtig, in einem vor Licht geschützten Glase.

Nitrobenzolum

Nitrobenzol. Nitrobenzid.

Blassgelbe, stark lichtbrechende Flüssigkeit von einem dem Bittermandelöle ähnlichen Geruche, süssem Geschmacke, unlöslich in Wasser, leicht löslich in Weingeist und Äther.

Spezifisches Gewicht: 1,186.
Schmelzpunkt: bei 205°.

Prüfung durch:	Zeigt an:
Erwärmen von 5 g Nitro-	**Identität** durch eine purpur-

benzol mit etwas Eisen und verdünnter Schwefelsäure zur Überführung in Anilin, Zusatz von überschüssiger Natronlauge, Ausschütteln mit Äther, Verdunsten des Äthers unter Zusatz von Schwefelsäure und Versetzen des Rückstandes mit Chlorkalklösung.

violette, später schmutzig rote Färbung.

Aufbewahrung: vorsichtig.

Nitroglycerinum

Nitroglycerin.   Salpetersaurer-Glycerinäther.

Farblose, ölige, geruchlose Flüssigkeit von süssem Geschmack. Sie ist in 800 Teilen Wasser, in 4 Teilen Weingeist, in jedem Verhältnis in Äther, Chloroform, Essigsäure und fetten Ölen löslich.

Durch Schlag, Stoss oder plötzliches Erwärmen auf 200^0, oft auch ohne wahrnehmbare äussere Ursache explodiert das Nitroglycerin.

Prüfung durch:

Vermischen von 10 Tropfen Nitroglycerin mit 40 ccm Wasser und Absetzenlassen:
a) Eintauchen von blauem Lakmuspapier in die Flüssigkeit. Es darf nicht sofort gerötet werden;
b) Versetzen der Flüssigkeit mit Baryumnitratlösung. Es darf kein Niederschlag entstehen.

Zeigt an:

Schwefelsäure durch eine starke Rötung des Papiers.

Schwefelsäure durch einen weissen Niederschlag.

Ist nur in weingeistiger Lösung ($1 = 100$) vorrätig zu halten.

Aufbewahruung: sehr vorsichtig, vor Licht geschützt.

Nosophenum

Tetrajodphenolphtalein.

Schwach gelblich gefärbtes, geruch- und geschmackloses

Pulver, unlöslich in Wasser und in Säuren, schwer löslich in Alkohol, leichter in Äther und in Chloroform. Beim Kochen mit Schwefelsäure und Salpetersäure wird es unter Jodabspaltung zerlegt.

Schmelzpunkt: bei 255°.

Oleum Amygdalarum aethereum
Bittermandelöl.

Das durch Destillation mit Wasser aus den bitteren Mandeln erhaltene blausäurehaltige Öl.

Eine klare, farblose oder gelbliche, stark lichtbrechende Flüssigkeit von kräftigem Geruche nach Bittermandelwasser. Das Öl löst sich in gleichen Teilen Weingeist, auch in etwa 300 Teilen Wasser. Die Lösungen röten blaues Lakmuspapier und zeigen einen scharfen, brennenden, durchaus nicht süssen Geschmack.

Spezifisches Gewicht: 1,04 bis 1,06.

Prüfung durch:	Zeigt an:
Schütteln von 2 Tropfen des Öles mit 30 ccm Wasser und einigen Tropfen Kalilauge, Zusatz eines Körnchens Ferrosulfat und 1 Tropfen Eisenchloridlösung und Ansäuern mit Salzsäure.	**Identität** durch eine blaue Färbung.
Mischen von 1 ccm des Öls mit 3 ccm konzentrierter Salpetersäure von 1,42 spezifischem Gewicht. Es mus klare Lösung erfolgen.	**Weingeisthaltiges Öl** durch Schäumen und Entwicklung von roten Dämpfen. **Fremde Öle** durch Abscheiden öliger Tropfen oder einer harzigen Masse.
Auflösen von 1 ccm des Öles in 20 ccm Weingeist, Zufügen von Wasser bis zur beginnenden Trübung, Zusatz von Zinkfeile und verdünnter Schwefelsäure, so dass eine mehrstündige Gasentwicklung stattfindet, Filtrieren, Verdampfen	**Nitrobenzol,** sog. Mirbanöl durch eine violette Färbung.

des Weingeistes und kurzes Kochen mit 1 Tropfen Kaliumdichromatlösung. Es darf keine violette Färbung entstehen.

Aufbewahrung: sehr vorsichtig, vor Licht geschützt.

Oleum animale aethereum
Ätherisches Thieröl.

Klare, farblose oder schwach gelbliche, dünne Flüssigkeit von starkem, widrigem Geruch und brennendem Geschmack, welche in 80 Teilen Wasser zu einer alkalisch reagierenden Flüssigkeit löslich ist. Sie ist leicht löslich in Weingeist, Äther und Ölen. An der Luft zieht sie mit grosser Begierde Sauerstoff an, und wird dann dunkler und endlich schwarz. Braungewordenes Öl ist zu verwerfen.

Aufbewahrung: in kleinen, wohlverschlossenen Gläschen unter Wasser.

Oleum Sinapis
Senföl. Allylsenföl.

Prüfung auf fremde Beimengungen, Identität, ätherische und fette Öle, Schwefelkohlenstoff, Chloroform, künstliches Senföl, phenolartige Körper siehe D. A.-B.

Oleum Terebinthinae rectificatum
Gereinigtes Terpentinöl.

Prüfung auf Petroleum, Verharzung siehe D. A.-B.

Orexinum hydrochloricum
Orexinhydrochlorid. Phenyldihydrochinazolinhydrochlorid.

Weisses oder gelblichweisses, krystallinisches Pulver von bitterem Geschmacke, auf der Zunge ein eigentümliches Brennen

356   Palladium chloratum.

hinterlassend. Es löst sich in jedem Verhältnis in heissem Wasser zu einer blaues Lakmuspapier rötenden Flüssigkeit, in 15 Teilen kaltem Wasser und in 4 Teilen Weingeist; in Chloroform und in Äther ist es wenig löslich.

Schmelzpunkt: über 80° in seinem Krystallwasser.

Prüfung durch:	Zeigt an:
Erhitzen eines Gemisches des Präparates und Zinkstaub über freiem Feuer.	**Identität** durch einen starken Geruch nach Isonitril.
Behandeln obigen Gemisches mit verdünnter Salzsäure, Filtrieren und Versetzen des Filtrats mit Chlorkalklösung.	**Identität** durch eine blaue Färbung.
Auflösen von 2 g des Präparats in 38 g Wasser. Versetzen der Lösung:	
a) mit Natriumacetatlösung;	**Identität** durch eine weisse Trübung, welche beim Schütteln mit Äther wieder verschwindet.
b) mit Gerbsäurelösung; es darf keine Fällung entstehen;	**Freie Orexinbase** durch eine Fällung.
c) mit Schwefelwasserstoffwasser; es darf keine Fällung entstehen.	**Metalle,** namentlich Zinn durch eine dunkle Fällung.
Erhitzen einer kleinen Menge des Präparats auf dem Platinbleche. Es darf kein Rückstand bleiben.	**Anorganische Beimengungen** durch einen Rückstand.

Aufbewahrung: vorsichtig.

Palladium chloratum
Palladiumchlorür.

Braunrote, luftbeständige Prismen, welche sich in Wasser leicht lösen.

Prüfung durch:	Zeigt an:
Auflösen von 0,2 g des Präparats in 2 ccm Wasser.	

Versetzen von je 1 ccm der Lösung:
a) mit Kaliumchloridlösung und Zusatz von Weingeist.
b) mit Kaliumjodidlösung.

Identität durch Ausscheiden von goldgelben Blättchen.
Identität durch einen schwarzen Niederschlag.

Palladium metallicum
Palladiummetall.

Das Palladium kommt in Form von Blech und Draht, in seinem Aussehen dem Platin sehr ähnlich und als Palladiumschwamm, eine graue, schwammige Masse, in den Handel. Das kompakte Palladium löst sich in Königswasser und in Salpetersäure beim Erwärmen, der Palladiumschwamm auch in erwärmter Salzsäure auf.

Prüfung durch:

Freiwillige Verdunstung eines Tropfens Jodtinktur auf Palladiumblech.

Auflösen von Palladium in Königswasser, Verdampfen der überschüssigen Säure auf dem Wasserbade, Versetzen mit Ammoniakflüssigkeit, bis der entstandene fleischfarbene Niederschlag wieder gelöst ist, Einleiten von Salzsäuregas, Abfiltrieren des Niederschlags und Versetzen des Filtrats mit überschüssiger Ammoniakflüssigkeit. Es darf keine Färbung und keine Fällung entstehen.

Zeigt an:

Identität durch einen schwarzen Fleck auf dem Blech, der beim Glühen verschwindet. Auf Platin erzeugt Jodtinktur keinen Fleck.
Kupfer durch eine blaue Färbung, **Eisen** durch einen rostfarbenen Niederschlag.

Papaverinum hydrochloricum
Chlorwasserstoffsaures Papaverin.

Weisse, kurze, rhombische Nadeln, die in heissem Wasser leicht, in kaltem Wasser schwieriger löslich sind.

Prüfung durch:	Zeigt an:
Auflösen einer sehr kleinen Menge des Salzes in Schwefelsäure und Erhitzen der Lösung.	**Identität** durch eine dunkelviolette Färbung. **Unreines Papaverin** durch eine blauviolette Färbung schon in der Kälte.
Auflösen einer Probe des Salzes in konzentrierter Salpetersäure.	**Identität** durch eine dunkelrote Färbung.

Aufbewahrung: vorsichtig.

Papayotinum
Papayotin.

Das lösliche Ferment aus dem Milchsafte der Früchte von Carica Papaya.

Weisses, an der Luft nicht feucht werdendes, geruchloses Pulver von der Zusammensetzung der Eiweisskörper, welches sich leicht in Wasser zu einer schwach opalisierenden, stark schäumenden Flüssigkeit löst, die blaues Lakmuspapier gar nicht oder nur sehr schwach rötet. In Weingeist, Äther und Chloroform ist es unlöslich. Die wässerige Lösung besitzt einen faden, etwas zusammenziehenden Geschmack. Weingeist und Salpetersäure scheiden daraus einen weissen, flockigen Niederschlag ab.

Prüfung durch:	Zeigt an:
Auflösen von 0,1 g des Präparats in 100 g Wasser, Zusatz von Natriumcarbonatlösung bis zur schwach alkalischen Reaktion, und 20 g frischem, schwach ausgepresstem Blutfibrin und Stehenlassen 4 Stunden lang bei 30 bis 40°.	**Güte des Präparats** durch vollständige Lösung des Blutfibrins.

Parachlorphenolum.
Parachlorphenol.

Fester, krystallinischer Körper, der in Alkohol, Äther und Fetten löslich ist, schwerer löslich in Wasser.

Schmelzpunkt: bei 40°.
Siedepunkt: bei 217°.

Paracotoinum
Paracotoin.

Geschmackloses, kaum gelblich gefärbtes Krystallpulver, in 1000 Teilen Wasser bei anhaltendem Kochen zu einer sehr wenig gelb gefärbten, neutralen, kaum merklich bitter schmeckenden Flüssigkeit löslich, reichlicher in Weingeist, Schwefelkohlenstoff und Chloroform. Die heiss bereitete, wässerige Lösung erfüllt sich beim Erkalten bald mit Krystallnadeln.

Schmelzpunkt: bei 152^0 unter schwacher Bräunung, dann sublimierend.

Prüfung durch:	Zeigt an:
Erhitzen einer kleinen Menge des Präparats in einer Glasröhre; es darf kein Rückstand bleiben.	**Identität** durch Schmelzen unter schwacher Bräunung und dann Sublimieren. **Anorganische Beimengungen** durch einen Rückstand.
Kochen von 0,05 g des Präparats mit 50 g Wasser, Filtrieren und Versetzen des Filtrats: a) mit Bleiessig; es darf keine Veränderung entstehen. b) mit Eisenchloridlösung; es darf keine Veränderung entstehen.	**Cotoin** durch eine gelbe Fällung. **Cotoin** durch eine schwarzbraune Färbung.
Auflösen von Parakotoin in Schwefelsäure.	**Identität** durch eine dunkelgelbe Lösung, welche beim Erwärmen braungelb wird.
Auflösen in konzentrierter Salpetersäure.	**Identität** durch eine anfangs gelbe, dann grüne Lösung.

Aufbewahrung: vorsichtig.

Paraffinum liquidum
Flüssiges Paraffin.

Prüfung auf harzartige Beimengungen, fette Öle, freie Säure siehe D. A.-B.

Paraffinum solidum
Festes Paraffin.

Prüfung auf harzartige Beimengungen, freie Säure, Paraffin und Braunkohlenteer siehe D. A.-B.

Paraldehydum
Paraldehyd.

Prüfung auf gewöhnliches Aldehyd, Weingeist, Valeraldehyd, Amylalkohol, Salzsäure, Schwefelsäure, Säuregehalt siehe D. A.-B.

Pelletierinum tannicum
Pelletierintannat.

Gelblich-weisses, geruchloses, amorphes, meist aus einem Gemisch der Tannate der in der Granatwurzelrinde enthaltenen Alkaloide bestehendes Pulver von zusammenziehendem Geschmacke und schwach saurer Reaktion. Es löst sich in 700 Teilen Wasser, in etwa 80 Teilen Weingeist, sowie in verdünnten Säuren beim Erwärmen leicht auf.

Prüfung durch:	Zeigt an:
Auflösen von 0,02 g des Salzes in 15 g Wasser und Zusatz von Eisenchloridlösung.	**Identität** durch eine blauschwarze Färbung.
Auflösen von 0,2 g des Salzes in 5 ccm verdünnter Salzsäure unter Erwärmen, Versetzen der Lösung mit überschüssiger Natronlauge, Ausschütteln mit Äther, freiwilliges Verdunstenlassen des abgehobenen Äthers.	**Identität** durch Hinterbleiben von schwach gelblichen, öligen, eigentümlich riechenden Tropfen, welche rotes Lakmuspapier bläuen.
Darüberhalten eines mit Salzsäure befeuchteten Glasstabes über die beim Verdunsten des Äthers zurückbleibenden öligen Tropfen.	**Identität** durch Nebelbildung.
Erhitzen von etwa 0,1 g des	**Anorganische Beimen-**

Salzes in einem tarierten Porzellanschälchen. Es darf kein wägbarer Rückstand bleiben.

Aufbewahrung: vorsichtig.

gungen durch einen wägbaren Rückstand.

Pentalum
β-Isoamylen. Trimethyläthylen.

Farblose, leicht bewegliche, sehr flüchtige und leicht entzündliche Flüssigkeit von benzinähnlichem, an Senföl erinnerndem Geruche. Sie ist mit 90 prozentigem Weingeist, Chloroform, Äther in allen Verhältnissen mischbar, in Wasser sowie in Weingeist von 80 Prozent und darunter unlöslich.

Spezifisches Gewicht: 0,679 bei 0^0.

Siedepunkt: bei 37 bis 38^0.

Prüfung durch:

Bestimmen des Siedepunktes durch Destillation. Die Flüssigkeit muss bei 37 bis 38^0 völlig destillieren.

Auflösen einer kleinen Menge Jod in dem Präparate.

Mischen von etwa 2 ccm des Präparats mit einer gleichen Menge konzentrierter Schwefelsäure.

Zeigt an:

Fremde Kohlenwasserstoffe (Benzin, Petroleumäther etc.) durch einen wechselnden Siedepunkt.

Identität durch eine himbeerrote Lösung.

Identität durch Selbsterwärmung und Gelbfärbung.

Aufbewahrung: in kleinen, mit Korkstopfen gut verschlossenen Gläsern.

Pepsinum
Pepsin.

Prüfung auf die verdauende Wirkung desselben siehe D. A.-B.

Peptonum siccum
Trockenes Pepton.

Hellgelbe, leichte, schaumige, leicht zerreibliche Stücke

oder weissliches Pulver von bitterem, aber nicht widerlichem Geschmacke und beinahe geruchlos, in Wasser in jedem Verhältnis zu einer hellgelben, neutralen oder sehr schwach sauren Flüssigkeit löslich.

Prüfung durch:

Auflösen von 1 g des Peptons in 19 g Wasser. Die Lösung sei klar oder werde es auf Zusatz einiger Tropfen Salzsäure.
a) Versetzen von etwa 10 ccm der Lösung mit 10 ccm Weingeist;
b) Kochen der Lösung; es darf keine Veränderung erfolgen;
c) Versetzen mit Salpetersäure oder Natronlauge; es darf keine Trübung entstehen.

Auflösen von 1 g Pepton in 10 ccm Wasser, Versetzen mit 10 Tropfen Natronlauge und 5 Tropfen Kupfersulfatlösung $(1 = 20)$.

Zeigt an:

Eiweissstoffe durch eine trübe Lösung, welche sich auch auf Zusatz von Salzsäure nicht klärt.

Identität durch Fällen des Peptons.

Hemialbumosen durch eine Ausscheidung.

Dasselbe durch eine Trübung.

Identität durch eine himbeerrote Färbung.

Phenacetinum

Phenacetin. Para-Acetphenetidin. Para-Oxyäthyl-Acetanilid.

Prüfung auf Identität, Neutralität, Acetanilid, Phenol, anorganische und organische Beimengungen, Antipyrin siehe D. A.-B.

Phenacetolinum

Phenacetolin. Phenacetein.

Brauner, harziger Farbstoff, der in Alkohol löslich ist. Man benützt ihn als Indikator beim Titrieren von ätzenden Alkalien und alkalischen Erden neben Carbonaten. Durch ätzende Alkalien und alkalische Erden wird das Phenacetolin sehr wenig gelblich gefärbt, mit kohlensauren Alkalien liefert es tiefrote, lösliche, mit kohlensauren Erdalkalien tiefrote, unlösliche Verbindungen. Mit Säuren entstehen goldgelbe Färbungen.

Prüfung durch:

Versetzen von 10 ccm einer Mischung von Kalilauge und Kaliumcarbonatlösung mit einigen Tropfen einer weingeistigen Phenacetolinlösung und hierauf mit Normal-Salzsäure aus einer Bürette, bis die Flüssigkeit rot gefärbt ist.

Weiteren Zusatz von Normal-Salzsäure, bis die Flüssigkeit goldgelb geworden.

Zeigt an:

Den **Gehalt an Ätzkali** durch die verbrauchte Menge der Normal-Salzsäure.

Den **Gehalt an Kaliumcarbonat** durch den weiteren Verbrauch an Normal-Salzsäure.

Phenocollum hydrochloricum
Salzsaures Glycocollparaphenetidin.

Krystallinisches Pulver, das sich in 20 Teilen Wasser zu einer neutralen Flüssigkeit löst.

Prüfung durch:

Auflösen von 1 g des Präparats in 30 g Wasser. Die Lösung muss klar sein.

Eintauchen von blauem Lakmuspapier.

Versetzen der Lösung:
a) mit Silbernitratlösung;

b) mit Eisenchloridlösung und Erwärmen. Es darf keine rote Färbung entstehen;

c) Erwärmen der Lösung auf 60° und Zusatz einiger Tropfen Natriumcarbonatlösung. Es darf sich kein Ammoniakgeruch entwickeln;

Zeigt an:

Di- und Triphenocoll durch eine trübe Lösung.

Geforderte Neutralität durch die unveränderte Farbe des Papiers.

Identität durch eine weisse Fällung.

Para - Phenetidin durch eine rote Färbung.

Ammoniumsalze durch einen Geruch nach Ammoniak.

d) Versetzen der Lösung mit einigen Tropfen Natronlauge. Es muss sich eine **weisse** Krystallmasse ausscheiden.
Erhitzen einer kleinen Menge auf dem Platinbleche. Es darf kein Rückstand bleiben.

Verunreinigtes Präparat durch Ausscheidung von gefärbten Krystallen.

Anorganische Beimengungen durch einen Rückstand.

Phenolphtaleinum
Phenolphtalein.

Gelblich weisses, krystallinisches, in Wasser unlösliches, in Weingeist leicht, und in Ätzalkalien mit roter Farbe lösliches Pulver.
Schmelzpunkt: bei 250^0 bis 253^0.

Prüfung durch:
Auflösen einer kleinen Menge des Präparats in verdünnter Natronlauge:
a) Versetzen der Lösung mit überschüssiger Salzsäure;
b) Kochen der Lösung mit Zinkstaub.
Erhitzen auf dem Platinbleche; es darf kein Rückstand bleiben.

Zeigt an:
Identität durch eine rote Färbung der Lösung.

Identität durch Verschwinden der roten Färbung.

Anorganische Beimengungen durch einen Rückstand.

Phenylurethanum
Phenylurethan. Euphorine.

Farbloses, krystallinisches Pulver von schwachem, hintennach nelkenartigem, scharfem Geschmacke, in kaltem Wasser schwer löslich, leichter in heissem Wasser und in alkoholhaltigen Flüssigkeiten, sehr leicht löslich in Alkohol und in Äther.
Schmelzpunkt: bei 49 bis 50^0.

Prüfung durch:
Erhitzen von 1 g des Präparats mit 5 ccm Kalilauge.

Zeigt an:
Identität durch Entwicklung von Ammoniak, erkennbar an

Auflösen einer Probe in Schwefelsäure; die Lösung sei farblos und klar.

Erhitzen einer Probe auf dem Platinbleche; es muss ohne Rückstand verbrennen.

Zerreiben von 0,5 g des Präparats mit 5 ccm Wasser, Filtrieren und Versetzen des Filtrats mit Silbernitratlösung; es darf keine Trübung entstehen.

der Bräunung des darübergehaltenen angefeuchteten Curcumapapiers.

Fremde organische Beimengungen durch eine Bräunung.

Mineralische Beimengungen durch einen Rückstand.

Chlor durch eine weisse Trübung.

Aufbewahrung: vorsichtig, vor Licht geschützt.

Phosphorus
Phosphor.

Eigenschaften desselben siehe D. A.-B.

Physostigminum salicylicum
Physostigminsalicylat.

Prüfung auf Identität, freie Säure, fremde organische und anorganische Beimengungen siehe D. A.-B.

Physostigminum sulfuricum
Physostigminsulfat.

Prüfung auf Identität, Salicylat, fremde organische und anorganische Beimengungen siehe D. A.-B.

Picrotoxinum
Pikrotoxin.

Farblose, geruchlose, neutrale, nadelförmige Krystalle, von stark bitterem Geschmacke. Sie lösen sich in etwa

366 Pilocarpinum hydrochloricum. — Pilocarpin. salicylicum.

150 Teilen Wasser und in etwa 10 Teilen Weingeist, sind nur wenig löslich in Äther, reichlich löslich in Chloroform, Natronlauge und in Ammoniakflüssigkeit.

Schmelzpunkt: gegen 200^0.

Prüfung durch:	Zeigt an:
Auflösen von 0,1 g Pikrotoxin in einer geringen Menge Ammoniakflüssigkeit und Zusatz von Bleiessig.	**Identität** durch Fällung des Pikrotoxins.
Auflösen einer geringen Menge Pikrotoxin in Schwefelsäure.	**Identität** durch eine orangerote Färbung.
Zusatz einer Spur von Kaliumdichromatlösung zur obigen schwefelsauren Lösung.	**Identität** durch eine violette Färbung, welche auf Zusatz von etwas mehr Kaliumdichromatlösung in braun übergeht.
Mischen von 0,1 g Pikrotoxin mit 0,3 g Kaliumnitrat, Durchfeuchten des Gemenges mit Schwefelsäure und Zusatz von starker Natronlauge (1=3) im Überschusse.	**Identität** durch eine lebhafte Rotfärbung, welche jedoch nur kurze Zeit anhält.
Erhitzen einer kleinen Menge auf dem Platinbleche. Es darf kein Rückstand bleiben.	**Anorganische Beimengungen** durch einen Rückstand.

Aufbewahrung: sehr vorsichtig.

Pilocarpinum hydrochloricum
Pilokarpinhydrochlorid.

Prüfung auf Identität, freie Säure, fremde organische und anorganische Beimengungen, fremde Alkaloide siehe D. A.-B.

Pilocarpinum salicylicum
Pilokarpinsalicylat.

Farblose, blättrige Krystalle oder ein weisses, krystallinisches Pulver von schwach bitterem Geschmacke, welches sich

Pilocarpinum salicylicum.

leicht in Wasser, weniger leicht in Weingeist mit schwach saurer Reaktion löst.

Prüfung durch:	Zeigt an:
Auflösen einer kleinen Probe in Schwefelsäure. Die Lösung sei farblos.	**Fremde organische Beimengungen** durch eine gefärbte Lösung.
Auflösen in rauchender Salpetersäure.	**Identität** durch eine gelbbraune Lösung.
Auflösen von 0,1 g des Salzes in 9,9 g Wasser:	
a) Eintauchen von blauem Lakmuspapier. Es darf nur schwach gerötet werden.	**Freie Säure** durch eine starke Rötung des Papiers.
Verteilen der Lösung auf Uhrgläser und Versetzen:	
b) mit Eisenchloridlösung;	**Identität** durch eine blauviolette Färbung.
c) mit Jodlösung; d) mit Bromwasser; e) mit Quecksilberchloridlösung;	**Identität** durch eine reichliche Fällung.
f) mit Ammoniakflüssigkeit; es entstehe keine Trübung; g) mit Kaliumdichromatlösung; es entstehe keine Trübung;	**Fremde Alkaloide** durch eine Trübung.
h) mit Natronlauge; es entstehe keine Trübung. Nur eine konzentrierte Lösung des Salzes wird dadurch getrübt.	**Fremde Alkaloide** durch eine Trübung.
Auflösen von 0,5 g des Salzes in 9,5 g Wasser: a) Versetzen von je 3 ccm der Lösung: α) mit Schwefelwasserstoffwasser; es entstehe keine Veränderung;	**Metalle** durch eine dunkle Fällung.

β) mit Baryumnitratlösung; es entstehe keine Trübung;	**Sulfate** durch eine weisse Trübung.
b) Vermischen von 2 ccm der Lösung mit 3 ccm Weingeist, Ansäuern mit Salpetersäure und Versetzen mit Silbernitratlösung; es darf keine Trübung entstehen.	**Chloride** durch eine weisse Trübung.
Erhitzen einer kleinen Probe des Salzes auf dem Platinbleche. Es darf kein Rückstand bleiben.	**Anorganische Beimengungen** durch einen Rückstand.

Aufbewahrung: vorsichtig.

Piperacinum

Piperacin. Diäthylendiamin. Spermin.

Farblose, hygroskopische Krystalle von schwachem Geruche, welche schon bei gewöhnlicher Temperatur etwas flüchtig sind, an der Luft Feuchtigkeit und Kohlensäure anziehen und unter Bildung eines kohlensauren Salzes zerfliessen. Sie sind in Wasser sehr leicht zu einer alkalisch reagierenden Flüssigkeit löslich, in Weingeist etwas schwieriger.

Schmelzpunkt: bei 104 bis 107°, wenn das Piperacin über Ätzkalk getrocknet wurde.

Siedepunkt: bei 145°.

Prüfung durch:	Zeigt an:
Auflösen von 0,2 g Piperacin in 50 ccm Wasser:	
a) Ansäuern von 10 ccm der Lösung mit Salzsäure und Versetzen mit Kaliumwismutjodidlösung*).	**Identität** durch einen scharlachroten, krystallinischen Niederschlag.
Versetzen von je 10 ccm der Lösung:	
b) mit Quecksilberchloridlösung;	**Identität** durch einen weissen Niederschlag.
c) mit Nessler'schem Reagens;	**Identität** durch einen weissen Niederschlag.

Piperinum. 369

d) Ansäuern von 20 ccm der Lösung mit Salpetersäure und Versetzen:
   α) mit Silbernitratlösung;
   β) mit Baryumnitratlösung.
Beide Reagentien dürfen keine Trübung erzeugen.

Auflösen von 0,1 g Piperacin in 10 ccm verdünnter Salzsäure und Zusatz von Platinchloridlösung.

Erhitzen einer kleinen Menge Piperacin in einem trockenen Probierrohre. Es sublimiert ohne Hinterlassung eines Rückstandes.

Ammoniumsalze durch eine rote Fällung.

Chlor durch eine weisse Trübung.
Schwefelsäure durch eine weisse Trübung.

Identität durch einen pomeranzengelben Niederschlag.

Anorganische Beimengungen durch einen Rückstand.

Aufbewahrung: in kleinen, gut verschlossenen Gläsern.

*) Die Kaliumwismutjodidlösung stellt man sich her, indem man zerriebenes krystallinisches Wismutnitrat mit soviel konzentrierter Kaliumjodidlösung anreibt, bis Lösung erfolgt ist, und dann mit dem gleichen Volumen konzentrierter Kaliumjodidlösung vermengt.

Piperinum
Piperin.

Farblose, glänzende, luftbeständige, einseitige Prismen, in reinem Zustande fast geschmacklos, in unreinem Zustande und in weingeistiger Lösung von brennend scharfem Geschmacke. Das Piperin wird von Wasser nur wenig gelöst, ist aber in 30 Teilen kaltem und 1 Teil siedendem Weingeist löslich, schwer löslich in Äther. Auch in Chloroform, Benzol und flüchtigen Ölen ist es löslich.

Schmelzpunkt: bei 128 bis 129°.

Prüfung durch:

Erhitzen in einem trockenen Reagiercylinder.

Zeigt an:

Identität durch Schmelzen zu einer gelblichen Flüssigkeit und Erstarren beim Erkalten zu einer harzartigen Masse.

Auflösen in Schwefelsäure.	**Identität** durch eine gelbe Lösung, die dunkelbraun und zuletzt grünbraun wird. Die Farbe verschwindet auf Zusatz von Wasser.
Behandeln mit konzentrierter Salpetersäure.	**Identität** durch Verwandlung in ein orangerotes Harz.
Abgiessen der Salpetersäure und Auflösen des Harzes in verdünnter Kalilauge.	**Identität** durch eine blutrote Lösung.
Erhitzen einer Probe auf dem Platinbleche. Es muss ohne Rückstand verbrennen.	**Anorganische Beimengungen** durch einen Rückstand.

Platinum
Platin.

Das Platin kommt im kompakten Zustand als Blech oder Draht, dann in fein verteiltem Zustande als Platinschwamm und Platinmohr in den Handel. Das metallische Platin ist silberweiss, der Platinschwamm stellt eine graue schwammige Masse, der Platinmohr ein schwarzes Pulver dar. Das Platin ist nur im Knallgasgebläse schmelzbar, in allen Säuren unlöslich, in Königswasser in der Wärme löslich.

Spezifisches Gewicht: 21,15.

Prüfung durch:	Zeigt an:
Auflösen von Platin in Königswasser in der Wärme, Verdampfen der überschüssigen Säure auf dem Wasserbade und Auflösen des Rückstandes in Wasser.	**Identität** durch eine vollständige goldgelbe Lösung. **Silber** durch einen weissen ungelösten Rückstand. **Iridium** durch eine braunrote Farbe der Lösung.
Versetzen obiger wässerigen Lösung:	
a) mit Schwefelwasserstoffwasser;	**Identität** durch eine erst allmählich eintretende bräunliche Färbung und Abscheiden eines schwarzen Niederschlags nach längerer Zeit.
b) mit Kaliumjodidlösung;	**Identität** durch eine braunrote Färbung.

c) mit Kaliumchloridlösung;

d) mit Ammoniumchloridlösung, Abfiltrieren des gelben Niederschlags, Trocknen und Glühen desselben. Wiederholtes Behandeln des Glührückstandes mit Königswasser, das mit der vierfachen Menge Wasser verdünnt wurde. Es muss vollständige Lösung stattfinden.

Erhitzen von Platin mit starker Salpetersäure und Verdampfen der Säure. Es darf kein Rückstand bleiben.

Identität durch einen gelben, krystallinischen Niederschlag.

Iridium durch einen in Königswasser unlöslichen Rückstand.

Silber oder **andere Metalle** durch einen Verdampfungsrückstand.

Platinum bichloratum

Platinum chloratum. Platinchlorid. Platinchlorid-Chlorwasserstoff.

Braunrote, krystallinische, sehr hygroskopische Salzmasse, welche sich in Wasser, Alkohol und Äther mit einer gelben Farbe löst. Beim Erhitzen verwandelt es sich unter Abgabe von Chlor und Chlorwasserstoff in Platinchlorür und zuletzt in metallisches Platin.

Prüfung durch:

Auflösen von 0,5 g des Salzes in 5 ccm Wasser. Die Lösung muss eine rein gelbrote Lösung besitzen.

Versetzen der Lösung:
a) mit Ammoniumchloridlösung;

b) mit dem gleichen Volumen Schwefelsäure und Überschichten der heissen

Zeigt an:

Platinchlorür, Iridiumchlorid durch eine braunrote Farbe der Lösung.

Identität durch einen rein gelben Niederschlag.
Iridiumchlorid durch eine rote Farbe des Niederschlags.
Salpetersäure durch eine braune Zwischenzone.

Mischung mit Ferrosulfatlösung. Es darf sich keine braune Zwischenzone zeigen.

c) Schütteln der Lösung mit Äther; letztere darf sich nicht gelb färben.

Vorsichtiges Glühen von 0,5 g des trocknen Salzes in einem gewogenen Porzellantiegel und Wägen nach dem Erkalten.

Auskochen obigen Glührückstandes mit verdünnter Salpetersäure und Filtrieren.

a) Abdampfen eines Teils des Filtrats in einem tarierten Glühtiegel und Glühen. Der Rückstand darf höchstens 4 mg betragen;

b) Versetzen des Filtrats mit Schwefelwasserstoffwasser und Übersättigen mit Ammoniakflüssigkeit. Es darf keine Veränderung eintreten.

Goldchlorid-Chlorwasserstoff durch eine gelbe Färbung des Äthers.

Reinheit des Salzes, wenn das zurückbleibende Platin mindestens 0,185 bis 0,19 g beträgt.

Fremde Metalle durch einen grösseren Rückstand.

Fremde Metalle, namentlich Eisen durch eine dunkle Fällung.

Platinum chloratum viride
Platinchlorür. Platinochlorid.

Graugrünes Pulver, welches in Wasser unlöslich, in heisser Salzsäure mit braunroter Farbe löslich ist.

Prüfung durch:

Erhitzen einer kleinen Menge in einem Porzellantiegel zum Glühen.

Erhitzen einer Probe mit Salzsäure und Versetzen der salzsauren Lösung:

a) mit Natronlauge;

Zeigt an:

Identität durch Hinterlassen eines schwammigen Rückstandes.

Identität durch einen schwarzen Niederschlag.

Plumb. aceticum. — Plumb. acet. crudum. — Plumb. chromic.

b) mit etwas Ammoniumchlorid und Eindampfen auf dem Wasserbade. | **Identität** durch Ausscheiden von rubinroten Prismen.

Aufbewahrung: vorsichtig.

Plumbum aceticum
Saccharum Saturni. Bleiacetat. Bleizucker.

Prüfung auf Identität, basisches Bleicarbonat, Kupfer, Eisen siehe D. A.-B.

Plumbum aceticum crudum
Rohes Bleiacetat. Roher Bleizucker.

Prüfung auf basisches Bleicarbonat, Kupfer, Eisen siehe D. A.-B.

Plumbum chromicum
Bleichromat.

Gelbbraunes, schweres Pulver oder braune Stückchen, welche unlöslich in Wasser, löslich in Salpetersäure, auch in Ätzalkalien, nicht aber in Ammoniakflüssigkeit sind.

Prüfung durch:	Zeigt an:
Eintragen einer kleinen Menge des gepulverten Präparats in erwärmter Salpetersäure und Eintröpfeln der gelben Lösung in Schwefelwasserstoffwasser.	**Identität** durch einen schwarzen Niederschlag. **Fremde Beimengungen** (Gips, Schwerspath) durch eine unvollständige Lösung in Salpetersäure.
Eintragen einer kleinen Menge des gepulverten Präparats in erwärmte Salzsäure und Eintröpfeln von Weingeist in die heisse Lösung.	**Identität** durch eine dunkelgrasgrüne Färbung der Lösung und Ausscheiden eines weissen Niederschlags, der sich in viel heissem Wasser vollständig auflöst.
Glühen einer kleinen Probe in einer Glasröhre, deren eines offene Ende unter Kalkwasser	**Organische Beimengungen** durch eine Trübung des Kalkwassers.

taucht. Es darf keine Trübung des letzteren stattfinden.

Schütteln von 5 g des gepulverten Präparats mit warmem Wasser, Filtrieren und Verdampfen des Filtrats. Es darf kein Rückstand bleiben.

Wasserlösliche Salze durch einen Verdampfungsrückstand.

Aufbewahrung: vorsichtig.

Plumbum hyperoxydatum
Bleisuperoxyd.

Schweres, dunkelbraunes Pulver, welches in Wasser unlöslich ist. Für sich oder mit Schwefelsäure erhitzt entwickelt es Sauerstoff, mit Salzsäure erhitzt Chlor.

Prüfung durch:	Zeigt an:
Erhitzen einer kleinen Menge des Präparats mit Salzsäure.	**Identität** durch Entwicklung von Chlorgas und Bildung eines weissen Salzes (Chlorblei).
Kochen von 5 g des Präparats mit ca. 60 ccm Wasser und wenig verdünnter Salpetersäure und Filtrieren:
a) Versetzen von 10 ccm des Filtrats mit Silbernitratlösung; es darf keine Trübung entstehen;	**Chlorid** durch eine weisse Trübung.
b) Verdampfen von 30 ccm des Filtrats. Es darf nur ein sehr geringer Rückstand bleiben.	**Kalk, Natriumsalze, Bleinitrat** durch einen grösseren Verdampfungsrückstand.
Digerieren von 5 g des Präparats mit einer konzentrierten Lösung von Natriumbicarbonat einige Stunden lang, Filtrieren, Übersättigen des Filtrats mit Salpetersäure und Zusatz von Baryumnitratlösung; es darf keine Trübung entstehen.	**Sulfat** durch eine weisse Trübung.

Erwärmen von Bleisuperoxyd mit Schwefelsäure bis zur vollständigen Zersetzung, Erkaltenlassen, Zusatz von Wasser und einer neuen Menge von Bleisuperoxyd und Erwärmen. Es darf keine rote Lösung entstehen.

Mangan durch eine rote Lösung.

Plumbum jodatum
Bleijodid.

Ein schweres, gelbes Pulver, in ungefähr 2000 Teilen Wasser, leicht aber in heisser Ammoniakflüssigkeit löslich, wie auch in Kali- und Natronlauge.

Prüfung durch:

Erhitzen einer kleinen Probe des Salzes in einem Porzellantiegel.

Auflösen von 2 g des Salzes in 4 g konzentrierter Ammoniumchloridlösung unter Erwärmen. Es muss vollständige Lösung stattfinden.

Verdünnen obiger Lösung mit 20 ccm Wasser, Einleiten von Schwefelwasserstoff im Überschusse, Filtrieren, Verdampfen des Filtrats und Glühen des Rückstandes. Letzterer muss sich vollkommen verflüchtigen.

Zeigt an:

Identität durch Schmelzen unter Entwicklung von violetten Dämpfen.

Chromgelb durch einen gelben Rückstand, der sich in Kalilauge mit gelber Farbe löst.

Alkalisalz durch einen Glührückstand.

Aufbewahrung: vorsichtig, vor Licht geschützt.

Plumbum metallicum
Metallisches Blei.

Sehr weiches, dehnbares, bläulich graues, auf dem frischen Schnitt glänzendes Metall, welches in verdünnter Salpetersäure unter Entwicklung von roten Dämpfen löslich ist.

Spezifisches Gewicht: 11,37.

Plumbum metallicum.

Prüfung durch:	Zeigt an:
Auflösen von 2 g Blei in 20 g verdünnter Salpetersäure unter Erwärmen.	**Identität** durch vollständige, farblose Lösung unter Entwicklung von roten Dämpfen. **Zinn, Antimon** durch einen weissen Rückstand.
Verdampfen der überschüssigen Säure auf dem Wasserbade, Erkaltenlassen und Verdünnen mit 50 g Wasser. Es darf keine Trübung entstehen.	**Wismut** durch eine weisse Trübung.
Versetzen der verdünnten, salpetersauren Lösung:	
a) mit Schwefelwasserstoffwasser;	**Identität** durch einen schwarzen Niederschlag.
b) mit verdünnter Schwefelsäure;	**Identität** durch einen weissen Niederschlag, der in Natronlauge und in Ammoniumtartratlösung löslich ist.
c) mit Salzsäure;	**Identität** durch einen weissen Niederschlag, der in heissem Wasser löslich ist.
d) mit Natronlauge;	**Identität** durch einen weissen Niederschlag, der in überschüssiger Natronlauge löslich ist.
e) Einleiten von Schwefelwasserstoff in die angesäuerte, erwärmte Lösung, Abfiltrieren des Niederschlags, Digerieren des letzteren mit gelbem Schwefelammonium, Filtrieren und Versetzen des Filtrats mit Salzsäure.	**Arsen** durch einen gelben Niederschlag. Derselbe löst sich in Ammoniak und wird durch Säuren wieder gelb gefällt.
Erwärmen von 3 g Blei mit 10 g Salpetersäure in einem Becherglase, Zusatz von 9 g verdünnter Schwefelsäure, Eindampfen auf dem Wasserbade bis nahe zur Trockne, Behandeln des Rückstandes mit	**Silber** durch eine weisse Trübung.

20 ccm Wasser, Filtrieren und Versetzen des Filtrats mit Salzsäure. Es darf keine Trübung entstehen.
  a) Versetzen obigen Filtrats mit Schwefelwasserstoffwasser; es darf keine Fällung entstehen;
  b) Neutralisieren obigen Filtrats mit Ammoniakflüssigkeit und Versetzen mit Schwefelwasserstoffwasser; es darf keine weisse Trübung entstehen.

Kupfer durch eine dunkle Fällung.

Zink durch eine weisse Trübung.

Plumbum nitricum
Bleinitrat.

Farblose, durchscheinende oder weisse, fast undurchsichtige, luftbeständige, oktaedrische Krystalle ohne Geruch, von süsslichem, adstringierendem, hintennach metallischem Geschmacke von saurer Reaktion. Sie sind in 2 Teilen kaltem, und in weniger als 1 Teil siedendem Wasser, kaum in Weingeist löslich.

Prüfung durch:

Erhitzen einer kleinen Probe des Salzes in einem Porzellantiegel und nachheriges Glühen.

Auflösen von 5 g des Salzes in 50 g Wasser. Die Lösung muss klar sein.

Versetzen von je 10 ccm der Lösung:
  a) mit Schwefelwasserstoffwasser;
  b) mit verdünnter Schwefelsäure;
  c) mit Kaliumjodidlösung;

Zeigt an:

Identität durch Verknistern, Schmelzen, Entwicklung von gelbroten Dämpfen und Hinterlassen von gelbem Bleioxyd.

Basisches Salz durch eine trübe Lösung.

Identität durch einen schwarzen Niederschlag.
Identität durch einen weissen Niederschlag.
Identität durch einen gelben Niederschlag.

d) mit Kaliumferrocyanidlösung; es darf nur ein rein weisser Niederschlag entstehen.

Kupfer durch einen rötlichen Niederschlag.
Eisen durch einen bläulichen Niederschlag.

Aufbewahrung: vorsichtig.

Pyoktaninum coeruleum et aureum.

Das **Pyoktaninum coeruleum** ist reines Methylviolett, ein ungiftiger Anilinfarbstoff. Es stellt ein blaues Pulver dar, das in Wasser und Weingeist leicht löslich ist.

Prüfung durch: | Zeigt an:

Auflösen einer kleinen Menge Pyoktanin in Wasser und Zusatz von Ammoniakflüssigkeit oder Natronlauge.

Identität durch einen rötlichen Niederschlag.

Glühen von 2 g Pyoktanin mit Soda und Salpeter bis zur Veraschung, Behandeln des Rückstandes mit 2 ccm Salzsäure und Zusammenschütteln mit 3 ccm Zinnchlorürlösung. Es darf innerhalb einer Stunde keine braune Färbung oder Fällung entstehen.

Arsen durch eine innerhalb einer Stunde entstehende braune Färbung oder Fällung.

Glühen von 5 g Pyoktanin in einer Porzellanschale. Es darf nur ein geringer Rückstand bleiben.

Mineralische Beimengungen durch einen grösseren Rückstand.

Das **Pyoktaninum aureum** ist reines Auramin, ein ungiftiger Anilinfarbstoff. Es stellt ein schwarzgelbes Pulver dar, das in kaltem Wasser schwer, in heissem Wasser und in Alkohol leicht löslich ist. Mit Wasser auf 90^0 erwärmt findet Zersetzung statt.

Prüfung durch: | Zeigt an:

Auflösen einer kleinen Menge Pyoktanin in Wasser und Zusatz von Ammoniakflüssigkeit.

Identität durch einen weissen Niederschlag.

| Wie bei Pyoktaninum coeruleum. | Arsen Mineralische Beimengungen. | |

Pyrantinum
p-Aethoxyphenylsuccimid.

Farblose, prismatische Nadeln, die in Äther unlöslich, in kaltem Wasser schwer, in kochendem viel leichter löslich sind.

Schmelzpunkt: bei etwa 155°.

Prüfung durch:	Zeigt an:
Kochen von 0,1 g des Präparats mit 10 ccm Salzsäure und Zusatz von Eisenchloridlösung.	**Identität** durch eine braunrote Färbung.
Auflösen von 0,05 g des Präparats in 3 ccm heisser konzentrierter Salzsäure, Verdünnen mit Wasser und Zusatz einiger Tropfen 3 prozentiger Chromsäurelösung.	**Identität** durch eine rubinrote Färbung.
Schmelzen von 0,5 g des Präparats mit etwas Ätzkali, Auflösen der Schmelze in Wasser und Zusatz einer Chlorkalklösung.	**Identität** durch eine allmählich zunehmende rote Färbung.
Auflösen von 0,01 g Pyrantin in 15 g Wasser, Zusatz von Chlorwasser und Ammoniakflüssigkeit.	**Identität** durch eine hellgelbe Färbung.

Aufbewahrung: vorsichtig.

Pyridinum
Pyridin.

Farblose, leicht bewegliche, flüchtige Flüssigkeit von eigenartigem, widrig scharfem Geruche und brennendem Geschmacke, welche bei Annähern von Salzsäure weisse Nebel bildet. Sie ist leicht löslich in Wasser, Alkohol und Äther. Die Lösungen bläuen rotes

Lakmuspapier, werden aber durch Phenolphtaleinlösung nicht verändert.

Siedepunkt: zwischen 116 und 117°.

Spezifisches Gewicht: 0,980.

Prüfung durch:	Zeigt an:
Erhitzen von 1 ccm Pyridin in einem Schälchen. Es darf kein Rückstand bleiben.	**Anorganische Beimengungen** durch einen Rückstand.
Darüberhalten eines mit Salzsäure befeuchteten Glasstabes.	**Identität** durch Entstehung weisser Nebel.
Stehenlassen des Präparates am Licht. Es darf nicht verändert werden.	**Unreines Präparat** durch eine dunkle Färbung.
Auflösen von 1 g Pyridin in 9 g Wasser:	
a) Mischen von 5 ccm der Lösung mit 2 Tropfen Kaliumpermanganatlösung. Sie muss dauernd oder doch mindestens 1 Stunde lang rot gefärbt werden;	**Leicht oxydierbare, organische Beimengungen** durch eine innerhalb 1 Stunde eintretende Entfärbung.
b) Zufügen von Phenolphtaleinlösung. Es darf keine rote Färbung eintreten.	**Ammoniak** durch eine rote Färbung.
Auflösen von 1 ccm Pyridin in 10 ccm Wasser, Zusatz einiger Tropfen Cochenilltinktur und dann so viel Normal-Salzsäure aus einer Bürette, bis die Flüssigkeit gelbrot geworden.	**Vorschriftsmässige Beschaffenheit,** wenn bis zu diesem Punkte 12,4 ccm Normal-Salzsäure gebraucht werden.

Aufbewahrung: vorsichtig.

Pyrogallolum

Acidum pyrogallicum. Pyrogallol. Pyrogallussäure. Brenzgallussäure.

Prüfung auf Identität, Gallussäure, anorganische Beimengungen siehe D. A.-B.

Resorcinum
Resorcin. Meta-Dioxybenzol.

Prüfung auf Identität, anorganische Beimengungen, empyreumatische Stoffe, phenolartige Beimengungen, freie Säuren, Phenol siehe D. A.-B.

Resorcinolum

Rotbraunes, nicht unangenehm riechendes Pulver, welches in Äther vollständig, in Alkohol und Wasser nur teilweise löslich ist.
Aufbewahrung: vor Licht geschützt.

Rubidium-Ammonium bromatum
Rubidium-Ammoniumbromid.

Weisses, krystallinisches Pulver, in Wasser leicht löslich.

Prüfung durch:	Zeigt an:
Gelindes Glühen von 5 g des Präparats in einer flachen Porzellanschale.	**Richtige Zusammensetzung des Salzes,** wenn der Gewichtsverlust ca. 3,2 g, der Rückstand ca. 1,8 g beträgt.
Übergiessen des Salzes mit verdünnter Schwefelsäure; es darf nicht gelb gefärbt werden.	**Bromat** durch eine Gelbfärbung des Salzes.
Auflösen von 2 g des Salzes in 38 g Wasser und Versetzen der Lösung:	
a) mit Baryumnitratlösung; es darf keine Trübung entstehen;	**Schwefelsäure** durch eine weisse Trübung.
b) mit Schwefelwasserstoffwasser; es darf keine Veränderung eintreten;	**Metalle** durch eine dunkle Fällung.
c) mit Kaliumferrocyanidlösung; es darf keine blaue Färbung entstehen.	**Eisen** durch eine blaue Färbung oder Fällung.
Destillieren von 2,4 g Kaliumdichromat mit 6 g Schwefel-	**Chlor** durch eine weisse undurchsichtige Trübung.

säure und etwa 2 g des Salzes in ein Kölbchen, in welchem sich 10 ccm Wasser befinden, Versetzen des Destillats mit Salpetersäure und mit Silbernitratlösung; es darf nur schwache Trübung entstehen.

Rubidium jodatum
Rubidiumjodid.

Weisse, luftbeständige, geruchlose Krystalle von milderem Geschmack als Kaliumjodid, in Wasser etwas leichter löslich als letzteres. Das Spektrum des Salzes zeigt zwei indigblaue und zwei rote Linien.

Saccharinum
Saccharin. Benzoesäure-Sulfimid.

Weisses, kleinkrystallinisches, geruchloses Pulver von sehr süssem, noch in 10000 facher Verdünnung sehr deutlich wahrnehmbarem Geschmacke, befeuchtetes blaues Lakmuspapier rötend. Es löst sich in ungefähr 400 Teilen kaltem und in etwa 25 Teilen kochendem Wasser, etwas trübe in 40 Teilen Weingeist, schwierig in Äther, reichlich in Kalilauge.

Schmelzpunkt: bei etwa 205° unter Verbreitung eines Geruchs nach Bittermandelöl.

Prüfung durch:	Zeigt an:
Erhitzen von 0,1 g Saccharin mit 0,1 g Kaliumnitrat und 0,4 entwässerten Natriumcarbonat in einem Porzellantiegel bis zum Verglimmen, Auskochen des Rückstandes mit 10 ccm Wasser, Filtrieren, Ansäuern des Filtrats mit Salpetersäure und Zusatz von Baryumnitratlösung.	**Identität** durch einen weissen Niederschlag.
Vorsichtiges Zusammen-	**Identität** durch einen Ver-

schmelzen von 0,2 g Saccharin mit 0,2 g Kaliumhydroxyd, Auflösen der Schmelze in 10 ccm Wasser, Ansäuern mit Salzsäure, Schütteln mit Äther, Abheben des letzteren und Verdampfen bei niedriger Temperatur.

Erhitzen von 0,5 g Saccharin in einem tarierten Porzellantiegel. Es darf nicht mehr als 0,005 g Rückstand bleiben.

Auflösen von 0,2 g Saccharin in 10 g Kalilauge und Erhitzen eine Viertelstunde im Wasserbade. Es darf keine Färbung eintreten.

Auflösen von 0,2 g Saccharin in 10 g Schwefelsäure und Erhitzen eine Viertelstunde im Wasserbade. Die Lösung darf höchstens schwach braungelb gefärbt werden.

Erhitzen von 0,2 g Saccharin mit 5 g Wasser zum Kochen, Erkaltenlassen, Filtrieren, Erwärmen des Filtrats auf 50° und Zusatz von Eisenchloridlösung. Es darf keine Veränderung entstehen.

dampfungsrückstand (Salicylsäure), welcher in Wasser gelöst durch Eisenchloridlösung blauviolett bis violettrot gefärbt wird.

Identität durch Auftreten von Bittermandelölgeruch.

Anorganische Beimengungen durch einen grösseren Rückstand als 0,005 g.

Traubenzucker durch eine Bräunung der Lösung.

Kohlehydrate durch eine stärkere Bräunung der Lösung.

Benzoesäure durch einen Niederschlag.

Salicylsäure durch eine violette Färbung.

Saccharum
Zucker.

Prüfung auf fremde Beimengungen, Farbstoff, Dextrin, Calciumsulfat, freie Säure, Kalk, Chloride, Sulfat siehe D. A.-B.

Saccharum Lactis
Milchzucker.

Prüfung auf Dextrin, Rohrzucker, fremde Zuckerarten siehe D. A.-B.

Salacetolum

Salacetol. Acetolsalicylsäureester.

Feine, glänzende Nadeln oder Schuppen von schwach bitterem Geschmack. Sie sind leicht löslich in heissem Alkohol und in Äther, sehr schwer in kaltem, wenig in heissem Wasser, ziemlich schwer löslich in kaltem Alkohol.

Schmelzpunkt: bei 71^0.

Prüfung durch:	Zeigt an:
Auflösen in Schwefelsäure und Versetzen der Lösung: a) mit Kaliumnitrit;	**Identität** durch eine karmoisinrote Färbung.
b) mit Ammoniummolybdänat.	**Identität** durch eine lasurblaue Färbung.
Auflösen in verdünnter Natronlauge und Zusatz von Fehling'scher Lösung.	**Identität** durch einen gelbroten Niederschlag.
Schütteln von 0,5 g des Präparats mit 20 ccm Wasser, Filtrieren und Versetzen des Filtrats mit Eisenchloridlösung.	**Identität** durch eine violette Färbung.
Schütteln von 0,2 g des Präparats mit einer Mischung von 20 ccm Wasser und 15 Tropfen Natronlauge, Ansäuern mit Salzsäure.	**Identität** durch Ausscheidung von Salicylsäure.

Salicinum

Salicin.

Farblose Krystallnadeln von sehr bitterem Geschmacke. Sie sind in 30 Teilen kaltem und in 1 Teil kochendem Wasser zu einer neutralen Flüssigkeit löslich, reichlich löslich in warmem Weingeist, weniger leicht in Äther und Chloroform.

Schmelzpunkt: bei 201^0.

Prüfung durch:	Zeigt an:
Stärkeres Erhitzen einer	**Identität** durch Schmelzen,

kleinen Probe von Salicin in einem Glasrohre.

Auflösen einer kleinen Menge Salicin in Schwefelsäure.

Erhitzen von 0,1 g Salicin bis zur dunkelbraunen Färbung, Ausziehen mit 2 ccm Wasser, Abgiessen der klaren, kaum gefärbten Lösung, Eintauchen von blauem Lakmuspapier und Versetzen mit 1 Tropfen Eisenchloridlösung.

Sehr gelindes Erwärmen von 0,1 g Salicin mit 0,2 g Kaliumdichromat und 2 ccm verdünnter Schwefelsäure.

Auflösen von 0,5 g Salicin in 24,5 g Wasser und Versetzen der Lösung:
a) mit Gerbsäurelösung;
b) mit Jodlösung.
Beide Reagentien dürfen keine Trübung erzeugen.

Erhitzen einer kleinen Menge auf dem Platinbleche. Es darf kein Rückstand bleiben.

Bräunung und Verkohlung.

Identität durch eine rote Farbe der Lösung.

Identität durch eine rote Färbung des Lakmuspapiers und durch eine violette Färbung auf Zusatz von Eisenchloridlösung.

Identität durch Entwicklung eines angenehm gewürzigen Geruchs.

} **Fremde Alkaloide** durch eine Trübung.

Anorganische Beimengungen durch einen Rückstand.

Salicylamid
Salicylsäureamid.

Farbloses oder gelblichweisses, geruch- und geschmackloses Krystallpulver, welches in Wasser etwas leichter löslich ist als Salicylsäure, löslich in Weingeist und in Äther.

Schmelzpunkt: bei 138°.

Prüfung durch:

Schütteln von 0,2 g des Präparats mit 50 ccm Wasser, Filtrieren und Versetzen des Filtrats mit Eisenchloridlösung.

Erhitzen von 1 g des Präparats mit Natronlauge.

Zeigt an:

Identität durch eine violette Färbung.

Identität durch Entwicklung von Ammoniakgeruch.

Saligeninum
Saligenin.

Farblose Blättchen oder flache Nadeln, welche in kaltem Wasser ziemlich leicht, in heissem Wasser und Alkohol noch leichter löslich sind.

Schmelzpunkt: bei 86°.

Prüfung durch:	Zeigt an:
Auflösen einer Probe Saligenin in Schwefelsäure.	**Identität** durch eine intensiv rote Lösung.
Auflösen von 0,1 g Saligenin in 10 ccm Wasser und Versetzen mit Eisenchloridlösung.	**Identität** durch eine blaue Färbung.

Salipyrinum
Salipyrin. Antipyrinsalicylat.

Weisses, grobkrystallinisches Pulver oder sechsseitige Tafeln von schwach süsslichem Geschmacke. Sie lösen sich in etwa 200 Teilen kaltem, 25 Teilen kochendem Wasser, leicht in Weingeist, weniger in Äther.

Schmelzpunkt: bei 91 bis 92°.

Prüfung durch:	Zeigt an:
Auflösen von 0,2 g des Präparats in 40 g Wasser und Versetzen von je 10 ccm der Lösung:	
a) mit Gerbsäurelösung;	**Identität** durch eine weisse Trübung.
b) mit einigen Tropfen rauchender Salpetersäure;	**Identität** durch eine grüne Färbung.
c) mit 1 Tropfen Eisenchloridlösung;	**Identität** durch eine tiefrote Färbung, welche nach Zusatz von 50 ccm Wasser in violett übergeht.
d) mit Schwefelwasserstoffwasser; es darf keine Veränderung eintreten.	**Metalle** durch eine dunkle Fällung.
Schwaches Erhitzen von 1 g Salipyrin mit 1 g Wasser und	**Identität** durch einen weissen Rückstand, dessen Lö-

1 g Salzsäure, Abfiltrieren der Ausscheidung, Auswaschen und Trocknen derselben bei 100°.

Auflösen von 0,5 g Salipyrin in 20 ccm heissem Wasser, Zusatz von 5 ccm Normal-Kalilauge, Erkaltenlassen, Schütteln mit 10 ccm Chloroform, Trennen des Chloroforms von der wässrigen Flüssigkeit mittels eines Scheidetrichters, Wiederholen des Ausschüttelns mit Chloroform noch 2 bis 3 mal, Verdunsten des Chloroforms auf dem Wasserbade in einem tarierten Schälchen und Wiegen des Rückstandes.

Erhitzen einer kleinen Menge Salipyrin auf dem Platinbleche. Es darf kein Rückstand bleiben.

sung in viel Wasser durch Eisenchloridlösung violett gefärbt wird.

Richtige Zusammensetzung des Salzes, wenn der Rückstand (Antipyrin) mindestens 0,28 g beträgt. Wird derselbe in 100 Teilen Wasser gelöst, so giebt die Lösung mit Gerbsäurelösung eine reichliche weisse Fällung, und 2 ccm der Lösung geben mit 2 Tropfen rauchender Salpetersäure eine grüne Färbung, welche nach Erhitzen zum Sieden durch einen weiteren Tropfen rauchender Salpetersäure in rot übergeht.

Anorganische Beimengungen durch einen Rückstand.

Salocollum
Phenocollum salicylicum.   Phenocollsalicylat.

Lange Krystallnadeln, welche in kaltem Wasser schwer, in heissem Wasser leicht löslich sind. Die Lösung reagiert neutral und besitzt einen süssen, nicht unangenehmen Geschmack.

Prüfung durch:

Schütteln von 0,5 g des zerriebenen Präparats mit 20 ccm heissem Wasser und Versetzen der Lösung:

a) mit Eisenchloridlösung;

b) mit Bromwasser;

c) mit einigen Tropfen Natronlauge.

Zeigt an:

Identität durch eine violette Färbung.
Identität durch einen weissen Niederschlag.
Identität durch Fällung einer weissen Krystallmasse.
Unreines Phenocoll durch eine Färbung der Fällung.

Auflösen in Schwefelsäure und Zusatz von Salpeter.	**Identität** durch eine rote, dann orange und gelbgrüne Färbung.
Erhitzen einer Probe auf dem Platinbleche. Es darf kein Rückstand bleiben.	**Anorganische Beimengungen** durch einen feuerbeständigen Rückstand.

Salolum

Salol. Salicylsäure-Phenyläther.

Prüfung auf Identität, freie Säuren, anorganische Beimengungen, Natriumsalicylat, Natriumphosphat, Sulfat, Natriumchlorid siehe D. A.-B.

Salophenum

Salophen. Acetylparaamidophenolsalicylsäureester.

Kleine, dünne, geruch- und geschmacklose, neutrale Blättchen. Sie lösen sich in Alkohol und Äther sowie in ätzenden Alkalien, sind fast unlöslich in Wasser, etwas löslich in heissem Wasser.

Schmelzpunkt: bei 187 bis 188°.

Prüfung durch:	Zeigt an:
Auflösen von 0,5 g Salophen in 10 ccm Kalilauge und Kochen der Lösung.	**Identität** durch eine blaue Färbung von der Oberfläche aus beim Kochen, welche bei erneutem Kochen wieder verschwindet, an der Luft aber wieder zum Vorschein kommt.
Übersättigen obiger alkalischen Lösung mit Salzsäure, Schütteln mit Äther, Trennen beider Flüssigkeiten mittels eines Scheidetrichters, Versetzen der wässerigen Flüssigkeit mit einem Tropfen flüssiger Karbolsäure und mit Chlorkalklösung, hierauf Übersättigen mit Ammoniak.	**Identität** durch eine zwiebelrote Trübung auf Zusatz von Chlorkalklösung und durch indigblaue Färbung beim Übersättigen mit Ammoniak (Indophenolreaktion).

Erwärmen von Salophen mit konzentrierter Schwefelsäure und wenig Alkohol.
Bestimmen des Schmelzpunktes; derselbe muss 187 bis 188° betragen.
Auflösen einer kleinen Menge des Präparats in reiner konzentrierter Schwefelsäure. Die Lösung muss farblos sein.
Schütteln von 0,2 g Salophen mit 20 ccm Wasser, Filtrieren und Versetzen des Filtrats:
a) mit Silbernitratlösung;
b) mit Baryumnitratlösung.
Beide Reagentien dürfen keine Trübung erzeugen.
Erhitzen einer kleinen Menge Salophen auf dem Platinbleche. Es verbrennt mit stark russender Flamme ohne Rückstand.

Identität durch einen Geruch nach Essigäther.

Antifebrin durch einen niedrigeren Schmelzpunkt.

Fremde organische Beimengungen durch eine Bräunung.

Chlor durch eine weisse Trübung.

Schwefelsäure durch eine weisse Trübung.

Fremde organische Beimengungen durch einen Rückstand.

Santoninum
Santonin.

Prüfung auf Identität, fremde organische und anorganische Beimengungen, fremde Alkaloide, Brucin, Strychnin siehe D. A.-B.

Sapo kalinus
Kaliseife.

Prüfung auf Harzseife, Wasserglas, überschüssiges Ätzkali siehe D. A.-B.

Sapo kalinus venalis
Schmierseife.

Prüfung auf Füllstoffe, Calciumcarbonat, Wasserglas, Harzseife siehe D. A.-B.

Sapo medicatus
Medizinische Seife.

Prüfung auf unverseiftes Fett, Magnesiumseife, Natriumcarbonat, Ätznatron, Metalle siehe D. A.-B.

Saprolum
Saprol.

Dunkelbraune, brennbare Flüssigkeit, welche auf Wasser schwimmt. Das Saprol soll mindestens 40 Prozent Kresole enthalten.

Prüfung durch:	Zeigt an:
Vermischen von 50 g Saprol mit 50 ccm Benzin, wiederholtes Ausschütteln des Gemisches mit 10 prozentiger Natronlauge, bis die Lauge beim Übersättigen mit Salzsäure keine Öltröpfchen mehr abscheidet, zweimaliges Ausschütteln der vereinigten alkalischen Auszüge mit Benzin zur Entfernung von Kohlenwasserstoffen, Übersättigen der Kresollösung mit Salzsäure, Zusatz von Kochsalz, bis ein Teil desselben ungelöst bleibt, Trennen der abgeschiedenen Kresole von der Kochsalzlösung, Entwässern derselben und Wiegen.	Den **vorschriftsmässigen Kresolgehalt**, wenn die abgeschiedenen wasserfreien Kresole mindestens 20 g betragen.

Scopolaminum hydrobromicum
Scopolaminhydrobromid.

Prüfung auf Identität, Wassergehalt, fremde Alkaloide, anorganische Salze siehe D. A.-B.

Scopolaminum hydrojodicum
Scopolaminhydrojodid.

Farblose, durchscheinende Krystallfragmente, welche sich mässig leicht in Wasser und in Weingeist mit neutraler oder doch nur sehr schwach saurer Reaktion lösen.

Prüfung durch:	Zeigt an:
Auflösen von 0,02 g des Salzes in 1,2 g Wasser, Verteilen der Lösung auf 3 Uhrgläser und Versetzen:	
a) mit Silbernitratlösung;	**Identität** durch eine gelbe Fällung.
b) mit Natronlauge;	**Identität** durch eine weisse Trübung.
c) mit Ammoniakflüssigkeit; sie darf nicht getrübt werden.	**Fremde Alkaloide** durch eine Trübung.
Eindampfen von 0,01 g des Salzes mit 5 Tropfen rauchender Salpetersäure im Wasserbade in einem Porzellanschälchen, Erkaltenlassen und Übergiessen des Rückstandes mit weingeistiger Kalilauge (1=10).	**Identität** durch einen gelblich gefärbten Verdampfungsrückstand, der auf Zusatz von weingeistiger Kalilauge violette Farbe annimmt.
Erhitzen einer kleinen Menge auf dem Platinbleche. Es darf kein Rückstand bleiben.	**Anorganische Beimengungen** durch einen Rückstand.

Aufbewahrung: sehr vorsichtig.

Solaninum
Solanin.

Feine, weisse, glänzende, bitter schmeckende, schwach alkalisch reagierende Nadeln, welche in Wasser fast unlöslich, in kaltem Alkohol, Äther, Benzol nur wenig löslich, in heissem Alkohol reichlich löslich sind. Die heiss gesättigte weingeistige Lösung gelatiniert beim Erkalten.

Schmelzpunkt: bei 235°.

Prüfung durch:	Zeigt an:
Auflösen einer Probe des Solanins in Schwefelsäure.	**Identität** durch eine orangerote Färbung, die bei längerem Stehen oder bei gelindem Erwärmen in Braunrot übergeht.
Tropfenweises Zufügen von Bromwasser zur obigen schwefelsauren Lösung.	**Identität** durch eine rote Streifung in der Flüssigkeit.
Schichten einer weingeistigen Lösung auf Schwefelsäure.	**Identität** durch eine rote Zone an der Berührungsfläche.
Auflösen von 0,2 g Solanin in einer Mischung von 1 Tropfen Salpetersäure, 10 g Wasser und 20 g Schwefelsäure.	**Identität** durch eine rötlichgelbe Lösung, welche allmählich in schmutzig rot und zuletzt in Violett übergeht.
Auflösen von 0,1 g Solanin in 5 ccm Schwefelsäure, welche 0,05 g Ammoniummolybdänat gelöst enthält.	**Identität** durch eine gelbrote, dann vorübergehend kirschrote und zuletzt rotbraune Lösung.

Aufbewahrung: sehr vorsichtig.

Solutolum

Solutol.

Braune, durchsichtige, klare, ölige Flüssigkeit von teerartigem Geruche, welche stark alkalisch reagiert und ätzend wirkt, mit Wasser in allen Verhältnissen mischbar ist.

Spezifisches Gewicht: 1,17.

Gehalt: in 100 ccm 60,4 g Kresole enthaltend.

Aufbewahrung: vorsichtig, vor Licht geschützt.

Solveolum

Solveol.

Braune, durchsichtige, ölige, neutrale Flüssigkeit von schwach teerartigem Geruche, die mit Wasser in jedem Verhältnis mischbar, in Alkohol löslich ist.

Spezifisches Gewicht: 1,153 bis 1,158.

Gehalt: in 37 ccm sind 10 g freie Kresole enthalten.
Aufbewahrung: vorsichtig, vor Licht geschützt.

Somatose

Schwach gelblich gefärbtes, etwas körniges Pulver, in Wasser und wässerigen Flüssigkeiten leicht und vollkommen löslich. Die Lösung ist geruchlos und nahezu geschmacklos.

Sozalum
Paraphenolsulfosaures Aluminium.

Krystallinisches Salz, das sich leicht in Wasser, Alkohol und Glycerin löst, einen schwachen Phenolgeruch und einen zusammenziehenden Geschmack besitzt.

Prüfung durch:	Zeigt an:
Auflösen von 1 g Sozal in 30 ccm Wasser und Versetzen der Lösung:	
a) mit Eiweisslösung;	**Identität** durch eine Fällung, die sich im Überschusse der Eiweisslösung wieder auflöst.
b) mit Silbernitratlösung und Erwärmen;	**Identität** durch eine schwarze Fällung.
c) mit Eisenchloridlösung.	**Identität** durch eine rotviolette Färbung.

Sparteinum sulfuricum
Sparteinsulfat.

Farblose, geruchlose, durchscheinende Krystalle, welche sich leicht in Wasser und in Weingeist mit saurer Reaktion auflösen.

Prüfung durch:	Zeigt an:
Allmähliches Erhitzen von 1 g des Salzes auf 100^0 und Wiegen des Rückstandes. Derselbe muss nahezu 0,787 g betragen.	**Zu hohen Wassergehalt,** wenn der Rückstand weniger als 0,787 beträgt.

Sparteinum sulfuricum.

Auflösen von 0,1 g des Salzes in 1,9 g Wasser, Verteilen der Lösung auf 3 Uhrgläser und Versetzen:	
a) mit Gerbsäurelösung;	**Identität** durch einen gelblichweissen Niederschlag.
b) mit Jodlösung;	**Identität** durch eine rotbraune Fällung.
c) mit Kalilauge.	**Identität** durch eine zunächst milchige Abscheidung, welche sich allmählich zu Öltröpfchen vereinigt.
Auflösen von 0,1 g des Salzes in 0,9 g Wasser und Versetzen mit Quecksilberchloridlösung, wodurch keine Fällung erzeugt wird. Zusatz von Salzsäure.	**Identität** durch einen weissen Niederschlag, auf Zusatz von Salzsäure.
Auflösen einer kleinen Menge des Salzes in Schwefelsäure. Es darf keine Färbung eintreten.	**Fremde organische Beimengungen** durch eine Bräunung.
Zusatz eines Tropfens Salpetersäure zur obigen schwefelsauren Lösung. Es darf keine Färbung entstehen.	**Fremde Alkaloide** durch eine Färbung.
Erhitzen von 0,1 g des Präparats mit 5 Tropfen Chloroform und 1 ccm alkoholischer Kalilauge. Es soll kein widriger Geruch auftreten.	**Anilinsulfat** durch einen widerlichen Geruch nach Isocyanphenyl.
Erhitzen einer kleinen Menge des Salzes auf dem Platinbleche. Es darf kein Rückstand bleiben.	**Anorganische Beimengungen** durch einen Rückstand.

Aufbewahrung: vorsichtig, in einem gut verschlossenen Glase.

Spiritus
Spiritus Vini rectificatissimus. Alcohol Vini. Weingeist.

Prüfung auf Methyl- und Amylalkohol, Fuselöl, Ätherverbindungen, Aldehyd, Runkelrübenspiritus, Metalle, Gerbsäure siehe D. A.-B.

Spiritus Aetheris chlorati
Spiritus muriatico-aethereus. Versüsster Salzgeist.

Klare, farblose, neutrale, völlig flüchtige Flüssigkeit von angenehm ätherischem Geruche und süsslichem, brennendem Geschmacke.

Spezifisches Gewicht: 0,838 bis 0,842.

Prüfung durch:	Zeigt an:
Eintauchen von blauem Lakmuspapier; es darf nicht gerötet werden.	**Freie Säure** durch Rötung des Lakmuspapiers.
Versetzen mit Silbernitratlösung; es darf keine Trübung entstehen.	**Freie Salzsäure** durch eine weisse Trübung.
Erwärmen des Präparats mit Natronlauge, Ansäuern mit Salpetersäure und Zusatz von Silbernitratlösung.	**Identität** durch einen weissen Niederschlag.

Spiritus Aetheris nitrosi
Spiritus nitrico-aethereus. Spiritus Nitri dulcis.
Versüsster Salpetergeist.

Prüfung auf Identität, Säuregehalt, fremde Beimengungen siehe D. A.-B.

Stannum
Zinn.

Silberweisses, stark glänzendes, weiches Metall, das sich an

Stannum.

der Luft nur wenig oxydiert, beim Schmelzen an der Luft aber sich mit einer grauen Haut überzieht. Bei stärkerem Erhitzen verbrennt es mit blendend weissem Lichte. Es löst sich in heisser Salzsäure und verdünnter Salpetersäure, auch in konzentrierter Kalilauge auf, durch konzentrierte Salpetersäure wird es in ein weisses Pulver verwandelt.

Schmelzpunkt: bei 228^0.

Es kommt in Stangen, granuliert, geraspelt als graues Pulver, dann als Zinnfolie in der Analyse zur Anwendung.

Prüfung durch:	Zeigt an:
Erhitzen einer kleinen Menge Zinn auf Kohle vor dem Lötrohre.	**Identität** durch einen weissen Beschlag der Kohle.
Auflösen von Zinn in konzentrierter Salzsäure und Versetzen der Lösung:	
a) mit Schwefelwasserstoffwasser;	**Identität** durch eine schwarzbraune Fällung.
b) mit Quecksilberchloridlösung;	**Identität** durch einen weissen Niederschlag, der beim Erwärmen grau wird.
c) Einstellen eines Zinkstabes in die Zinnlösung bei Gegenwart von freier Salzsäure.	**Identität** durch Ausscheiden des Zinns in Gestalt grauer Blättchen oder einer schwammigen Masse.
Erwärmen von 2 g zerkleinertem Zinn mit überschüssiger Salpetersäure, bis eine vollkommene weisse Masse entstanden ist, Verdampfen auf dem Wasserbade bis nahe zur Trockne, Versetzen mit 50 ccm Wasser und etwas Salpetersäure und Filtrieren.	
Versetzen von je 10 ccm des Filtrats:	
a) mit Ferrocyankaliumlösung; es darf keine blaue Färbung entstehen;	**Eisen** durch eine blaue Färbung.
b) mit Ammoniakflüssigkeit im Überschusse; es darf	**Kupfer** durch eine blaue Färbung.

keine blaue Färbung entstehen;

c) mit 30 ccm verdünnter Schwefelsäure und 40 ccm Weingeist; es darf keine Fällung stattfinden;

d) Filtrieren obiger Flüssigkeit, wenn ein Bleiniederschlag entstanden, und Versetzen des Filtrats mit Natriumcarbonatlösung bis zur alkalischen Reaktion; es darf keine Veränderung stattfinden.

Blei durch eine weisse Fällung.

Zink durch eine weisse, **Eisen** durch eine braune Fällung.

Übergiessen von zerkleinertem Zinn mit Salzsäure und einigen Tropfen Platinchloridlösung im Marsh'schen Apparate, Leiten des Gases über eine glühende Glasröhre, Anzünden des ausströmenden Gases und Niederdrücken der Flamme mit einer Porzellanschale.

Antimon, Arsen durch einen dunkeln Spiegel in der Glasröhre und dunkle Flecken auf der Porzellanschale.

Behandeln der etwa entstandenen dunklen Flecken auf dem Porzellan mit Natriumhypochloritlösung.

Arsen durch sofortiges Lösen und Verschwinden der Flecken.
Antimon durch die Unlöslichkeit der Flecken.

Stannum chloratum crystallis.

Zinnchlorür.   Stannochlorid.

Farblose Krystalle von saurer Reaktion, welche in wenig Wasser und Weingeist leicht löslich sind. Durch viel Wasser wird das Zinnchlorür zerlegt, indem sich ein basisches Chlorid ausscheidet, ebenso beim Aufbewahren an der Luft. Auf 100^0 erhitzt verliert es sein Krystallwasser, bei 225^0 schmilzt es und in höherer Temperatur destilliert es fast ohne Zersetzung.

Prüfung durch:

Auflösen von 0,5 g Zinnchlorür in 50 ccm mit Salz-

Zeigt an:

Basisches Salz durch eine milchige Trübung.

säure angesäuertem Wasser. Es muss klare Lösung erfolgen.

Versetzen der Lösung:

a) mit Quecksilberchloridlösung;

Identität durch einen weissen Niederschlag, der beim Erwärmen grau wird.

b) mit Schwefelwasserstoffwasser;

Identität durch eine schwarzbraune Fällung.

c) mit Baryumnitratlösung; es darf keine Fällung entstehen.

Schwefelsäure durch eine weisse Fällung.

Auflösen von 3 g Zinnchlorür in 100 ccm mit Salzsäure angesäuertem Wasser, Einleiten von Schwefelwasserstoffgas im Überschusse, Abfiltrieren des Niederschlags und Verdampfen des Filtrats. Es darf nur ein ganz geringer Rückstand bleiben.

Fremde Salze (Natriumchlorid, Natriumsulfat, Magnesiumsulfat, Zinksulfat etc.) durch einen grösseren Verdampfungsrückstand.

Kochen von 2 g Zinnchlorür mit 10 ccm konzentrierter Salzsäure einige Minuten lang. Die Flüssigkeit muss klar und farblos bleiben.

Arsen durch eine braune Färbung oder Fällung.

Aufbewahrung: vorsichtig.

Stannum oxydatum album
Stannioxyd. Zinnasche.

Weisses bis grauweisses, amorphes Pulver, das weder durch Säuren noch durch schmelzendes saures Kaliumsulfat angegriffen wird. Schmelzendes Ätznatron verwandelt es in Natriumstannat, das in Wasser löslich ist.

Prüfung durch:

Zeigt an:

Vermischen mit etwas Natriumcarbonat und Kaliumcyanid und Glühen auf Kohle in der inneren Lötrohrflamme.

Identität durch einen weissen Beschlag der Kohle und durch weisse, duktile Metallkörner.

Schmelzen mit Ätznatron und Behandeln des Rückstandes

Fremde Beimengungen, wie Schwerspath, Gips durch

mit Wasser. Es muss vollständige Lösung stattfinden. | einen in Wasser unlöslichen Rückstand.

Stibium metallicum

Antimonium metallicum. Metallisches Antimon.

Glänzendes, grauweisses, sprödes Metall von blättrig krystallinischem Gefüge. Es löst sich nicht in Salzsäure und verdünnter Schwefelsäure, wohl aber beim Erwärmen mit konzentrierter Schwefelsäure unter Entwicklung von Schwefligsäureanhydrid. Salpetersäure verwandelt es in ein weisses Pulver. In Königswasser ist es zu Chlorür oder Chlorid löslich.

Spezifisches Gewicht: 6,7.

Prüfung durch:

Erhitzen einer Probe des Metalls auf Kohle vor dem Lötrohre.

Zeigt an:

Identität durch Verbrennen unter Ausstossung eines weissen Rauches, durch einen weissen Beschlag der Kohle und durch länger andauerndes Rauchen, auch wenn nicht weiter erhitzt wird.

Arsen durch den Knoblauchgeruch des Dampfes.

Gelindes Erwärmen von 2 g Antimon mit 20 ccm Salzsäure, tropfenweises Eintragen von Salpetersäure und Verdampfen der überschüssigen Säure auf dem Wasserbade:

Identität durch Auflösen unter Entwicklung von roten Dämpfen.

a) Verdünnen der Lösung mit Wasser;

Identität durch eine weisse Trübung, die auf Zusatz von Weinsäurelösung verschwindet.

Versetzen obiger mit Weinsäurelösung versetzten Flüssigkeit mit Schwefelwasserstoffwasser.

Identität durch einen orangeroten Niederschlag.

Versetzen obiger mit Schwefelwasserstoffwasser gefällten Flüssigkeit mit Ammoniak.

Identität durch Verschwinden des orangeroten Niederschlags.

flüssigkeit bis zur alkalischen Reaktion und dann mit Schwefelammonium.

Auflösen des etwa entstandenen schwarzen Niederschlags in Salpetersäure und Versetzen der Lösung:
    α) mit verdünnter Schwefelsäure;
    β) mit überschüssiger Ammoniakflüssigkeit.

b) Eintauchen eines Platinbleches und eines Zinkstabes in die Lösung, so dass beide sich berühren.

c) Vermischen von 5 ccm der Lösung mit 10 ccm Zinnchlorürlösung und Erwärmen einige Zeit im Wasserbade. Es darf keine Fällung entstehen.

Zink durch eine weisse Fällung.
Eisen, Kupfer, Blei durch eine schwarze Fällung.

Blei durch eine weisse Fällung.
Kupfer durch eine blaue Färbung.
Eisen durch einen rostfarbenen Niederschlag.
Identität durch Überziehen des Platinbleches mit einer schwarzen Schicht von Antimon, die sich in Salzsäure nicht löst, wohl aber in Jodtinktur.
Arsen durch eine braune Färbung oder Fällung.

Stibium oxydatum

Stibium oxydatum album. Antimonoxyd. Antimontrioxyd. Antimonigsäureanhydrid.

Weisses, krystallinisches Pulver oder feine nadelförmige Krystalle; in Wasser unlöslich, in Salzsäure, Königswasser, Weinsäure und weinsauren Alkalien sowie in Kali- und Natronlauge leicht löslich. Es wirkt stark reduzierend.

Prüfung durch:

Mischen von Antimonoxyd mit wasserfreiem Natriumcarbonat und Glühen auf Kohle vor dem Lötrohre.

Zeigt an:

Identität durch Ausstossen eines weissen Rauches und Hinterlassen eines spröden Metallkorns.
Arsen durch einen Knoblauchgeruch des Dampfes.

Stibium oxydatum.

Erwärmen von Antimonoxyd mit Weinsäurelösung, worin es sich leicht löst.

Versetzen der weinsauren Lösung mit Schwefelwasserstoffwasser.

Übergiessen des Antimonoxyds mit einer ammoniakalischen Silbernitratlösung und gelindes Erwärmen durch Eintauchen des Reagiercylinders in heisses Wasser.

Eintragen von Antimonoxyd in erwärmte, verdünnte Kalilauge, worin es sich leicht löst:
a) Versetzen der Lösung mit Silbernitratlösung.

b) Eintröpfeln der Lösung in Schwefelwasserstoffwasser. Es darf keine Fällung entstehen.

Auflösen von 2 g Antimonoxyd in Salzsäure unter Erwärmen:
a) Versetzen von 2 ccm der Lösung mit 2 ccm Weingeist. Es darf keine Trübung entstehen.
b) Versetzen der Lösung mit überschüssiger Ammoniakflüssigkeit und Filtrieren. Das Filtrat darf nicht blau sein.
c) Versetzen der Lösung mit Kaliumferrocyanidlösung. Es darf keine blaue Färbung entstehen.

Schütteln des Antimonoxyds mit Wasser, Filtrieren und Versetzen des Filtrats mit Sil-

Fremde Beimengungen durch einen Rückstand.

Identität durch einen orangeroten Niederschlag.

Identität durch eine schwarze Färbung.

Identität durch einen schwarzen Niederschlag, der auf Zusatz von Ammoniakflüssigkeit nicht verschwindet.
Zink durch eine weisse, **Blei** durch eine schwarze Fällung.

Blei durch eine weisse Trübung.

Kupfer durch eine blaue Färbung.

Eisen durch eine blaue Färbung.

Natriumchlorid durch eine weisse Trübung.

402 Stibium sulfuratum aurantiac., — nigrum, — laevigatum.

Prüfung	Zeigt an
bernitratlösung. Es darf keine Trübung entstehen.	
Schütteln von Antimonoxyd mit Natriumcarbonatlösung, Filtrieren, Übersättigen des Filtrats mit Salpetersäure und Zusatz von Silbernitratlösung; es soll keine Trübung entstehen.	**Antimonoxychlorür** durch eine weisse Trübung.
Auflösen von 0,5 g Antimonoxyd in 5 ccm Salzsäure, Vermischen der Lösung mit 10 ccm Zinnchlorürlösung und gelindes Erwärmen. Es darf keine Trübung entstehen.	**Arsen** durch eine braune Trübung.

Stibium sulfuratum aurantiacum
Sulfur auratum Antimonii. Goldschwefel. Antimonpentasulfid.

Prüfung auf Identität, Arsen, Natriumchlorid, Natriumthiosulfat, Schwefelsäure siehe D. A.-B.

Stibium sulfuratum nigrum
Antimonium nigrum seu crudum. Spiessglanz.
Schwarzes Schwefelantimon.

Prüfung auf fremde Beimengungen siehe D. A.-B.

Stibium sulfuratum nigrum laevigatum
Antimonium sulfuratum nigrum. Antimonium crudum. Geschlämmter Spiessglanz.

Grauschwarzes, glänzendes, schweres, zwischen den Fingern unfühlbares, geruch- und geschmackloses Pulver.

Prüfung durch:	Zeigt an:
Erwärmen von 2 g des Präparats mit 20 ccm Salzsäure, Kochen unter Umrühren, Filtrieren durch ein getrocknetes, gewogenes Filter, Auswaschen	**Fremde Beimengungen** (Quarz, Schwerspath etc.) durch einen grösseren ungelösten Rückstand als 0,01 g.

desselben und Wiegen. Es darf nicht mehr als nur 0,01 g an Gewicht zunehmen.
Versetzen des Filtrats:
a) mit Schwefelwasserstoffwasser;
b) mit einem gleichen Volumen Weingeist; es darf keine Fällung entstehen;
c) mit überschüssiger Ammoniakflüssigkeit und Filtrieren; das Filtrat sei farblos.

Einkochen von 1 g des Präparats mit 100 ccm Wasser bis auf 10 ccm, Erkaltenlassen, Filtrieren, Eindampfen des Filtrats bis auf 1 ccm und Vermischen mit 3 ccm Zinnchlorürlösung; es darf im Laufe einer Stunde eine Färbung nicht eintreten.

Identität durch einen orangeroten Niederschlag.
Blei durch einen weissen Niederschlag.
Kupfer durch eine blaue Farbe des Filtrats.

Arsen durch eine im Laufe einer Stunde eintretende braune Färbung.

Stibium sulfuratum rubeum
Mineralkermes.

Sehr feines, rotbraunes, geruchloses Pulver mit kleinen, dem bewaffneten Auge wahrnehmbaren Krystallen.

Prüfung durch: | Zeigt an:

Auflösen von 1 g des Präparats in 10 ccm Salzsäure unter Erhitzen. Es muss vollständige Lösung stattfinden.

Fremde Beimengungen (Ocker, Eisenoxyd, Bolus etc.) durch einen ungelösten Rückstand.
Goldschwefel durch eine milchig weisse Trübung der Lösung.

Schütteln von 0,1 g Kermes mit 0,1 g Weinsäure und 5 ccm Wasser, Filtrieren und Versetzen des Filtrats mit Schwefelwasserstoffwasser. Es muss

Antimonoxydarmes oder -freies Präparat durch keinen oder nur geringen Niederschlag.

ein reichlicher orangeroter Niederschlag entstehen.

Schütteln von 1 g Kermes mit 10 ccm Wasser, Filtrieren:
a) Eintauchen von rotem Lakmuspapier in das Filtrat. Das Papier darf sich nicht bläuen;

Natriumcarbonat durch eine blaue Färbung des Papiers.

b) Verdunsten des Filtrats; es darf kein Rückstand bleiben.

Natriumcarbonat durch einen Rückstand.

Einkochen von 1 g Kermes mit 100 ccm Wasser bis auf 10 ccm, Filtrieren, Verdampfen des Filtrats auf 1 ccm und Vermischen mit 3 ccm Zinnchlorürlösung. Es darf im Laufe einer Stunde keine Färbung eintreten.

Arsen durch eine im Laufe einer Stunde eintretende braune Färbung.

Aufbewahrung: in einem vor Licht geschützten, gut verschlossenen Glase.

Strontium carbonicum
Strontiumcarbonat.

Schneeweisses, geruch- und geschmackloses Pulver, das in Wasser sehr wenig, in verdünnter Salpetersäure unter Aufbrausen vollkommen löslich ist.

Prüfung durch:

Zeigt an:

Auflösen von 2 g des Salzes in 40 g verdünnter Salpetersäure. Es muss vollständige Lösung erfolgen.

Identität durch Aufbrausen und vollständige Lösung.
Fremde Beimengungen, wie Schwerspath, Gyps durch einen unlöslichen Rückstand.

Erhitzen der salpetersauren Lösung am Öhre des Platindrahtes in einer nicht leuchtenden Flamme.

Identität durch eine rote Flammenfärbung.

Versetzen der salpetersauren Lösung:

a) mit Silbernitratlösung; es darf keine Trübung entstehen;
b) mit Kaliumferrocyanidlösung; es darf keine Veränderung erfolgen;
c) mit verdünnter Schwefelsäure bis zur völligen Fällung, Filtrieren, Übersättigen des Filtrats mit Ammoniakflüssigkeit und Zusatz von Ammoniumoxalatlösung; es darf keine Trübung entstehen;
d) mit Ammoniakflüssigkeit; es darf keine Trübung entstehen.

Chlorid durch eine weisse Trübung.

Eisen durch eine blaue Fällung, **Kupfer** durch eine rotbraune.

Kalk durch eine weisse Trübung.

Magnesia durch eine weisse Trübung, die auf Zusatz von Ammoniumchloridlösung wieder verschwindet.

Strontium lacticum
Strontianlaktat.

Weisses, körniges Pulver, in etwa 4 Teilen kaltem und in der Hälfte seines Gewichts siedendem Wasser löslich.

Prüfung durch: | Zeigt an:

Erhitzen einer kleinen Menge auf dem Platinbleche und Glühen.

Identität durch Verkohlung beim Erhitzen und Verbreiten eines karamelartigen Geruches.

Befeuchten des Glührückstandes mit Salpetersäure und Erhitzen am Öhre des Platindrahtes in einer nicht leuchtenden Flamme.

Identität durch eine rote Flammenfärbung.

Auflösen von 4 g des Salzes in 36 g Wasser. Versetzen der Lösung:
a) mit etwas Kaliumpermanganat und Schwefelsäure.
b) mit Schwefelwasserstoffwasser; es darf keine Fällung entstehen;

Identität durch einen Aldehydgeruch.
Metalle durch eine dunkle Fällung.

Prüfung durch:	Zeigt an:
c) mit Silbernitratlösung nach Ansäuern mit Salpetersäure; es darf keine Trübung entstehen;	**Chlorid** durch eine weisse Trübung.
d) mit Kaliumdichromatlösung; es darf keine Trübung erfolgen.	**Baryumverbindung** durch eine gelbe Trübung.

Strontium nitricum
Strontiumnitrat.

Weisses, in Wasser leicht, in Weingeist wenig lösliches, krystallinisches Pulver von stark salzigem, bitter und kühlendem Geschmack.

Prüfung durch:	Zeigt an:
Erhitzen des Salzes an dem Öhre des Platindrahtes in einer nicht leuchtenden Flamme.	**Identität** durch eine rote Flamme.
Auflösen von 0,5 g des Salzes in 4 ccm Wasser und Versetzen mit dem gleichen Volumen Schwefelsäure.	**Identität** durch einen weissen Niederschlag.
Absetzenlassen obigen Niederschlags, Abgiessen der Flüssigkeit und Überschichten mit mit einem gleichen Volumen Ferrosulfatlösung.	**Identität** durch eine braunschwarze Zwischenzone.
Auflösen von 2 g des Salzes in 38 g Wasser und Versetzen der Lösung:	
a) mit Kieselfluorwasserstoffsäure; es darf keine Trübung entstehen;	**Baryt** durch eine weisse Fällung.
b) mit verdünnter Schwefelsäure bis zur vollständigen Fällung, Filtrieren und Versetzen des Filtrats mit überschüssiger Ammoniakflüssigkeit und Ammoniumoxalatlösung; es darf keine Trübung entstehen;	**Kalk** durch eine weisse Fällung.

c) mit Ammoniakflüssigkeit; es darf keine Trübung entstehen.

Magnesia durch eine weisse Trübung, die auf Zusatz von Ammoniumchloridlösung wieder verschwindet.

Strophantinum
Strophantin.

Weisses, krystallinisches Pulver, oder weisse, geruchlose, glimmerartige Blättchen von sehr bitterem Geschmacke. Es löst sich in 40 Teilen Wasser, in Weingeist ist es schwer löslich, in Äther und Chloroform ist es fast unlöslich.

Prüfung durch:

Auflösen von Strophantin in Schwefelsäure.

Versetzen der schwefelsauren Lösung mit einer Spur Kaliumdichromat.

Versetzen eines Tropfens der wässerigen Lösung mit einer sehr geringen Menge Eisenchloridlösung und dann mit etwas Schwefelsäure.

Auflösen einer kleinen Menge des Präparats in konzentrierter Salzsäure.

Erwärmen obiger salzsauren Lösung.

Zeigt an:

Identität durch eine grüne bis orange Färbung, welche schnell in rot bis rotbraun und zuletzt in grün übergeht.

Identität durch eine blaue Färbung.

Identität durch einen rotbraunen Niederschlag, der nach 1 bis 2 Stunden schön dunkelgrün wird.

Identität durch eine anfangs farblose Lösung, dann durch einen grünlichen Schimmer.

Identität durch eine gelbgrüne Färbung und nach einiger Zeit durch einen gelbgrünen Niederschlag.

Aufbewahrung: sehr vorsichtig.

Strychninum nitricum
Strychninnitrat.

Prüfung auf Identität, anorganische Beimengungen, Brucin siehe D. A.-B.

Strychninum sulfuricum
Strychninsulfat.

Farblose, weisse, glänzende, vierseitige, rhombische Prismen von neutraler Reaktion, an trockener Luft verwitternd, in 50 Teilen kaltem, in 2 Teilen kochendem Wasser, in 60 Teilen Alkohol und 2 Teilen siedendem Alkohol, in 26 Teilen Glycerin, nur wenig in Äther löslich.

Schmelzpunkt: bei 135^0.

Prüfung durch:	Zeigt an:
Auflösen von 0,4 g des Salzes in 20 ccm Wasser. a) Eintauchen von blauem und rotem Lakmuspapier.	**Identität** durch die unveränderten Farben des Lakmuspapiers.
Versetzen der Lösung: b) mit Natronlauge;	**Identität** durch einen weissen, in Natronlauge und in Äther unlöslichen Niederschlag.
c) mit Baryumnitratlösung.	**Identität** durch einen weissen, in Salzsäure unlöslichen Rückstand.
Erhitzen des Salzes auf dem Platinbleche. Es darf kein Rückstand bleiben.	**Anorganische Beimengungen** durch einen feuerbeständigen Rückstand.
Verreiben des Salzes mit Salpetersäure.	**Identität** durch eine gelbliche Farbe des Salzes. **Brucin** durch eine rote Färbung des Salzes.
Auflösen des Salzes in Schwefelsäure; die Lösung sei farblos.	**Brucin** durch eine bräunlichrote Färbung der Lösung.
Auflösen von 0,4 g des Salzes in 20 ccm Wasser und Versetzen der Lösung: a) mit Kaliumdichromatlösung.	**Identität** durch Ausscheiden von rotgelben Kryställchen.
Übergiessen obiger rotgelben Kryställchen in noch feuchtem Zustande mit Schwefelsäure.	**Identität** durch eine blaue, dann violette, bald rot werdende Lösung.

b) mit Kaliumbicarbonatlösung; es darf keine Fällung entstehen.

Chinin, Cinchonin durch eine weisse Fällung.

Aufbewahrung: sehr vorsichtig.

Styracolum

Guajacolum cinnamylicum.   Cinnamyl - Guajacol.

Zimmtsäure - Guajacoläther.

Farblose Krystallnadeln, welche in Wasser nahezu unlöslich, in Alkohol, Chloroform und Aceton löslich sind.

Schmelzpunkt: bei 130^0.

Prüfung durch:	Zeigt an:
Auflösen von Styracol in Schwefelsäure.	**Identität** durch eine gelbe Lösung.
Versetzen der schwefelsauren Auflösung mit Salpetersäure.	**Identität** durch eine orange Färbung.
Erwärmen einer kleinen Menge des Präparats mit Natronlauge und Zusatz einiger Krystalle von Kaliumpermanganat.	**Identität** durch einen Bittermandelölgeruch.

Sucrolum

Dulcin.   Phenetolcarbamid.   p - Oxyaethylphenylharnstoff.

Farblose, glänzende Nadeln oder Schüppchen von sehr süssem Geschmack. Sie sind in 800 Teilen kaltem und 150 Teilen siedendem Wasser, in 25 Teilen Weingeist und 480 Teilen Glycerin löslich.

Schmelzpunkt: bei 173 bis 174^0.

Prüfung durch:	Zeigt an:
Erhitzen von 0,05 g Sucrol mit 5 Tropfen konzentrierter Schwefelsäure bis zum Sieden. Die Lösung muss farblos sein.	**Organische Beimengungen** durch eine braune Lösung.
Erkaltenlassen obiger Lösung, Verdünnen mit 10 ccm Wasser	**Identität** durch eine blaue Zwischenzone, die nach längerem

und Überschichten mit Ammoniakflüssigkeit. Erhitzen einer kleinen Menge des Präparats auf dem Platinbleche. Es muss sich vollkommen verflüchtigen.

Stehen an Intensität und Ausdehnung zunimmt. **Anorganische Beimengungen** durch einen Rückstand.

Sulfaminolum
Thiooxydiphenylamin.

Gelbes, geruch- und geschmackloses Pulver, welches in Wasser unlöslich, leicht löslich in Alkalien, schwieriger löslich in Alkalicarbonaten ist. Die Lösungen in Weingeist und in Essigsäure sind gelb. Beim Erhitzen bräunt sich dasselbe.
Schmelzpunkt: bei 155°.

Sulfonalum
Sulfonal. Diäthylsulfon-dimethyl-methan.

Prüfung auf Identität, anorganische Beimengungen, Neutralität, Mercaptol, Schwefelsäure, Salzsäure, oxydierbare Stoffe siehe D. A.-B.

Sulfur depuratum
Flores Sulfuris loti. Gereinigter Schwefel. Gewaschene Schwefelblumen.

Prüfung auf fremde Beimengungen, Schwefelsäure, Schwefelarsen, arsenige Säure siehe D. A.-B.

Sulfur jodatum
Jodschwefel.

Schwarzgraue, glänzende, blättrig krystallinische, unregelmässige Stücke, nicht in Wasser, leicht in Schwefelkohlenstoff und in Glycerin löslich, an Weingeist, sowie an Äther Jod abgebend.

Sulf. praecipitatum. — Sulf. sublimatum. — Symphorole.

Prüfung durch:	Zeigt an:
Erhitzen einer kleinen Probe des Präparats im Probierrohre. Sie muss sich vollkommen verflüchtigen.	**Identität** durch ein ungleichartiges Sublimat, indem zuerst Jod, dann Schwefel sublimiert. **Feuerbeständige Beimengungen** durch einen Rückstand.
Behandeln von 2 g des zerriebenen Präparats mit Weingeist, Filtrieren durch ein getrocknetes und gewogenes Filter, Auswaschen desselben mit Weingeist, Trocknen bei gelinder Temperatur und Wiegen.	Die **richtige Zusammensetzung des Präparats,** wenn der auf dem Filter zurückbleibende Schwefel 0,4 g wiegt.

Aufbewahrung: vorsichtig, in kleinen Stückchen, in kleinen mit Glasstopfen gut verschlossenen Gläsern.

Sulfur praecipitatum
Lac sulfuris. Präzipitierter Schwefel. Schwefelmilch.

Prüfung auf fremde Beimengungen, Schwefelsäure, Schwefelarsen, arsenige Säure siehe D. A.-B.

Sulfur sublimatum
Flores sulfuris. Schwefel. Schwefelblumen.

Prüfung auf erdige Beimengungen siehe D. A.-B.

Symphorole

Man unterscheidet 3 Salze: Symphorol N. = coffeinsulfosaures Natrium, Symphorol L. = coffeinsulfosaures Lithium und Symphorol S. = coffeinsulfosaures Strontium.

Die 3 Salze stellen farblose Krystalle dar, von denen das Lithium- und Strontiumsalz leicht, das Natriumsalz etwas schwerer in Wasser löslich ist.

Prüfung durch:	Zeigt an:
Befeuchten des Salzes mit Salzsäure und Erhitzen an dem	**Natriumsalz** durch eine gelbe Flamme.

Öhre des Platindrahtes in einer nicht leuchtenden Famme.

Auflösen des Salzes in Wasser, Versetzen der Lösung mit wenig verdünnter Schwefelsäure, Ausschütteln mit Benzol und Verdunsten des Benzols unter schwachem Erwärmen.

Auflösen von 0,3 g des Salzes in 10 ccm Wasser, Schütteln der Lösung mit Benzol und Verdunsten des Benzols. Es darf nur sehr geringer Rückstand bleiben.

Auflösen einer kleinen Menge des Salzes in Salpetersäure, Verdunsten zur Trockne und Befeuchten des Rückstandes mit Ammoniakflüssigkeit.

Lithiumsalz durch eine karminrote Flamme.
Strontiumsalz durch eine purpurrote Flamme.
Identität durch Ausscheiden von langen Nadeln (Coffein).

Freie Coffeinsulfosäure durch einen amorphen Rückstand.
Freies Coffein durch Ausscheiden von langen Nadeln.
Identität durch eine purpurrote Färbung.

Tannal insolubile

Unlösliches Tannal. Basisch gerbsaures Aluminium.

Graues, lufttrockenes, in Wasser unlösliches Pulver.

Prüfung durch:

Verbrennen von 2 g des Präparats in einem tarierten Porzellantiegel, Glühen, Befeuchten des Rückstandes mit Salpetersäure, Eindampfen zur Trockne und nochmaliges Glühen.

Zeigt an:

Richtige Zusammensetzung des Salzes, wenn der Glührückstand ca. 0,22 g beträgt.

Tannal solubile

Lösliches Tannal. Aluminium tannico-tartaricum.

Gerbweinsaures Aluminium.

Gelblichweisses Pulver, das sich leicht in Wasser löst und adstringierenden Geschmack besitzt.

Prüfung durch:	Zeigt an:
Auflösen von 3 g des Präparats in 50 ccm Wasser, Versetzen der Lösung mit überschüssiger Ammoniakflüssigkeit, Abfiltrieren des Niederschlags, Trocknen desselben und Glühen.	**Richtige Zusammensetzung des Salzes**, wenn der Glührückstand ca. 0,27 g beträgt.

Tannigenum
Tannigen.

Gelblichgraues, geruch- und geschmackloses, wenig hygroskopisches Pulver, welches unter Wasser bei 50^0 zu einer fadenziehenden, honigartigen Masse erweicht. In verdünnten Säuren und in kaltem Wasser löst sich das Tannigen wenig, in Äther und kochendem Wasser nur spurenweis; in Alkohol, verdünnten Lösungen von Natriumphosphat, Natriumcarbonat, Borax, Kalk löst es sich leicht mit gelbbrauner Farbe.

Schmelzpunkt: bei 187 bis 190^0 unter Bräunung.

Prüfung durch:	Zeigt an:
Auflösen von Tannigen in einer verdünnten Lösung von Natriumphosphat. Versetzen der Lösung:	
a) mit Eisenchloridlösung;	**Identität** durch eine blauschwarze Färbung.
b) mit Eiweisslösung.	**Identität** durch eine Fällung, welche auf Zusatz von Boraxlösung sich wieder löst.

Tannoforme.

Leichtes, weiss rötliches Pulver, das sich bei etwa 330^0 zersetzt, in Weingeist löslich ist, von verdünnter Ammoniakflüssigkeit mit gelber, von Natronlauge mit braunroter Farbe gelöst wird.

Prüfung durch:	Zeigt an:
Erwärmen von 0,01 g Tannoform mit etwa 2 ccm Schwefelsäure.	**Identität** durch Lösen mit brauner Farbe, welche bei weiterem Erhitzen in Grün und dann in Blau übergeht.

414 Tart. boraxatus. — Tart. depuratus. — Tart. ferratus.

Vermischen der schwefelsauren grünen oder blauen Lösung:	
a) mit Weingeist;	**Identität** durch eine schön blaue Färbung, welche nach einiger Zeit in Weinrot übergeht.
b) mit verdünnter Natronlauge.	**Identität** durch eine grasgrüne Färbung.

Tartarus boraxatus

Kali tartaricum boraxatum. Cremor Tartari solubilis. Boraxweinstein.

Prüfung auf Identität, Weinstein, Calciumtartrat, Kaliumtartrat, Metalle, Kalk, Sulfate, Chloride siehe D. A.-B.

Tartarus depuratus

Kalium bitartaricum. Crystalli Tartari. Cremor Tartari. Weinstein. Kaliumbitartrat.

Prüfung auf Identität, Sulfate, Chloride, Metalle, Kalk, Ammoniumverbindungen siehe D. A.-B.

Ausserdem kommen im Handel vor: Tartarus depuratus venetus seu albus und Tartarus depuratus gallicus. Diese enthalten mehr oder weniger Calciumtartrat, Spuren von Eisen, oft auch schwache Spuren von Kupfer und Blei.

Tartarus ferratus

Tartarus ferruginosus. Eisenweinstein. Ferryl-Kaliumtartrat.

Dünne, braunrot durchscheinende, glänzende Blättchen von fast schwarzer Farbe, von mild zusammenziehendem, kaum eisenartigem Geschmacke, in 5 Teilen Wasser löslich, in Weingeist unlöslich.

Gehalt: in 100 Teilen etwa 21 bis 22 Teile Eisen.

Tartarus ferratus.

Prüfung durch:	Zeigt an:

Erhitzen einer Probe des Salzes auf dem Platinbleche.

Identität durch Verkohlung unter Verbreitung des Geruchs nach verbranntem Zucker.

Zusammenbringen obigen Rückstandes mit angefeuchtetem roten Lakmuspapier.

Identität durch eine Bläuung des Lakmuspapiers.

Auflösen von 3 g des Salzes in 57 g Wasser. Es finde vollständige Lösung statt:

Ferrotartrat durch eine unvollständige Lösung.

a) Eintauchen von rotem und blauem Lakmuspapier. Die Farben des Papiers dürfen sich nicht ändern.

Ungebundener Weinstein durch eine Rötung des blauen Lakmuspapiers.

Ammoniakgehalt des Präparats durch eine Bläuung des roten Lakmuspapiers.

b) Versetzen von 10 ccm der Lösung mit Natriumcarbonatlösung; es darf keine Veränderung entstehen;

Fremde Eisensalze durch eine Fällung.

c) Ansäuern von 30 ccm der Lösung mit Salzsäure und Versetzen:
α) mit Kaliumferrocyanidlösung;

Identität durch einen dunkelblauen Niederschlag.

β) mit Kaliumferricyanidlösung; es darf keine Bläuung entstehen;

Ferrotartrat durch eine blaue Färbung.

γ) mit Schwefelwasserstoffwasser; es darf nur eine weisse, keine dunkle Färbung entstehen.

Metalle, Kupfer, Blei durch eine dunkle Färbung oder Fällung.

Auflösen von 0,5 g des Präparats in 2 ccm Salzsäure und 15 ccm Wasser in der Wärme, Zusatz von 1 g Kaliumjodid, Stehenlassen eine Stunde lang in einem verschlossenen Glase bei gewöhnlicher Temperatur, Versetzen mit Zehntel-Normal-

Den **vorschriftsmässigen Eisengehalt,** wenn bis zu diesem Punkte 18,5 bis 19,5 ccm Zehntel-Normal-Natriumthiosulfatlösung verbraucht werden.

Natriumthiosulfatlösung bis zur
hellgelben Färbung, dann mit
einigen Tropfen Stärkelösung
und wiederum mit Zehntel-Normal-Natriumthiosulfatlösung, bis
vollständige Entfärbung stattgefunden hat.

Aufbewahrung: in einem wohlverschlossenen, vor Licht geschützten Glase.

Tartarus natronatus

Natro-Kalium tartaricum. Sal polychrestum Seignetti. Kaliumnatriumtartrat. Seignettesalz.

Prüfung auf Identität, Metalle, Kalk, Sulfate, Chloride, Ammoniumverbindungen siehe D. A.-B.

Tartarus stibiatus

Tartarus emeticus. Stibio-Kali-tartaricum. Brechweinstein. Kalium-Antimonyltartrat.

Prüfung auf Identität, Arsen siehe D. A.-B.

Tereben.

Farblose oder schwachgelbe, dünnflüssige, neutrale Flüssigkeit von nicht unangenehmem, thymianartigem Geruche und aromatischem, etwas terpentinartigem Geschmacke, welche in Wasser nur wenig, leichter in Alkohol, sehr leicht in Äther löslich ist. Auf die Ebene des polarisierten Lichtes übt es keinen Einfluss aus.

Spezifisches Gewicht: 0,862.

Siedepunkt: bei 156 bis 160°.

Prüfung durch:

Eintauchen von blauem Lakmuspapier. Dasselbe darf nicht gerötet werden.

Destillation mit eingesenktem Thermometer.

Zeigt an:

Verharzung durch eine rote Färbung des Lakmuspapiers.

Reinheit durch vollständige Destillation bei 156 bis 160°.

Verdampfen von 5 g Tereben in einem Schälchen. | **Dasselbe** durch vollständige Verflüchtigung bis auf einen geringen Rückstand.

Aufbewahrung: vor Licht geschützt.

Terpinolum
Terpinol.

Hyacinthartig riechendes Öl, das in Wasser nahezu unlöslich, leicht löslich in Alkohol und in Äther ist.

Spezifisches Gewicht: 0,852.
Siedepunkt: 168°.

Terpinum hydratum
Terpinhydrat.

Prüfung auf Identität, fremde anorganische Beimengungen, Zersetzung des Präparats siehe D. A.-B.

Tetronalum
Tetronal. Diäthylsulfondiäthylmethan.

Farblose, glänzende, geruchlose Krystallnadeln oder Blättchen. Sie sind in 450 Teilen kaltem, leichter in siedendem Wasser, leicht in Alkohol und in Äther löslich. Die wässerige Lösung ist neutral und ohne Geschmack.

Schmelzpunkt: bei 85°.

Prüfung durch:	Zeigt an:
Bestimmen des Schmelzpunktes; derselbe liege bei 85°.	**Sulfonal** durch einen weit höheren Schmelzpunkt (125 bis 126°).
Erhitzen von 0,1 g Tetronal mit gepulverter Holzkohle.	**Identität** durch den charakteristischen Mercaptangeruch.
Auflösen von 0,2 g Tetronal in 50 ccm heissem Wasser,	

Erkaltenlassen, Filtrieren und Versetzen des Filtrats:

a) mit Baryumnitratlösung; es darf keine Trübung entstehen; — **Schwefelsäure** durch eine weisse Trübung.

b) mit Silbernitratlösung; es darf keine Trübung entstehen; — **Salzsäure** durch eine weisse Trübung.

c) Vermischen von 10 ccm des Filtrats mit 1 Tropfen Kaliumpermanganatlösung; es darf nicht sofort Entfärbung eintreten. — **Mercaptol, oxydierbare Stoffe** durch eine sofortige Entfärbung.

Erhitzen einer Probe auf dem Platinbleche. Es darf kein Rückstand bleiben. — **Anorganische Beimengungen** durch einen feuerbeständigen Rückstand.

Aufbewahrung: vorsichtig.

Thallinum sulfuricum
Thallinsulfat.

Prüfung auf Identität, anorganische und organische Beimengungen siehe D. A.-B.

Thallinum tartaricum
Thallintartrat.

Gelblichweisses, krystallinisches Pulver von kumarinartigem Geruche und säuerlich-salzigem, zugleich bittergewürzigem Geschmacke. Es ist in 10 Teilen Wasser, schwieriger in Weingeist, kaum in Äther löslich.

Prüfung durch: — Zeigt an:

Erhitzen einer Probe des Salzes auf dem Platinbleche und Glühen. Es schmilzt, verbrennt unter Abscheidung von Kohle und verflüchtigt sich beim Glühen vollständig. — **Anorganische Beimengungen** durch einen Glührückstand.

Auflösen von 0,7 g des Salzes in 69,3 g Wasser und Versetzen von je 10 ccm der Lösung:

a) mit Jodlösung; | **Identität** durch eine braune Fällung.
b) mit Gerbsäurelösung; | **Identität** durch eine weisse Fällung.
c) mit Eisenchloridlösung; | **Identität** durch eine tiefgrüne Färbung, die nach einigen Stunden in tiefrot übergeht.
d) mit Natronlauge; | **Identität** durch einen weissen Niederschlag, der beim Schütteln mit Äther verschwindet.
e) mit Kaliumacetatlösung; | **Identität** durch einen weissen, krystallinischen Niederschlag.
f) mit Kalkwasser. | **Identität** durch einen flockigen Niederschlag.

Auflösen einer kleinen Menge des Salzes in Schwefelsäure. Die Lösung sei zunächst farblos.
Versetzen obiger schwefelsauren Lösung mit ein paar Tropfen Salpetersäure.

Fremde organische Beimengungen durch eine braune Lösung.

Identität durch eine tiefrote, später gelbrote Färbung.

Aufbewahrung: vorsichtig, vor Licht geschützt.

Theobrominum natrio-salicylicum
Theobrominnatrium-Natriumsalicylat. Diuretin.

Prüfung auf Identität, Coffein, Theobromingehalt siehe D. A.-B.

Therminum
Thermin. Tetrahydro-β-Naphtylamin.

Farblose, wasserhelle Flüssigkeit von piperidinartigem Geruche und stark basischer Eigenschaft. Das chlorwasserstoffsaure Salz dieser Base bildet weisse, tafelförmige Krystalle, welche sich leicht in Wasser, Weingeist und Amylalkohol lösen und bei 237° schmelzen.

Thermodinum

Thermodin. Acetyl-p-Äthyloxyurethan.

Weisse, geruch- und fast geschmacklose Krystallnadeln, welche sich in 2600 Teilen kaltem und 450 Teilen siedendem Wasser lösen.

Schmelzpunkt: bei 86 bis 88°.

Prüfung durch:

Auflösen von 0,1 g Thermodin in 10 ccm Schwefelsäure. Die Lösung sei farblos.

Versetzen der schwefelsauren Lösung:
a) mit wenig Salpetersäure;

b) mit Rohrzucker.

Auflösen einer kleinen Menge Thermodin in Fröhde'schem Alkaloidreagens, welches man durch gelindes Erwärmen von 0,02 g Ammoniummolybdänat mit 2 ccm Schwefelsäure bereitet hat.

Zeigt an:

Fremde organische Beimengungen durch eine braune Färbung.

Identität durch eine orange Färbung.

Identität durch eine rotviolette Färbung.

Identität durch eine anfangs farblose, dann gelbe und zuletzt violette Lösung.

Thioform

Basisch dithiosalicylsaures Wismut.

Gelbbraunes, geruchloses, in Wasser unlösliches Pulver.

Prüfung durch:

Vorsichtiges Erhitzen von 2 g des Präparats in einem Porzellantiegel, Glühen des Rückstandes, Befeuchten desselben mit Salpetersäure, Eintrocknen, nochmaliges Glühen und Wiegen.

Ausziehen des Glührückstandes mit Wasser, Filtrieren und Verdampfen des Filtrats. Es darf kein Rückstand bleiben.

Zeigt an:

Identität durch plötzliches Glühen schon beim gelinden Erhitzen und Veraschen unter lebhaftem Funkensprühen.

Die **richtige Zusammensetzung des Salzes,** wenn 1,4 g Wismutoxyd zurückbleiben.

Alkalische Beimengungen durch einen Verdampfungsrückstand.

Trocknen von 1 g des Präparats bei 101⁰.	Den **richtigen Krystallwassergehalt,** wenn der Gewichtsverlust 0,023 g beträgt.
Schütteln von 1 g des Präparats mit 20 ccm heissem Wasser, Filtrieren und Versetzen des Filtrats mit Eisenchloridlösung.	**Identität** durch eine dunkelviolette Färbung.

Thiolum
Thiol.

Ein aus dem Braunkohlenteeröl durch Behandeln mit Schwefel und mit Schwefelsäure dargestelltes künstliches Ichthyol. Es kommt festes und flüssiges Thiol in den Handel.

Das **Thiolum siccum** stellt braunschwarze Lamellen oder ein dunkelbraunes Pulver dar von bituminösem Geruch und bitterlich adstringierendem Geschmacke. Es löst sich in Wasser zu einer braunroten, neutralen Flüssigkeit, ebenso in Chloroform, ist schwer löslich in Alkohol und in Benzol, nahezu unlöslich in Petroleumbenzin, Äther und Aceton.

Prüfung durch:	Zeigt an:
Schmelzen einer Probe mit Ätznatron und Übergiessen des Rückstandes mit Salzsäure.	**Identität** durch Entwicklung von Schwefelwasserstoff.
Verbrennen einer Probe auf dem Platinbleche. Es verbrennt unter starker Aufblähung und Hinterlassung einer sehr geringen Menge Asche.	**Anorganische Beimengungen** durch einen grösseren Aschengehalt.
Digerieren von 1 g Thiol mit 10 ccm Salpetersäure und 10 ccm Wasser, Filtrieren und Versetzen des Filtrats:	
a) mit Silbernitratlösung; es darf nur opalisierende Trübung entstehen;	**Chloride** durch eine weisse, undurchsichtige Trübung.
b) mit Baryumnitratlösung; es darf keine Veränderung entstehen.	**Schwefelsäure** durch eine weisse Trübung.

Thiolum.

Prüfung durch:	Zeigt an:
Schütteln von 1 g Thiol mit Petroleumbenzin; dasselbe darf nur wenig gefärbt werden.	**Unreines Präparat** durch eine starke Färbung des Petroleumbenzins.
Freiwilliges Verdunstenlassen des Petroleumbenzin. Es darf nur ein geringer Rückstand bleiben.	**Fremde Beimengungen** durch einen grösseren Rückstand.
Mischen von 1 g Thiol mit 3 g Natriumnitrat, allmähliches Eintragen des Gemisches in einen erhitzten Porzellantiegel zur Verpuffung, Erkaltenlassen des Rückstandes, Befeuchten desselben mit Schwefelsäure, Erwärmen und Wiederholung dieser Behandlung, so lange sich noch rote Dämpfe entwickeln, Verjagen der überschüssigen Säure durch Erhitzen, Zerreiben des Rückstandes und Schütteln desselben mit 5 ccm Zinnchlorürlösung. Es darf innerhalb 1 Stunde keine Schwärzung oder Bräunung eintreten.	**Arsen** durch eine Bräunung oder Schwärzung innerhalb 1 Stunde.

Das **Thiolum liquidum** ist eine dunkelrotbraune, sirupdicke Flüssigkeit, welche mit Wasser in jedem Verhältnis mischbar ist.

Prüfung durch:	Zeigt an:
Vermischen von 5 g Thiol mit 20 ccm Wasser und Versetzen:	
a) mit Salzsäure;	**Identität** durch Abscheidung einer dunkeln, klebrigen Masse, die nach dem Auswaschen in Wasser vollkommen löslich ist.
b) mit Zinksulfatlösung;	**Identität** durch einen amorphen Niederschlag.
Kochen des flüssigen Thiols mit Natronlauge. Es darf sich kein Ammoniak entwickeln.	**Ammoniumverbindungen** durch einen Geruch nach Ammoniak.

Thiophenum bijod. — Thiosinaminum. — Thiuret. sulfocarb.

Schütteln von 5 g Thiol mit 10 ccm Petroleumbenzin; letzteres darf nur wenig gefärbt werden.

Vermischen von 1 g Thiol mit 4 g Salpetersäure und 4 g Wasser, Filtrieren und Versetzen des Filtrats:
a) mit Baryumnitratlösung; es darf keine Veränderung entstehen;
b) mit Silbernitratlösung; es darf nur opalisierende Trübung entstehen.

Unreines Präparat durch starke Färbung des Petroleumbenzins.

} wie bei Thiolum siccum.

Thiophenum bijodatum
Thiophendijodid.

Farblose, leicht flüchtige, tafelförmige Krystalle, welche in Wasser unlöslich sind, leicht löslich in Chloroform, Äther und heissem Weingeist. Der Geruch ist aromatisch, nicht unangenehm. Es enthält 75,5 Prozent Jod und 9,5 Prozent Schwefel.

Schmelzpunkt: bei 40,5°.

Aufbewahrung: vorsichtig, vor Licht geschützt.

Thiosinaminum
Allylschwefelharnstoff.

Farblose, schwach lauchartig riechende, bitter schmeckende, rhombische Prismen, die in Wasser, Alkohol und Äther leicht löslich sind.

Thiuretum sulfocarbolicum
p-phenolsulfosaures Thiuret. Thiuret.

Gelblichweisses, geruchloses, krystallinisches Pulver von stark bitterem Geschmacke. Es löst sich in 350 Teilen kaltem Wasser und ist unlöslich in Alkohol, Äther und fetten Ölen.

Schmelzpunkt: bei 215°.

Prüfung durch:	Zeigt an:
Auflösen von 0,1 g des Präparats in 40 ccm Wasser und Versetzen der Lösung:	
a) mit Eisenchloridlösung;	**Identität** durch eine violette Färbung.
b) mit verdünnter Ammoniakflüssigkeit.	**Identität** durch einen voluminösen Niederschlag (Phenyldithiobiuret).
Auflösen von 0,1 g des Präparats in 10 ccm heisser Natronlauge, Ansäuern der Lösung mit Salzsäure.	**Identität** durch Entwicklung von Schwefelwasserstoff und durch eine Ausscheidung (Phenyldithiobiuret).
Kochen von 0,2 g des Präparats mit Eisessig.	**Identität** durch Entwicklung von Schwefelwasserstoff und Ausscheidung von Schwefel.

Aufbewahrung: vorsichtig.

Thymacetinum

Thymacetin.

Weisses, krystallinisches, in Wasser nur wenig lösliches Pulver; in Alkohol ist es leicht löslich, schwerer in Äther.

Schmelzpunkt: bei 136°.
Aufbewahrung: vorsichtig.

Thymolum

Acidum thymicum. Thymol. Thymylalkohol. Thymolkampher. Thymiansäure.

Prüfung auf Identität, organische Beimengungen, Phenol, Neutralität siehe D. A-B.

Toluolum

Toluol. Methylbenzol.

Farblose, leicht bewegliche Flüssigkeit von benzolartigem Geruche, welche in der Kälte nicht erstarrt.

Spezifisches Gewicht: 0,872.
Siedepunkt: bei 111°.

Tolypyrinum

Tolypyrin. Tolyl-Antipyrin. Tolyl-Dimethylpyrazolon.

Farblose Krystalle von sehr bitterem Geschmacke, welche in 10 Teilen Wasser löslich, leicht löslich in Alkohol, fast unlöslich in Äther sind.

Schmelzpunkt: bei 136 bis 137°.

Prüfung durch:

Auflösen von 1 g Tolypyrin in 20 ccm Wasser und Versetzen der Lösung:
a) mit Eisenchloridlösung;

b) mit rauchender Salpetersäure.

Erhitzen von 0,2 g des Präparats mit Salpetersäure.

Zeigt an:

Identität durch eine intensiv rote Färbung.
Identität durch eine grüne Färbung.
Identität durch eine weinrote Farbe, welche auf Zusatz von Ammoniakflüssigkeit in hellgelb übergeht.

Tolysal

Tolypyrinsalicylat. Salicylsaures Tolydimethylpyrazolon.

Farblose, oder schwach rötliche Krystalle von herbbitterlichem Geschmacke, die in Wasser nur wenig, schwer in Äther, leicht in Alkohol und Essigäther löslich sind.

Schmelzpunkt: bei 101 bis 102°.

Prüfung durch:

Schütteln von 0,2 g Tolysal mit 30 ccm Wasser, Filtrieren und Versetzen des Filtrats:
a) mit Eisenchloridlösung;

b) mit Quecksilberchloridlösung.
Erhitzen von Tolysal mit Salpetersäure.

Zeigt an:

Identität durch eine violette Färbung.
Identität durch einen weissen Niederschlag.
Identität durch eine weinrote Färbung, welche nach Zusatz von Ammoniakflüssigkeit gelb wird.

Erwärmen von Tolysal mit konzentrierter Salpetersäure auf einem Uhrglase.
Verdampfen obiger Flüssigkeit auf dem Wasserbade.

Identität durch eine blutrote Färbung.

Identität durch einen blauen Rückstand.

Trikresolum
Ortho-, Para- und Metakresol.

Nahezu wasserhelle, klare Flüssigkeit von angenehmem, kreosotähnlichem Geruche. In Wasser löst es sich zu 2,2 bis 2,55 Prozent zu einer neutral reagierenden Flüssigkeit.
Spezifisches Gewicht: 1,042 bis 1,049.
Siedepunkt: von 185 bis 205°.

Prüfung durch:
Vermischen von 1 ccm Trikresol mit 2,5 ccm Natronlauge und Zusatz von 50 ccm Wasser. Es muss eine klare, wasserhelle Flüssigkeit entstehen.

Zeigt an:
Teerartige Produkte durch eine trübe Flüssigkeit.

Aufbewahrung: vorsichtig.

Trimethylaminum
Trimethylaminlösung.

Farblose, ammoniakalisch-heringsartig riechende, stark alkalisch reagierende, flüchtige Flüssigkeit, welche sich mit Wasser und mit Weingeist in jedem Verhältnis mischt.
Spezifisches Gewicht: 0,975.
Gehalt: in 100 Teilen annähernd 10 Teile Trimethylamin enthaltend.

Prüfung durch:
Verdampfen von 10 Tropfen des Präparats auf dem Uhrglase im Wasserbade. Es darf kein Rückstand bleiben.
Darüberhalten eines mit Salzsäure befeuchteten Glasstabes.
Mischen von 2 ccm Trimethylaminlösung mit 8 ccm

Zeigt an:
Fremde Salze durch einen Rückstand.

Identität durch dichte, weisse Nebel.
Kohlensäureverbindung durch eine weisse Trübung.

Trimethylaminum.

Kalkwasser. Es darf keine Trübung entstehen.

Verdünnen von 15 ccm Trimethylaminlösung mit 20 ccm Wasser.

Versetzen von je 10 ccm:
a) mit Schwefelwasserstoffwasser; es darf keine Veränderung entstehen;
b) mit Ammoniumoxalatlösung; es darf keine Trübung entstehen.

Übersättigen von 20 ccm der verdünnten Lösung mit Essigsäure und Versetzen:
a) mit Baryumnitratlösung; es darf keine Trübung entstehen;
b) mit Silbernitratlösung nach Zusatz von Salpetersäure; sie darf nicht mehr als opalisierend getrübt werden.

Neutralisieren von 20 ccm der Trimethylaminlösung mit Salzsäure; Eindampfen im Wasserbade, Austrocknen des Rückstandes über Schwefelsäure, Wiegen des farblosen, stark hygroskopischen Rückstandes, und Lösen in der 10fachen Menge absolutem Alkohol. Es muss vollständige Lösung erfolgen.

Verdünnen von 5 ccm Trimethylaminlösung mit 20 ccm Wasser, Versetzen mit einigen Tropfen Lakmustinktur und so lange mit Normal-Salzsäure, bis die Flüssigkeit zwiebelrot geworden ist.

Metalle durch eine dunkle Fällung.

Kalk durch eine weisse Trübung.

Sulfat durch eine weisse Trübung.

Chlorid durch eine weisse, undurchsichtige Trübung.

Ammoniak durch eine unvollständige Lösung.

Den **vorgeschriebenen Gehalt an Trimethylamin,** wenn bis zu diesem Punkte 8,2 bis 8,4 ccm Normal-Salzsäure verbraucht werden.

Aufbewahrung: in einem mit Glasstopfen versehenen, wohlverschlossenen Glase.

Trionalum

Trional. Diäthylsulfonmethyläthylmethan.

Farblose, glänzende, geruchlose Krystalltafeln. Sie sind in 320 Teilen kaltem, leichter in siedendem Wasser, leicht in Alkohol und in Äther löslich. Die wässerige Lösung ist neutral und besitzt bitteren Geschmack.

Schmelzpunkt: bei 76^0.

Prüfung durch:	Zeigt an:
Bestimmen des Schmelzpunktes; derselbe muss bei 76^0 liegen.	**Sulfonal** durch einen weit höheren Schmelzpunkt (125 bis 126^0).
Auflösen von 0,1 g Trional in 32 g Wasser. Es muss sich vollkommen auflösen.	**Sulfonal** durch eine nur teilweise Lösung.
Erhitzen von 0,1 g Trional mit gepulverter Holzkohle in einem Probierrohre.	**Identität** durch den widrigen Geruch nach Mercaptan.
Auflösen von 0,2 g Trional in 40 ccm heissem Wasser. Es darf sich kein Geruch entwickeln.	**Mercaptol** durch einen knoblauchartigen Geruch.
Erkaltenlassen obiger Lösung, Filtrieren und Versetzen des Filtrats:	
a) mit Baryumnitratlösung;	**Schwefelsäure** durch eine weisse Trübung.
b) mit Silbernitratlösung. Beide Reagentien dürfen keine Trübung hervorbringen;	**Salzsäure** durch eine weisse Trübung.
c) Vermischen von 10 ccm des Filtrats mit 1 Tropfen Kaliumpermanganatlösung. Es darf nicht sofort Entfärbung eintreten.	**Mercaptol, oxydierbare Stoffe** durch eine sofortige Entfärbung.
Erhitzen einer kleinen Menge des Präparats auf dem Platinbleche. Es darf kein Rückstand bleiben.	**Anorganische Beimengungen** durch einen Rückstand.

Aufbewahrung: vorsichtig.

Tumenolum
Tumenol.

Es kommen folgende Tumenol-Präparate in Anwendung:
1. **Tumenolsulfon.** Eine dunkelgelbe, dicke Flüssigkeit, löslich in einer wässerigen Lösung von Tumenolsulfonsäure, in Äther und Benzol, unlöslich in Wasser.
2. **Tumenolum venale,** rohes Tumenol. Eine braune, zähe Masse, welche aus Tumenolsulfonsäure und Tumenolsulfon besteht.
3. **Acidum sulfo-tumenolicum,** Tumenolsulfonsäure. Ein dunkles, schwach bitter schmeckendes Pulver, welches in Wasser leicht löslich ist.

Prüfung durch:	Zeigt an:
Auflösen von 3 g des Präparats in 30 ccm Wasser und Versetzen der Lösung:	
a) mit Kochsalzlösung;	**Identität** durch Ausscheiden der Sulfonsäure.
b) mit Quecksilberchloridlösung.	**Identität** durch einen weissen Niederschlag (Calomel).
c) Schwaches Ansäuern der Lösung mit Salpetersäure und Versetzen mit Gelatinelösung.	**Identität** durch einen fadenziehenden Niederschlag.

Ultramarinum
Ultramarin. Lasurblau.

Sehr feines, geruch- und geschmackloses, intensiv blaues Pulver, das beim Erhitzen keine Veränderung erleidet, in Wasser, Weingeist ganz unlöslich ist, auch mit Schwefelwasserstoffwasser, Ammoniakflüssigkeit, Kalkwasser, Kalilauge übergossen nicht verändert wird; durch Säuren wird es unter Entfärbung zersetzt.

Prüfung durch:	Zeigt an:
Erhitzen einer Probe in einem Porzellanschälchen. Sie darf sich nicht verändern.	**Indigblau** durch Entwicklung von purpurnen Dämpfen. **Kupferblau** durch eine schwarze Färbung. **Berlinerblau** durch Ent-

Erhitzen einer kleinen Messerspitze voll Ultramarin mit 5 ccm verdünnter Salzsäure.

Verdünnen obiger Flüssigkeit mit 20 ccm Wasser, Filtrieren, allmähliches Versetzen des Filtrats mit Natriumcarbonatlösung im Überschusse und Erwärmen. Es darf keine oder nur eine sehr geringe Fällung entstehen.

wicklung von empyreumatischen Dämpfen.

Identität durch Verschwinden der blauen Farbe und Entwicklung von Schwefelwasserstoffwasser.

Kobaltblau, Indigo, Berlinerblau durch einen blauen Rückstand, **Kupferblau** durch eine blaugrüne Lösung.

Carbonate durch Aufbrausen.

Magnesia, Zinkoxyd durch eine weisse Trübung.

Uralium
Chloralurethan.   Uraline.

Weisses Pulver, das in kaltem Wasser unlöslich, in kochendem unter Spaltung in Chloral und Urethan löslich ist. In Alkohol und in Äther löst es sich leicht, durch Wasser wird es aus diesen Lösungen wieder gefällt.

Schmelzpunkt: bei 103^0, doch zersetzt es sich schon bei 100^0 in Chloral und Urethan.

Aufbewahrung: vorsichtig.

Urethanum
Urethan.   Carbaminsäure-Äthyläther.

Farblose, säulenförmige, neutrale, geruchlose Krystalle von kühlendem, salpeterartigem Geschmacke. Sie sind in 1 Teil Wasser, 0,6 Teilen Weingeist, 1 Teil Äther, 5,5 Teilen Chloroform löslich.

Schmelzpunkt: bei 48 bis 50^0.

Siedepunkt: bei etwa 171^0 beinahe unzersetzt sublimierend.

Urethanum.

Prüfung durch:	Zeigt an:
Erhitzen einer kleinen Menge des Präparats auf dem Platinbleche. Es darf kein Rückstand bleiben.	**Identität** durch Verbrennen mit wenig leuchtender, bläulicher Flamme. **Anorganische Beimengungen** durch einen Rückstand.
Bestimmen des Schmelzpunktes. Derselbe liege bei 48 bis 50°.	**Unreines Präparat, Feuchtigkeit** durch einen niedrigeren Schmelzpunkt als 48°.
Gelindes Erhitzen von 1 g Urethan mit 5 g Schwefelsäure, worin es sich ohne Trübung löst, und Einleiten des sich entwickelnden Gases in Kalkwasser.	**Identität** durch Trübung des Kalkwassers (Kohlensäure).
Erwärmen des Urethans mit Natronlauge und Darüberhalten von rotem Lakmuspapier.	**Identität** durch Bläuung des Lakmuspapiers (Ammoniak).
Auflösen von 2 g Urethan in 18 g Wasser: a) Eintauchen von rotem Lakmuspapier. Dasselbe darf nicht gebläut werden.	**Zersetzung des Präparats** durch eine Bläuung des Papiers.
b) Erwärmen von 5 ccm der Lösung mit 1 g Natriumcarbonat und einigen Jodsplittern und Erkaltenlassen.	**Identität** durch Ausscheidung von kleinen gelben Krystallen beim Erkalten (Jodoform).
c) Versetzen von 10 ccm der Lösung mit Silbernitratlösung. Es darf keine Veränderung erfolgen.	**Chlorverbindungen** durch eine weisse Trübung.
d) Mischen von 2 ccm der Lösung mit 2 ccm Schwefelsäure und Überschichten dieser Mischung mit 1 ccm Ferrosulfatlösung. Es darf sich keine gefärbte Zone zeigen.	**Nitrate** durch eine gefärbte Zone zwischen den Flüssigkeiten.

Auflösen von 1 g Urethan in 1 ccm Wasser und Mischen mit 1 ccm Salpetersäure. Es darf kein Niederschlag entstehen.

Harnstoff durch einen Niederschlag.

Aufbewahrung: vorsichtig, in einem gut verschlossenen Glase.

Uranium nitricum
Uraninitrat.   Uranylnitrat.

Schöne, grüngelbe, grosse, fluorescierende Krystalle, die in Wasser, Weingeist und Äther löslich sind. Die wässrige Lösung rötet Lakmuspapier und bräunt Curcumapapier.

Prüfung durch: | Zeigt an:

Gelindes Erhitzen des Präparats, so lange noch saure Dämpfe entweichen,

Identität durch einen gelben Rückstand.

und hierauf stärkeres Glühen.

Identität durch einen rotgelben Rückstand.

Behandeln des Glührückstandes mit Wasser, Filtrieren und Verdampfen des Filtrats. Es darf kein Rückstand bleiben.

Fremde Salze durch einen Verdampfungsrückstand.

Auflösen von 3 g des Salzes in 57 g Wasser. Versetzen von je 10 ccm der Lösung:
a) mit Kaliumferrocyanidlösung;

Identität durch eine braunrote Fällung.

b) mit Schwefelsäure und Überschichten mit Ferrosulfatlösung;

Identität durch eine braune Zwischenzone.

c) mit Baryumnitratlösung; es darf keine Trübung entstehen;

Schwefelsäure durch eine weisse Trübung.

d) mit Ammoniakflüssigkeit und überschüssiger Ammoniumcarbonatlösung. Es darf keine Trübung entstehen;

Salze der alkalischen Erden durch eine weisse Trübung.

e) Vermischen von 20 ccm der Lösung mit 1 ccm Schwe-

Uranoxydulsalz durch Verschwinden der roten Farbe.

felsäure und 3 Tropfen Kaliumpermanganatlösung; die Flüssigkeit muss gerötet werden.

Versetzen von 5 g des Salzes mit 5 ccm Salzsäure, Verdünnen mit Wasser auf 100 ccm, Erwärmen der Flüssigkeit und Einleiten von Schwefelwasserstoffgas. Es darf kein Niederschlag entstehen.

Fremde Metalle durch einen dunkeln Niederschlag.

Urea pura

Reiner Harnstoff. Carbamid. Carbonylamid.

Der Harnstoff stellt farb- und geruchlose, lange Prismen dar von kühlendem, salpeterartigem Gesschmacke, welche an trockner Luft sich nicht verändern. Er löst sich in der gleichen Gewichtsmenge Wasser unter starker Wärmebindung auf, ferner in 5 Teilen heissem Alkohol, sowie in 20 Teilen absolutem Alkohol von 15^0. In Äther ist er fast unlöslich.
Schmelzpunkt: bei $132,5^0$.

Prüfung durch:

Schmelzen von Harnstoff in einem Porzellanschälchen.

Zeigt an:

Identität durch allmähliche Umwandlung in einen festen, weissen Rückstand.

Auflösen von 1 g Harnstoff in 5 ccm Wasser und Zusatz von Salpetersäure.

Identität durch eine krystallinische Ausscheidung.

Erhitzen einer Spur von Harnstoff in einem Capillarröhrchen bis zur beginnenden Trübung der geschmolzenen Masse, Erkaltenlassen, Zufügen von etwas Wasser und einigen Tropfen Natronlauge und dann von einem Tropfen Kupfersulfatlösung.

Identität durch eine rote bis violette Färbung, die auf Zusatz von weiterer Kupfersulfatlösung blau wird.

Uropherinum

Theobrominlithium-Lithiumsalicylat.

Weisses Pulver, in 5 Teilen Wasser löslich.

Urotropinum
Hexamethylentetramin.

Farblose, rhomboedrische Krystalle, in Wasser und siedendem Alkohol leicht löslich.

Vanillinum
Vanillin. Methylpentacatechualdehyd.

Vanilleartig riechende Krystallnadeln, welche schwer in kaltem, leicht in heissem Wasser, sowie in Weingeist und Äther löslich sind.

Schmelzpunkt: bei 80 bis 81°, in höherer Temperatur sublimierend.

Prüfung durch:	Zeigt an:
Auflösen von 0,2 g Vanillin in 20 g Wasser und Versetzen:	
a) mit Eisenchloridlösung;	**Identität** durch eine blaue Färbung.
b) mit Bleiessig;	**Identität** durch einen gelblichweissen Niederschlag.
Erhitzen einer kleinen Probe Vanillin auf dem Platinbleche. Es darf kein Rückstand bleiben.	**Anorganische Beimengungen** durch einen Rückstand.

Vaselinum
Gelbes Vaselin.

Blassgelbe Masse von weicher Salbenkonsistenz.

Schmelzpunkt: bei 35° zu einer klaren, schillernden, geruch- und geschmacklosen Flüssigkeit schmelzend.

Prüfung durch:	Zeigt an:
Betrachten unter dem Mikroskope.	**Identität** durch eine amorphe oder nur undeutlich krystallinische Masse.
Kräftiges Zusammenschütteln von geschmolzenem Vaselin mit dem doppelten Volumen heissem Weingeist und Ein-	**Freie Säure** durch Rötung des blauen Lakmuspapiers.

tauchen von blauem Lakmuspapier in den abgeschiedenen Weingeist. Das Papier darf nicht gerötet werden.

Erhitzen von 2 g Vaselin mit 3 ccm Natronlauge zum Sieden, Abgiessen der Lauge und Übersättigen derselben mit Salzsäure. Es darf keine Ausscheidung stattfinden.

Zusammenreiben von 5 g Vaselin mit 5 g Schwefelsäure in einer mit Schwefelsäure gereinigten Schale. Es darf innerhalb einer halben Stunde zwar Bräunung, doch keine Schwärzung eintreten.

Verseifbare Substanzen, wie Fett, Wachs, Harz durch eine Ausscheidung.

Ungereinigtes Vaselin durch eine Schwärzung.

Veratrinum
Veratrin.

Prüfung auf Identität, anorganische Beimengungen, fremde Alkaloide siehe D. A.-B.

Xylolum
Xylol.

Farblose, stark lichtbrechende, flüchtige und leicht brennbare Flüssigkeit von benzolartigem Geruche und brennendem Geschmacke, mit Wasser nicht mischbar, wohl aber mit Weingeist und Äther.

Siedepunkt: bei etwa 140°.
Spezifisches Gewicht: 0,870.

Prüfung durch:

Bestimmen des Siedepunkts. Derselbe darf nicht unter 136° und nicht über 140° liegen.

Zeigt an:

Benzol, Toluol durch einen niedrigeren Siedepunkt als 136°.

Cumol durch einen höheren Siedepunkt als 140°.

Mischen von 10 ccm Xylol mit 4 ccm Weingeist. Es muss klare Mischung erfolgen.

Verdampfen einiger ccm in einem Porzellanschälchen; es darf kein Rückstand bleiben.

Petroleumbenzin durch eine trübe Mischung.

Teerartige Beimengungen durch einen dunkeln Rückstand. Das Xylol ist in diesem Falle gelblich gefärbt.

Zincum aceticum
Zinkacetat.

Prüfung auf Identität, fremde Metalle, Salze der Alkalien und alkalischen Erden, empyreumatische Stoffe siehe D. A.-B.

Zincum carbonicum
Zincum hydrico-carbonicum. Basisches Zinkcarbonat.
Zincum subcarbonicum.

Weisses, amorphes Pulver, welches in Wasser nahezu unlöslich, in Ammoniakflüssigkeit aber, in Ammoniumcarbonatlösung und verdünnten Säuren leicht löslich ist. Beim Glühen verliert das Präparat Wasser und Kohlensäureanhydrid.

Prüfung durch:

Auflösen von 1 g Zinkcarbonat in 60 g verdünnter Essigsäure.

Versetzen obiger essigsauren Lösung mit überschüssiger Ammoniakflüssigkeit

und hierauf mit Schwefelwasserstoffwasser.

Zeigt an:

Identität durch vollständige Auflösung unter Aufbrausen.
Calciumsulfat, Baryumsulfat durch einen unlöslichen Rückstand.
Identität durch vollständige Lösung des anfangs entstehenden Niederschlags.
Blei, Thonerde, Cadmium durch eine unvollständige Lösung des Niederschlags.
Identität durch einen rein weissen Niederschlag.
Fremde Metalle (Eisen, Kupfer, Blei) durch einen gefärbten Niederschlag.

Auflösen von 1 g des Präparats in 20 g verdünnter Essigsäure, Versetzen mit überschüssiger Ammoniakflüssigkeit und hierauf:

a) mit Ammoniumoxalatlösung; es darf keine Trübung entstehen;

Kalk durch eine weisse Trübung.

b) mit Natriumphosphatlösung; es darf keine Trübung entstehen.

Magnesia durch eine weisse Trübung.

Schütteln von 2 g des Präparats mit 20 ccm Wasser, Filtrieren und Versetzen des Filtrats:

a) mit Baryumnitratlösung; es darf nur schwach opalisierend getrübt werden;

Sulfate durch eine weisse, undurchsichtige Trübung.

b) mit Silbernitratlösung; es darf nur schwache Opalisierung entstehen.

Chloride durch eine weisse, undurchsichtige Trübung.

Aufbewahrung: vorsichtig.

Zincum chloratum
Zinkchlorid.

Prüfung auf Identität, basisches Zinkchlorid, Sulfate, fremde Metalle, Salze der Alkalien und alkalischen Erden siehe D. A.-B.

Zincum cyanatum
Zinkcyanid.

Weisses, in Wasser wie in Weingeist unlösliches Pulver, welches sich in verdünnter Salzsäure unter Entbindung von Blausäure auflöst.

Prüfung durch:

Auflösen von 0,5 g des Salzes in 20 ccm verdünnter

Zeigt an:

Identität durch Entwicklung von Blausäure.

438 Zincum jodatum.

Salzsäure. Die Lösung muss vollständig sein.

Versetzen der salzsauren Lösung mit überschüssiger Ammoniakflüssigkeit.

Versetzen obiger ammoniakalischen Lösung mit Schwefelwasserstoffwasser. Es entstehe ein rein weisser Niederschlag.

Glühen von 0,5 g des Salzes in einem Porzellantiegel, Lösen des Rückstandes in verdünnter Salzsäure und Zusatz von Kaliumferrocyanidlösung. Es entstehe ein rein weisser Niederschlag.

Ferrocyanzink durch eine trübe Lösung.

Identität durch einen anfangs entstehenden Niederschlag, der sich in überschüssiger Ammoniakflüssigkeit farblos auflöst.

Kupfer durch eine blaue Färbung der Lösung.

Metalle (Kupfer, Blei, Eisen) durch einen dunkel gefärbten, **Cadmium** durch einen gelben Niederschlag.

Eisen durch eine blaue Färbung oder Fällung.

Aufbewahrung: sehr vorsichtig.

Zincum jodatum
Zinkjodid.

Ein weisses oder weissliches, an der Luft leicht zerfliessliches Salzpulver, in Wasser und in Weingeist leicht löslich, ohne Geruch, von scharf salzigem, widrig metallischem Geschmacke und saurer Reaktion.

Prüfung durch:	Zeigt an:
Erhitzen einer kleinen Probe des Salzes in einem Porzellantiegel und Glühen.	**Identität** durch Schmelzen, Entwicklung von violetten Dämpfen und Hinterlassung eines in der Hitze gelben, beim Erkaltenlassen weiss werdenden Rückstandes.
Auflösen von 4 g Jodzink in 36 g Wasser und Versetzen von je 10 ccm der Lösung:	

Zincum jodatum.

a) mit etwa 10 ccm Ammoniakflüssigkeit und Schwefelwasserstoffwasser;

Identität durch einen weissen Niederschlag.

b) mit 5 ccm Chlorwasser und Schütteln mit Chloroform;

Identität durch eine violette Färbung des Chloroforms.

c) mit einigen Tropfen Salzsäure und mit Schwefelwasserstoffwasser; es darf keine Fällung entstehen.

Metalle, Kupfer, Blei durch eine dunkle, Cadmium durch eine gelbe Fällung.

Auflösen von 1 g Jodzink in 1 g Wasser; die Lösung sei klar und farblos.

Zinkoxyd durch eine trübe Lösung.

Versetzen obiger Lösung mit 10 g Weingeist. Es darf sich kein Salz abscheiden.

Fremde Salze durch eine Fällung.

Auflösen von 1 g Jodzink in 10 ccm Wasser und 10 ccm Ammoniakflüssigkeit und Einleiten von überschüssigem Schwefelwasserstoff in die farblose Flüssigkeit; es entsteht ein rein weisser Niederschlag.

Metalle, Eisen, Kupfer (in diesem Falle ist die Lösung blau) durch einen dunkel gefärbten Niederschlag.

Abfiltrieren obigen Niederschlags, Verdampfen des Filtrats und Glühen. Es darf kein Rückstand bleiben.

Salze der Alkalien und alkalischen Erden durch einen Rückstand.

Auflösen von 0,2 g Jodzink in 2 ccm Ammoniakflüssigkeit, Schütteln der Lösung mit 14 ccm Zehntel-Normalsilbernitratlösung, Filtrieren und Übersättigen des Filtrats mit Salpetersäure. Es darf innerhalb 10 Minuten nicht bis zur Undurchsichtigkeit getrübt werden.

Chloride und **Bromide** durch eine weisse, undurchsichtige Trübung innerhalb 10 Minuten.

Aufbewahrung: vorsichtig, in kleinen, sehr gut verschlossenen Gläsern.

Zincum lacticum
Zinklaktat.

Weisse, glänzende, nadelförmige Krystalle oder weisse Krystallkrusten oder ein weisses Pulver von säuerlich zusammenziehendem Geschmacke und saurer Reaktion, bei 100^0 sein Krystallwasser verlierend. Das Salz löst sich in 60 Teilen kaltem und 6 Teilen heissem Wasser und ist unlöslich in Weingeist.

Prüfung durch:	Zeigt an:
Stärkeres Erhitzen einer Probe des Salzes auf dem Platinbleche.	**Identität** durch Ausstossung brauner, eigentümlich rauchartig riechender Dämpfe.
Anreiben des Salzes mit Schwefelsäure. Das Salz darf sich nicht schwärzen.	**Fremde organische Beimengung** (Zucker) durch eine Schwärzung des Salzes. **Buttersäure** durch den Geruch.
Auflösen von 8 g des Salzes in 72 g Wasser und Versetzen von je 10 ccm der Lösung: a) mit Schwefelwasserstoffwasser;	**Identität** durch eine rein weisse Fällung. **Metalle** (Kupfer, Blei) durch eine dunkle Fällung, **Cadmium** durch eine gelbe.
b) mit Baryumnitratlösung;	**Schwefelsäure** durch eine weisse, undurchsichtige Trübung.
c) mit Silbernitratlösung;	**Chlor** durch eine weisse, undurchsichtige Trübung.
d) mit Bleiacetatlösung. Die Reagentien b, c und d dürfen nur opalisierende Trübungen erzeugen.	**Fremde Säuren** wie Weinsäure, Oxalsäure durch eine weisse, undurchsichtige Trübung.
e) mit Ammoniumcarbonatlösung;	**Identität** durch einen weissen Niederschlag, der im Überschusse des Fällungsmittels zu einer klaren Flüssigkeit löslich ist.

f) mit Ammoniumcarbonatlösung bis zur Auflösung des zuerst entstandenen Niederschlags und dann mit Natriumphosphatlösung. Es darf keine Trübung entstehen;

g) mit überschüssiger Natronlauge und etwas Kupfersulfatlösung und Erwärmen. Es darf kein roter Niederschlag entstehen.

Kalk durch einen im Überschusse des Fällungsmittels nicht löslichen Niederschlag.

Magnesia durch eine weisse Trübung.

Glycose durch einen roten Niederschlag.

Aufbewahrung: vorsichtig.

Zincum metallicum
Metallisches Zink.

Bläulich weisses Metall von starkem Metallglanz und blättrig krystallinischem Gefüge, das sich an trockener Luft nicht verändert, an feuchter Luft sich mit einer weissgrauen Schicht von Zinksubcarbonat überzieht. Verdünnte Salz- sowie Schwefelsäure lösen das Zink unter Entwicklung von Wasserstoffgas, ebenso Kali- und Natronlauge. In Salpetersäure löst es sich unter Entwicklung von Sauerstoffverbindungen des Stickstoffs oder Ammoniak. Viele Metalle werden durch Zink aus ihren Salzlösungen gefällt. Bei Luftabschluss stark erhitzt, destilliert das Zink, an der Luft stark erhitzt, verbrennt es mit blendendem Licht zu Zinkoxyd.

Spezifisches Gewicht: 6,9 bis 7,2.
Schmelzpunkt: bei 433°.

Als Reagens wird es in Form von Stäben, Zincum in bacillis, dann geraspelt, Zincum raspatum, und als Zinkstaub verwendet.

Prüfung durch:	Zeigt an:
Erhitzen eines kleinen Stückchens Zink in einem Glühtiegel.	**Identität** durch Schmelzen und Verflüchtigung bei stärkerer Hitze unter teilweiser Verbrennung zu wolligem Zink-

Erhitzen eines kleinen Stückchens Zink auf Kohle vor dem Löthrohre.

Befeuchten des Kohlenbeschlags mit sehr verdünnter Kobaltnitratlösung und nochmaliges Glühen.

Auflösen von Zink in verdünnter Schwefelsäure, so dass ein Stückchen Zink ungelöst bleibt.

Einleiten des beim Auflösen des Zinks sich entwickelnden Wasserstoffgases in Bleiacetatlösung; es darf keine Veränderung entstehen.

Versetzen der schwefelsauren Lösung des Zinks:
a) mit Ammoniakflüssigkeit;

b) mit Schwefelwasserstoffwasser nach Ansäuern mit Schwefelsäure; es entstehe keine Fällung;
c) Versetzen obiger Flüssigkeit mit überschüssiger Ammoniakflüssigkeit; es entstehe nur ein rein weisser Niederschlag.

Auflösen von Zink in verdünnter Schwefelsäure im oxyd, das in der Hitze gelbe, nach dem Erkalten weisse Farbe besitzt.

Identität durch Verbrennen mit bläulich weisser Farbe und Beschlag der Kohle, welcher in der Hitze gelb, nach dem Erkalten weiss ist.

Identität durch eine grüne Farbe des Beschlags.

Blei, Cadmium durch Zurückbleiben einer schwarzen schwammigen Masse.

Schwefel durch eine dunkle Färbung oder Fällung.

Identität durch einen weissen, gelatinösen Niederschlag, der sich in überschüssiger Ammoniakflüssigkeit klar und farblos löst.

Kupfer durch eine blaue Farbe der Lösung.

Kupfer, Blei, Cadmium durch eine dunkle Fällung.

Eisen durch eine schmutzig grüne Farbe des Niederschlags.

Antimon, Arsen durch einen dunkeln Spiegel in der Glas-

Marsh'schen Apparate, Leiten des Gases durch eine glühende Röhre, Anzünden des ausströmenden Gases und Niederdrücken der Flamme mit einer Porzellanschale.

Behandeln obiger Flecken auf dem Porzellan mit Natriumhypochloritlösung.

röhre und dunkle Flecken auf dem Porzellan.

Phosphor durch eine grüne Färbung der Flamme beim Niederdrücken derselben.

Arsen durch ein sofortiges Auflösen und Verschwinden der Flecken.

Antimon durch Unlöslichkeit der Flecken.

Zincum oleinicum
Zinkoleat.

Weisses, sehr zartes Pulver von seifiger Beschaffenheit leicht schmelzbar, in Wasser unlöslich, in Fetten und Petroleumdestillaten löslich.

Spezifisches Gewicht: 1,0663.

Prüfung durch:

Erhitzen von etwa 1 g Zinkoleat in einem Schmelztiegelchen.

Glühen des Verbrennungsrückstands, bis der Rückstand weiss geworden, Auflösen desselben in verdünnter Essigsäure, Verdünnen mit Wasser und Zusatz von Schwefelwasserstoffwasser.

Zeigt an:

Identität durch Verbrennen mit russender Flamme und einen kohligen Rückstand.

Identität durch einen weissen Niederschlag.

Aufbewahrung: vorsichtig.

Zincum oxydatum
Flores Zinci. Zinkoxyd.

Prüfung auf Arsen, Sulfate, Chloride, Zinkcarbonat, Bleihydroxyd, Thonerde, Kalk, Magnesia, fremde Metalle siehe D. A.-B.

Zincum oxydatum crudum

Zincum oxydatum venale. Rohes Zinkoxyd.
Zinkweiss.

Prüfung auf Zinkcarbonat, Kreide, fremde Metalle, Blei siehe D. A.-B.

Zincum permanganicum
Zinkpermanganat.

Trockne, fast schwarze, hygroskopische Krystalle, die in Wasser sehr leicht löslich sind und deren Lösung sich an der Luft unter Sauerstoffabgabe zersetzt.

Prüfung durch:	Zeigt an:
Auflösen von 1 g des Salzes in 50 ccm Wasser. Die Lösung muss klar und vollkommen sein.	**Teilweise Zersetzung** durch eine trübe Lösung.
Zufügen von 5 ccm Weingeist zur obigen Lösung, Aufkochen und Filtrieren. Das Filtrat muss farblos sein.	
a) Ansäuern von 20 ccm des Filtrats mit einigen Tropfen Salpetersäure und Versetzen:	
α) mit Silbernitratlösung;	**Chlor** durch eine undurchsichtige Trübung.
β) mit Baryumnitratlösung.	**Schwefelsäure** durch eine undurchsichtige Trübung.
Es darf in beiden Fällen nur eine opalisierende Trübung eintreten.	
b) Einleiten von Schwefelwasserstoff in das Filtrat, bis alles Zink gefällt ist, Filtrieren, Verdampfen des Filtrats und Glühen. Es	**Baryum- und Kaliumpermanganat** durch einen grösseren Rückstand.

darf nur ein sehr geringer
Rückstand bleiben.

Aufbewahrung: in kleinen, sehr gut verschlossenen, vor Licht geschützten Gläsern.

Zincum salicylicum
Zinksalicylat.

Farblose, glänzende, geruchlose, feine Nadeln, von süss metallischem Geschmacke. Sie sind in 25 Teilen kaltem, leichter in siedendem Wasser, sehr leicht in Weingeist und in Äther löslich.

Prüfung durch:	Zeigt an:
Auflösen von 1 g des Salzes in 30 g Wasser. Versetzen von je 10 ccm der Lösung:	
a) mit einigen Tropfen Eisenchloridlösung;	**Identität** durch eine violette Färbung.
b) mit Ammoniakflüssigkeit.	**Identität** durch einen weissen Niederschlag, der sich im Überschuss des Fällungsmittel auflöst.
c) Versetzen obiger ammoniakalischen Lösung mit Schwefelwasserstoffwasser.	**Identität** durch einen weissen Niederschlag.
Auflösen von 1 g des Salzes in 4 g Weingeist und Vermischen mit einer gleichen Raummenge Äther. Es darf keine Fällung entstehen.	**Fremde Salze** durch eine Ausscheidung.
Auflösen von 1 g des Salzes in 10 g Wasser:	
a) Versetzen von 10 ccm der Lösung mit Baryumnitratlösung; es darf keine Trübung entstehen;	**Schwefelsäure** durch eine weisse Trübung.
b) Vermischen von 4 ccm der Lösung mit 6 ccm	**Chlor** durch eine weisse undurchsichtige Trübung.

Weingeist, Ansäuern mit Salpetersäure und Zusatz von Silbernitratlösung. Sie darf nicht mehr als opalisierend getrübt werden.

Aufbewahrung: vorsichtig.

Zincum sozojodolicum

Sozojodolzink.   Dijodparaphenolsulfonsaures Zink.

Feine, farblose Nadeln, welche sich beim Erhitzen nicht aufblähen. Das fein zerriebene Salz ist in 50 Teilen kaltem und in 20 Teilen warmem Wasser, sowie in 10 Teilen Alkohol löslich.

Prüfung durch:	Zeigt an:	
Auflösen von 2 g des Salzes in 100 ccm Wasser. Versetzen der Lösung:		
a) mit Schwefelammonium;	**Identität** durch einen weissen Niederschlag.	
b) mit Eisenchloridlösung;	**Identität**	
c) mit rauchender Salpetersäure und Chloroform;	**Identität**	siehe bei Kalium sozojodolicum Seite 269.
d) mit Silbernitratlösung;	**Chlor und freies Jod**	
e) mit Baryumchloridlösung;	**Schwefelsäure**	
f) mit verdünnter Schwefelsäure;	**Baryumverbindung**	
g) mit Schwefelwasserstoffwasser;	**Metalle**	
h) mit Bromwasser.	**Phenol**	

Aufbewahrung: vorsichtig.

Zincum sulfocarbolicum

Zinksulfocarbolat.   Zinksulfophenylat.

Farblose, durchsichtige, an der Luft leicht verwitternde Krystalle, in 2 Teilen Wasser und in 5 Teilen Weingeist zu schwach sauer reagierender Flüssigkeit löslich.

Prüfung durch:	Zeigt an:
Auflösen von 6 g des Salzes in 54 g Wasser. Versetzen von je 10 ccm der Lösung:	
a) mit einigen Tropfen Eisenchloridlösung;	**Identität** durch eine violette Färbung.
b) mit verdünnter Schwefelsäure; es darf keine Trübung entstehen;	**Baryumsalz** durch eine weisse Trübung.
c) mit Ammoniumoxalatlösung nach Zusatz von überschüssiger Ammoniakflüssigkeit; es entstehe keine Trübung;	**Calciumsalze** durch eine weisse Trübung.
d) mit Baryumnitratlösung; es entstehe nur geringe Trübung;	**Schwefelsäure** durch eine weisse, undurchsichtige Trübung.
e) mit überschüssiger Ammoniakflüssigkeit bis zur Lösung des entstandenen Niederschlags und vollständige Fällung mit Schwefelwasserstoffwasser. Es entstehe ein rein weisser Niederschlag;	**Metalle,** Kupfer, Blei durch eine dunkle Fällung.
f) Abfiltrieren obigen weissen Niederschlags, Abdampfen des Filtrats zur Trockne und Glühen. Es darf kein Rückstand bleiben.	**Salze der Alkalien und alkalischen Erden** durch einen Glührückstand.
Starkes Glühen von 1 g des Präparats in einem tarierten Porzellantiegel.	Die **richtige Zusammensetzung des Salzes,** wenn der Glührückstand annähernd 0,146 g wiegt.

Aufbewahrung: vorsichtig, in einem gut verschlossenen Glase.

Zincum sulfuricum

Zinksulfat. Reiner Zinkvitriol.

Prüfung auf Identität, fremde Metalle, Ammoniumverbindungen, Nitrate, Zinkchlorid, freie Schwefelsäure siehe D. A.-B.

Zincum sulfurosum
Zinksulfit.

Weisses, krystallinisches Pulver, in Wasser schwer löslich.

Prüfung durch:

Auflösen von 1,5 g des Salzes in verdünnter Salpetersäure und Verdünnen der Lösung auf 30 ccm:

a) Versetzen von 10 ccm der Lösung mit Baryumnitratlösung: es darf nur schwache Trübung entstehen;

b) Erhitzen von 10 ccm der Lösung, Versetzen mit Natriumcarbonatlösung im Überschusse, Sammeln des Niederschlags auf einem angefeuchteten Filter, Auswaschen, Trocknen, Glühen und Wägen des Niederschlags.

Anrühren von 0,2 g des Salzes mit ca. 100 ccm ausgekochtem Wasser, Zusatz einiger ccm Zehntel-Normal-Jodlösung und einiger ccm verdünnter Salzsäure, Zufügen von etwas Stärkelösung und dann von so viel Zehntel-Normal-Jodlösung, bis Blaufärbung eintritt.

Zeigt an:

Identität durch Entwicklung von Schwefligsäureanhydrid bei der Lösung.

Zinksulfat durch eine weisse undurchsichtige Trübung.

Den **richtigen Gehalt an Zink,** wenn der Glührückstand ca. 0,22 g beträgt.

Den **richtigen Gehalt an schwefliger Säure,** wenn bis zu diesem Punkte ca. 22 ccm Zehntel-Normal-Jodlösung verbraucht werden. Jeder ccm der Zehntel-Normal-Jodlösung entspricht 0,003195 g schwefliger Säure.

Aufbewahrung: vorsichtig.

Zincum tannicum
Zinktannat.

Gelbliches oder grünlich gelbes Pulver, in Wasser und Weingeist unlöslich, in verdünnten Mineralsäuren löslich.

Zincum valerianicum
Zinkvalerianat.

Kleine, weisse, perlmutterglänzende, etwas fettig anzufühlende, nach Baldriansäure riechende Krystalle von zusammenziehendem Geschmacke, löslich in etwa 90 Teilen Wasser und 40 Teilen Weingeist zu sauer reagierenden Flüssigkeiten.

Prüfung durch:

Befeuchten des Salzes mit Wasser und Zusatz von Salzsäure.

Zeigt an:

Identität durch Ausscheiden von öligen, nach Baldriansäure riechenden Tropfen.

Schütteln von 5 g des Salzes mit 40 g Wasser, Filtrieren:

a) Erwärmen des Filtrats.

Identität durch Trübung beim Erwärmen, die beim Erkalten wieder verschwindet.

b) Versetzen mit Kupferacetatlösung; es darf nicht getrübt werden.

Buttersäure durch eine Trübung.

c) Ausfällen des Filtrats mit verdünnter Eisenchloridlösung, Absetzenlassen des roten Niederschlags. Die überstehende Flüssigkeit darf nicht rot gefärbt sein.

Essigsäure durch eine rote Färbung der Flüssigkeit.

Auflösen von 0,5 g des Salzes in 50 g Ammoniakflüssigkeit und Versetzen der Lösung:

a) mit Calciumchloridlösung; es darf keine Trübung entstehen;

b) mit Natriumphosphatlösung; es darf keine Trübung entstehen;

Schwefelsäure, Weinsäure, Oxalsäure durch eine weisse Trübung.

Magnesia durch eine weisse Trübung.

c) mit Schwefelwasserstoffwasser bis zur völligen Fällung. Der Niederschlag sei rein weiss.

Metalle, Kupfer, Blei, durch eine dunkle, **Cadmium** durch eine gelbe Fällung.

d) Abfiltrieren obigen Nieder-

Salze der Alkalien und

schlags, Verdunsten des Filtrats zur Trockne und Glühen. Es darf kein Rückstand bleiben.

Befeuchten von 1 g des Salzes mit Salpetersäure in einem tarierten Tiegel, vorsichtiges Eintrocknen, Glühen und Wiegen des Rückstandes nach dem Erkalten. Derselbe muss annähernd 0,3 g betragen.

alkalischen Erden durch einen Glührückstand.

Das Zinksalz mit 12 Molekülen Krystallwasser durch einen weit geringeren Rückstand.

Wasserfreies oder basisches Salz oder **fremde Zinksalze** durch einen grösseren Rückstand.

Reagentien und volumetrische Lösungen.

Name.	Herstellung und Beschaffenheit:
Acidum aceticum.	Mindestens 96% Essigsäure. Spezifisches Gewicht: nicht über 1,064.
Acidum aceticum dilutum.	30% Essigsäure. Spezifisches Gewicht: 1,041.
Acidum carbolicum.	Bei Bedarf ist 1 Teil Carbolsäure in 19 Teilen Wasser zu lösen.
Acidum chromicum.	Bei Bedarf sind 3 Teile Chromsäure in 97 Teilen Wasser zu lösen.
Acidum hydrochloricum.	25% Chlorwasserstoff. Spezifisches Gewicht: 1,124.
Acidum hydrochloricum volumetricum.	In 1 Liter 36,5 g Chlorwasserstoff.
Acidum nitricum.	25% Salpetersäure. Spezifisches Gewicht: 1,153.
Acidum nitricum crudum.	Mindestens 61% Salpetersäure. Spezifisches Gewicht: 1,38 bis 1,40.
Acidum nitricum dilutum.	Bei Bedarf durch Verdünnung von Salpetersäure mit einer gleichen Menge Wasser zu bereiten.
Acidum nitricum fumans.	Spezifisches Gewicht: 1,45 bis 1,50.
Acidum oxalicum.	Siehe Seite 20.
Acidum silico-fluoratum.	Siehe Seite 14.
Acidum sulfuricum.	94 bis 98% Schwefelsäure. Spezifisches Gewicht: 1,806 bis 1,840.
Acidum sulfuricum dilutum.	Spezifisches Gewicht: 1,100 bis 1,114% Schwefelsäure.
Acidum sulfurosum.	Bei Bedarf durch Ansäuern einer frisch bereiteten Lösung von Natriumsulfit (1=10) mit verdünnter Schwefelsäure zu bereiten.

Name.	Herstellung und Beschaffenheit:
Acidum tannicum.	Bei Bedarf 1 Teil Gerbsäure in 19 Teilen Wasser zu lösen.
Acidum tartaricum.	Bei Bedarf als Lösung ist 1 Teil Weinsäure in 4 Teilen Wasser zu lösen.
Aether.	Spezifisches Gewicht: 0,720.
Albumen ovi.	Bei Bedarf ist 1 Teil Eiweiss in 9 Teilen Wasser zu lösen.
Alcohol absolutus.	Spezifisches Gewicht: 0,795 bis 0,800. Siehe Seite 49.
Ammonium carbonicum solutum.	Lösung von 1 Teil Ammoniumcarbonat in einer Mischung von 3 Teilen Wasser und 1 Teil Ammoniakflüssigkeit.
Ammonium chloratum solutum.	Lösung von 1 Teil Ammoniumchlorid in 9 Teilen Wasser.
Ammonium molybdänicum solutum.	Man löst 1 Teil Molybdänsäure in 8 Teilen Ammoniakflüssigkeit, setzt 20 Teile Salpetersäure hinzu, erwärmt und giesst die farblose Flüssigkeit von etwa vorhandenen Bodensätzen ab. Siehe Seite 66.
Ammonium oxalicum solutum.	Lösung von 1 Teil Ammoniumoxalat in 19 Teilen Wasser. Siehe Seite 68.
Ammonium phosphoricum solutum.	Lösung von 1 Teil Ammoniumphosphat in 9 Teilen Wasser. Siehe Seite 69.
Aqua bromata.	Gesättigte wässerige Lösung von Brom. Siehe Seite 82.
Aqua Calcariae.	100 ccm Kalkwasser mit 4 ccm Normal-Salzsäure vermischt, dürfen eine saure Flüssigkeit nicht geben.
Aqua chlorata.	In 1000 Teilen mindestens 4 Teile Chlor enthaltend.
Aqua hydrosulfurata saturata.	Einleiten von Schwefelwasserstoffgas in Wasser bis zur Sättigung.

Name.	Herstellung und Beschaffenheit:
Argentum nitricum solutum.	Lösung von 1 Teil Silbernitrat in 19 Teilen Wasser.
Baryum nitricum solutum.	Lösung von 1 Teil Baryumnitrat in 19 Teilen Wasser. Siehe Seite 101.
Baryum chloratum solutum.	Lösung von 1 Teil Baryumchlorid in 19 Teilen Wasser. Siehe Seite 99.
Benzinum Petrolei.	Spezifisches Gewicht: 0,64 bis 0,67.
Benzolum.	Spezifisches Gewicht: 0,880 bis 0,890. Siedepunkt: bei 80 bis 82°. Siehe Seite 105.
Bismutum subnitricum.	Siehe Seite 117.
Bromum.	Spezifisches Gewicht: 2,9 bis 3,0.
Calcaria chlorata.	In 100 Teilen mindestens 25 Teile wirksames Chlor enthaltend. Bei Bedarf ist 1 Teil Chlorkalk mit 9 Teilen Wasser anzurühren und die Lösung zu filtrieren.
Calcium carbonicum.	Siehe Seite 129.
Calcium chloratum solutum.	Lösung von 1 Teil geschmolzenem Calciumchlorid in 19 Teilen Wasser. Siehe Seite 129.
Calcium sulfuricum solutum.	Gesättigte, wässerige Lösung von Calciumsulfat.
Carboneum sulfuratum.	Spezifisches Gewicht: 1,272. Siedepunkt: bei 46°. Siehe Seite 137.
Charta exploratorea caerulea.	24 stündiges Einlegen von Filtrierpapier in verdünnte Ammoniakflüssigkeit (1=9), Auspressen, vollständiges Trocknen in ungeheizten Räumen, Tränken des Papiers mit mässig konzentrierter Lakmustinktur (siehe diese) und Trocknen.
Charta exploratoria rubra.	Versetzen der Lakmustinktur mit verdünnter Schwefelsäure bis zur Rötung und Tränken von Fliess-

Name.	Herstellung und Beschaffenheit:
Charta exploratoria lutea.	papier, welches vorher, wie angegeben, behandelt wurde. Man tränkt Filtrierpapier mit Curcumatinktur, welche man durch Digestion von zerstossener Curcumawurzel mit verdünntem Weingeist und Filtrieren erhalten.
Chloroformium.	Spezifisches Gewicht: 1,485 bis 1,489.
Cobaltum nitricum solutum.	Lösung von 1 Teil Kobaltnitrat in 9 Teilen Wasser. Siehe Seite 160.
Cuprum aceticum solutum.	Lösung von 1 Teil Kupferacetat in 9 Teilen Wasser. Siehe Seite 174.
Cuprum sulfuricum crystallisatum.	Siehe Seite 182.
Cuprum sulfuricum solutum.	Lösung von 1 Teil Kupfersulfat in 19 Teilen Wasser.
Diphenylaminum.	Bei Bedarf ist 1 mg Diphenylamin mit einigen Tropfen Schwefelsäure zu übergiessen, Wasser bis zur Lösung hinzuzufügen und mit Schwefelsäure bis auf 10 ccm zu ergänzen. Siehe Seite 186.
Ferrum sulfuratum.	Siehe Seite 209.
Ferrum sulfuricum.	Bei Bedarf als Lösung ist 1 Teil Ferrosulfat in einem Gemisch von 1 Teil Wasser und 1 Teil verdünnter Schwefelsäure zu lösen.
Hydrargyrum bichloratum solutum.	Lösung von 1 Teil Quecksilberchlorid in 19 Teilen Wasser.
Hydrargyrum - Kalium jodatum solutum.	Man versetzt Quecksilberchloridlösung mit so viel Kaliumjodidlösung, dass der anfangs entstehende Niederschlag sich wieder auflöst.
Jodum resublimatum.	Siehe Seite 252.
Kali causticum fusum.	Siehe Seite 253.

Reagentien und volumetrische Lösungen.

Name.	Herstellung und Beschaffenheit:
Kalium carbonicum calcinatum.	Siehe Seite 258.
Kalium chloratum solutum.	Lösung von 1 Teil Kaliumchlorid in 9 Teilen Wasser. Siehe Seite 258.
Kalium chloricum.	Siehe Seite 259.
Kalium chromicum crystallisatum.	Siehe Seite 260.
Kalium chromicum solutum.	Lösung von 1 Teil Kaliumchromat in 19 Teilen Wasser. Siehe Seite 260.
Kalium dichromicum crystallisatum.	Siehe Seite 263.
Kalium dichromicum solutum.	Lösung von 1 Teil Kaliumdichromat in 19 Teilen Wasser.
Kalium ferricyanatum.	Bei Bedarf ist 1 Teil der zuvor mit Wasser abgespülten Krystalle in 19 Teilen Wasser zu lösen. Siehe Seite 263.
Kalium ferrocyanatum.	Bei Bedarf ist 1 Teil Kaliumferrocyanid in 19 Teilen Wasser zu lösen. Siehe Seite 264.
Kalium jodatum.	Bei Bedarf ist 1 Teil Kaliumjodid in 19 Teilen Wasser zu lösen.
Kalium jodicum solutum.	Eine gesättigte, wässerige Lösung.
Kalium nitrosum.	Bei Bedarf ist 1 Teil Kaliumnitrit in 9 Teilen Wasser zu lösen. Siehe Seite 266.
Kalium oxalicum solutum.	Lösung von 1 Teil Kaliumoxalat in 9 Teilen Wasser. Siehe Seite 267.
Kalium permanganicum crystallisatum.	Siehe Seite 268.
Kalium permanganicum solutum.	Lösung von 1 Teil Kaliumpermanganat in 1000 Teilen Wasser.
Kalium sulfocyanatum solutum.	Lösung von 1 Teil Kaliumsulfocyanat in 9 Teilen Wasser. Siehe Seite 270.

Name.	Herstellung und Beschaffenheit:
Liquor Ammonii caustici.	Spezifisches Gewicht: 0,96 = 10 $^1/_0$ Ammoniak.
Liquor Ammonii sulfurati.	Durch Sättigen von Ammoniakflüssigkeit mit Schwefelwasserstoffgas dargestellt. Siehe Seite 280.
Liquor Amyli cum Zinco jodato.	4 g Stärke, 20 g Zinkchlorid und 100 g Wasser werden unter Ersatz des verdampfenden Wassers gekocht, bis die Stärke fast vollkommen gelöst ist. Der erkalteten Flüssigkeit wird die farblose, filtrierte Zinkjodidlösung, frisch bereitet durch Digestion von 1 g Zinkfolie, 2 g Jod und 10 g Wasser, hinzugefügt, sodann die Flüssigkeit bis zu 1 Liter mit Wasser verdünnt.
Liquor Argenti nitrici volumetricus.	In 1 Liter sind 17 g Silbernitrat enthalten.
Liquor Ferri sesquichlorati.	Spezifisches Gewicht: 1,280 bis 1,282.
Liquor Jodi volumetricus.	12,7 g Jod mit Hilfe von 20 g Kaliumjodid zu 1 Liter Flüssigkeit gelöst.
Liquor Kali caustici.	Spezifisches Gewicht: 1,126 bis 1,130.
Liquor Kali caustici spirituosus.	Bei Bedarf ist 1 Teil geschmolzenes Ätzkali in 9 Teilen Weingeist zu lösen.
Liquor Kali caustici volumetricus.	In 1 Liter sind 56 g Kaliumhydroxyd gelöst.
Liquor Kalii acetici.	Spezifisches Gewicht: 1,176 bis 1,180.
Liquor Kalii carbonici.	Spezifisches Gewicht: 1,330 bis 1,334.
Liquor Natri caustici.	Spezifisches Gewicht: 1,168 bis 1,172.

Name.	Herstellung und Beschaffenheit:
Liquor Natrii chlorati volumetricus.	In 1 Liter sind 5,85 g Natriumchlorid gelöst.
Liquor Natrii thiosulfurici volumetricus.	In 1 Liter Flüssigkeit sind 24,8 g Natriumthiosulfat gelöst.
Liquor Plumbi subacetici.	Spezifisches Gewicht: 1,235 bis 1,240.
Magnesium sulfuricum solutum.	Lösung von 1 Teil Magnesiumsulfat in 9 Teilen Wasser.
Manganum hyperoxydatum.	Soll mindestens 60 % Manganhyperoxyd enthalten. Siehe Seite 310.
Natrium aceticum crystallisatum.	Siehe Seite 323.
Natrium aceticum solutum.	Lösung von 1 Teil Natriumacetat in 4 Teilen Wasser.
Natrium biboracicum.	Siehe Seite 119.
Natrium bicarbonicum.	Bei Bedarf ist 1 Teil Natriumbicarbonat unter leichter Bewegung ohne jede Erwärmung in 19 Teilen Wasser zu lösen.
Natrium carbonicum siccum.	Siehe Seite 327.
Natrium carbonicum solutum.	Lösung von 1 Teil Natriumcarbonat in 4 Teilen Wasser.
Natrium chloratum.	Siehe Seite 327.
Natrium chloratum solutum.	Lösung von 1 Teil Natriumchlorid in 9 Teilen Wasser.
Natrium nitricum.	Siehe Seite 331.
Natrium phosphoricum solutum.	Lösung von 1 Teil Natriumphosphat in 19 Teilen Wasser.
Natrium phosphoricum ammoniacale.	Siehe Seite 333.
Natrium sulfuricum crystallisatum.	Siehe Seite 341.
Natrium sulfurosum.	Bei Bedarf ist 1 Teil Natriumsulfit in 9 Teilen Wasser zu lösen. Siehe Seite 341.
Natrium thiosulfuricum crystallis.	Siehe Seite 345.

Name.	Herstellung und Beschaffenheit:
Natrium causticum fusum.	Siehe Seite 289.
Nesslers Reagens.	Man löst 1,3 g Quecksilberchlorid in 80 g kochendem Wasser, setzt nach und nach 3,5 g Kaliumjodid hinzu, tropft dann so lange Quecksilberchloridlösung hinzu, bis ein bleibender Niederschlag entsteht, löst in der Flüssigkeit 16 g Ätzkali auf, und verdünnt mit Wasser bis auf 100 ccm.
Platinum bichloratum solutum.	Lösung von 1 Teil Platinchlorid-Chlorwasserstoff in 19 Teilen Wasser.
	Siehe Seite 371.
Plumbum aceticum solutum.	Lösung von 1 Teil Bleiacetat in 9 Teilen Wasser.
Plumbum hyperoxydatum.	Siehe Seite 374.
Solutio Amyli.	Bei Bedarf durch Schütteln eines Stückchens weisser Oblate mit heissem Wasser und Filtrieren zu bereiten.
Solutio Cupri tartarici natronata.	Bei Bedarf durch Mischen einer Lösung von 3,5 g Kupfersulfat in 30 ccm Wasser mit einer Lösung von 17,5 g Natriumkaliumtartrat in 30 g Wasser, die zuvor mit 40 g Natronlauge versetzt ist, zu bereiten.
Solutio Indigo.	Eine Auflösung von Indigkarmin in Wasser. Der Indigkarmin wird durch Fällung einer schwefelsauren Indigolösung mit konzentrierter Kaliumcarbonatlösung erhalten.
	Siehe Seite 249.
Solutio Jodi.	Bei Bedarf ist Zehntel-Normal-Jodlösung zu verwenden.

Name.	Herstellung und Beschaffenheit:
Solutio Phenolphtaleini.	Farblose Auflösung von 1 Teil Phenolphtalein in 100 Teilen Weingeist. Siehe Seite 364.
Solutio Stanni chlorati.	5 Teile krystallisiertes Zinnchlorür (siehe Seite 397) werden mit 1 Teil Salzsäure zu einem Brei angerührt und letzterer mit Chlorwasserstoff gesättigt. Die Lösung werde durch Asbest filtriert. Blass gelbliche, lichtbrechende, stark rauchende Flüssigkeit von mindestens 1,900 spezifischem Gewichte.
Spiritus.	Spezifisches Gewicht: 0,830 bis 0,834.
Strontium nitricum solutum.	Lösung von 1 Teil Strontiumnitrat in 9 Teilen Wasser.
Tartarus natronatus.	Bei Bedarf als Lösung ist 1 Teil Natriumkaliumtartrat in 9 Teilen Wasser zu lösen.
Tinctura Coccionellae.	Aus 1 Teil grob gepulverter Cochenille und 10 Teilen verdünntem Weingeist durch Digestion und Filtrieren zu bereiten.
Tinctura Laccae musicae.	Die zerriebenen Lakmuswürfel werden mit heissem Wasser ausgezogen, die Lösung filtriert, mit Essigsäure übersättigt und zur Extraktconsistenz eingedampft. Nachdem eine grössere Menge Weingeist zugesetzt, wird der gefällte Farbstoff abfiltriert, mit Weingeist ausgewaschen, hierauf in warmem Wasser gelöst und filtriert. Die Tinktur ist vor Licht geschützt, in einem mit Baumwolle lose verschlossenen Glase aufzubewahren.

Name.	Herstellung und Beschaffenheit:
Zincum.	Siehe Seite 441.
Zincum pulveratum.	Siehe Seite 441.
Zincum raspatum.	Siehe Seite 441.
Zincum sulfuricum solutum.	Lösung von 1 Teil Zinksulfat in 9 Teilen Wasser.

Chemische Zusammensetzung der Chemikalien.

Die mit einem *) bezeichneten Chemikalien sind im Arzneibuch für das deutsche Reich aufgenommen.

Name.	Synonyma.	Chemische Zusammensetzung.
Acetalum. Acetal.	Äthylidendiäthyläther.	$CH_3-CH{<}{\genfrac{}{}{0pt}{}{O \cdot C_2H_5}{O \cdot C_2H_5}}$
*) Acetanilidum. Acetanilid.	Antifebrin, Phenylacetamid.	Leitet sich ab von Amidophenol (Anilin): $C_6H_5 \cdot NH_2$, in welchen 1 H der Amidogruppe durch den Essigsäurerest CH_3CO ersetzt ist: $C_6H_5 \cdot NH(CH_3CO)$.
Acetonum. Aceton.	Dimethylketon.	$CH_3-CO-CH_3$.
*) Acetum. Essig.		In 100 Teilen 6 Teile Essigsäure: $CH_3-CO \cdot OH$ enthaltend.
*) Acetum pyrolignosum crudum. Roher Holzessig.		In 100 Teilen mindestens 6 Teile Essigsäure enthaltend neben Methylalkohol, Aceton und empyreumatischen Stoffen.

Name.	Synonyma.	Chemische Zusammensetzung.
*) Acetum pyrolignosum rectificatum. Gereinigter Holzessig.		In 100 Teilen mindestens 5 Teile Essigsäure enthaltend neben Methylalkohol, Aceton und empyreumatischen Stoffen.
*) Acidum aceticum. Essigsäure.		In 100 Teilen mindestens 96 Teile Essigsäure enthaltend.
*) Acidum aceticum dilutum. Verdünnte Essigsäure.		In 100 Teile 30 Teile Essigsäure enthaltend.
Acidum anisicum. Anissäure.	Methylparaoxybenzoesäure. Oxybenzoesäuremethyläther.	Leitet sich ab von Paraoxybenzoesäure: $C_6H_4\diagup\genfrac{}{}{0pt}{}{OH\ 1}{CO.OH\ 4}$, in welcher der H der Hydroxylgruppe durch Methyl CH_3 ersetzt ist: $C_6H_4\diagup\genfrac{}{}{0pt}{}{OCH_3\ 1}{CO.OH\ 4}$.
Acidum arsenicicum. Arsensäure.		$H_3AsO_4 = AsO(OH)_3$.
*) Acidum arsenicosum. Arsenige Säure.	Arsentrioxyd.	As_2O_3.

*) Acidum benzoicum. Benzoesäure.		$C_6H_5 — CO.OH$.
Acidum benzoicum e Toluolo. Benzoesäure aus Toluol.		$C_6H_5 — CO.OH$.
Acidum benzoicum ex urina. Harnbenzoesäure.		$C_6H_5 — CO.OH$.
*) Acidum boricum. Borsäure.	Acidum boracicum.	$H_3BO_3 = B(OH)_3$.
*) Acidum camphoricum. Kamphersäure.		$C_{10}H_{16}O_4$.
Acidum butyricum. Buttersäure.	Normal-Buttersäure bez. Isobuttersäure. Propylcarbonsäure.	$C_4H_8O_2 = CH_3—CH_2—CH_2—CO.OH$.
*) Acidum carbolicum. Karbolsäure.	Acidum phenylicum. Phenylsäure.	$C_6H_5.OH$.
Acidum cathartinicum. Cathartinsäure.		Von unbestimmter Zusammensetzung.

Name.	Synonyma.	Chemische Zusammensetzung.
Acidum chloricum. Chlorsäure.		$HClO_3 = ClO_2(OH)$.
*) Acidum chromicum. Chromsäure.		CrO_3.
Acidum chrysophanicum. Chrysophansäure.	Dioxymethylantrachinon. Parietinsäure.	$C_{14}H_5(CH_3)(OH)_2\}O_2$.
*) Acidum citricum. Citronensäure.		$C_6H_8O_7 =$ $CH_2\ .CO.OH,$ $\|$ $C(OH).CO.OH,$ $\|$ $CH_2\ .CO.OH.$
Acidum cressylicum. Kressylsäure.	Kresol. Meta-Kresol.	$C_6H_4\!\!<\!\!\begin{matrix}CH_3\ 1,\\OH\ 3.\end{matrix}$
*) Acidum formicicum. Ameisensäure.		In 100 Teilen 24 bis 25 Teile Ameisensäure: $H-CO.OH$ enthaltend.

Acidum gallicum. Gallussäure.	Trioxybenzoesäure.	$C_6H_3\begin{cases}(OH)_3\\CO.OH\end{cases}+H_2O.$
*) Acidum hydrobromicum. Bromwasserstoffsäure.		In 100 Teilen 25 Teile Bromwasserstoff: HBr.
*) Acidum hydrochloricum. Salzsäure.		In 100 Teilen 25 Teile Chlorwasserstoff: HCl.
Acidum hydrocyanicum. Cyanwasserstoffsäure.	Blausäure.	In 100 Teilen 2 Teile Cyanwasserstoff: HCN.
Acidum hydrofluoricum fumans. Fluorwasserstoffsäure.	Flusssäure.	$HFl + x\,Aq.$
Acidum hydrojodinicum. Jodwasserstoffsäure.	Acidum hydrojodatum.	In 100 Teilen etwa 45 Teile Jodwasserstoff: HJ.
Acidum hydrosilico-fluoricum Kiesel-	Acidum silico-fluoratum.	In 100 Teilen nahe $7^{1}/_{2}$ Teile Kieselfluorwasserstoff: $H_2SiFl_6 = (SiFl_4 + 2HFl).$

Biechele, Chemikalien.   30

Chemische Zusammensetzung der Chemikalien.

Name.	Synonyma.	Chemische Zusammensetzung.
fluorwasserstoffsäure.		
*) Acidum lacticum. Milchsäure.	Äthyliden-Milchsäure. Oxypropionsäure.	$C_3H_6O_3 =$ $CH_3 - CH(OH) . CO . OH$.
Acidum malicum. Äpfelsäure.	Oxybernsteinsäure.	$C_4H_6O_5 = CH_2 \quad - CO . OH$ $\quad\quad\quad CH(OH) - CO . OH$.
Acidum molybdänicum. Molybdänsäure.		MoO_3.
Acidum monobromaceticum. Monobromessigsäure.		$CH_2Br - CO . OH$.
Acidum monochloraceticum. Monochloressigsäure.		$CH_2Cl - CO . OH$.
*) Acidum nitricum. Salpetersäure.		In 100 Teilen 25 Teile Salpetersäure: HNO_3.
*) Acidum nitricum	Scheidewasser.	In 100 Teilen mindestens 61 Teile Salpetersäure.

crudum. Rohe Salpetersäure.		
*) Acidum nitricum fumans. RauchendeSalpetersäure.		Nahezu reine Salpetersäure: HNO_3, in welcher Untersalpetersäure gelöst ist.
Acidum oleinicum. Ölsäure.	Oleinsäure. Elainsäure.	$C_{17}H_{33}$—$CO.OH$.
Acidum osmicum. Osmiumsäure.	Acidum perosmicum. Acidum hyperosmicum. Überosmiumsäure.	OsO_4.
Acidum oxalicum. Oxalsäure.	Kleesäure.	$C_2H_2O_4 + 2H_2O =$ $\begin{array}{l}CO.OH \\ | \\ CO.OH\end{array} + 2H_2O$.
Acidum α-oxynaphtoïcum. α-Oxynaphtoësäure.	Naphtolcarbonsäure.	$C_{10}H_{16}(OH)$—$CO.OH$.
Acidum parakresotinicum. Parakresotinsäure.		$C_6H_3 \begin{array}{l}CO.OH \ 1, \\ OH \ 2, \\ CH_3 \ 5.\end{array}$
Acidum phosphomolybdäni-		$12MoO_3.H_3PO_4 + 29H_2O$.

Name.	Synonyma.	Chemische Zusammensetzung.
cum. Phosphor-molybdänsäure.		
*) Acidum phosphoricum. Phosphorsäure.		In 100 Teilen 25 Teile Phosphorsäure: $H_3PO_4 = PO(OH)_3$.
Acidum phosphoricum glaciale. Metaphosphorsäure.		$HPO_3 = PO \begin{cases} O, \\ OH \end{cases}$
Acidum picrinicum. Pikrinsäure.	Acidum picronitricum. Trinitrophenol.	$C_6H_2(OH)_3 \cdot OH$.
Acidum rosolicum. Rosolsäure.	Corallin.	$\begin{matrix} HO \cdot C_6H_4 \\ HO \cdot C_6H_4 \end{matrix} > C < \begin{matrix} C_7H_6 \\ \end{matrix} O$.
*) Acidum salicylicum. Salicylsäure.	Orthooxybenzoesäure.	$C_6H_4 < \begin{matrix} OH & 1, \\ CO \cdot OH & 2. \end{matrix}$
Acidum silicicum via humida parat. Kieselsäure.	Kieselerde.	H_2SiO_3.

Chemische Zusammensetzung der Chemikalien.

Acidum sozojodolicum. Sozojodolsäure.	Dijodparasulfonsäure.	$C_6H_2J<^{OH,\ 1,}_{SO_3H\ 4.}$
Acidum sozolicum. Sozolsäure.	Aseptol. Orthophenolsulfonsäure.	$C_6H_4<^{OH\ \ 1,}_{SO_3H\ 2.}$
Acidum stearinicum. Stearinsäure.	Stearin.	$C_{17}H_{35}-CO.OH.$
Acidum succinicum. Bernsteinsäure.	Äthylenbernsteinsäure.	$C_4H_6O_4 = \genfrac{}{}{0pt}{}{CH_2-CO.OH,}{CH_2-CO.OH.}$
*) Acidum sulfuricum. Schwefelsäure.		In 100 Teilen 94 bis 95 Teile Schwefelsäure: H_2SO_4.
*) Acidum sulfuricum crudum. Rohe Schwefelsäure.		In 100 Teilen mindestens 91 Teile Schwefelsäure.
Acidum sulfuricum fumans. Rauchende Schwefelsäure.		Der wesentliche Bestandteil ist Pyroschwefelsäure: $H_2S_2O_7$.
Acidum sulfurosum. Schweflige Säure.		In 100 Teilen etwa 5 Teile Schwefligsäureanhydrid: SO_2.

Chemische Zusammensetzung der Chemikalien.

Name.	Synonyma.	Chemische Zusammensetzung.
*) Acidum tannicum. Gerbsäure.	Gallusgerbsäure. Tannin.	$C_{14}H_{10}O_9$.
*) Acidum tartaricum. Weinsäure.	Dioxybernsteinsäure.	$C_4H_6O_6 = \begin{array}{l} CH(OH)-CO.OH, \\ | \\ CH(OH)-CO.OH. \end{array}$
*) Acidum trichloraceticum. Trichloressigsäure.		$CCl_3-CO.OH.$
Acidum uricum. Harnsäure.		$C_5H_4N_4O_3$.
Acidum valerianicum. Baldriansäure.	Isovaleriansäure. Isopropylessigsäure.	$C_5H_{10}O_2 = \begin{array}{l} CH_3 \\ CH_3 \end{array} \!\!> CH-CH_2-CO.OH.$
Acidum wolframicum. Wolframsäure.		WO_3.
Aconitinum. Akonitin.		$C_{33}H_3NO_{12}$.
Adeps Lanae. Wollfett.		Fettsäureverbindungen namentlich des Cholesterins und Isocholesterins.
Adonidinum. Adonidin.		Ein stickstoffreies Glycosid von unbestimmter Zusammensetzung.
Aerugo. Grünspan.	Cuprum subacceticum. Basisches Kupferacetat.	Ein Gemenge von 2fach basischem Kupferacetat: $[(C_2H_3O_2)_2Cu + 2CuO + 2H_2O]$, mit halb basischem Kupferacetat: $[2(C_2H_3O_2)_2Cu + CuO + 6H_2O]$.

Chemische Zusammensetzung der Chemikalien.

*) Aether. Äther.		$C_2H_5-O-C_2H_5$.
*) Aetheraceticus. Essigäther.	Essigsäure-Äthyläther.	$CH_3-CO.O(C_2H_5)$.
Aether amylo-aceticus. Essigsäure-Amyläther.	Amylium aceticum. Amylacetat.	$CH_3-CO.O(C_5H_{11})$.
Aether amylo-butyricus. Buttersäure-Amyläther.	Amyliumbutyricum. Amylbutyrat.	$C_3H_7-CO.O(C_5H_{11})$.
Aether amylo-formicicus. Ameisensäure-Amyläther.	Amylium formicicum. Amylformiat.	$H-CO.O(C_5H_{11})$.
Aether amylo-valerianicus. Baldriansäure-Amyläther.	Amylium valerianicum. Amylvalerianat.	$C_4H_9-CO.O(C_2H_5)$.
Aether benzoïcus. Benzoesäure-Äthyläther.		$C_6H_5-CO.O(C_2H_5)$.
*) Aether bromatus. Äthylbromid.	Monobromäthan.	$C_2H_5.Br$.
Aether butyricus. Butteräther.	Aether aethylo-butyricus. Buttersäure-Äthyläther.	$C_3H_7-CO.O(C_2H_5)$.
Aether formicicus. Ameisensäureäther.	Aether aethylo-formicicus. Ameisensäure-Äthyläther.	$H-CO.O(C_2H_5)$.
Aetherjodatus. Äthyljodid.	Jodäthyl, Monojodäthan.	$C_2H_5.J$.

Chemische Zusammensetzung der Chemikalien.

Name.	Synonyma.	Chemische Zusammensetzung.
Aether salicylicus. Salicylsäureäther.	Aether aethylo-salicylicus. Salicylsäure-Äthyläther.	$C_6H_4 \diagdown _{CO\,.\,O(C_2H_5)}^{OH,}$
Aether valerianicus. Baldriansäureäther.	Aether aethylo-valerianicus. Baldriansäure-Äthyläther.	$C_4H_9-CO\,.\,O(C_2H_5)$.
Aethylenum bromatum. Äthylenbromid.	Bromäthylen.	$CH_2Br,$ $CH_2Br.$
Aethylenum chloratum. Äthylenchlorid.	Elaylum chloratum. Liquor hollandicus. β-Dichloräthan.	$CH_2Cl,$ $CH_2Cl.$
Aethylidenum chloratum. Äthylidenchlorid.	α-Dichloräthan.	$CHCl_2,$ $CH_3.$
Aethylum chloratum. Chloräthyl.	Monochloräthan. Aether chloratus.	$C_2H_5Cl.$
*) Agaricinum. Agaricin.	Agaricinsäure.	$C_{14}H_{27}(OH) \diagdown _{CO\,.\,OH}^{CO\,.\,OH} + H_2O.$
Agathin.	Salicylaldehyd-Methyl-Phenylhydrazin.	$\begin{matrix}C_6H_5 \\ CH_3\end{matrix} \diagdown N-N=HC-C_6H_4\,.\,OH.$
Airolum.	Basisches Wismutoxy-jodidgallat.	$C_6H_2 \diagdown _{CO\,.\,OBi \diagdown _J^{OH,}}^{OH,}$

Chemische Zusammensetzung der Chemikalien.

*) Albumen Ovi siccum. Trockenes Hühnereiweiss.		Das Eiweiss besteht aus Kohlenstoff, Wasserstoff, Sauerstoff, Stickstoff und Schwefel von unbestimmter Zusammensetzung. In 100 Teilen etwa 98.38 Gewichtsteile = 99 Raumteile Alkohol: $C_2H_5.OH$.
Alcohol absolutus. Absoluter Alkohol.		
Alcohol amylicus. Amylalkohol.	Isoamylalkohol. Fuselöl.	$CH_3 \diagup$ $CH_3 \diagdown$ $CH-CH_2-CH_2.OH$.
Alcohol methylicus. Methylalkohol.		$CH_3.OH=$ $H-CH_2.OH$.
Aldehydum concentratum. Aldehyd.	Äthylaldehyd. Acetaldehyd.	$C_2H_4O + xAq =$ $CH_3-COH + xAq$.
Aloinum. Aloïn.		$C_{16}H_{16}O_7$.
*) Alumen. Alaun.	Kali-Alaun.	$AlK(SO_4)_2 + 12H_2O$.
Alumen ammoniacale. Ammoniakalaun.	Alumen ammoniatum.	$Al(NH_4)(SO_4)_2 + 12H_2O$.
Alumen ammoniacale ferratum. Ammoniakalischer Eisenalaun.	Ferrum sulfuricum oxydatum ammoniatum.	$Fe(NH_4)(SO_4)_2 + 12H_2O$.
Alumen chromicum. Kalichromalaun.	Kalium-Chromisulfat.	$CrK(SO_4)_2 + 12H_2O$.
Alumina hydrata. Thonerdehydrat.	Argilla pura.	$Al(OH)_3 + H_2O$.
Aluminium. Aluminiummetall.		Al.

Name.	Synonyma.	Chemische Zusammensetzung.
Aluminium aceticum tartaricum. Essigweinsaure Thonerde.		Ein Doppelsalz von essigsaurer und weinsaurer Thonerde.
Aluminium boro-tannicum. Gerbsaures Aluminiumborat.	Cutal.	Besteht aus 76 Teile Tannin, 13,23 Teile Thonerde und 10,71 Teile Borsäure.
Aluminium borotartaricum. Weinsaures Aluminiumborat.	Boral.	Aluminiumborat: $Al_2(B_4O_7)$ mit Hilfe von Weinsäure gelöst.
Aluminium boro-formicicum. Borameisensaure Thonerde.		Eine Verbindung von Borsäure, Ameisensäure und Thonerde.
Aluminium chloratum. Aluminiumchlorid.		$AlCl_3$. Im krystall. Zustande: $AlCl_3 + 6\,H_2O$.
*) Aluminium sulfuricum. Aluminiumsulfat.		$Al_2(SO_4)_3 + 18\,H_2O$.
Alumnolum.	β-Naphtoldisulfonsaures Aluminium.	Ein Aluminiumsalz der β-Naphtoldisulfonsäure: $C_{10}H_5 {\displaystyle \genfrac{}{}{0pt}{}{\diagup}{\diagdown}} \begin{array}{l}OH\ 2,\\ SO_3H\ 3,\\ SO_3H\ 6.\end{array}$

Chemische Zusammensetzung der Chemikalien. 475

Ammonium aceticum crystallisatum. Krystall.Ammonium-acetat.		$CH_3-CO.O(NH_4)$.
Ammonium benzoicum. Ammoniumbenzoat.		$C_6H_5-CO.O(NH_4)$.
*) Ammonium bromatum. Ammoniumbromid.		NH_4Br.
*) Ammonium carbonicum. Ammoniumcarbonat.		Besteht aus 1 Molek. Ammoniumbicarbonat und 1 Molek. Ammoniumcarbaminat: $CO\diagdown_{ONH_4}^{OH} + CO\diagdown_{ONH_4}^{NH_2}$
*) Ammonium chloratum. Ammoniumchlorid.	Salmiak. Ammonium hydrochloricum.	NH_4Cl.
*) Ammonium chloratum ferratum. Eisensalmiak.	Ammonium muriaticum martiatum. Flores salis Ammoniaci martiales.	Ein Gemenge von Ammoniumchlorid NH_4Cl mit Eisenchlorid $FeCl_3$.
Ammonium jodatum. Ammoniumjodid.		NH_4J.
Ammonium molybdänicum. Ammoniummolybdat.		$(NH_4)_6Mo_7O_{24} + 4H_2O$.
Ammonium nitricum. Ammoniumnitrat		$(NH_4)NO_3$.

Name.	Synonyma.	Chemische Zusammensetzung.
Ammonium oxalicum. Ammoniumoxalat.	Diammoniumoxalat.	$C_2(NH_4)_2O_4 + H_2O =$ $\begin{array}{l} CO.ONH_4 \\ \vert \\ CO.ONH_4 \end{array} + H_2O.$
Ammonium phosphoricum. Ammoniumphosphat.	Zweibasisch Ammoniumphosphat.	$(NH_4)_2HPO_4.$
Ammonium salicylicum. Ammoniumsalicylat.		$2(NH_4.C_7H_5O_3) + H_2O =$ $2\left(C_6H_4 \diagdown \begin{array}{l} OH \\ CO.ONH_4 \end{array}\right) + H_2O.$
Ammonium sulfocyanatum. Schwefelcyanammonium.	Ammonium rhodanatum. Rhodanammonium.	$CNS(NH_4).$
Ammonium sulfo-ichthyolicum. Ammoniumsulfoichthyolat.	Ichthyol.	Formel des wasserfreien Salzes: $C_{28}H_{36}S_3O_6(NH_4)_2.$
Ammonium sulfuricum. Ammoniumsulfat.		$(NH_4)_2SO_4.$
Ammonium valerianicum. Ammoniumvalerianat.		$C_5H_9(NH_4)O_2 =$ $C_4H_9 - CO.O(NH_4).$
Ammonium vanadini-		$(NH_4)VO_3.$

Chemische Zusammensetzung der Chemikalien.

cum. Ammonium-vanadat. Amygdalinum. Amygdalin.		$C_{20}H_{27}NO_{11}$.
*) Amylenum hydratum. Amylenhydrat.	Dimethyl-äthylcarbinol.	$C_5H_{11}OH =$ $\begin{matrix}CH_3\\CH_3\\C_2H_5\end{matrix}\Big\rangle C.OH$.
*) Amylium nitrosum. Amylnitrit.	Salpetrigsäure-Amyläther.	$C_5H_{11}NO_2 =$ $\begin{matrix}CH_3\\CH_3\end{matrix}\Big\rangle CH-CH-CH_2-O-NO$
Analgenum. Analgen.	Acetoxy-ana-Monobenzoyl-amidochinolin.	Ein Derivat des Chinolins: C_9H_7N, in welchem 1 H durch Oxyäthyl, OC_2H_5, ein 2. H durch Amid, NH_2, und 1 H des letzteren durch Benzoyl COC_6H_5 vertreten ist. $C_9H_5 \cdot OC_2H_5 \cdot NH \cdot COC_6H_5 \cdot N$.
Anetholum. Anethol.	p-Allylphenylmethyläther. Aniscampher.	$C_6H_4 \Big\langle \begin{matrix}OCH_3\\C_3H_5\end{matrix}$
Anilinum. Anilin.	Amidobenzol. Phenylamin.	$C_6H_5 \cdot NH_2$.
Anthrarobinum. Anthrarobin.		Ein Reduktionsprodukt des käuflichen Alizarins. Dieses ist Ortho-Dioxy-Antrachinon, und das Antrachinon ist ein Abkömmling des Anthracens. Anthracen: $C_{14}H_{10}$, Anthrachinon $= C_{14}H_8O_2$.

Name.	Synonyma.	Chemische Zusammensetzung.
Antinosinum.		Alizarin = $C_{14}H_6(OH)_2O_2$, Anthrarobin = $C_{14}H_8(OH)_2O$. Das Natriumsalz des Nasophens (Tetrajodphenolphtaleins): $(C_6H_2J_2.OH)_2C < \genfrac{}{}{0pt}{}{C_6H_4.CO}{O \rule{1em}{0.4pt}}$
*) Antipyrinum. Antipyrin.	Phenyl-Dimethyl-Pyrazolon. Oxydimethylchinizin. Dimethyl-Oxychinizin.	$C_{17}H_{12}N_2O =$ $C_3H(C_6H_5)(CH_3)_2N_2O$.
Antispasminum. Antispasmin. Antitherminum.	Narceinnatrium-Natriumsalicylat. Phenylhydracin-Lävulinsäure.	$C_{23}H_{28}NO_9Na + 3\left[C_6H_4 < \genfrac{}{}{0pt}{}{OH}{CO.ONa}\right]$. Eine Verbindung von Phenylhydracin: C_6H_5 —NH—NH$_2$ mit Lävolinsäure (Acetopropionsäure): CH_3CO—CH_2—CH_2—$CO.OH$ nach Austritt von Wasser: $C_6H_5.N_2H = C < \genfrac{}{}{0pt}{}{CH_3}{CH_2\text{—}CH_2\text{—}COOH}$.
Apiolum album crystallisatum. Apiol.	Petersilien-Campher.	$C_{12}H_{14}O_4$.
Apocodeinum hydro-		$C_{18}H_{19}NO_2 . HCl$.

Chemische Zusammensetzung der Chemikalien. 479

chloricum. Apocodeinhydrochlorid.		
*) Apomorphinum hydrochloricum. Apomorphinhydrochlorid.		$C_{17}H_{17}NO_2 \cdot HCl$.
*) Aqua Amygdalarum amararum. Bittermandelwasser.		Eine Lösung von Benzaldehydcyanhydrin: $C_6H_5 \cdot COH + HCN$, freiem Cyanwasserstoff: HCN und freiem Benzaldehyd: $C_6H_5 \cdot COH$ in einem Gemisch von Weingeist und Wasser.
Aqua bromata. Bromwasser.		Mit Brom gesättigtes Wasser.
*) Aqua Calcariae. Kalkwasser.		Eine Lösung von mindestens 0,148 g Calciumhydroxyd: $Ca(OH)_2$ in 100 g Wasser.
*) Aqua chlorata. Chlorwasser.	Chlorum solutum.	Eine Lösung von mindestens 4 Teilen Chlor in 1000 Teilen Wasser.
*) Aqua destillata. Destilliertes Wasser.		H_2O.
Aqua Lauro - Cerasi. Kirschlorbeerwasser.		Zusammensetzung wie Aqua Amygdalarum amararum.
Arbutinum. Arbutin.		$(C_{12}H_{16}O_7)_2 + H_2O$.
Arecolinum hydrobromicum. Arecolinhydrobromid.		$C_8H_{13}NO_2 \cdot HBr$.

Chemische Zusammensetzung der Chemikalien.

Name.	Synonyma.	Chemische Zusammensetzung.
Argentaminum.	Äthylidendiamin. Silberphosphatlösung.	Eine Lösung von Silberphosphat in einer wässerigen Lösung von Äthylendiamin: $(NH_2)_2 C_2 H_4$.
Argentum. Silber.		Ag.
Argentum nitricum cum Argento chlorato. Silberchloridhaltiges Silbernitrat.		$AgNO_3 + x\, AgCl$.
*) **Argentum nitricum cum Kalio nitrico. Salpeterhaltiges Silbernitrat.**		Aus 32,3 bis 33,15 Teile Silbernitrat und 67,7 bis 66,85 Teile Kaliumnitrat bestehend.
Argentum oxydatum. Silberoxyd.		Ag_2O.
Argoninum.		Eine Verbindung von Silber mit Kasein und Alkali.
Aristolum.	Dithymoldijodid. Amidalin.	Verbindung von 2 Molekülen Thymol (Methylpropylphenol), in welchem 2 H durch 2 J ersetzt sind: $$\left[C_6H_3 {<\!\!\!{\atop=}\!\!\!> {CH_3 \atop {C_3H_7 \atop OJ}}} \right]_2.$$

Chemische Zusammensetzung der Chemikalien.

Arsenium jodatum. Arsenjodid.	Arsentrijodid.	AsJ_3.
Arsenium metallicum. Metallisches Arsen.		As.
Asaprol.	Abrastol. β-naphtolschwefelsaures Calcium.	$HO \cdot C_{10}H_6SO_3 \atop HO \cdot C_{10}H_6SO_3 \Big\rangle Ca + 3H_2O$.
	Amidobernsteinsäureamid.	
Asparaginum. Asparagin.	Asparamid.	$C_2H_3(NH_2) {<} {CO \cdot NH_2 \atop CO \cdot OH} + H_2O$.
Atropinum. Atropin.		$C_{17}H_{23}NO_3$.
Atropinum salicylicum. Atropinsalicylat.		$C_{17}H_{23}NO_3 \cdot C_7N_6O_3$.
*) Atropinum sulfuricum. Atropinsulfat.		$(C_{17}H_{23}NO_3)_2 \cdot H_2SO_4$.
Atropinum valerianicum. Atropinvalerianat.		$C_{17}H_{23}NO_3 \cdot C_5H_{10}O_2 + {}^1/_2 H_2O$.
*) Auro-Natrium chloratum. Natriumgoldchlorid.		$AuCl_3 \cdot NaCl + xNaCl$. Es enthält 30 Prozent Gold.
Aurum chloratum acidum. Goldchlorid-Chlorwasserstoff.		$AuCl_3 \cdot HCl + 4H_2O$.
Aurum foliatum. Blattgold.		Au.

Biechele, Chemikalien.   31

Name.	Synonyma.	Chemische Zusammensetzung.
Baryum aceticum. Baryumacetat.		$(C_2H_3O_2)_2 Ba + H_2O =$ $(CH_3-CO.O)_2 Ba + H_2O$.
Baryum carbonicum. Baryumcarbonat.		$BaCO_3$.
Baryum chloratum. Baryumchlorid.		$BaCl_2 + 2H_2O$.
Baryum chloricum. Baryumchlorat.		$Ba(ClO_3)_2 + H_2O$.
Baryum nitricum. Baryumnitrat.		$Ba(NO_3)_2$.
Baryum hydricum crystallisatum. Baryumhydrat.	Baryum causticum. Ätzbaryt. Baryum oxydatum hydricum. Baryta caustica hydrica.	$Ba(OH)_2 + 8H_2O$.
Baryum sulfuratum. Baryumsulfid.	Schwefelbaryum.	BaS.
Baryum sulfuricum praecipitatum. Baryumsulfat.		$BaSO_4$.
Benzaldehydum. Benzaldehyd.	Benzoylhydrür. Benzoylwasserstoff.	$C_6H_5 . COH$.
Benzanilid.	Benzoylanilid.	$C_6H_5 . NH(C_6H_5CO)$.

Chemische Zusammensetzung der Chemikalien.

*) Benzinum Petrolei. Petroleumbenzin. Benzolum. Benzol.		Besteht vorzüglich aus den Kohlenwasserstoffen: Pentan: C_5H_{12} und Hexan: C_6H_{14}. C_6H_6.
Benzonaphtolum. Benzonaphtol.	Naphtylbenzoat. Benzoesäure-Naphtyläther.	$C_6H_5-CO.O(C_{10}H_7)$.
Berberinum. Berberin.		$C_{20}H_{17}NO_4 + 6H_2O$.
Betolum. Betol.	Naphtalol. Salinaphtol. Naphtosalol. Salicylsäure-Naphtyläther.	$C_6H_4<{OH \atop CO.O(C_{10}H_7)}$.
Bismutum benzoicum. Wismutbenzoat.		Es entspricht nahezu der Formel: $Bi(C_6H_5.CO.O)_3 + Bi(OH)_3$.
Bismutum carbonicum. Wismutcarbonat.		$(BiO)_2CO_3 + \frac{1}{2}H_2O$.
Bismutum metallicum. Wismutmetall.		Bi.
Bismutum β-naphtolicum. β-Naphtol-Wismut.		$(C_{10}H_7O_3)_3 Bi + 3H_2O$.
Bismutum nitricum. Wismutnitrat.		$Bi(NO_3)_3 + 5H_2O$.
Bismutum oxyjodatum. Wismutoxyjodid.	Bismutum subjodatum. Basisches Wismutjodid.	BiOJ.
Bismutum phenylicum. Phenyl-Wismut.		$(C_6H_5O)_2BiOH + Bi_2O_3$.

Name.	Synonyma.	Chemische Zusammensetzung.
Bismutum phosphoricum solubile. Lösliches Wismutphosphat.		Eine Verbindung von 20 Prozent Wismutoxyd mit Natron und Phosphorsäure.
Bismutum pyrogallicum. Basisch pyrogallussaures Wismut.	Helcosolum. Pyrogallol-Wismut.	$C_6H_3 \diagdown\diagup^{(OH)_2}_{O} \diagdown BiOH$ $C_6H_3 \diagdown\diagup^{(OH)_2}_{O}$
Bismutum subgallicum. Wismutsubgallat.	Dermatol. Basisch gallussaures Wismut.	$C_6H_2(OH)_3 \cdot CO \cdot O \cdot Bi(OH)_2$.
Bismutum subnitricum. Basisches Wismutnitrat.	Bismutum hydrico-nitricum. Magisterium Bismuti	Es entspricht nahezu der Formel: $(BiO)NO_3 + (BiO)OH$.
Bismutum subsalicylicum. Basisches Wismutsalicylat.	Wismutsubsalicylat.	$Bi(C_7H_5O_3)_3 \cdot Bi_2O_3$.
Bismutum tannicum. Wismuttannat.		Verbindung von Gallusgerbsäure mit Wismut in wechselnder Zusammensetzung. Formel unbekannt. Es enthält 49,5 Prozent Wismutoxyd und 50 Prozent Tribromphenol: $C_6H_2Br_3 \cdot OH$.
Bismutum tribromphenylicum. Tribromphenolwismut.		
Bismutum valeriani-		$2(BiC_6H_9O_2 \cdot 2OH) + (BiO)OH$.

cum. Wismutvalerianat.		
*) Borax. Borax.	Natrium biboricum. Natrium biboracicum Natriumborat. Natriumbiborat.	$Na_2B_4O_7 + 10H_2O$.
Borax octaedricus. Oktaedrischer Borax.		$Na_2B_4O_7 + 5H_2O$.
Bromalinum.	Hexamethylentetraminbromäthylat.	$C_6H_{12}N_4 \cdot C_2H_5Br$.
Bromalum hydratum. Bromalhydrat. Bromamid.		$CBr_3-CH\diagup^{OH,}_{OH.}$
	Bromwasserstoffsaures Tribromanilin.	$C_6H_2Br_3 \cdot NH_2 \cdot HBr$.
Bromoformium. Bromoform. Bromol.	Tribrommethan.	$CHBr_3$.
	Tribromphenol. Bromphenol.	$C_6H_2Br_3 \cdot OH$.
*) Bromum. Brom. Brucinum. Brucin.		Br. $C_{23}H_{26}N_2O_4 + 4H_2O$.
Butylchloralum hydratum. Butylchloralhydrat.	Trichlorbutylaldehydhydrat.	$C_3H_4Cl_3-COH + H_2O$.
Cadmium jodatum. Cadmiumjodid.		CdJ_2.

Name.	Synonyma.	Chemische Zusammensetzung.
Cadmium metallicum. Cadmiummetall.		Cd.
Cadmium sulfuricum. Cadmiumsulfat.		$3\,CdSO_4 + 8\,H_2O$.
*) Calcaria chlorata. Chlorkalk.	Calcaria hypochlorosa. Calciumhypochlorit.	Ein Gemenge von Calciumhypochlorit: $Ca(OCl)_2$, Calciumchlorid: $CaCl_2$ und Calciumhydroxyd $Ca(OH)_2$. Es soll mindestens 25 Prozent wirksames Chlor enthalten.
*) Calcaria usta. Gebrannter Kalk.		CaO.
Calcium aceticum. Calciumacetat.		$(CH_3-CO.O)_2Ca + 2\,H_2O$.
*) Calcium carbonicum praecipitatum. Präcipit. Calciumcarbonat.		$CaCO_3$.
Calcium chloratum siccum. Entwässertes Calciumchlorid.		$CaCl_2$.
Calcium glycerinophosphoricum. Glycerinphosphorsaures Calcium.		$CaC_3H_7PO_6 + 2\,H_2O$. Es enthält 22,76 Prozent Kalk und 28,86 Prozent Phosphorsäure.

Calcium hypophosphorosum. Calciumhypophosphit. Calcium lacticum. Calciumlactat.		$Ca(H_2PO_2)_2$.
*) Calcium phosphoricum. Calciumphosphat.	Dicalciumphosphat.	$\left[C_2H_4\diagdown^{OH}_{CO.O}\right]_2 Ca + 5H_2O$ $CaHPO_4 + 2H_2O$.
Calcium salicylicum. Calciumsalicylat.		$\left[C_6H_4\diagdown^{OH}_{CO.O}\right]_2 Ca + 2H_2O$.
Calcium sulfuratum. Calciumsulfid.	Hepar Calcis. Kalkschwefelleber.	Der Hauptsache nach CaS neben $CaSO_4$ und CaO.
*) Calcium sulfuricum ustum. Gebrannter Gips.		$CaSO_4$.
Camphora monobromata. Monobromkampher.		$C_{10}H_{15}BrO$.
Cannabinum tannicum. Cannabintannat.		Eine Verbindung von Gerbsäure mit Cannabin; die Zusammensetzung des letzteren ist nicht näher bekannt.
Cantharidinum. Cantharidin.	Cantharidenkampher.	$C_{10}H_{12}O_4$.
Carbo animalis. Tierkohle.		Stickstoffhaltige Kohle mit Calciumphosphat: $Ca_3(PO_4)_2$.
Carboneum sulfura-		CS_2.

Name.	Synonyma.	Chemische Zusammensetzung.
ttm. Schwefelkohlenstoff		
Carboneum tetrachloratum. Kohlenstofftetrachlorid.	Carboneum bichloratum. Zweifach Chlorkohlenstoff. Perchlormethan.	CCl_4.
Carboneum trichloratum. Dreifach Chlorkohlenstoff.	Hexachloräthan. Perchloräthan. Kohlensesquichlorid.	C_2Cl_6.
Cerium oxalicum. Ceroxyduloxalat.		$CeC_2O_4 + 3H_2O$.
Cerussa. Bleiweiss.	Plumbum hydrico-carbonicum. Bleisubcarbonat.	$2(PbCO_3) + Pb(OH)_2$.
Cetrarinum. Cetrarsäure.		$C_{18}H_{16}O_8$.
Chinidinum sulfuricum. Chinidinsulfat.		$(C_{20}H_{24}N_2O_2)_2 \cdot H_2SO_4 + 2H_2O$.
Chininum bisulfuricum. Chininbisulfat.	Saures Chininsulfat.	$(C_{20}H_{24}N_2O_2) \cdot H_2SO_4 + 7H_2O$.
*) Chininum ferro-citricum. Eisenchinincitrat.	Chininferricitrat.	Ein Doppelsalz von Chinincitrat und Ferriferrocitrat.
Chininum hydrobro-		$C_{20}H_{24}N_2O_2 \cdot HBr + 2H_2O$.

Chemische Zusammensetzung der Chemikalien.

micum. Chininhydrobromid.	
*) **Chininum hydrochloricum.** Chininhydrochlorid.	$C_{20}H_{24}N_2O_2 \cdot HCl + 2H_2O$.
Chininum purum. Reines Chinin.	$C_{20}H_{24}N_2O_2 + 3H_2O$.
Chininum salicylicum. Chininsalicylat.	$C_7H_6O_3 \cdot C_{20}H_{24}N_2O_2 + H_2O$.
Chininum sulfuricum. Chininsulfat.	$(C_{20}H_{24}N_2O_2)_2 \cdot H_2SO_4 + 8H_2O$.
Chininum tannicum. Chinintannat.	Es enthält annähernd die Formel: $C_{20}H_{24}N_2O_2 \cdot 2C_{14}H_{10}O_9$.
Chininum valerianicum. Chininvalerianat.	$C_5H_{10}O_2 \cdot C_{20}H_{24}N_2O_2 + H_2O$.
Chinioidinum. Chinioidin.	Besteht der Hauptsache nach aus amorphen Chinabasen, zumeist aus Diconchinin und Dicinchonin.
Chinioidinum tannicum. Chinioidintannat.	Eine Verbindung von Diconchinin und Dicinchonin mit Gerbsäure.
Chinolinum. Chinolin.	C_9H_7N. Es lässt sich als Naphtalin $C_{10}H_8$ auffassen, in welchem eine CH gruppe durch N ersetzt ist.
Chinolinum tartari-	$3(C_9H_7N) \cdot 4(C_4H_6O_6)$.

Name.	Synonyma.	Chemische Zusammensetzung.
cum. Chinolintartrat Chloralammonium. Chloralammoniak.		
Chloralcyanhydratum. Chloralcyanhydrür.	Blausäurechloral.	$CCl_3 - CH \lessgtr \begin{matrix} OH \\ NH_2 \end{matrix}$. $CCl_3 . COH + HCN$.
Chloralose.	Anhydroglycochloral.	Eine Verbindung von Chloral mit Glycose. $CCl_3 . COH + C_6H_{10}O_5$.
*) Chloralum formamidatum. Chloralformamid.	Chloralamid.	Eine Verbindung von Chloral mit Formamid; letzteres ist das Amid der Ameisensäure: $H - CONH_2$. $CCl_3 . C \lessgtr \begin{matrix} H \\ OH \\ NH_2 . CO \end{matrix}$
*) Chloralum hydratum. Chloralhydrat.	Trichloraldehydhydrat.	$CCl_3 - COH$.
*) Chloroformium. Chloroform.	Formylchlorid. Trichlormethan.	$CHCl_3$.
*) Chromum oxydatum viride. Chromoxyd.	Chromgrün.	Cr_2O_3.
*) Chrysarobinum.Chrysarobin.		$C_{30}H_{26}O_7$.
Cinchonidinum sul-		$(C_{19}H_{22}N_2O)_2 . H_2SO_4 + 3H_2O$.

Chemische Zusammensetzung der Chemikalien.

furicum. Cinchonidinsulfat. Cinchoninum sulfuricum. Chinchoninsulfat.		
Citrophen.	p-Phenetidincitrat.	$(C_{19}H_{22}N_2O_2) \cdot H_2SO_4 + 2 H_2O$.
		Verbindung der Citronensäure mit p-Phenetidin; letztere Verbindung ist der Äthyläther des Amidophenols und besitzt die Formel: $C_6H_4 \diagup \substack{OC_2H_5 \\ NH_2}$.
Cobaltum nitricum. Kobaltnitrat.		$Co(NO_3)_2 + 6 H_2O$.
*) Cocainum hydrochloricum. Cocainhydrochlorid.		$C_{17}H_{21}NO_4 \cdot HCl$.
Cocainum purum. Cocain.		$C_{17}H_{21}NO_4$.
Codeinum. Kodein.	Methylmorphin.	$C_{17}H_{18}(CH_3)NO_3 + H_2O$.
Codeinum hydrochloricum. Kodeinhydrochlorid.		$C_{17}H_{18}(CH_3)NO_3 \cdot HCl + 2 H_2O$.
*) Codeinum phosphoricum. Kodeinphosphat.		$C_{17}H_{18}(CH_3)NO_4 \cdot H_3PO_4 + 2 H_2O$.
Codeinum sulfuricum. Kodeinsulfat.		$[C_{17}H_{18}(CH_3)NO_3]_2 \cdot H_2SO_4 + 5 H_2O$.

Name.	Synonyma.	Chemische Zusammensetzung.
*) Coffeinum. Koffein. Coffeinum citricum. Koffeincitrat.		$C_8H_{10}N_4O_2 + H_2O$. Ein Gemenge von 7,5 Teilen Koffein und 2,5 Teilen Citronensäure.
*) Coffeinum-natrio-benzoicum. Koffein-Natriumbenzoat.		Eine Verbindung von 1 Molek. Koffein mit 2 Molek. Natriumbenzoat: $C_8H_{10}N_4O_2 . H_2O + 2(C_7H_5O_2Na)$.
Coffeinum natrio-salicylicum. Koffein-Natriumsalicylat.		Eine Verbindung von Natriumsalicylat: $C_6H_4 <^{OH}_{CO.ONa}$ mit mindestens 40 Prozent Koffein: $C_8H_{10}N_4O_2$.
Colchicinum. Colchicin.		$C_{22}H_{25}NO_6$.
Coniinum. Coniin.		$C_8H_{17}N$.
Coniinum hydrobromicum. Coniinhydrobromid.		$C_8H_{17}N . HBr$.
Convallamarinum.		$C_{23}H_{44}O_{12}$.
Cotoinum. Kotoin.		$C_{20}H_{18}O_6$.
Creolinum. Phenolhaltiges Kreolin.		Kresole: $C_6H_4 \{^{CH_3}_{OH}$, welche durch Umwandlung in Sulfosäuren und Alkaliverbindungen löslich gemacht sind und

		andere Kohlenwasserstoffe noch aufgelöst enthalten.
*) Cresolum crudum. Rohes Kresol.		Gemenge von Ortho-, Para- und Meta-Kresol neben Kohlenwasserstoffen und Carbolsäure.
Creta praeparata. Schlämmkreide.		$CaCO_3$.
Cubebinum. Cubebin.		$C_{10}H_{10}O_3$.
Cumarinum. Cumarsäureanhydrid.	Tonkabohnenkampher.	$C_6H_4 \begin{matrix} \diagup C - CO \\ \diagdown CH = CH. \end{matrix}$
Cumolum. Cumol.	Isopropylbenzol.	$C_9H_{12} = C_6H_5 . CH(CH_3)_2$.
Cuprum aceticum. Kupferacetat.	Aerugo crystallisata. Krystall. Grünspahn.	$(C_2H_3O_2)_2Cu + H_2O$.
Cuprum arsenicosum. Basisches Kupferarsenit.	Scheeles Grün.	$CuHAsO_3$.
Cuprum carbonicum. Kupfercarbonat.	Cuprum subcarbonicum. Cuprum hydrico-carbonicum. Basisches Kupfercarbonat.	$CuCO_3 + Cu(OH)_2$.
Cuprum carbonicum nativum. Natürliches Kupfercarbonat.	Bergblau.	$2CuCO_3 + Cu(OH)_2$.
Cuprum chloratum. Kupferchlorid.	Cuprichlorid.	$CuCl_2 + 2H_2O$.

Chemische Zusammensetzung der Chemikalien.

Name.	Synonyma.	Chemische Zusammensetzung.
Cuprum metallicum. Metallisches Kupfer.		Cu.
Cuprum nitricum. Kupfernitrat.		$Cu(NO_3)_2 + 3H_2O$.
Cuprum oxydatum. Kupferoxyd.		CuO.
*) Cuprum sulfuricum. Kupfersulfat.		$CuSO_4 + 5H_2O$.
*) Cuprum sulfuricum crudum. Rohes Kupfersulfat.	Roher Kupfervitriol. Blauer Vitriol.	$CuSO_4 + 5H_2O$.
Cuprum sulfuricum ammoniatum. Kupferammoniumsulfat.		$CuSO_4 + 4NH_3 + H_2O$.
Curarinum. Curarin.		Unbestimmte Formel.
Cytisinum nitricum. Cytisinnitrat.		$C_{11}H_{14}N_2O \cdot HNO_3 + H_2O$.
Dextrinum. Dextrin.	Stärkegummi.	$C_6H_{10}O_5$.
Digitalinum. Digitalin.		Besteht im Wesentlichen aus Digitoxin: $C_{31}H_{32}O_7$.
Dijodoformium.	Tetrajodäthylen.	C_2J_4.

Chemische Zusammensetzung der Chemikalien.

Diphenylaminum. Diphenylamin.		$(C_6H_5)_2 . NH.$
Duboisinum sulfuricum. Duboisinsulfat.		$(C_{17}H_{21}NO_4)_2 . H_2SO_4.$
Emetinum. Emetin.		$C_{20}H_{23}N_2O_5(?).$
Eucalyptolum. Eucalyptol.	Eucalyptuskampher.	$C_{10}H_{18}O.$
Eugenolum.	Nelkensäure, Eugensäure.	$C_6H_3 \diagdown\!\!\!\diagup \begin{matrix} C_3H_5 \; 1 \\ OCH_3 \; 3 \\ OH \; 4. \end{matrix}$
Eugenolacetamid. Eugenolessigsäureamid.		$C_6H_3 \diagdown\!\!\!\diagup \begin{matrix} C_3H_5 \\ OCH_3 \\ OCH_2 . CONH_2. \end{matrix}$
Eseridinum. Eseridin.		$C_{15}H_{23}N_3O_3.$
Euphorine.	Phenylurethan.	$CO \diagdown\!\!\!\diagup \begin{matrix} NHC_6H_5 \\ OC_2H_5. \end{matrix}$
Europhenum.	Isobutylorthokresoljodid.	$C_6H_2 \diagdown\!\!\!\diagup \begin{matrix} C_4H_9 \\ CH_3 \\ OJ \end{matrix}$ $C_6H_3 \diagdown\!\!\!\diagup \begin{matrix} OCH_3 \\ C_4H_9. \end{matrix}$
Exalginum. Exalgin.	Methylacetanilid.	Kann betrachtet werden als Acetanilid: $C_6H_5 . NH . CH_3CO$, in welchem der H der NH gruppe durch Methyl vertreten ist. $C_6H_5 . N(CH_3) . CH_3CO.$

Name.	Synonyma.	Chemische Zusammensetzung.
Extractum Carnis. Fleischextrakt.		Besteht im Wesentlichen aus den Basen: Kreatin, Kreatinin, Xanthin, Sarkin und aus den anorganischen Salzen des Fleisches.
Ferratin.		Eine eisenhaltige Albuminsäure mit wechselndem Eisengehalt.
Ferropyrin.	Antipyrinum cum Ferro.	$(C_{11}H_{12}N_2O) \cdot Fe_2Cl_6$. Es besteht aus 64 Prozent Antipyrin, 12 Prozent Eisen und 24 Prozent Chlor.
Ferrum albuminatum siccum. Eisenalbuminat.		Eine Verbindung von Eiweiss mit Eisenoxyd.
Ferrum benzoicum. Eisenbenzoat.		$Fe_2(C_7H_5O_2)_3(OH)_3 + 6H_2O$.
Ferrum carbonicum. Ferrocarbonat.		Ein wechselndes Gemenge von Ferrocarbonat: $FeCO_3$ mit Ferrihydroxyd: $Fe(OH)_3$ und $Fe_2O(OH)_4$.
Ferrum carbonicum saccharatum. Zuckerhaltiges Ferrocarbonat.		Ein Gemenge von Ferrocarbonat: $FeCO_3$ mit Zucker neben mehr oder weniger Eisenoxyduloxyd Fe_3O_4 und Ferrihydroxyd $Fe(OH)_3$.
Ferrum chloratum. Eisenchlorür.	Ferrochlorid.	$FeCl_2 + 4H_2O$.

Chemische Zusammensetzung der Chemikalien.

Ferrum citricum ammoniatum. Ferri-Ammoniumcitrat.		$Fe_2(C_6H_5O_7)_2 + (NH_4)_3(C_6H_5O_7) + 2H_2O$.
*) Ferrum citricum oxydatum. Ferricitrat.		$Fe(C_6H_5O_7) + 3H_2O$.
Ferrum cyanatum coeruleum. Berlinerblau.	Ferrumborussicum. Ferricyanoisencyanür. Ferriferrocyanid.	$2Fe_2 \cdot 3(FeCy_6) + xaq$.
Ferrum jodatum saccharatum. Zuckerhaltiges Eisenjodür.	Zuckerhaltiges Ferrojodid.	Ein Gemenge von 20 Prozent Eisenjodür: FeJ_2 mit Milchzucker.
*) Ferrum lacticum. Ferrolaktat.		$Fe(C_3H_5O_3)_2 + 3H_2O$.
Ferrum oxydatum fuscum. Eisenhydroxyd.		$Fe(OH)_3$.
*) Ferrum oxydatum saccharatum. Eisenzucker.	Ferrisaccharat.	Eine Verbindung von Eisenhydroxyd: $Fe(OH)_3$ mit Zucker und Natriumhydroxyd, deren Formel nicht festgesetzt ist.
Ferrum peptonatum. Eisenpeptonat.		Eine Verbindung von 24 bis 25 Prozent Eisen mit Pepton.
Ferrum phosphoricum oxydatum. Ferriphosphat.		$Fe_2(PO_4)_2 + 8H_2O$.

Chemische Zusammensetzung der Chemikalien.

Name.	Synonyma.	Chemische Zusammensetzung.
Ferrum phosphoricum oxydulatum. Ferrophosphat.		Ein Gemenge von Ferrophosphat: $Fe_3(PO_4)_2$ mit basischem Ferriphosphat: $Fe_3(PO_4)_2(OH)_3$.
*) Ferrum pulveratum. Gepulvertes Eisen.		Fe.
Ferrum pyrophosphoricum. Ferripyrophosphat.		$Fe_4(P_2O_7)_3 + 9 H_2O$.
Ferrum pyrophosphoricum cum Ammonio citrico. Ferripyrophosphat mit Ammoniumcitrat.		$Fe_4(P_2O_7)_3 + 2(NH_4)_3C_6H_5O_7$.
*) Ferrum reductum. Reduziertes Eisen.	Ferrum Hydrogenio reductum.	Fe.
*) Ferrum sesquichloratum. Eisenchlorid.	Ferrichlorid.	$FeCl_3 + 6 H_2O$.
Ferrum sulfuratum. Schwefeleisen.		FeS.
*) Ferrum sulfuricum. Ferrosulfat.		$FeSO_4 + 7 H_2O$.
*) Ferrum sulfuricum		$FeSO_4 + 7 H_2O$.

crudum. Eisenvitriol.		
Ferrum sulfuricum oxydulatum ammoniatum. Ferro-Ammoniumsulfat.	Ferro-Ammonium sulfuricum.	$FeSO_4 + (NH_4)_2SO_4 + 6H_2O$.
*) Ferrum sulfuricum siccum. Getrocknetes Ferrosulfat.		$FeSO_4 + H_2O$.
Ferrum tartaricum. Ferritartrat.		$Fe_2(C_4H_4O_6)_3 + H_2O$.
Ferrum valerianicum. Basisches Ferrivalerianat.		$Fe_2(C_5H_9O_2)_2(OH)_4$
*) Formaldehydum solutum. Formaldehydlösung.		In 100 Teilen etwa 35 Teile Formaldehyd: $H-COH$.
Formanilidum. Phenylformamid.		Leitet sich ab von Ameisensäureamid: $H-CO.NH_2$, in welchem 1 H der Amidogruppe durch Phenyl: C_6H_5 vertreten ist: $H-CO.NH(C_6H_5)$.
Gallobromolum. Gallobromol.	Dibromgallussäure.	$C_6Br_2(OH)_3.COOH$.
Gallactophenonum. Gallaktophenon.	Trioxyacetophenon. Alizaringelb.	Leitet sich ab von Pyrogallussäure: $C_6H_3(OH)_3$, in welchem 1 H des Benzolkernes

Chemische Zusammensetzung der Chemikalien.

Name.	Synonyma.	Chemische Zusammensetzung.
Gallanolum. Gallussäureanilid.	Gallanilid.	durch die Acetylgruppe: CH_3CO ersetzt ist: $C_6H_2(CH_3CO)(OH)_3$. Leitet sich ab von Gallussäure: $C_6H_2\begin{cases}(OH)_3\\CO.OH\end{cases}$, in welchem die Hydroxylgruppe der Carboxylgruppe durch den Anilinrest C_6H_5NH ersetzt ist: $C_6H_2\begin{cases}(OH)_3\\CO(C_6H_5NH)\end{cases} + 2H_2O$.
*) Glycerinum. Glycerin.		$C_3H_5(OH)_3 = \begin{matrix}CH_2OH,\\CH.OH,\\CH_2OH.\end{matrix}$
Guajacolum. Guajacol.	Brenzcatechinmethyl- [äther.	$C_6H_4\begin{cases}OH & 1,\\OCH_3 & 2.\end{cases}$
Guajacolum benzoicum. Guajacolbenzoat.	Benzosolum. Benzoylguajacol. Benzoesäure-Guajacyläther.	$C_6H_4\diagup\begin{matrix}OCH_3\\OC_6H_5CO_2\end{matrix}$.
Guajacolum carbonicum. Guajacolcarbonat.	Kohlensäure-Guajacyl- [äther.	$(C_6H_4.OCH_3)_2CO_3$.

Chemische Zusammensetzung der Chemikalien. 501

Guajacolum salicylicum. Guajacol salicylat	Guajacolsalol. Salicylsäure-Guajacyläther.	$C_6H_4 <^{OH}_{CO_2-C_6H_4-OCH_3}$.
Hämatoxylinum. Hämatoxylin.		$C_{16}H_{14}O_6 + 3H_2O$.
Haemalum. Hämal.		Ein Bluteisenpräparat, durch Einwirken von Zinkstaub auf Blutfarbstoff hergestellt.
Haemogallolum. Hämogallol.		Ein Bluteisenpräparat, durch Einwirken von Pyrogallol auf Blutfarbstoff hergestellt.
Heleninum. Alant-Kampher.		C_6H_8O.
*) Homatropinum hydrobromicum. Homatropinhydrobromid.		$C_{16}H_{21}NO_3 \cdot HBr$.
Hydracetinum.	Pyrodin. Acetylphenylhydracin.	Leitet sich ab von Phenylhydracin: $C_6H_5-NH-NH_2$, indem 1 H der NH_2-Gruppe durch die Acetylgruppe: CH_3CO ersetzt ist: $C_6H_5-NH-NH(CH_3 \cdot CO)$.
*) Hydrargyrum. Quecksilber.		Hg.
Hydrargyrum aceticum. Mercuroacetat.		$Hg_2(C_2H_3O_2)_2 = (CH_3-CO \cdot O)_2Hg_2$.
Hydrargyrum benzoicum. Mercuribenzoat.		$(C_6H_5-CO \cdot O)_2Hg$.
Hydrargyrum bibromatum.	Mercuribromid.	$HgBr_2$.

Name.	Synonyma.	Chemische Zusammensetzung.
matum. Quecksilberbromid.		
*) Hydrargyrum bichloratum. Quecksilberchlorid.	Hydrargyrum bichloratum corrosivum. Mercurichlorid. Quecksilbersublimat. Ätzsublimat.	$HgCl_2$.
*) Hydrargyrum bijodatum. Quecksilberjodid.	Hydrargyrum jodatum rubrum. Deuterojoduretum Hydrargyri. Mercurijodid.	HgJ_2.
Hydrargyrum bromatum. Quecksilberbromür.	Hydrargyrum bromatum mite. Mercurobromid.	Hg_2Br_2.
Hydrargyrum carbamidatum solutum. Quecksilberchlorid-Harnstofflösung.		Eine Lösung der Verbindung des Quecksilberchlorids mit Harnstoff.
Hydrargyrum carbolicum. Carbolquecksilber.	Hydrargyrum phenylicum. Phenolquecksilber.	$Hg\diagup\!\!\!\diagdown\begin{matrix}OC_6H_5\\OC_6H_5\end{matrix}$
*) Hydrargyrum chloratum-	Hydrargyrum chloratum	Hg_2Cl_2.

Chemische Zusammensetzung der Chemikalien.

tum. Quecksilber-chlorür.	mite laevigatum. Mercurius dulcis. Mercurochlorid. Calomel.	
*) Hydrargyrum cyanatum. Quecksilbercyanid.	Mercuricyanid.	$Hg(CN)_2$.
Hydrargyrum formamidatum solutum. Quecksilberformamidlösung.		Eine Verbindung von Quecksilber mit Formamid; letztere Verbindung leitet sich ab von Ameisensäure, in welcher die Hydroxylgruppe durch NH_2 vertreten ist: $$H-CONH \diagdown Hg.$$ $$H-CONH \diagup$$
Hydrargyrum jodatum. Quecksilberjodür.	Protojoduretum Hydrargyri. Mercurojodid.	Hg_2J_2.
Hydrargyrum nitricum oxydulatum. Quecksilberoxydulnitrat.	Mercuronitrat.	$Hg_2(NO_3)_2 + 2H_2O$.
Hydrargyrum oleinicum. Quecksilberoleat.	Hydrargyrum elainicum. Mercurioleat.	Eine Mischung von 88 Prozent Mercurioleat $(C_{18}H_{33}O_2)_2$Hg und 12 Prozent freier Ölsäure und Wasser.
*) Hydrargyrum oxydatum. Quecksilberoxyd.	Mercurius praecipitatus ruber. Mercurioxyd. Roter Quecksilberpräzipitat. Roter Präzipitat.	HgO.
*) Hydrargyrum praecipi-	Hydrargyrum amidato-bi-	$HgClNH_2$.

Chemische Zusammensetzung der Chemikalien.

Name.	Synonyma.	Chemische Zusammensetzung.
...tatum album. Weisser Quecksilberpräzipitat.	chloratum. Hydrargyrum bichloratum ammoniatum. Mercurius praecipitatus albus. Weisser Präzipitat. Mercuriammoniumchlorid.	
Hydrargyrum salicylicum. Quecksilbersalicylat.	Mercurisalicylat.	$C_6H_4 <^{COO}_{O}> Hg$.
Hydrargyrum sozojodolicum. Sozojodolquecksilber.	Dijodparaphenolsulfonsaures Quecksilber.	$C_6H_2J_2 <^{O}_{SO_3}> Hg$.
Hydrargyrum stibiatosulfuratum. Schwefelantimon-Quecksilber.	Aethiops antimonialis. Spiessglanzmohr.	Ein Gemenge von HgS und Sb_2S_3.
Hydrargyrum sulfuratum nigrum. Schwarzes Quecksilbersulfid.	Aethiopsmineralis. Quecksilbermohr.	HgS gemengt mit S.
Hydrargyrum sulfuratum rubrum. Rotes Quecksilbersulfid.	Zinnober.	HgS.
Hydrargyrum sulfuri...	Mercurisulfat.	$HgSO_4$.

cum. Quecksilberoxydsulfat.		
Hydrargyrum tannicum oxydulatum. Quecksilbertannat.	Mercurotannat.	$Hg_2(C_{14}H_9O_2)_2$.
Hydrargyrum thymicoaceticum. Thymol-Quecksilberacetat.		Eine Verbindung von Thymol-Quecksilber mit Quecksilberacetat: $\begin{array}{c} CH_3-CO_2 \\ CH_3-CO_2 \end{array}\!\!>\!Hg + Hg\!<\!\!\begin{array}{c} CH_3-CO_2 \\ C_{10}H_{13}O. \end{array}$
Hydrastinum. Hydrastin.		$C_{22}H_{23}NO_6$.
Hydrastininum hydrochloricum. Hydrastininhydrochlorid.		$C_{11}H_{11}NO_2 . HCl$.
Hydrochinonum. Hydrochinon.	Para-Dioxybenzol.	$C_6H_4\!\!<\!\!\begin{array}{c} OH\ 1, \\ OH\ 4. \end{array}$
Hydrogenium peroxydatum. Wasserstoffsuperoxyd.		$H_2O_2 + $ x aq.
Hydroxylaminum hydrochloricum. Hydroxylaminhydrochlorid.		Chlorwasserstoffsaures Salz des Hydroxylamins; letztere Verbindung leitet sich ab von Ammoniak, in welchem 1 H durch eine Hydroxylgruppe ersetzt ist: $NH_2OH . HCl$.
Hyoscyaminum Hyoscyamin.		$C_{17}H_{23}NO_3$.

Name.	Synonyma.	Chemische Zusammensetzung.
Hypnalum. Hypnal.	Monochloralantipyrin.	Eine Verbindung von Chloralhydrat mit Antipyrin: $C_{11}H_{12}N_2O \cdot CCl_3 \cdot COH \cdot H_2O$.
Hypnonum. Hypnon.	Acetophenon.	Leitet sich ab von Aceton: $CH_3 - CO - CH_3$, in welchem 1 Methylgruppe durch Phenyl C_6H_5 vertreten ist: $CH_3 - CO - C_6H_5$.
Indigo. Indigo.		Enthält als färbenden Bestandteil Indigblau in wechselnder Menge; dann mehrere braune und rote Substanzen von unbekannter Zusammensetzung.
Indigotinum. Indigblau.		$C_{16}H_{10}N_2O_2$.
Jodolum. Jodol.	Tetrajodpyrrol.	Leitet sich ab von Pyrrol: C_4H_5N, in welchem 4H durch 4J ersetzt sind: C_4HJ_4N.
Jodopheninum. Jodophenin.	Jodphenacetin. Trijoddiphenacetin.	$C_{20}H_{25}J_3N_2O_4$.
Jodopyrinum. Jodantipyrin.		$C_{11}H_{11}JN_2O$.
*) Jodum. Jod.		J.
Jodum trichloratum. Jodtrichlorid.		JCl_3.

Chemische Zusammensetzung der Chemikalien.

*) Kali causticum fusum. Ätzkali.	Kali hydricum fusum. Lapis causticus chirurgorum. Kaliumhydroxyd.	KOH.
*) Kalium aceticum. Kaliumacetat.		$C_2H_3KO_3 = CH_3 - CO \cdot OK$.
*) Kalium bicarbonicum. Kaliumbicarbonat.	Kali carbonicum acidulum. Kaliumhydrocarbonat.	$KHCO_3$.
Kalium bioxalicum. Saures Kaliumoxalat.	Monokaliumoxalat.	$C_2HKO_4 + H_2O$.
Kalium bisulfuricum. Kaliumbisulfat.	Kalium sulfuricum acidum. Kaliumhydrosulfat. Saures Kaliumsulfat.	$KHSO_4$.
*) Kalium bromatum. Kaliumbromid.		KBr.
Kalium bromicum. Kaliumbromat.		$KBrO_3$.
Kalium cantharidatum. Kaliumcantharidat.	Kalium cantharidinicum.	$C_8H_{12}O \diagup\begin{matrix}COOK\\COOK\end{matrix} + 3H_2O$.
*) Kalium carbonicum. Kaliumcarbonat.	Kali carbonicum e Tartaro. Sal Tartari.	K_2CO_3.
Kalium chloratum. Kaliumchlorid.		KCl.

Name.	Synonyma.	Chemische Zusammensetzung.
*) Kalium chloricum. Kaliumchlorat.		$KClO_3$.
Kalium chromicum flavum. Kaliumchromat.		K_2CrO_4.
Kalium citricum. Kaliumcitrat.		$K_3C_6H_5O_7 + H_2O$.
Kalium cyanatum. Kaliumcyanid.		KCN.
*) Kalium dichromicum. Kaliumdichromat.		$K_2Cr_2O_7$.
Kaliumferricyanatum. Kaliumferricyanid.	Rotes Blutlaugensalz.	K_3FeCy_6.
Kalium ferrocyanatum. Kaliumferrocyanid.	Gelbes Blutlaugensalz.	$K_4FeCy_6 + 3H_2O$.
Kalium fluoratum. Kaliumfluorid.		KFl.
*) Kalium jodatum. Kaliumjodid.		KJ.
*) Kalium nitricum. Kaliumnitrat.	Salpeter.	KNO_3

Chemische Zusammensetzung der Chemikalien.

Kalium nitrosum. Kaliumnitrit.		KNO_2.
Kalium oxalicum neutrale. Neutrales Kaliumoxalat.	Dikaliumoxalat.	$C_2K_2O_4 + H_2O$.
*) Kalium permanganicum. Kaliumpermanganat.		$K_2Mn_2O_8$.
Kalium picrinicum. Kaliumpikrat.	Kalium picronitricum.	$C_6H_2(NO_2)_3OK$.
Kaliumsozojodolicum. Sozojodolsaures Kalium.	Dijodparaphenolsulfonsaures Kalium.	$C_6H_2J_2 <\genfrac{}{}{0pt}{}{OH}{SO_3K} + 2H_2O$.
Kaliumstibicum. Saures pyroantimonsaures Kalium.	Saures Kaliumpyroantimoniat.	$K_2H_2Sb_2O_7 + 6H_2O$.
Kaliumsulfocyanatum. Kaliumsulfocyanid.	Kalium rhodanatum. Rhodankalium.	CNSK.
*) Kalium sulfuratum. Schwefelkalium.	Hepar sulfuris. Schwefelleber.	Besteht im Wesentlichen aus Kaliumtrisulfid K_2S_3 und Kaliumthiosulfat $K_2S_2O_3$.
*) Kalium sulfuricum. Kaliumsulfat.		K_2SO_4.
*) Kalium tartaricum. Kaliumtartrat.	Tartarus tartarisatus.	$C_4H_4K_2O_6 = \begin{vmatrix} CH(OH)-CO.OK \\ CH(OH)-CO.OK \end{vmatrix}$

Name.	Synonyma.	Chemische Zusammensetzung.
*) Keratinum. Hornstoff.		Er besteht aus Kohlenstoff, Wasserstoff, Sauerstoff, Stickstoff, Schwefel in wechselnder Zusammensetzung.
Kosinum. Kosin.		$C_{31}H_{38}O_{10}$.
*) Kreosotum. Kreosot.		Besteht im Wesentlichen aus Guajacol: $C_6H_4 \diagup \substack{OCH_3\ 1 \\ OH\ \ \ 2}$ und Kreosol: $C_6H_3 \diagup \substack{CH_3\ \ \ 1 \\ OCH_3\ 3 \\ OH\ \ \ \ 4}$ neben etwas Kresole, Xylenole und Carbolsäure.
Kreosotum carbonicum. Kreosotcarbonat.	Kreosotal.	Ein Gemenge der Carbonate des Guajacols: $CO_3(C_6H_4 . OCH_3)_2$ und des Kreosols: $CO_3(C_6H_3 . CH_3 . OCH_3)_2$.
Kresalole.	Kresolum salicylicum. Kresylsalicylat.	$C_6H_4 \diagup \substack{OH \\ CO . O(C_6H_4 . CH_3)}$.
Kresolum purum liquefactum. Verflüssigtes Orthokresol.		$C_6H_4 \diagup \substack{OH\ 1 \\ CH_3\ 2} +$ xaq.
Lactopheninum.	Lactophenetidin. Lactyl-	Eine Laktylverbindung des Phenetidins.

Chemische Zusammensetzung der Chemikalien.

Laktophenin.	paraamido phenolaethyl-aether.	Es unterscheidet sich vom Phenacetin (Acetphenetidin) dadurch, dass an Stelle des am Ammoniakrest haftenden Acetyls ein Lactyl: $CH(OH)CH_3$ getreten ist: $C_6H_4 {<}{OC_2H_5 \atop NH.CH(OH)CH_3}$.
Laevulose. Lävulose.	Fruchtzucker.	$C_6H_{12}O_6$.
*) Liquor Aluminii acetici. Aluminiumacetatlösung.		In 100 Teilen 7 bis 8 Teile Aluminium $^2/_3$acetat: $Al_2(C_2H_3O_2)_4(OH)_2$
Liquor Aluminii acetici neutralis. Neutrale Aluminiumacetatlösung.		Lösung von etwa 10 Prozent neutralem Aluminiumacetat: $Al_2(C_2H_3O_2)_6$.
Liquor Aluminii chlorati. Aluminiumchloridlösung.		Lösung von etwa 10 Prozent wasserfreiem Aluminiumchlorid: $AlCl_3$.
Liquor Aluminii subsulfurici. Aluminiumsubsulfatlösung.	Basisch Aluminiumsulfatlösung.	Lösung von basischem Aluminiumsulfat: $Al_2(SO_4)_2(OH)_2$.
*) Liquor Ammonii acetici. Ammoniumacetatlösung.	Spiritus Mindereri.	In 100 Teilen 15 Teile Ammoniumacetat: $CH_3 - CO.O(NH_4)$.
*) Liquor Ammonii caustici. Ammoniakflüssigkeit.	Spiritus salis Ammoniaci causticus. Ätzammoniak. Salmiakgeist.	In 100 Teilen 10 Teile Ammoniak: NH_3.

Name.	Synonyma.	Chemische Zusammensetzung.
Liquor Ammonii caustici spirituosus. Weingeistige Ammoniakflüssigkeit.	Spiritus Ammonii caustici Dzondii.	Eine 10 prozentige Lösung von Ammoniak in Weingeist.
Liquor Ammonii hydrosulfurati. Schwefelammoniumlösung.		Lösung von Ammoniumhydrosulfid: NH_4SH.
Liquor Ammonii succinici. Ammoniumsuccinatlösung.		In 100 Teilen 13 Teile Ammoniumsuccinat: $$(NH_4)_2 \cdot C_4H_4O_4 = \begin{matrix} CH_2 - CO \cdot O(NH_4) \\ | \\ CH_2 - CO \cdot O(NH_4) \end{matrix}.$$
*) Liquor Ferri albuminati. Eisenalbuminatlösung.		Eine Natriumhydroxyd enthaltende Lösung von Eisenalbuminat; Formel unbestimmt.
Liquor Ferri chlorati. Eisenchlorürlösung.	Ferrochloridlösung.	In 100 Teilen etwa 22 Teile Eisenchlorür: $FeCl_2$.
*) Liquor Ferri oxychlorati. Flüssiges Eisenoxychlorid.		Eine Lösung von basischem Ferrichlorid: $FeCl_3 + 4[Fe(OH)_3]$.
Liquor Ferri oxydati dialysati. Dialysierte Eisenoxydflüssigkeit.		Eine Lösung von stark basischem Eisenoxychlorid: $xFeCl_3 + xFe(OH)_3$.

Chemische Zusammensetzung der Chemikalien. 513

Liquor Ferri peptonati. Eisenpeptonlösung.		Eine Lösung von Eisen, an Pepton und etwas Salzsäure gebunden.
*) Liquor Ferri sesquichlorati. Eisenchloridlösung.	Ferrichloridlösung.	In 100 Teilen 29 Teile wasserfreies Eisenchlorid: $FeCl_3$.
*) Liquor Ferri subacetici. Basische Ferriacetatlösung.		In 100 Teilen nahezu 17 Teile Ferri-$^2/_3$acetat: $Fe_2(C_2H_3O_2)_4(OH)_2$.
Liquor Ferri sulfurici oxydati. Ferrisulfatlösung.		Eine Lösung von Ferrisulfat: $Fe_2(SO_4)_3$.
Liquor Hydrargyri albuminati. Quecksilberalbuminatlösung.		Eine eiweisshaltige Lösung von Quecksilberchlorid-Chlornatrium.
Liquor Hydrargyri peptonati. Quecksilberpeptonatlösung.		Eine Verbindung von Quecksilberchlorid mit Pepton, mit Hilfe von Natriumchlorid gelöst.
*) Liquor Kali caustici. Ätzkalilauge.	Kalium hydricum solutum. Kalilauge. Kaliumhydroxydlösung.	Eine 15 prozentige Lösung von Kaliumhydroxyd: KOH.
*) Liquor Kalii acetici. Kaliumacetatlösung.	Liquor Terrae foliatae Tartari.	In 100 Teilen 33,33 Teile Kaliumacetat: $CH_3 — CO . OK$.

Chemische Zusammensetzung der Chemikalien.

Name.	Synonyma.	Chemische Zusammensetzung.
*) Liquor Kalii arsenicosi. Kaliumarsenitlösung.	Solutio arsenicalis Fowleri. Fowler'sche Lösung.	1 prozentige Lösung von Arsenigsäureanhydrid: As_2O_3 in Form von $KAsO_2$.
Liquor Kalii silicici. Kaliumsilicatlösung.	Kaliumwasserglaslösung.	Eine Auflösung von $(K_2SiO_3 + SiO_2)$ und $(K_2SiO_3 + 3SiO_2)$.
*) Liquor Natri caustici. Ätznatronlauge.	Natrium hydricum solutum. Natronlauge. Natriumhydroxydlösung.	In 100 Teilen nahezu 15 Teile Natriumhydroxyd: NaOH.
Liquor Natrii hypochlorosi. Natriumhypochloritlösung.	Labaraque'sche Bleichflüssigkeit.	Eine Auflösung von Natriumhypochlorit: NaClO und Natriumchlorid in Wasser.
*) Liquor Natrii silicici. Natrium silicatlösung.	Natriumwasserglaslösung.	Enthält etwa 33 Prozent Natriumtrisilicat: $(Na_2SiO_3 + 3SiO_2)$ und Natriumtetrasilicat: $(Na_2SiO_3 + 4SiO_2)$.
*) Liquor Plumbi subacetici. Bleisubacetatlösung.	Acetum plumbicum. Plumbum hydrico-aceticum solutum. Bleiessig.	Eine Auflösung von basischem Blei-$^2/_3$acetat: $2[Pb(CH_3 \cdot CO_2)_2] \cdot Pb(OH)_2$.
Liquor Stibii chlorati. Antimonchlorürlösung.	Butyrum Antimonii. Spiessglanzbutter.	Eine salzsaure Auflösung von Antimonchlorür: $SbCl_3$.
*) Lithargyrum. Bleiglätte.	Plumbum oxydatum. Bleioxyd. Silberglätte.	PbO.

Chemische Zusammensetzung der Chemikalien.

Lithium benzoicum. Lithiumbenzoat.		$LiC_7H_5O_2 = C_6H_5 - CO \cdot OLi$.
Lithium bromatum. Lithiumbromid.		LiBr.
*) Lithium carbonicum. Lithiumcarbonat.		Li_2CO_3.
Lithium chloratum. Lithiumchlorid.		LiCl.
Lithium citricum. Lithiumcitrat.		$Li_3C_6H_5O_7 + 2H_2O$.
Lithium jodatum. Lithiumjodid.		LiJ.
*) Lithium salicylicum. Lithiumsalicylat.		$LiC_7H_5O_3 = C_6H_4 < {OH \atop CO \cdot OLi}$.
Lithium sulfuricum. Lithiumsulfat.		$Li_2SO_4 + H_2O$.
Loretinum.	m-Jod-Ortho-Oxychinolinana-Sulfonsäure.	Leitet sich ab von Chinolin: C_9H_7N, in welchem 3 H vertreten sind durch J, eine Hydroxylgruppe und den Schwefelsäurerest SO_3H: $C_9H_4J(OH)(SO_3H)N$.
Losophanum.	Trijodmetakresol.	Leitet sich ab von Metakresol: $C_6H_4 < {CH_3\ 2 \atop OH\ 4}$ in welchem 3 H des Benzolkerns durch 3 J ersetzt sind: $C_6HJ_3 < {CH_3\ 2 \atop OH\ 4}$.

Name.	Synonyma.	Chemische Zusammensetzung.
Lycetolum.	Dimethylpiperacinum tartaricum.	Weinsaures Salz des Dimethylpiperacins: $(C_4H_8N_2)(CH_3)_2$.
Lysidinum.	Methylglyoxalidin.	$C_4H_8N_2 =$ $\begin{array}{c}CH_2N\\ \| \\ CH_2N\end{array} \diagdown \begin{array}{c}C.CH_3\\ \| \\ H.\end{array}$
Lysolum. Lysol.		Durch Seife löslich gemachte Kresole.
*) Magnesia usta. Gebrannte Magnesia.		MgO.
Magnesium. Magnesiummetall.		Mg.
Magnesium boro-citricum. Magnesiumborocitrat.		Magnesiumsalz der Borcitronensäure: $C_6H_7(BO)O_7 + C_6H_8O_7 + H_2O$(?).
*) Magnesium carbonicum. Magnesiumcarbonat.	Magnesium hydrico-carbonicum. Magnesia alba. Weisse Magnesia.	$4\,MgCO_3 + Mg(OH)_2 + 6\,H_2O$.
Magnesium chloratum. Magnesiumchlorid.		$MgCl_2 + 6\,H_2O$.

Chemische Zusammensetzung der Chemikalien.

Magnesium citricum.	Magnesiumcitrat.	$Mg_3(C_6H_5O_7)_2 + 11 H_2O.$
Magnesium lacticum.	Magnesiumlaktat.	$Mg(C_3H_5O_3)_2 + 3 H_2O.$
Magnesium phosphoricum.	Magnesiumphosphat.	$MgHPO_4 + 3 H_2O.$
Magnesium salicylicum.	Magnesiumsalicylat.	$\left(C_6'H_4 {<}{{OH}\atop{CO.O}}\right)_2 Mg + 4 H_2O.$
*) Magnesium sulfuricum.	Magnesiumsulfat.	$MgSO_4 + 7 H_2O.$
Magnesium tartaricum.	Magnesiumtartrat.	$MgC_4H_4O_6 + 4 H_2O =$ $C_2H_2(OH)_2 {<}{{COO}\atop{COO}}{>} Mg + 4 H_2O.$
Malakin.	Salicyl-p-Phenetidin. Salicyliden-p-Phenetidin.	$C_6H_4 {<}{{OC_2H_5}\atop{N=C-C_6H_4.OH}}$ $\phantom{C_6H_4 <OC_2H_5N=}{\|}$ $\phantom{C_6H_4 <OC_2H_5N=}{H.}$
Manganum chloratum.	Manganochlorid. Manganchlorür.	$MnCl_2 + 4 H_2O.$
Manganum hyperoxydatum.	Manganhyperoxyd. Braunstein.	$MnO_2.$

Name.	Synonyma.	Chemische Zusammensetzung.
Manganum sulfuricum. Manganosulfat.		$MnSO_4 + 7 H_2O$.
*) Mentholum. Menthol.	Pfefferminzkampher.	$C_{10}H_{20}O$.
Methacetinum. Methacetin.	Paraoxymethylacetanilid.	Ein niedrigeres Homolog des Phenacetins, von dem es sich dadurch unterscheidet, dass an Stelle des Äthyls Methyl eingeführt ist: $C_6H_4 <\genfrac{}{}{0pt}{}{OCH_3}{NHCH_3CO}$.
Methylalum. Methylal.	Methylendimethyläther.	Die Verbindung entsteht aus 1 Molek. Formaldehyd: $H-COH$ und 2 Molek. Methylalkohol: $CH_3.OH$ durch Austritt von Wasser, und besitzt die Formel: $CH_3O-CH_2-CH_3O$.
Methylen chloratum. Methylenchlorid.	Dichlormethan.	CH_2Cl_2.
Methylicum salicylicum. Salicylsäure-Methyläther.	Künstl. Wintergrünöl.	$C_6H_4 <\genfrac{}{}{0pt}{}{OH}{CO.OCH_3}$.
Methylum chloratum. Methylchlorid.	Monochlormethan.	CH_3Cl.
*) Minium. Mennige.		$Pb_3O_4 = (PbO_2 + 2PbO)$.

Chemische Zusammensetzung der Chemikalien.

Morphinum aceticum. Morphinacetat.		$C_{17}H_{19}NO_3 \cdot C_2H_4O_2 + 3H_2O$.
*) Morphinum hydrochloricum. Morphinhydrochlorid.		$C_{17}H_{19}NO_3 \cdot HCl + 3H_2O$.
Morphinum sulfuricum. Morphinsulfat.		$(C_{17}H_{19}NO_3)_2 \cdot H_2SO_4 + 5H_2O$.
*) Naphtalinum. Naphtalin.		$C_{10}H_8$.
α-Naphtolum. α-Naphtol.		$C_{10}H_7 \cdot OH$.
*) β-Naphtolum. β-Naphtol.		$C_{10}H_7 \cdot OH$.
Naphtolum carbonicum. Naphtolcarbonat.	Kohlensäure-Naphtyläther.	$CO_3(C_{10}H_7)_2$.
Narceinum. Narcein. Narcotinum. Narkotin.		$C_{23}H_{29}NO_9$. $C_{22}H_{23}NO_7$.
*) Natrium aceticum. Natriumacetat.		$CH_3 - CO \cdot ONa + 3H_2O$.
Natrium aethylicum. Natriumäthylat.		$C_2H_5 \cdot ONa$.
Natrium anisicum. Natriumanisat.		$C_6H_4 {<}{{OCH_3}\atop{CO \cdot ONa}}$.

Chemische Zusammensetzung der Chemikalien.

Name.	Synonyma.	Chemische Zusammensetzung.
Natrium benzoicum. Natriumbenzoat.		$C_6H_5 — CO . ONa$.
*) Natrium bicarbonicum. Natriumbicarbonat.	Natrium carbonicum acidulum. Mononatriumcarbonat. Natriumhydrocarbonat.	$NaHCO_3$.
Natrium bisulfurosum. Natriumhydrosulfit.		$NaHSO_3$.
*) Natrium bromatum. Natriumbromid.		$NaBr$.
Natrium carbolicum. Natriumcarbolat.	Natriumphenylat.	$C_6H_5 . ONa$.
*) Natrium carbonicum. Natriumcarbonat.		$Na_2CO_3 + 10H_2O$.
*) Natrium chloratum. Natriumchlorid.		$NaCl$.
Natrium chloricum. Natriumchlorat.		$NaClO_3$.
Natrium dithiosalicylicum. Natrium dithiosalicylat.		$\begin{array}{l} S — C_6H_3 \diagdown \diagup \begin{array}{l}OH \\ CO.ONa\end{array} \\ \mid \\ S — C_6H_3 \diagdown \diagup \begin{array}{l}CO.ONa \\ OH.\end{array}\end{array}$

Chemische Zusammensetzung der Chemikalien. 521

Natrium hydrosulfuratum solutum. Natriumhydrosulfidlösung.		Lösung von NaSH.
Natrium hypophosphorosum. Natriumhypophosphit.		$NaH_2PO_2 + H_2O$.
*) Natriumjodatum. Natriumjodid.		$NaJ + 2H_2O$.
Natrium metallicum. Natriummetall.		Na.
*) Natrium nitricum. Natriumnitrat.		$NaNO_3$.
Natrium nitro-prussicum. Nitroprussidnatrium.		$Na_2Fe(NO)(CN)_5 + 7 H_2O$.
Natrium nitrosum. Natriumnitrit.		$NaNO_2$.
*) Natrium phosphoricum. Natriumphosphat.	Dinatrium-Orthophosphat.	$Na_2HPO_4 + 7 H_2O$.
Natrium phosphoricum ammoniatum. Natrium-Ammoniumphosphat.	Phosphorsalz.	$Na(NH_4)HPO_4 + 4H_2O$.
Natrium pyrophosphat.		$Na_4P_2O_7 + 10 H_2O$.

Chemische Zusammensetzung der Chemikalien.

Name.	Synonyma.	Chemische Zusammensetzung.
phoricum. Natriumpyrophosphat.		
Natrium pyrophosphoricum ferratum. Natriumferripyrophosphat.		$[2\,Fe_2P_2O_7 + Na_4P_2O_7 + 7\,H_2O]$ gemengt mit $Na_4P_2O_7 + 10\,H_2O$ und etwas NaCl.
*) Natrium salicylicum. Natriumsalicylat.		$C_6H_4 {<}{OH \atop CO.ONa}$
Natrium santonicum. Natriumsantonat.		$2\,(NaC_{15}H_{19}O_4) + 7\,H_2O.$
Natrium sozojodolicum. Sozojodolsaures Natrium.	Dijodparaphenolsulfonsaures Natrium.	$C_6H_3J_2 {<}{OH \atop SO_3Na} + 2\,H_2O.$
Natrium sulfocarbolicum. Karbolschwefelsaures Natrium.	Natriumsulfophenylat.	$C_6H_4 {<}{OH \atop SO_3Na} + 2\,H_2O.$
Natrium sulfo-ichthyolicum. Natriumichthyolat.		$C_{28}H_{36}S_3O_6Na_2.$
Natrium sulfosalicylicum. Saures sul-		$C_6H_3(OH)CO_2H.SO_3Na.$

fosalicylsaures Natrium.		
*) Natrium sulfuricum. Natriumsulfat.		$Na_2SO_4 + 10 H_2O.$
Natrium sulfurosum. Natriumsulfit.		$Na_2SO_3 + 7 H_2O.$
Natrium tartaricum. Natriumtartrat.		$Na_2C_4H_4O_6 + 2 H_2O =$ $C_2H_2(OH)_2 <^{CO.ONa}_{CO.ONa} + 2 H_2O.$
Natrium telluricum. Tellursaures Natrium.		$Na_2TeO_4.$
*) Natriumthiosulfuricum. Natriumthiosulfat.	Natrium subsulfurosum. Natrium hyposulfurosum. Unterschwefligsaures Natrium.	$Na_2S_2O_3 + 5 H_2O.$
Natrium valerianicum. Natriumvalerianat.		$NaC_5H_9O_2 =$ $C_4H_9.CO.ONa.$
Natrium causticum fusum. Ätznatrium.	Natriumhydroxyd.	$NaOH.$
Neurodinum.	Acetyl-p-oxyphenyl-[urethan.	$C_6H_4 <^{OCH_3CO}_{NH.COOC_2H_5}.$
Niccolum chloratum. Nickelchlorid.		$NiCl_2$ krystall.: $NiCl_2 + 6 H_2O.$
Niccolum metallicum. Metallisches Nickel.		$Ni.$

Chemische Zusammensetzung der Chemikalien.

Name.	Synonyma.	Chemische Zusammensetzung.
Niccolum nitricum. Nickelnitrat.		$Ni(NO_3)_2 + 6H_2O.$
Niccolum sulfuricum. Nickelsulfat.		$NiSO_4 + 7HO_2.$
Niccolum sulfuricum ammoniatum. Nickelsulfatammoniak.		$NiSO_4 \cdot (NH_4)_2SO_4 \cdot 6H_2O.$
Nicotinum. Nicotin.		$C_{10}H_{14}N_2.$
Nitrobenzolum. Nitrobenzol.	Nitrobenzid.	$C_6H_5(NO_2).$
Nitroglycerinum. Nitroglycerin.	Salpetersäure - Glycerinäther.	$C_3H_5(ONO_2)_3.$
Nosophenum.	Tetrajodphenolnaphtalein.	$(C_6{}^{\cdot}H_2J_2 \cdot OH)_2 \cdot C \diagdown \begin{smallmatrix}C_6H_4CO.\\O\ \_\_\_|\end{smallmatrix}$
Oleum Amygdalarum aethereum. Bittermandelöl.		Eine Verbindung von Benzaldehyd mit Cyanwasserstoff: $C_6H_5 \cdot COH + HCN.$
Oleum animale aethereum. Ätherisches Thieröl.		Bestandteile sind: Pyrrol: C_4H_5N, Chinolin: C_9H_7N, Kohlenwasserstoffe, Nitrile der Propionsäure, Buttersäure und ähnlicher Säuren.
*) Oleum Sinapis. Senföl.	Allylsenföl.	Ein Gemisch von Schwefelcyanallyl: $CNS.C_3H_5$ und Cyanallyl $C_3H_5CN.$

*) Oleum Terebinthinae rectificatum. Gereinigtes Terpentinöl.		Besteht aus dem Terpen Pinen $C_{10}H_{16}$.
Orexinum hydrochloricum. Orexinhydrochlorid.	Phenyldihydrochinazolin-[hydrochlorid.	$C_{14}H_{12}N_2 \cdot HCl + 2H_2O$.
Palladium chloratum. Palladiumchlorür.		$PdCl_2 + 2H_2O$.
Palladium metallicum. Palladiummetall.		Pd.
Papaverinum hydrochloricum. Chlorwasserstoffsaures Papaverin.		$C_{20}H_{21}NO_4 \cdot HCl$.
Papayotinum. Papayotin.		Eiweissartiges Ferment, dem Pepsin ähnlich.
Parachlorphenolum. Parachlorphenol.		$C_6H_4Cl \cdot OH$.
Paracotoinum. Paracotoin.		$C_{19}H_{12}O_6$.
*) Paraffinum liquidum. Flüssiges Paraffin.		Gemenge von flüssigen Kohlenwasserstoffen.
*) Paraffinum solidum. Festes Paraffin.		Gemenge von festen Kohlenwasserstoffen.

Name.	Synonyma.	Chemische Zusammensetzung.
*) Paraldehydum. Paraldehyd.		$(CH_3 . COH)_3$.
Pelletierinum tannicum. Pelletierintannat.		Das gerbsaure Salz des Pelletierins: $C_8H_{15}NO$.
Pentalum.	β-Isoamylen. Trimethyläthylen.	$C_5H_{10} =$ $\begin{array}{c} CH_3 \\ CH_3 \end{array} \!\!>\! C = C \!<\!\! \begin{array}{c} CH_3 \\ H. \end{array}$
*) Pepsinum. Pepsin.		Ein Ferment des Magenschleims.
Peptonum siccum. Trockenes Pepton.		Wasserlösliches Produkt, aus dem Eiweiss durch Einwirken von Pepsin entstanden.
Phenacetinum. Phenacetin.	Para-Acetphenetidin. Para-Oxyäthyl-Acetanilid.	Unterscheidet sich von Acetanilid (siehe dieses) dadurch, dass 1 H des Benzolkerns durch Oxyäthyl OC_2H_5 ersetzt ist: $C_6H_4 \!<\!\! \begin{array}{c} OC_2H_5 \\ NHCH_3CO. \end{array}$
Phenacetalinum. Phenacetalin.	Phenacetein.	$C_{16}H_{12}O_2$.
Phenocollum hydrochloricum. Phenocollhydrochlorid.	Salzsaures Glycocollparaphenetidin.	Salzsaure Verbindung des Phenocolls; letzteres ist ein Derivat des Phenacetins, dessen Acetylrest durch den Rest des Glycocolls (Amidoessigsäure) ersetzt ist:

Chemische Zusammensetzung der Chemikalien. 527

Phenolphtaleinum. Phenolphtalein.		
Phenylurethanum. Phenylurethan.		$C_6H_4 \diagup\!\!\!\diagdown \begin{matrix} OC_2H_5 \\ NH(COCH_2NH_2) \end{matrix}$
		$C_{20}H_{14}O_4$.
	Euphorine.	Die Urethane leiten sich von der hypothetischen Carbaminsäure: $C \diagup\!\!\!\diagdown \begin{matrix} NH_2 \\ O \\ OH \end{matrix}$ durch Vertretung des H der Hydroxylgruppe durch ein organisches Radikal z. B. Äthyl C_2H_5 ab. Wird 1 H der Amidogruppe des Äthylurethans durch Phenyl C_6H_5 vertreten, so entsteht Phenylurethan: $C \diagup\!\!\!\diagdown \begin{matrix} NH \cdot C_6H_5 \\ O \\ OC_2H_5 \end{matrix}$
*) Phosphorus. Phosphor.		P.
*) Physostigminum salicylicum. Physostigminsalicylat.		$C_{15}H_{21}N_3O_2 \cdot C_7H_6O_3$.
*) Physostigminum sulfuricum. Physostigminsulfat.		$(C_{15}H_{21}N_3O_2)_2 \cdot H_2SO_4$.
Picrotoxinum. Pikrotoxin.		$C_{30}H_{31}O_3$.

Name.	Synonyma.	Chemische Zusammensetzung.
*) Pilocarpinum hydrochloricum. Pilocarpinhydrochlorid.		$C_{11}H_{16}N_2O_2 \cdot HCl.$
Pilocarpinum salicylicum. Pilocarpinsalicylat.		$C_{11}H_{16}N_2O_2 \cdot C_7H_6O_3.$
Piperacinum. Piperacin.	Diäthylendiamin. Spermin.	$(C_2H_4NH)_2 = NH \diagup\!\!\!\begin{array}{c}CH_2-CH_2\\CH_2-CH_2\end{array}\!\!\!\diagdown NH.$
Piperinum. Piperin.		$C_{17}H_{19}NO_3.$
Platinum. Platin.		Pt.
Platinum bichloratum. Platinchlorid.	Platinum chloratum. Platinchlorid-Chlorwasserstoff.	$H_2PtCl_6 = PtCl_4 + 2HCl.$
Platinum chloratum viride. Platinchlorür.	Platinochlorid.	$PtCl_2.$
Plumbum aceticum. Bleiactat.	Saccharum Saturni. Bleizucker.	$(CH_3-CO.O)_2Pb + 3H_2O.$
Plumbum chromicum. Bleichromat.		$PbCrO_4.$
Plumbum hyperoxydatum. Bleisuperoxyd.		$PbO_2.$

Chemische Zusammensetzung der Chemikalien.

Plumbum jodatum. Bleijodid.		PbJ_2
Plumbum metallicum. Metallisches Blei.		Pb.
Plumbum nitricum. Bleinitrat.		$Pb(NO_3)_2$.
Pyoktaninum coeruleum.		Reines Methylviolett, im Wesentlichen aus salzsaurem Pentamethyl-p-Rosanilin: $C_{24}H_{28}N_3Cl$ und salzsaurem Hexamethyl-p-Rosanilin: $C_{25}H_{30}N_3Cl$ bestehend.
Pyoktaninum aureum.		Reines Auramin d. i. salzsaures Imidotetramethyldi-p-amidodiphenylmethan: $C_{17}H_{24}N_3OCl$.
Pyrantinum. Pyrantin.	p-Aethoxyphenylsuccinimid.	$\begin{array}{c}CH_2-CO\\|\diagdown\\CH_2-CO\diagup\end{array} N-C_6H_5-OC_2H_5.$
Pyridinum. Pyridin.		C_5H_5N.
*) Pyrogallolum. Pyrogallol.	Acidum pyrogallicum. Pyrogallussäure. Brenzgallussäure.	$C_6H_3(OH)_3$.
*) Resorcinum. Resorcin. Resorcinolum. Resorcinol.	Meta-Dioxybenzol	$C_6H_4\begin{cases}OH\ 1\\OH\ 3.\end{cases}$ Besteht aus einem Gemisch von gleichen Teilen Resorcin: $C_6H_4(OH)_2$ und Jodoform: CHJ_3, in welchem letzteres eine teilweise Zersetzung erfahren.

Biechele, Chemikalien.

Chemische Zusammensetzung der Chemikalien.

Name.	Synonyma.	Chemische Zusammensetzung.
Rubidium-Ammonium bromatum. Rubidium-Ammoniumbromid.		$RbBr + 3NH_4Br$.
Rubidium jodatum. Rubidiumjodid.		RbJ.
Saccharinum. Saccharin.	Benzoesäure-Sulfimid.	$C_6H_4 <{}^{OH}_{SO_2}> NH$.
*) Saccharum. Zucker.		$C_{12}H_{22}O_{11}$.
*) Saccharum Lactis. Milchzucker.		$C_{12}H_{22}O_{11} + H_2O$.
Salacetolum. Salacetol.	Acetolsalicylsäureester.	Eine Verbindung von Salicylsäure mit Acetol, dem Alkohol des Acetons: $CH_3 - CO - CH_2OH$. Die Verbindung besitzt die Formel: $C_6H_4 <{}^{OH}_{CO.O(CH_2-CO-CH_3)}>$.
Salicinum. Salicin		$C_{13}H_{18}O_7$.
Salicylamid. Salicylsäureamid.		$C_6H_4 <{}^{OH}_{CONH_2}$.

Chemische Zusammensetzung der Chemikalien.

Saligeninum. Saligenin.		$C_7H_8O_2 = (OH)C_6H_4 . CH_2OH$.
Salipyrinum. Salipyrin.	Antipyrinsalicylat.	$C_6H_4 {<}^{OH}_{CO.O(C_{11}H_{12}N_2O)}$.
Salocollum. Salocoll.	Phenocollum salicylatum. Phenocollsalicylat.	$C_6H_4 {<}^{OH}_{CO.O(CO.CH_2.NH_2)}$ siehe Phenocollum hydrochloricum.
*) Salolum. Salol.	Salicylsäure - Phenyläther.	$C_6H_4 {<}^{OH}_{CO.OC_6H_5}$.
Salophenum. Salophen.	Acetylparaamidophenolsalicylsäureester.	Salicylsaure Verbindung des Acetylparaamidophenols. Letztere Verbindung unterscheidet sich von Phenacetin dadurch, dass die Oxyäthylgruppe nicht vorhanden ist; $C_6H_4{<}^{OH}_{CO.O}\left(C_6H_4N{<}^{H}_{CH_3CO}\right)$.
*) Santoninum. Santonin.		$C_{15}H_{18}O_3$.
*) Sapo kalinus. Kaliseife.		Besteht neben Wasser aus den Kalisalzen der Linolensäure: $C_{18}H_{29}O_2K$ und der Linolsäure: $C_{18}H_{31}O_2K$, und enthält Glycerin und überschüssige Kalilauge beigemengt.
*) Sapo medicatus. Medizinische Seife.		Besteht im Wesentlichen aus ölsaurem Natrium: $C_{18}H_{33}O_2Na$ neben geringen

Name.	Synonyma.	Chemische Zusammensetzung.
Saprolum. Saprol.		Mengen von stearinsaurem und palmitinsaurem Natrium. Gemenge von rohen Kresolen, welchen noch grosse Mengen Pyridinbasen und Kohlenwasserstoffe beigemengt sind.
*) Scopolaminum hydrobromicum. Scopolaminhydrobromid.		$C_{17}H_{23}NO_3 \cdot HBr + 3^{1}/_{2} H_2O$.
Scopolaminum hydrojodicum. Scopolaminhydrojodid.		$C_{17}H_{23}NO_3 \cdot HJ$
Solaninum. Solanin.		$C_{42}H_{73}NO_{15}(?)$.
Solutolum. Solutol.		Ein durch Kresolnatrium $C_6H_4 \diagup_{ONa}^{CH_3}$ löslich gemachtes Kresol $C_6H_4 \diagup_{OH}^{CH_3}$.
Solveolum. Solveol.		Mit Hilfe von kresotinsaurem Natrium: $C_6H_3 \diagup_{CO.ONa,}^{CH_3}_{OH}$ löslich gemachte Kresole: $C_6H_4 \diagup_{OH}^{CH_3}$.

Chemische Zusammensetzung der Chemikalien.

Somatose.		Enthält die Albuminate in leicht löslicher Form nebst einer geringen Menge Pepton und die Nährsalze des Fleisches.
Sozalum.	Paraphenolsulfonsaures Aluminium.	$\left(C_6H_4\diagdown\substack{OH\\SO_3}\right)_6 Al_2.$ $C_{15}H_{26}N_2 \cdot H_2SO_4 + Aq.$
Sparteinum sulfuricum. Sparteinsulfat.		
*) Spiritus. Weingeist.	Spiritus Vini rectificatissimus. Alcohol Vini.	$C_2H_5 \cdot OH + x\,Aq.$
Spiritus Aetheris chlorati.	Spiritus muriatico-aethereus. Spiritus salis dulcis. Versüsster Salzgeist.	Weingeistige Lösung von Chloral: $CCl_3 \cdot COH$ und Äthylchlorid: $C_2H_5Cl.$
*) Spiritus Aetheris nitrosi.	Spiritus nitrico-aethereus. Spiritus Nitri dulcis. Versüsster Salpetergeist.	Eine weingeistige Lösung von Äthylnitrit: $C_2H_5 \cdot NO_2$, Äthylacetat $C_2H_3(C_2H_5)O_2$ und Aldehyd $CH_3 \cdot COH.$
Stannum. Zinn.		Sn.
Stannum chloratum crystall. Zinnchlorür.	Stannochlorid.	$SnCl_2 + 2H_2O.$
Stannum oxydatum album. Stannioxyd.	Zinnasche.	$SnO_2.$
Stibium metallicum. Metallisches Antimon.	Antimonium metallicum.	Sb.
Stibium oxydatum. Antimonoxyd.	Stibium oxydatum album. Antimontrioxyd. Antimonigsäureanhydrid.	$Sb_2O_3.$

Name.	Synonyma.	Chemische Zusammensetzung.
*) Stibium sulfuratum aurantiacum. Goldschwefel.	Sulfur auratum Antimonii. Antimonpentasulfid.	Sb_2S_5.
*) Stibium sulfuratum nigrum. Schwarzes Schwefelantimon.	Antimonium nigrum seu crudum. Spiessglanz.	Sb_2S_3.
Stibium sulfuratum rubeum. Mineralkermes.		Amorphes Sb_2S_3 mit 6 bis 8 Prozent Antimonoxyd: Sb_2O_3.
Strontium carbonicum. Strontiumcarbonat.		$SrCO_3$.
Strontium lacticum. Strontiumlaktat.		$Sr(C_3H_5O_3)_2 + 3H_2O$.
Strontium nitricum. Strontiumnitrat.		$Sr(NO_3)_2$.
Strophantinum. Strophantin.		$C_{20}H_{34}O_{10}(?)$.
*) Strychninum nitricum. Strychninnitrat.		$C_{21}H_{22}N_2O_2 \cdot HNO_3$.
Strychninum sulfuricum. Strychninsulfat.		$(C_{21}H_{22}N_2O_2)_2 \cdot H_2SO_4 + 7H_2O$.

Chemische Zusammensetzung der Chemikalien.

Styracolum.	Guajacolum cinnamylicum. Cinnamyl - Guajacol. Zimmtsäure - Guajacoläther.	Verbindung der Zimmtsäure: $C_6H_5.CH = CH.COOH$ mit Guajacol $C_6H_4\{{OH \atop OCH_3}}$. Die Verbindung besitzt die Formel: $C_6H_4(OCH_3)$ $C_6H_5.CH=CHCO$ $>O$.
Sucrolum.	Dulcin. Phenetolcarbamid. p-Oxyäthylphenylharnstoffe.	Leitet sich ab von Harnstoff: $CO<{NH_2 \atop NH_2}$, in welchem 1 H ersetzt ist durch Paraoxyäthylphenol: $C_6H_4.OC_2H_5$: $CO<{NH.C_6H_4.OC_2H_5 \atop NH_2}$.
*) Sulfaminolum. Sulfonalum. Sulfonal.	Thiooxydiphenylamin. Diäthylsulfon - Dimethylmethan.	$C_{12}H_9OS_2N$. ${CH_3 \atop CH_3}>C<{SO_2C_2H_5 \atop SO_2C_2H_5}$
*) Sulfur depuratum. Gereinigter Schwefel.	Flores Sulfuris loti. Gewaschene Schwefelblumen.	S.
Sulfur jodatum. Jodschwefel.		S_2J_2.
*) Sulfur praecipitatum. Präzipitierter Schwefel.	Lac sulfuris. Schwefelmilch.	S.
Symphorole. Symphorol N.	Coffeïnsulfosaures [Natrium.	$C_8H_9N_4O_2.SO_3Na$.

Name.	Synonyma.	Chemische Zusammensetzung.
Symphorol L.	Coffeïnsulfosaures [Lithium.	$C_8H_9N_4O_2 \cdot SO_3Li$.
Symphorol S.	Coffeïnsulfosaures [Strontium.	$(C_8H_9N_4O_2SO_3)_2Sr$.
Tannal insolubile. Unlösliches Tannal.	Basisch gerbsaures Aluminium.	$Al_2(OH)_4(C_{14}H_9O_9)_2 + 10 H_2O$.
Tannal solubile. Lösliches Tannal.	Aluminium tannico-tartaricum. Gerbweinsaures Aluminium.	$Al_2(C_4H_6O_6)_2(C_{14}H_9O_9)_2 + 6 H_2O$..
Tannigenum. Tannigen.		Ein Derivat des Tannins, in welchem 2 Hydroxylgruppen durch 2 Essigsäurereste ersetzt sind: $C_{14}H_8O_7(CH_3CO)_2$.
Tannoform.		Ein Condensationsprodukt von Gallusgerbsäure und Formaldehyd durch Austritt von Wasser entstanden. $C_{20}H_{20}O_{18} =$ $HC_2 <\begin{smallmatrix}C_{14}H_9O\\C_{14}H_9O.\end{smallmatrix}$
*) Tartarus boraxatus Boraxweinstein.	Kalitartaricum boraxatum. Cremor Tartari solubilis.	Ist keine chemische Verbindung, sondern ein Gemenge von Borax: $Na_2B_4O_7 + 10 H_2O$ mit Weinstein: $C_4H_5KO_6$.

Chemische Zusammensetzung der Chemikalien.

*) Tartarus depuratus. Weinstein.	Kalium bitartaricum. Crystalli Tartari. Cremor Tartari. Kaliumbitartrat.	$C_4H_5KO_6 =$ $CH(OH) - COOK$ $|$ $CH(OH) - CO.OH.$
Tartarus ferratus. Eisenweinstein.	Tartarus ferruginosus. Ferryl-Kaliumtartrat.	$K(FeO)C_4H_4O_6 =$ $CH(OH) - COO(FeO)$ $|$ $CH(OH) - COOK.$
*) Tartarus natronatus. Natronisierter Weinstein.	Natro-Kalium tartaricum. Sal polychrestum Seignetti. Kaliumnatriumtartrat. Seignettesalz.	$C_4H_4KNaO_6 + 4H_2O =$ $CH(OH) - COOK$ $+ 4H_2O.$ $|$ $CH(OH) - COONa$
*) Tartarus stibiatus. Brechweinstein.	Stibio-Kali-tartaricum. Kalium-Antimonyltartrat. Tartarus emeticus.	$C_4H_4K(SbO)O_6 =$ $CH(OH) - COOK$ $|$ $CH(OH) - COO(SbO).$
Tereben. Terpinolum. Terpinol. *) Terpinum hydratum. Terpinhydrat. Tetronalum. Tetronal.	Diäthylsulfondiäthyl-[methan.	$C_{10}H_{16}(?).$ $C_{20}H_{34}O(?).$ $C_{10}H_{16} + 3H_2O.$ Es unterscheidet sich vom Sulfonal (Dimethylsulfon-Diäthylmethan) dadurch, dass an Stelle von 2 Molekülen Methyl 2 Moleküle Äthyl getreten sind. $\begin{matrix}C_2H_5\\C_2H_5\end{matrix} \!\!> C <\!\! \begin{matrix}SO_2C_2H_5\\SO_2C_2H_5.\end{matrix}$

Name.	Synonyma.	Chemische Zusammensetzung.
*) Thallinum sulfuricum. Thallinsulfat.		Schwefelsaures Salz des Thallins. Das Thallin leitet sich ab von Naphtalin: $C_{10}H_8$. Wird eine CH-Gruppe des Naphtalins durch N vertreten, so erhält man Chinolin: C_9H_7N. Wird in dieser Verbindung 1 H durch OH vertreten, so entsteht Paraoxychinolin: $C_9H_6(OH)N$. Wird der H der Hydroxylgruppe durch Methyl CH_3 vertreten, so entsteht Parachinanisol: $C_9H_6(OCH_3)N$. Treten 4 H in die letzte Verbindung ein, so erhält man Tetrahydrochinanisol = Thallin: $C_9H_{10}(OCH_3)N$. Das Thallinsulfat besitzt die Formel: $(C_9H_{10}(OCH_3)N)_2 H_2 SO_4$.
Tallinum tartaricum. Thallintartrat.		Das weinsaure Salz des Thallins (siehe oben!): $(C_9H_{10}(OCH_3)N) . C_4H_6O_6$.
*) Theobrominum natrio-salicylicum. Theobrominnatrium - Natriumsalicylat.	Diuretin.	$C_7H_7NaN_4O_2 . C_6H_4(OH)CO . ONa$.
Therminum. Thermin.	Tetrahydro-p-β-Naphtylamin.	Es leitet sich ab von β-Naphtol: $C_{10}H_7 . OH$, in welchem die Hydroxylgruppe durch

Thermodinum. Thermodin. Thioform.	Acetyl-p-Äthyloxyurethan.	NH_2 ersetzt ist und 4 H eingetreten sind: $C_{10}H_{11} \cdot NH_2$. $C_6H_4 \diagup \begin{matrix} OC_2H_5 \\ NCO \cdot CH_3 \cdot OC_2H_5 \end{matrix}$
	Basisch dithiosalicylsaures Wismut.	$S-C_6H_3(OH)COO \diagup BiO-Bi \diagup \begin{matrix} OBiO \\ OBiO \end{matrix}$ $S-C_6H_3(OH)COO \diagup$ $+ 2 H_2O$.
Thiolum. Thiol.		Gemenge von Kohlenwasserstoffen und geschwefelten Kohlenwasserstoffen.
Thiophendijodid.	Thiophenum bijodatum.	$C_4H_2J_2S$.
Thiosinaminum.	Allylschwefelharnstoff.	Leitet sich ab von Harnstoff: $CO \diagup \begin{matrix} NH_2 \\ NH_2 \end{matrix}$, in welchem der Sauerstoff durch Schwefel, und 1 H der Amidogruppe durch Allyl C_3H_5 vertreten ist: $CS \diagup \begin{matrix} NH(C_3H_5) \\ NH_2 \end{matrix}$.
Thiuretum sulfocarbolicum. Thiuret.	p-Phenolsulfosaures Thiuret.	Verbindung der Paraphenolsulfosäure mit Thiuret. Diese Base leitet sich ab von Thioharnstoff: $CS \diagup \begin{matrix} NH_2 \\ NH_2 \end{matrix}$ und stellt das Disulfid des Phenyldithiobiurets dar: $C_6H_5N-CS-NH-CS-NH \cdot C_6H_4(OH)SO_3H$.

Name.	Synonyma.	Chemische Zusammensetzung.
Thymacetinum. Thymacetin.		Es leitet sich ab von Thymol: $C_6H_3{<}{\genfrac{}{}{0pt}{}{CH_3}{OH}\atop C_3H_7,}$ in welchem 1 Kernwasserstoff durch eine acetylierte Amidogruppe: $NH.CH_3CO$ und der Hydroxylwasserstoff durch Äthyl ersetzt ist: $C_6H_2(NH.CH_3CO){<}{\genfrac{}{}{0pt}{}{CH_3}{OC_2H_5}\atop C_3H_7.}$
*) Thymolum. Thymol.	Acidum thymicum. Thymylalkohol. Thymolkampher. Thymiansäure.	$C_6H_3{<}{\genfrac{}{}{0pt}{}{CH_3}{OH}\atop C_3H_7.}$
Toluolum. Toluol.	Methylbenzol.	$C_7H_8 = C_6H_5.CH_3$.
Tolypyrinum. Tolypyrin.	Toly-Antipyrin. Toly-Dimethylphenylpyrazolon.	Ein Homologes des Antipyrins (Dimethylphenylpyrazolon), von dem es sich dadurch unterscheidet, dass die Phenylgruppe durch die Toluylgruppe: $C_6H_4.CH_3$ ersetzt ist: $C_3H(CH_3)_2(C_6H_4.CH_3)N_2O$.

Tolysal.	Tolypyrinsalicylat. Salicylsaures Tolydimethylphenylpyrazolon.	Salicylsaures Salz des Tolypyrins (siehe oben): $C_3H(CH_3)_2(C_6H_4 \cdot CH_3)N_2O \cdot C_7H_6O_3$.
Trikresolum.		Ein Gemenge von Ortho-, Meta- und Parakresol: $C_6H_4 \diagup \begin{matrix} CH_3 \; 1\,1\,1 \\ OH \; 2\,3\,4 \end{matrix}$. Lösung von $N(CH_3)_3$.
Trimethylaminum. Trimethylaminlösung.		
Trionalum. Trional.	Diäthylsulfon-Methyläthylmethan.	Unterscheidet sich von Sulfonal dadurch, dass an Stelle von 1 Molek. Methyl 1 Molek. Äthyl getreten ist: $\begin{matrix} CH_3 \\ C_2H_5 \end{matrix} \diagup C \diagdown \begin{matrix} SO_2 \cdot C_2H_5 \\ SO_2 \cdot C_2H_5 \end{matrix}$.
Tumenolum. Tumenol.		Ist dem Thiol sehr nahestehend und besteht im Wesentlichen aus geschwefelten Kohlenwasserstoffen.
Ultramarinum. Ultramarin.	Lasurblau.	Besteht im Wesentlichen aus Natrium-Aluminiumsilicat neben Natriumsulfid und Natriumpolysulfid.
Uralinum. Uralin.	Chloralurethan.	$CCl_3 - C \diagup \begin{matrix} OH \\ H \\ NH \cdot COOC_2H_5 \end{matrix}$
Urethanum. Urethan.	Carbaminsäure-Äthyläther	Siehe Ableitung des Urethans bei Phenylurethan: $C \begin{matrix} NH_2 \\ = O \\ OC_2H_5 \end{matrix}$.

Chemische Zusammensetzung der Chemikalien.

Name.	Synonyma.	Chemische Zusammensetzung.
Uranium nitricum. Uraninitrat.	Uranylnitrat.	$(UO_2)(NO_3)_2 + 6H_2O$.
Urea pura. Reiner Harnstoff.	Carbamid. Carbonylamid.	$CO {<}^{NH_2}_{NH_2}$.
Uropherinum.	Theobrominlithium - Lithiumsalicylat.	$C_7H_7N_4O_2Li + C_6H_4(OH)COOLi$.
Urotropinum.	Hexamethylentetramin.	$(CH_2)_6N_4$.
Vanillinum. Vanillin.	Methylpentacatechualdehyd.	$C_6H_3 {<}^{OH}_{OCH_3}_{COH.}$
Vaselinum. Gelbes Vaselin.		Gemenge verschiedener Kohlenwasserstoffe.
*) Veratrinum. Veratrin.		Ein inniges Gemenge mehrerer Alkaloide, wie Veratrin, Sabadin, Sabadinin etc. Das krystall. Veratrin besitzt die Formel: $C_{32}H_{49}NO_9$.
Xylolum. Xylol.		C_8H_{10}.
*) Zincum aceticum. Zinkacetat.		$(CH_3-COO)_2Zn + H_2O$.
Zincum carbonicum. Basisches Zinkcarbonat.	Zincum hydrico-carbonicum. Zincum subcarbonicum.	$2ZnCO_3 + 3Zn(OH)_2$.

Chemische Zusammensetzung der Chemikalien.

*) Zincum chloratum. Zinkchlorid.		$ZnCl_2$.
Zincum cyanatum. Zinkcyanid.		$Zn(CN)_2$.
Zincum jodatum. Zinkjodid.		ZnJ_2.
Zincum lacticum. Zinklaktat.		$Zn(C_3H_5O_3)_2 + 3H_2O$.
Zincum metallicum. Metallisches Zink.		Zn.
Zincum oleinium. Zinkoleat.		$Zn(C_{18}H_{33}O_2)_2$.
*) Zincum oxydatum. Zinkoxyd.	Flores Zinci.	ZnO.
Zincum permanganicum. Zinkpermanganat.		$ZnMn_2O_8 + 6H_2O$.
Zincum salicylicum. Zinksalicylat.		$Zn(C_7H_5O_3)_2 + 2H_2O = \left(C_6H_4 <^{OH}_{COO}\right)_2 Zn + 2H_2O$.
Zincum sozojodolicum. Sozojodolzink.	Dijodparaphenolsulfonsaures Zink.	$(C_6H_2J_2(OH)SO_3)_2Zn + 6H_2O$.
Zincum sulfocarbolicum. Zinksulfocarbolat.	Zinksulfophenylat.	$(C_6H_4(OH)SO_3)_2Zn + 7H_2O$.

Name.	Synonyma.	Chemische Zusammensetzung.
*) Zincum sulfuricum. Zinksulfat.	Reiner Zinkvitriol.	$ZnSO_4 + 7H_2O$.
Zincum sulfurosum. Zinksulfit.		$ZnSO_3 + 2H_2O$.
Zincum tannicum. Zinktannat.		Besitzt keine konstante Zusammensetzung.
Zincum valerianicum. Zinkvalerianat.		$Zn(C_5H_9O_2)_2 + 2H_2O$.

Sachregister.

Abrastol 91.
Acetaldehyd 53.
Acetolum 1.
Acetanilidum 1.
Acetolsalicylsäureester 384.
Acetonum 1.
Acetophenon 247.
Acetum 2.
Acetum plumbicum 290.
Acetum pyrolignosum crudum 2.
Acetum pyrolignosum rectificatum 2.
Acetyl-p-Äthyloxyurethan 420.
Acetylparaamidophenolsalicylsäureester 388.
Acetyl-p-oxyphenylurethan 347.
Acetylphenylhydracin 220.
Acidum aceticum 3.
Acidum aceticum dilutum 3.
Acidum anisicum 3.
Acidum arsenicicum 4.
Acidum arsenicosum 5.
Acidum benzoicum 5.
Acidum boricum 6.
Acidum butyricum 6.
Acidum camphoricum 6.
Acidum carbolicum 7.
Acidum carbolicum liquefactum 7.
Acidum cathartinicum 7.
Acidum chloricum 7.
Acidum chromicum 8.
Acidum chrysophanicum 8.
Acidum citricum 8.

Acidum cressylicum 9.
Acidum formicicum 9.
Acidum gallicum 9.
Acidum hydrobromicum 10.
Acidum hydrochloricum 10.
Acidum hydrochloricum crudum 10.
Acidum hydrocyanicum 11.
Acidum hydrofluoricum fumans 12.
Acidum hydrojodatum 13.
Acidum hydrojodicum 13.
Acidum hydro-silico-fluoricum 14.
Acidum hyperosmicum 20.
Acidum lacticum 15.
Acidum malicum 15.
Acidum molybdaenicum 16.
Acidum monobromaceticum 17.
Acidum monochloraceticum 17.
Acidum nitricum 18.
Acidum nitricum crudum 18.
Acidum nitricum fumans 18.
Acidum oleinicum 19.
Acidum osmicum 20.
Acidum oxalicum 21.
Acidum α-oxynaphtoicum 22.
Acidum parakresotinicum 22.
Acidum perosmicum 20.
Acidum phenylicum 7.
Acidum phospho-molybdänicum 23.
Acidum phosphoricum 23.

Acidum phosphoricum glaciale 23.
Acidum picrinicum 25.
Acidum picronitricum 25.
Acidum pyrogallicum 380.
Acidum rosolicum 26.
Acidum salicylicum 26.
Acidum silicicum via humida parat. 26.
Acidum silicofluoratum 14.
Acidum sozojodolicum 27.
Acidum sozolicum 38.
Acidum stearinicum 28.
Acidum succinicum 29.
Acidum sulfuricum 30.
Acidum sulfuricum crudum 30.
Acidum sulfuricum fumans 30.
Acidum sulfurosum liquidum 32.
Acidum tannicum 33.
Acidum tartaricum 33.
Acidum thymicum 424.
Acidum trichloraceticum 33.
Acidum uricum 33.
Acidum valerianicum 34.
Acidum wolframicum 35.
Aconitinum 36.
Adeps Lanae 37.
Adonidinum 38.
Aerugo 39.
Aerugo crystallisata 174.
Aether 40.
Aether aceticus 40.
Aether aethylo-butyricus 43.
Aether aethylo-formicicus 43.
Aether aethylo-salicylicus 44.
Aether aethylo-valerianicus 45.
Aether amylo-aceticus 40.
Aether amylo-butyricus 41.
Aether amylo-formicicus 41.
Aether amylo-valerianicus 42.
Aether benzoicus 42.
Aether bromatus 42.

Aether butyricus 43.
Aether chloratus 47.
Aether formicicus 43.
Aether jodatus 44.
Aether salicylicus 44.
Aether valerianicus 45.
Aetoxy-ana-Monobenzoylamidochinolin 76.
p-Aethoxyphenylsuccimid 379.
Aethylaldehyd 53.
Aethylbromid 42.
Aethyljodid 44.
Aethylenbernsteinsäure 29.
Aethylendiamin-Silberphosphatlösung 85.
Aethylenum bromatum 45.
Aethylenum chloratum 45.
Aethylidendiaethylaether 1.
Aethylidenmilchsäure 15.
Aethylidenum chloratum 46.
Aethylum chloratum 47.
Agaricinum 48.
Agathin 48.
Airolum 49.
Alant-Kampher 219.
Albumen Ovi siccum 49.
Alcohol absolutus 49.
Alcohol amylicus 51.
Alcohol methylicus 52.
Aldehydum concentratum 53.
Alizaringelb 214.
p-Allylphenylmethylaether 77.
Allylschwefelharnstoff 423.
Allylsenföl 355.
Aloinum 54.
Alumen 54.
Alumen ammoniacale 54.
Alumen ammoniacale ferratum 55.
Alumen chromicum 56.
Alumen ustum 57.
Alumina hydrata 57.

Sachregister.

Aluminium 58.
Aluminium acetico-tartaricum 59.
Aluminium, basisch gerbsaures 412.
Aluminiumborat, gerbsaures 60.
Aluminium boro-formicicum 61.
Aluminium borico-tannicum 60.
Aluminium chloratum 61.
Aluminium, gerbweinsaures 412.
Aluminium sulfuricum 62.
Aluminium tannico - tartaricum 412.
Alumnolum 62.
Ameisensäure-Aethylaether 43.
Ameisensäure-Amylaether 41.
Amidalinum 89.
Amidobenzol 78.
Amidobernsteinsäureamid 92.
Ammoniakalaun 54.
Ammonium aceticum cryst. 62.
Ammonium benzoicum 63.
Ammonium bromatum 64.
Ammonium carbonicum 64.
Ammonium chloratum 64.
Ammonium chloratum ferratum 65.
Ammonium hydrochloricum 64.
Ammonium jodatum 65.
Ammonium molybdaenicum 66.
Ammonium muriaticum martiale 65.
Ammonium nitricum 67.
Ammonium oxalicum 68.
Ammonium phosphoricum 69.
Ammonium rhodanatum 71.
Ammonium salicylicum 71.
Ammonium sulfocyanatum 71.
Ammonium sulfo-ichthyolicum 72.
Ammonium sulfuricum 73.
Ammonium valerianicum 74.
Ammonium vanadinicum 75.

Amygdalinum 75.
Amylacetat 40.
Amylbutyrat 41.
Amylenum hydratum 76.
Amylformiat 41.
Amylium aceticum 40.
Amylium butyricum 41.
Amylium formicicum 41.
Amylium nitrosum 76.
Amylium valerianicum 42.
Amylvalerianat 42.
Analgenum 76.
Anetholum 77.
Anhydroglyco-Chloral 156.
Anilinum 78.
Aniskampher 77.
Anthrarobinum 78.
Antifebrin 1.
Antimonigsäureanhydrid 400.
Antimonium metallicum 399.
Antimonium nigrum 402.
Antimonoxyd 400.
Antimonpentasulfid 402.
Antimontrioxyd 400.
Antinosinum 79.
Antipyrinum 79.
Antipyrinum cum Ferro 193.
Antipyrinsalicylat 386.
Antispasminum 79.
Antitherminum 80.
Apiolum album cryst. 81.
Apocodeinum hydrochloricum 81.
Apomorphinum hydrochloricum 82.
Aqua Amygdalar. amarar. 82.
Aqua bromata 82.
Aqua Calcariae 82.
Aqua chlorata 83.
Aqua Lauro-Cerasi 83.
Arbutinum 83.
Arecolinum hydrobromicum 85.

Argentaminum 85.
Argentum 85.
Argentum nitricum 86.
Argentum nitricum cum Argento chlorato 87.
Argentum nitricum cum Kalio nitrico 87.
Argentum oxydatum 88.
Argilla pura 87.
Argoninum 88.
Aristolum 89.
Arsenium jodatum 90.
Arsenium metallicum 91.
Asaprol 91.
Aseptol 28.
Asparaginum 92.
Asparamid 92.
Atropinum 92.
Atropinum salicylicum 93.
Atropinum sulfuricum 94.
Atropinum valerianicum 94.
Aurum chloratum viride 95.
Aurum foliatum 96.
Auro-Natrium chloratum 95.

Baldriansäure-Aethylaether 45
Baldriansäure-Amylaether 42.
Baryta caustica hydrica 102.
Baryum aceticum 97.
Baryum carbonicum 98.
Baryum causticum 102.
Baryum chloratum 99.
Baryum chloricum 100.
Baryum hydricum crystallis. 102.
Baryum nitricum 101.
Baryum oxydatum hydricum 102.
Baryum sulfuratum 103.
Baryum sulfuricum 103.
Benzaldehydum 104.
Benzanilid 105.
Benzinum Petrolei 105.
Benzoesäure-Aethylaether 42.

Benzoesäure-Naphtylaether 106.
Benzoesäure-Sulfimid 382.
Benzolum 105.
Benzonaphtolum 106.
Benzosolum 216.
Benzoylguajacol 216.
Benzoylhydrür 104.
Berberinum 107.
Berlinerblau 200.
Betolum 108.
Bismutum benzoicum 109.
Bismutum carbonicum 109.
Bismutum hydrico-nitricum 117.
Bismutum metallicum 111.
Bismutum β-naphtolicum 112.
Bismutum nitricum 112.
Bismutum oxyjodatum 113.
Bismutum phenylicum 114.
Bismutum phosphoricum solubile 115.
Bismutum pyrogallicum 115.
Bismutum subgallicum 115.
Bismutum subjodatum 113.
Bismutum subnitricum 117.
Bismutum subsalicylicum 117.
Bismutum tannicum 117.
Bismutum tribromphenylic. 118.
Bismutum valerianicum 118.
Bittermandelöl 354.
Bittermandelöl, künstliches 104.
Bittermandelwasser 82.
Blausäure 11.
Bleijodid 375.
Bleinitrat 377.
Bleisuperoxyd 374.
Borax 119.
Borax octaedricus 119.
Brenzcatechinmethylaether 215.
Brenzgallussäure 380.
Bromaethylen 45.
Bromalum hydratum 120.
Bromalinum 120.

Sachregister.

Bromamid 121.
Bromoformium 121.
Bromol 123.
Bromphenol 123.
Bromum 123.
Brucinum 123.
Buttersäure-Aethylaether 43.
Buttersäure-Amylaether 41.
Butylchloralum hydratum 124.

Cadmium jodatum 125.
Cadmium metallicum 126.
Cadmium sulfuricum 127.
Cajeputol 187.
Calcaria chlorata 128.
Calcaria hypochlorosa 128.
Calcaria usta 128.
Calcium aceticum 128.
Calcium carbonicum praecipit. 129.
Calcium chloratum 129.
Calcium glycerin-phosphoricum 130.
Calcium hypophosphorosum 131.
Calcium lacticum 132.
Calcium phosphoricum 133.
Calcium salicylicum 133.
Calcium sulfuratum 133.
Calcium sulfuricum ustum 134.
Camphora monobromata 134.
Cannabinum tannicum 135.
Cantharidinum 136.
Carbamid 433.
Carbaminsäure - Aethylaether 430.
Carbo animalis 136.
Carboneum sulfuratum 137.
Carboneum tetrachloratum 138.
Carboneum trichloratum 139.
Cerium oxalicum 139.
Cetrarinum 140.

Cerussa 141.
Chinidinum sulfuricum 140.
Chininum bisulfuricum 142.
Chininum ferro-citricum 144.
Chininum hydrobromicum 144.
Chininum hydrochloricum 145.
Chininum purum 145.
Chininum salicylicum 146.
Chininum sulfuricum 148.
Chininum tannicum 148.
Chininum valerianicum 149.
Chinioidinum 150.
Chinioidinum tannicum 151.
Chinolinum 152.
Chinolinum tartaricum 153.
Chinosolum 153.
Chloralamid 156.
Chloralammonium 154.
Chloralcyanhydratum 155.
Chloralose 156.
Chloralum formamidatum 156.
Chloralum hydratum 156.
Chloralurethan 430.
Chloroformium 156.
Chlorum solutum 83.
Chromum oxydatum viride 156.
Chrysarobinum 157.
Cinchonidinum sulfuricum 157.
Cinchoninum sulfuricum 159.
Cinnamyl-Guajacol 409.
Citrophen 160.
Cobaltum nitricum 160.
Cocainum hydrochloricum 161.
Cocainum purum 162.
Codeinum 162.
Codeinum hydrochloricum 163.
Codeinum phosphoricum 164.
Codeinum sulfuricum 164.
Coffeinum 165.
Coffeinum citricum 166.
Coffeinum - natrio - benzoicum 168.

Coffeinum - natrio - salicylicum 165.
Colchicinum 168.
Coniinum 169.
Coniinum hydrobromicum 169.
Convallamarinum 171.
Corallin 26.
Cotoinum 171.
Cremor Tartari 414.
Cremor Tartari solubilis 414.
Creolinum 171.
Cresolum crudum 173.
Creta praeparata 173.
Crystalli Tartari 414.
Cubebinum 173.
Cumarinum 174.
Cumolum 174.
Cuprum aceticum 174.
Cuprum arsenicosum 175.
Cuprum carbonicum 176.
Cuprum carbonicum nativum 177.
Cuprum chloratum 177.
Cuprum hydrico - carbonicum 176.
Cuprum metallicum 178.
Cuprum nitricum 180.
Cuprum oxydatum 181.
Cuprum subaceticum 39.
Cuprum sulfuricum 182.
Cuprum sulfuric. ammoniat 182.
Curarinum 183.
Cutol 60.
Cyanwasserstoffsäure 11.
Cytisinum nitricum 183.

Dermatolum 115.
Dextrinum 184.
Diäthylendiamin 368.
Diäthylsulfon-diäthylmethan 417.
Diäthylsulfon - dimethylmethan 410.

Diäthylsulfon-methyläthyl-[methan 428.
Diammoniumoxalat 68.
Dibromgallussäure 213.
α-Dichloräthan 46.
β-Dichloräthan 45.
Dichlormethan 315.
Digitalinum 185.
Dijodoformium 186.
Dijodparasulfonsäure 27.
Dijodparaphenolsulfonsaures [Natrium 338.
Dijodparaphenolsulfonsaures [Zink 446.
Dijodparaphenolsulfonsaures [Quecksilber 235.
Dimethyl-äthylcarbinol 76.
Dimethylketon 1.
Dimethyl-Oxychinizin 79.
Dimethylpiperacin. tartaric. 300.
Dioxybernsteinsäure 33.
Dioxymethylantrachinon 8.
Diphenylaminum 186.
Dithymoldijodid 89.
Diuretin 419.
Duboisinum sulfuricum 186.
Dulcin 409.

Eisenalaun, ammoniakalischer 55.
Eisensalmiak 65.
Elainsäure 19.
Elaylum chloratum 45.
Emetinum 187.
Eseridinum 189.
Essigsäure-Äthyläther 40.
Essigsäure-Amyläther 40.
Eucalyptolum 187.
Eugenolacetamid 189.
Eugenolum 188.
Eugensäure 188.
Euphorine 364.

Europhenum 191.
Exalginum 191.
Extractum Carnis 192

Ferratin 193.
Ferriferrocyanid 200.
Ferro - Ammonium sulfuricum 209.
Ferropyrin 193.
Ferrum albuminatum siccum 194.
Ferrum benzoicum 196.
Ferrum borussicum 200.
Ferrum carbonicum 196.
Ferrum carbonicum saccharatum 197.
Ferrum chloratum 198.
Ferrum citricum ammoniatum 198.
Ferrum citricum oxydatum 200.
Ferrum cyanatum caeruleum 200.
Ferrum hydricum 196.
Ferrum jodatum saccharatum 200.
Ferrum lacticum 202.
Ferrum oxydatum fuscum 202.
Ferrum oxydatum saccharatum 203.
Ferrum peptonatum 203.
Ferrum phosphoricum oxydatum 204.
Ferrum phosphoric. oxydulat. 205.
Ferrum pulveratum 206.
Ferrum pyrophosphoricum 206.
Ferrum pyrophosphoricum cum Ammonio citrico 207.
Ferrum reductum 208.
Ferrum sesquichloratum 208.
Ferrum sulfuratum 209.
Ferrum sulfuricum 209.

Ferrum sulfuricum oxydatum ammoniatum 55.
Ferrum sulfuricum oxydulatum ammoniatum 209.
Ferrum tartaricum 210.
Ferrum valerianicum 212.
Flores Benzoes 5.
Flores Salis Ammon. martial. 65.
Fluorwasserstoffsäure 12.
Flusssäure 12.
Formaldehydum solutum 213.
Formanilidum 213.
Fruchtzucker 275.
Fuselöl 51.

Gallactophenonum 214
Gallanilid 214.
Gallanolum 214.
Gallobromolum 213.
Gallusgerbsäure 33.
Gallussäureanilid 214.
Glycerinum 215.
Grünspan 39.
Guajacolsalol 218.
Guajacolum 215.
Guajacolum benzoicum 216.
Guajacolum carbonicum 217.
Guajacolum cinnamylicum 409.
Guajacolum salicylicum 218.

Hämatoxylinum 218.
Hämogallolum 219.
Hämolum 219.
Harnsäure 33.
Harnstoff 433.
Helcosolum 115.
Heleninum 219.
Hepar calcis 133.
Hepar sulfuris 271.
Hexachloräthan 139.
Hexamethylentetramin 434.
Hexamethylentetraminbrom-
 [äthylat 120.

Homatropinum hydrobromicum 220.
Hornstoff 271.
Hydracetinum 220.
Hydrargyrum 221.
Hydrargyrum aceticum 222.
Hydrargyrum amidato-bichloratum 233.
Hydrargyrum benzoicum 223.
Hydrargyrum bibromatum 224.
Hydrargyrum bichloratum 225.
Hydrargyrum bijodatum 225.
Hydrargyrum bromatum 225.
Hydrargyrum carbamidatum solutum 226.
Hydrargyrum carbolicum 226.
Hydrargyrum chloratum 228.
Hydrargyrum chloratum via humida paratum 228.
Hydrargyrum cyanatum 229.
Hydrargyrum formamidatum solutum 229.
Hydrargyrum jodatum 230.
Hydrargyrum nitricum oxydulatum 231.
Hydrargyrum oleinicum 232.
Hydrargyrum oxydatum 233.
Hydrargyrum phenylicum 226.
Hydrargyrum praecipitatum [album 233.
Hydrargyrum salicylicum 233.
Hydrargyrum sozojodolicum 235.
Hydrargyrum stibiato-sulfuratum 236.
Hydrargyrum sulfuratum nigrum 237.
Hydrargyrum sulfurat. rubr. 238.
Hydrargyrum sulfuricum 239.
Hydrargyrum tannicum oxydulatum 240.
Hydrargyrum thymico-aceticum 241.

Hydrastinum 242.
Hydrastinum hydrochloric. 242.
Hydrochinonum 243.
Hydrogenium peroxydatum 244.
Hydroxylaminum hydrochloricum 244.
Hyoscyaminum 245.
Hypnalum 246.
Hypnonum 247.

Ichthyol 72.
Indigblau 249.
Indigo 247.
Indigotinum 249.

Jodantipyrin 252.
Jodoforminum 250.
Jodoformium 250.
Jodolum 251.
m-Jod-Ortho-Oxychinolin-ana-Sulfonsäure 299.
Jodophenin 251.
Jodopyrinum 252.
Jodum 252.
Jodum trichloratum 252.
Isoamylalkohol 51.
β-Isoamylen 361.
Isobutylorthokresoljodid 191.
Isopropylessigsäure 34.

Keratinum 271.
Kali causticum fusum 253.
Kalichromalaun 56.
Kaliseife 389.
Kali tartaricum boraxatum 414.
Kalium aceticum 254.
Kalium-Antimonyltartrat 416.
Kalium bicarbonicum 254.
Kalium bioxalicum 254.
Kalium bisulfuricum 255.
Kalium bitartaricum 414.
Kalium bromatum 256.

Sachregister. 553

Kalium bromicum 256.
Kalium cantharidatum 258.
Kalium carbonicum 258.
Kalium chloratum 258.
Kalium chloricum 259.
Kalium chromicum flavum 260.
Kalium citricum 260.
Kalium cyanatum 262.
Kalium dichromicum 263.
Kalium, dijodparaphenolsulfonsaures 268.
Kalium ferricyanatum 263.
Kalium ferrocyanatum 264.
Kalium fluoratum 265.
Kalium jodatum 265.
Kalium nitricum 266.
Kalium nitrosum 266.
Kalium oxalicum neutrale 267.
Kalium, oxychinolinschwefelsaures 153.
Kalium permanganicum 268.
Kalium rhodanatum 270.
Kalium picrinicum 268.
Kalium picronitricum 268.
Kalium, saures pyroantimonsaures 270.
Kalium sozojodolicum 268.
Kalium stibicum 270.
Kalium sulfocyanatum 270.
Kalium sulfuratum 271.
Kalium sulfuricum 271.
Kalium tartaricum 271.
Kaliumwasserglaslösung 288.
Kieselfluorwasserstoffsäure 14.
Kirschlorbeerwasser 83.
Kleesäure 21.
Kohlensäure-Guajacyläther 217.
Kohlensäure-Naphtylester 321.
Kohlensesquichlorid 139.
Kosinum 272.
Kreosotum 272.
Kreosotum carbonicum 272.

Kresalole 273.
Kresol 9.
Kresolum purum 274.
Kresolum salicylicum 273.
Kresylsalicylat 273.

Lac sulfuris 411.
Lactophenetidin 274.
Lactopheninum 274.
Lactyl - Paraamidophenoläthyläther 274.
Lävulose 275.
Liquor Aluminii acetici 275.
Liquor Aluminii acetici neutralis 276.
Liquor Aluminii chlorati 277.
Liquor Aluminii subsulfurici 278.
Liquor Ammonii acetici 278.
Liquor Ammonii caustici 278.
Liquor Ammonii caustici spirituosus 279.
Liquor Ammonii hydrosulfurati 280.
Liquor Ammonii succinici 281.
Liquor Ferri albuminati 281.
Liquor Ferri chlorati 282.
Liquor Ferri oxychlorati 282.
Liquor Ferri oxydati dialysati 283.
Liquor Ferri peptonati 284.
Liquor Ferri sesquichlorati 285.
Liquor Ferri subacetici 285.
Liquor Ferri sulfurici oxydati 286.
Liquor Hydrargyri albuminati 287.
Liquor Hydrargyri peptonati 287.
Liquor hollandicus 45.
Liquor Kali caustici 288.
Liquor Kalii acetici 288.
Liquor Kalii arsenicosi 288.

Liquor Kalii silicici 288.
Liquor Natri caustici 289.
Liquor Natrii hypochlorosi 290.
Liquor Natrii silicici 290.
Liquor Plumbi subacetici 290.
Liquor Stibii chlorati 291.
Lithargyrum 291.
Lithium benzoicum 291.
Lithium carbonicum 295.
Lithium bromatum 293.
Lithium chloratum 295.
Lithium citricum 296.
Lithium jodatum 297.
Lithium salicylicum 298.
Lithium sulfuricum 299.
Loretinum 299.
Losophanum 300.
Lycetolum 300.
Lysidinum 301.
Lysolum 301.

Magisterium Bismuti 117.
Magnesia usta 301.
Magnesium 301.
Magnesium boro-citricum 302.
Magnesium carbonicum 303.
Magnesium chloratum 303.
Magnesium citricum 304.
Magnesium lacticum 305.
Magnesium phosphoricum 306.
Magnesium salicylicum 307.
Magnesium sulfuricum 308.
Magnesium tartaricum 308.
Malakin 309.
Manganum chloratum 310.
Manganum hyperoxydatum 310.
Manganum sulfuricum 311.
Mentholum 312.
Meta-Dioxybenzol 381.
Meta-Kresol 9.
Metaphosphorsäure 23.
Methacetinum 312.

Methylacetanilid 191.
Methylalum 314.
Methylbenzol 424.
Methylendimethyläther 314.
Methylenum chloratum 315.
Methylium chloratum 316.
Methylium salicylicum 316.
Methylglyoxalidin 301.
Methylparaoxybenzoesäure 3.
Methylpentacatechualdehyd 434.
Minium 317.
Monochloralantipyrin 246.
Monobromäthan 42.
Monochlormethan 316.
Monochloräthan 47.
Monojodäthan 44.
Morphinum aceticum 317.
Morphinum hydrochloricum 318.
Morphinum sulfuricum 318.

Naphtalinum 319.
Naphtolcarbonsäure 22.
β-Naphtoldisulfonsaures Aluminium 62.
Naphtolol 108.
β-Naphtolschwefelsaures
  [Calcium 91.
α-Naphtolum 320.
β-Naphtolum 320.
Naphtolum carbonicum 321.
β-Naphtol-Wismut 112.
Naphtosalol 108.
Naphtylbenzoat 106.
Narceinum 321.
Narceinnat.-Natriumsalicyl. 79.
Narcotinum 322.
Natrium äthylicum 323.
Natrium aceticum 323.
Natrium anisicum 323.
Natrium benzoicum 324.
Natrium biboracicum 119.
Natrium biboricum 119.

Sachregister.

Natrium bicarbonicum 325.
Natrium bisulfurosum 325.
Natrium bromatum 326.
Natrium carbolicum 326.
Natrium carbonicum 327.
Natrium causticum fusum 345.
Natrium chloratum 327.
Natrium chloricum 327.
Natrium dithiosalicycum 328.
Natrium hydrosulfuratum solutum 329.
Natrium hypophosphoros. 329.
Natrium jodatum 330.
Natrium metallicum 331.
Natrium nitricum 331.
Natrium nitro-prussicum 332.
Natrium nitrosum 332.
Natriumphenylat 326.
Natrium phosphoricum 333.
Natrium phosphoric. ammoniatum 333.
Natrium pyrophosphoricum 334.
Natrium pyrophosphoricum [ferratum 336.
Natrium salicylicum 336.
Natrium santonicum 337.
Natrium sozojodolicum 338.
Natrium sulfocarbolicum 338.
Natrium sulfo-ichthyolicum 339.
Natriumsulfophenylat 338.
Natrium sulfosalicylicum 340.
Natrium sulfuricum 341.
Natrium sulfurosum 341.
Natrium tartaricum 342.
Natrium telluricum 344.
Natrium thiosulfuricum 345.
Natrium valerianicum 345.
Natro - Kalium tartaricum 416.
Neurodinum 347.
Niccolum chloratum 348.
Niccolum metallicum 348.
Niccolum nitricum 349.

Niccolum sulfuricum 350.
Niccolum sulfuricum ammoniatum 351.
Nicotinum 351.
Nitrobenzid 352.
Nitrobenzolum 352.
Nitroglycerinum 353.

Oleum Amygdalar. aethere. 354.
Oleum animale aethereum 355.
Oleum Sinapis 355.
Orexinum hydrochloricum 355.
Orthooxybenzoesäure 26.
Orthophenolsulfonsäure 28.
p-Oxyaethylphenylharnstoff 409.
Oxybenzoemethyläthersäure 3.
Oxybernsteinsäure 15.
Oxydimethylchinizin 79.
α-Oxynaphtoesäure —.
Oxypropionsäure 15.

Palladium chloratum 356.
Palladium metallicum 357.
Papaverinum hydrochloric. 357.
Papayotinum 358.
Para-Acetphenetidin 362.
Parachlorphenolum 358.
Paracotoinum 359.
Para-Dioxybenzol 243.
Paraldehydum 360.
Paraffinum liquidum 349.
Paraffinum solidum 360.
Paraoxyaethylacetanilid 362.
Paraoxymethylacetanilid 312.
Paraphenolsulfonsaures Aluminium 393.
Pelletierinum tannicum 360.
Pentalum 361.
Pepsinum 361.
Peptonum siccum 361.
Perchloräthan 139.
Perchlormethan 138.

Phenacetinum 362.
p-Phenetidincitrat 160.
Phenetolcarbamid 409.
Phenocollum hydrochloricum 363.
Phenocollum salicylicum 387.
Phenolphtaleinum 364.
Phenolquecksilber 226.
Phenylacetamid 1.
Phenylamin 78.
Phenyldihydrochinazolinhydro-[chlorid 355.
Phenyl-Dimethyl-Pyrazolon 79.
Petersilien-Kampher 81.
Phenylhydracin - Lävulinsäure 80.
Phenylurethanum 364.
Pilocarpinum hydrochloricum 366.
Pilocarpinum salicylicum 366.
Phosphorus 365.
Phosphorsalz 333.
Physostigminum salicylicum 365.
Physostigminum sulfuricum 365.
Picrotoxinum 365.
Piperacinum 368.
Piperinum 369.
Platinum 370.
Platinum bichloratum 371.
Platinum chloratum viride 372.
Plumbum aceticum 373.
Plumbum chromicum 373.
Plumbum hyperoxydatum 374.
Plumbum jodatum 375.
Plumbum hydrico-carbonicum 140.
Plumbum metallicum 375.
Plumbum nitricum 377.
Plumbum oxydatum 291.
Propylcarbonsäure 6.
Pyoctaninum aureum 378.
Pyoctaninum coeruleum 378.

Pyrantinum 379.
Pyridinum 379.
Pyrodin 220.
Pyrogallolum 380.

Resorcinolum 381.
Resorcinum 381.
Rhodanammonium 71.
Rubidium-Ammon. bromat. 381.
Rubidium jodatum 382.

Saccharinum 382.
Saccharum 383.
Saccharum Lactis 383.
Salacetolum 384.
Salicinum 384.
Salicylaldehyd - Methylphenylhydrazin 48.
Salicylamid 385.
Salicyliden-p-Phenetidin 309.
Salicyl-p-Phenetidin 309.
Salicylsäureamid 385.
Salicylsäure-Äthyläther 44.
Salicylsäure-Guajacyläther 218.
Salicylsäure-Phenyläther 388.
Salicylsäure-Naphtyläther 108.
Saligeninum 386.
Salmiak 64.
Salinaphtol 108.
Salipyrinum 386.
Salocollum 387.
Salolum 388.
Salophenum 388.
Salpetersaurer Glycerinäther 353.
Salpetrigsäure-Amyläther 76.
Sal polychrestum Seignetti 416.
Santoninum 389.
Sapo kalinus 389.
Sapo medicatus 390.
Saprolum 390.
Schwefelammoniumlösung 280.
Schwefelcyanammonium 71.

Scopolaminum hydrobromicum 390.
Scopolaminum hydrojodicum 391.
Solaninum 391.
Solutio arsenicalis Fowleri 288.
Solutolum 392.
Solveolum 392.
Somatose 393.
Sozalum 393.
Sparteinum sulfuricum 393.
Spermin 368.
Spiritus 395.
Spiritus Aetheris chlorati 395.
Spiritus Aetheris nitrosi 395.
Spiritus muriatico-aethereus 395.
Spiritus nitrico-aethereus 395.
Spiritus Nitri dulcis 395.
Stannum 395.
Stannum chloratum crystall. 397.
Stannum oxydatum album 398.
Stibio Kali-tartaricum 416.
Stibium metallicum 399.
Stibium oxydatum 400.
Stibium sulfuratum aurantiacum 402.
Stibium sulfuratum nigrum 402.
Stibium sulfuratum rubeum 403.
Strontium carbonicum 404.
Strontium lacticum 405.
Strontium nitricum 406.
Strophantinum 407.
Strychninum sulfuricum 408.
Strychninum nitricum 407.
Styracolum 409.
Sucrolum 409.
Sulfaminolum 410.
Sulfonalum 410.
Sulfur auratum Antimonii 402.
Sulfur depuratum 410.
Sulfur jodatum 410.

Sulfur praecipitatum 411.
Sulfur sublimatum 411.
Symphorole 411.

Tannal insolubile 412.
Tannal solubile 412.
Tannigenum 413.
Tannoforme 413.
Tartarus boraxatus 414.
Tartarus depuratus 414.
Tartarus ferratus 414.
Tartarus ferruginosus 414.
Tartarus natronatus 415.
Tartarus stibiatus 416.
Tereben 416.
Terpinolum 417.
Terpinum hydratum 417.
Tetrahydro-β-Naphtylamin 419.
Tetrajodäthylen 186.
Tetrajodpyrrol 251.
Tetronalum 417.
Thallinum sulfuricum 418.
Thallinum tartaricum 418.
Theobrominlithium - Lithiumsalicylat 433.
Theobromin. Natrio-salicyl. 419.
Therminum 419.
Thermodinum 420.
Thioform 420.
Thiolum 421.
Thiooxydiphenylamin 410.
Thiophenum bijodatum 420.
Thiosinaminum 423.
Thiuretum sulfocarbolicum 423.
Thonerde, borameisensaure 61.
Thonerde, essig-weinsaure 59.
Thonerdehydrat 57.
Thymacetinum 424.
Thymolkampher 424.
Thymol-Quecksilberacetat 241.
Thymolum 424.
Toluolum 424.

Tolyl-Antipyrin 425.
Tolypyrinsalicylat 425.
Tolypyrinum 425.
Tolysalum 425.
Tribromanilin, bromwasserstoffsaures 121.
Tribrommethan 121.
Tribromphenol 123.
Trichloraldehydhydrat 156.
Trichlorbutylaldehydhydrat 124.
Trichlormethan 156.
Trijoddiphenacetin 251.
Trijodmetakresol 300.
Trijodmethan 250.
Trikresolum 426.
Trimethyläthylen 361.
Trimethylaminum 426.
Trinitrophenol 25.
Trioxyacetophenon 214.
Trioxybenzoesäure 9.
Trionalum 428.
Tumenolum 429

Überosmiumsäure 20.
Ultramarinum 429.
Uralinum 430.
Uranium nitricum 432.
Urea pura 433.
Urethanum 430.
Uropherinum 433.
Urotropinum 434.

Vanillinum 434.

Vaselinum 434.
Veratrinum 435.

Wasserstoffsuperoxyd 244.
Wismut, basisch dithiosalicylsaures 420.
Wismut, basisch gallussaures 115.
Wismut, basisch pyrogallussaures 115.
Wismutoxyjodidgallat, basisches 49.

Xylolum 435.

Zincum aceticum 436.
Zincum carbonicum 436.
Zincum chloratum 437.
Zincum cyanatum 437.
Zincum jodatum 438.
Zincum lacticum 440.
Zincum metallicum 441.
Zincum oleinicum 443.
Zincum oxydatum 443.
Zincum permanganicum 444.
Zincum salicylicum 445.
Zincum sozojodolicum 446.
Zincum sulfocarbolicum 446.
Zinksulfophenylat 446.
Zincum sulfuricum 447.
Zincum sulfurosum 448.
Zincum tannicum 448.
Zincum valerianicum 449.
Zinnchlorür 397.

Verlag von **Julius Springer** in Berlin N.

Neues pharmaceutisches Manual.
Unter Beihilfe von Dr. E. Bosetti
herausgegeben von
Eugen Dieterich.
Mit in den Text gedruckten Holzschnitten.
Sechste vermehrte Auflage.
In Moleskin gebunden Preis M. 15,—.
In Moleskin gebunden u. mit Schreibpapier durchschossen M. 17,—.
Nachtrag
zur sechsten Auflage.
In Leinwand gebunden Preis M. 2,—.

Die neueren Arzneimittel.
Für Apotheker, Aerzte und Drogisten
bearbeitet von
Dr. Bernhard Fischer.
Sechste Auflage.
Mit in den Text gedruckten Holzschnitten.
Preis gebunden M. 7,—.

Grundriss der Pharmaceutischen Maassanalyse.
Mit Berücksichtigung
einiger handelschemischen und hygienischen Analysen.
Von
Dr. Ewald Geissler,
Prof. u. Apotheker an der Thierärztl. Hochschule in Dresden,
Redacteur der Pharmaceut. Centralhalle.
Zweite verbesserte und vermehrte Auflage.
Mit 37 in den Text gedruckten Holzschnitten.
Preis elegant in Leinwand gebunden M. 4,-.

Technik der Pharmaceutischen Receptur.
Von
Dr. Hermann Hager,
Fünfte umgearbeitete und vermehrte Auflage.
Mit zahlreichen in den Text gedruckten Holzschnitten.
Preis M. 7,—; gebunden in Leinwand M. 8,20.

Zu beziehen durch jede Buchhandlung.

Verlag von **Julius Springer** in Berlin N.

Die Untersuchung des Wassers.
Ein Leitfaden zum Gebrauch im Laboratorium für
Aerzte, Apotheker und Studirende.
Von
Dr. W. Ohlmüller,
Regierungsrath,
Mitglied des Kaiserlichen Gesundheitsamtes, Privatdocent der Hygiene an der
Friedrich-Wilhelms-Universität zu Berlin.

Mit 74 Textabbildungen und einer Lichtdrucktafel.
Elegant in Leinwand gebunden M. 5,—.

Die Arzneimittel der organischen Chemie.
Für **Aerzte, Apotheker** und **Chemiker**
bearbeitet von
Dr. Hermann Thoms.
Preis in Leinwand gebunden M. 3,60.

Schule der Pharmacie
in 5 Bänden.
herausgegeben von
Dr. J. Holfert, Dr. H. Thoms, Dr. E. Mylius, Dr. K. F. Jordan.

Band I: Praktischer Theil.	Band III: Physikalischer Theil.
Bearbeitet von **Dr. E. Mylius.**	Bearbeit. v. **Dr. K. F. Jordan.**
Mit 120 Abbildungen im Text.	Mit 101 Abbildungen im Text.
Preis geb. M. 4,—.	*Preis geb. M. 3,—.*
Band II: Chemischer Theil.	Band IV: Botanischer Theil.
Bearbeitet von **Dr. H. Thoms.**	Bearbeitet v. **Dr. J. Holfert.**
Mit 101 Abbildungen im Text.	Mit 465 Abbildungen im Text.
Preis geb. M. 7,—.	*Preis geb. M. 5,—.*

Band V: Waarenkunde.
Bearbeitet von
Dr. H. Thoms u. Dr. J. Holfert.
Mit 194 Abbildungen im Text.
Preis geb. M. 6,—.

Jeder Band ist einzeln käuflich.

☛ *Zu beziehen durch jede Buchhandlung.* ☚

Verlag von **Julius Springer** in Berlin N.

Anleitung zur Erkennung und Prüfung
aller im
Arzneibuch
**für das Deutsche Reich (dritte Ausgabe)
aufgenommenen Arzneimittel.**
Zugleich ein Leitfaden bei Apotheken-Visitationen
für Gerichtsärzte, Aerzte und Apotheker
von
Dr. Max Biechele, Apotheker.
Neunte, vielfach vermehrte Auflage.
Preis elegant gebunden M. 4,—.

Pharmaceutische Übungspräparate.
Anleitung zur Darstellung, Erkennung, Prüfung und stöchiometrischen Berechnung
von
officinellen chemisch-pharmaceutischen Präparaten.
Von **Dr. Max Biechele,**
Apotheker.
Preis elegant in Leinwand gebunden M. 6,—.

Hilfsbuch
für
Nahrungsmittelchemiker
auf Grundlage der Vorschriften
betreffend die
Nahrungsmittelchemiker-Prüfung
Von
Dr. Alfons Bujard u. Dr. Eduard Baier,
Chemiker am städtischen chemischen Laboratorium in Stuttgart.
Mit in den Text gedr. Abbildungen.
Preis elegant in Leinwand gebunden M. 8,—.

☛ *Zu beziehen durch jede Buchhandlung.* ☚

Verlag von **Julius Springer** in Berlin N.

Kommentar
zum
Arzneibuch für das Deutsche Reich.
Dritte Ausgabe.
(*Pharmacopoea Germanica, editio III.*)
Unter Zugrundelegung des den Nachtrag vom 20. December 1894 berücksichtigenden „Neudrucks" des Arzneibuches.
Unter Mitwirkung zahlreicher Fachgenossen
herausgegeben von
H. Hager, B. Fischer und **C. Hartwich.**
Zweite Auflage. Mit zahlreichen in den Text gedruckten Holzschnitten.
Zwei Bände.
Broschirt M. 26,—; in Halbfranz geb. M. 30,—.
Auch zu beziehen in 26 Lieferungen à M. 1,—.

Die chemische
Untersuchung und Beurtheilung
des Weines.
Unter Zugrundelegung der amtlichen,
vom Bundesrathe erlassenen
„Anweisung zur chem. Untersuchung des Weines"
bearbeitet
von
Dr. Karl Windisch,
Ständigem Hülfsarbeiter im Kaiserlichen Gesundheitsamte,
Privatdocenten an der Universität Berlin.
Mit 33 in den Text gedruckten Figuren.
Preis in Leinwand geb. M. 7.—.

Die Prüfung der chemischen Reagentien auf Reinheit.
Von
Dr. C. Krauch.
Dritte, umgearbeitete und sehr vermehrte Auflage.
Preis in Leinwand gebunden M. 9,—.

Zu beziehen durch jede Buchhandlung.

MIX
Papier aus verantwortungsvollen Quellen
Paper from responsible sources
FSC® C105338

If you have any concerns about our products,
you can contact us on
ProductSafety@springernature.com

In case Publisher is established outside the EU,
the EU authorized representative is:
**Springer Nature Customer Service Center GmbH
Europaplatz 3, 69115 Heidelberg, Germany**

Printed by Libri Plureos GmbH
in Hamburg, Germany